책을 쓰면서,

『그림 · 사진으로 배우는 소방시설의이해』의 책이 나온지 20년이 되었습니다.
2003년 초판을 시작으로 그동안 개정판 책들이 독자 여러분의 사랑을 받았습니다.

소방시설의 전기회로에 대하여 책을 쓰게 되었습니다.

그림과 사진으로 쉽게 학문에 접근하려고 노력하였으며,
그 결과 가슴 벅차도록 독자 여러분의 사랑을 받고 있습니다.

그 동안 많이 아껴 주셔서 고맙습니다.

앞으로 더욱 좋은 책이 되도록 노력하겠습니다.

소방업무를 하는 설계, 공사 및 감리자 그리고 소방을 공부하는 학생 및 현직 소방관님들께 도움이 되는 자료가 되기를
바랍니다.

2025년 1월

책쓴이   가 태 완

소방시설 전기회로(2개정판)에서는 아래와 같이 개정되었습니다.
1. 설계도면(P형 설계) 내용 추가
2. 자동화재탐지설비 감지기 설치개수 설계 내용 추가
3. 문제 추가(자동화재탐지설비, 옥내소화전, 스프링클러설비, 유도등)
4. 그 밖에 일부의 내용에 대하여 부분수정, 보완
   (390p → 437p 변경)

차 례

Ⅰ. 비상경보설비(비상벨)

1. 전기의 종류

가. 교류전기(交流電氣)

전력회사에서 생산하는 전기로서 전기회로에서 전류의 방향이 바뀌는 전류를 말한다.

나. 직류전기(直流電氣)

화학 전지에서 얻어지는 한 방향의 전류로서,
건전지처럼 (+), (−)극이 항상 같은 부하의 전하를 가지고 한 방향으로만 흐르는 전류를 직류라 한다.

다. 소방시설에서 사용하는 전기

① 교류전기 사용시설

옥내소화전 펌프의 전동기, 제연설비의 송풍기 등 큰 동력이 필요한 시설에 사용한다.

② 직류전기 사용시설

교류전기를 사용하지 않는 소방시설의 부품들은 모두 직류 24V 전기를 사용한다.
예를 들어 수신기 및 그 부품, 비상방송설비 및 그 부품, 가스계소화설비의 수신반 및 그 부품

교류전기

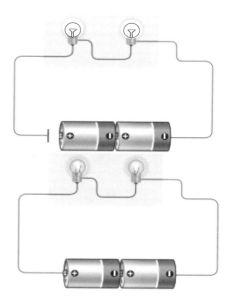

직류전기

2. 비상경보설비(비상벨)의 전기흐름 내용 – 부품별 2선 사용

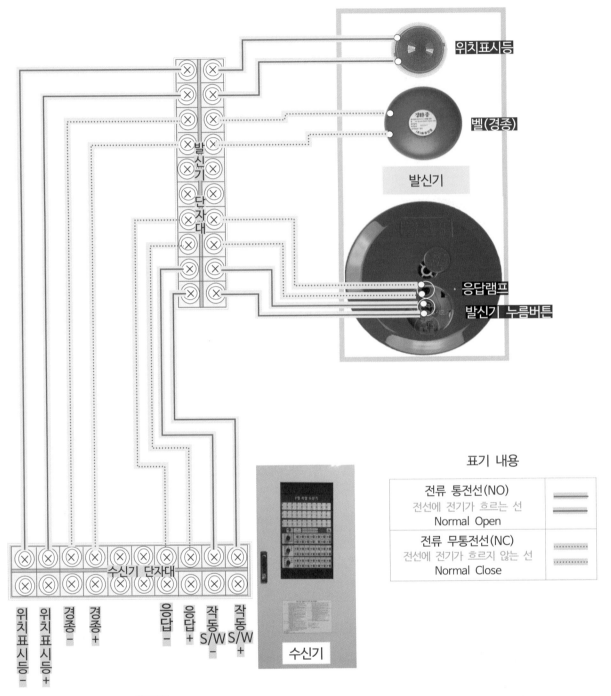

위치표시등

벨(경종)

발신기

응답램프

발신기 누름버튼

표기 내용

전류 통전선(NO) 전선에 전기가 흐르는 선 Normal Open	
전류 무통전선(NC) 전선에 전기가 흐르지 않는 선 Normal Close	

발신기 단자대

수신기 단자대

위치표시등- 위치표시등+ 경종- 경종+ 응답- 응답+ 작동S/W- 작동S/W+

수신기

해 설

- 위치표시등, 발신기 누름버튼은 수신기와 발신기간 항상 전기가 흐르고 있는 통전상태이다.
- 위치표시등은 통전(전류가 흐름)되어 항상 표시등 전구에 불이 켜져 있다.
- 발신기 누름버튼선은 평소에 통전되어 있고, 누름버튼을 누르면 접점이 붙어 수신기에 신호가 전달된
- 벨(경종), 응답램프는 전선에 전기가 흐르고 있지 않으며, 수신기에서 전기 신호를 보내어 작동한다.
- NO(Normal Open) : 전기가 통전되는 전선, NC(Normal Close) : 전기가 흐르지 않는 전선

3. 비상경보설비(비상벨)의 전기흐름 내용 -최소의 전선 사용

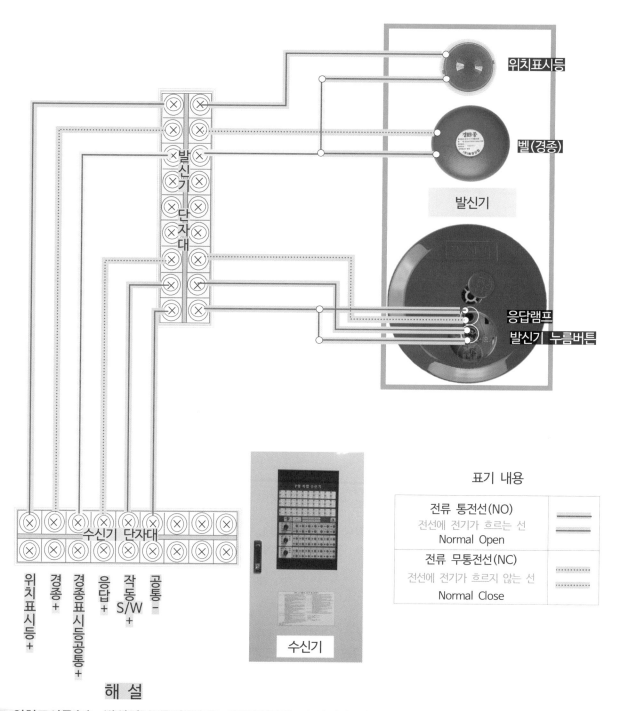

위치표시등

벨(경종)

발신기

응답램프
발신기 누름버튼

표기 내용

전류 통전선(NO)	
전선에 전기가 흐르는 선	
Normal Open	
전류 무통전선(NC)	
전선에 전기가 흐르지 않는 선	
Normal Close	

위치표시등+ 경종+ 경종표시등공통+ 응답+ 작동 S/W + 공통 -

수신기 단자대

수신기

해 설

● 위치표시등(+), 발신기 누름버튼(+), 공통선(-)은 수신기와 발신기간 항상 전기가 흐르고 있다.

● 위치표시등(+)은 통전(전류가 흐름)되어 항상 표시등에 전구에 불이 켜져 있다.

● 발신기 누름버튼선(+)은 평소에 통전되어 있고, 누름버튼을 누르면 접점이 붙어 수신기에 신호가 전달된다.

● 경종표시등공통선, 공통선(-)은 평소에 통전되어 있다.

● 벨(경종), 응답램프는 전선에 전기가 흐르지 않는다.

● 전화선은 없어졌다. 화재안전기술(성능)기준에 전화의 기능이 없어졌다.

3-1. 비상경보설비(비상벨)의 작동흐름 설명

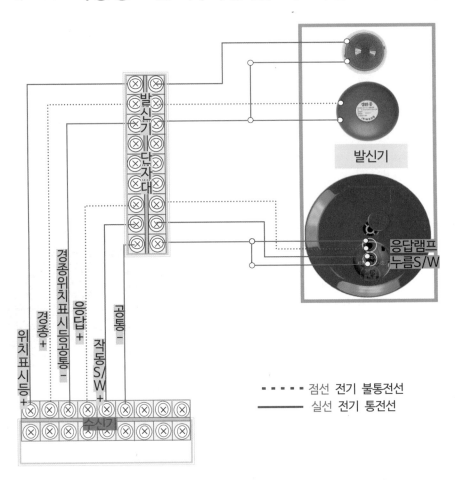

발신기

응답램프
누름S/W

- - - - - 점선 전기 불통전선
───── 실선 전기 통전선

위치표시등 +
경종 +
응답 +
작동S/W +
공통 -
경종위치표시등공통 -

수신기

발신기단자대

1. 발신기 누름버튼
청색선과 **빨간선** 실선으로 전기가 수신기에서 항상 공급되고 있다.
발신기 누름버튼을 손가락으로 누르면 접점이 붙어 수신기에 화재신호가 전달되어 수신기는 화재신호를 인식한다.

2. 응답램프
청색점선은 전기가 공급되지 않으며, **빨간선** 실선은 전기가 수신기에서 항상 공급되고 있다.
발신기 누름버튼을 손가락으로 누르면 응답램프의 청색회로에 전기가 공급되어 LED램프가 점등된다.

3. 경종(벨)
청색점선은 전기가 공급되지 않으며, **빨간선** 실선은 전기가 수신기에서 항상 공급되고 있다.
발신기 누름버튼을 손가락으로 누르면 수신기에 화재신호가 전달되어 수신기는 청색선으로 전기를 보내어 경종선에 +,-선 전기가 공급되므로 경종(벨)이 작동된다.

4. 위치표시등
청색선과 **빨간선** 실선으로 전기가 수신기에서 항상 공급되고 있다.
발신기의 위치를 주,야간 항상 볼수 있게 등이 켜져 있다.

4. 비상경보설비(비상벨)(P형)

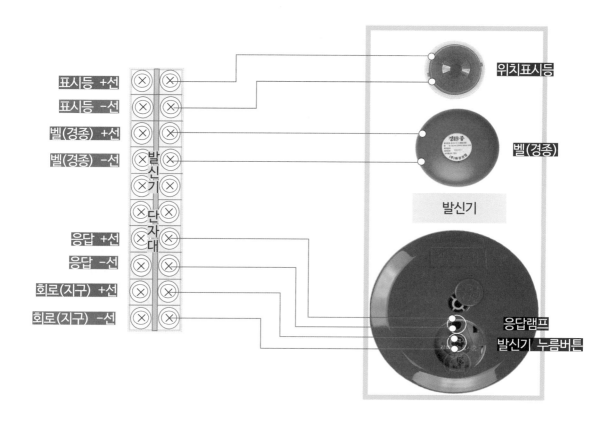

소방시설에 사용되는 전기의 종류는,

펌프 전동기, 제연설비의 배풍기 휀 등의 동력이 필요한 시설(부품)은 교류 380V(또는 220V)를 사용한다.

그리고 소방시설의 부품(압력스위치, 감지기, 사이렌, 발신기, 표시등, 솔레노이드밸브 등)은 직류 24V의 전기를 사용한다.

비상경보설비의 비상벨 설비는 그림과 같이 4개의 부품(위치표시등, 벨(경종), 응답램프, 발신기 누름버튼)으로 구성되어 있다.

각 부품별 수신기와 부속간의 직류 24V의 전기가 공급된다.

각 부품별 전선은 그림과 같이 +, -선 2선으로 연결된다.
부품마다 2선(+, -선)을 연결하면, 4개 부품 × 2선 = 8선이 필요하다.

교류전기 : 가정이나 사무실에서 전등, 냉장고, 에어컨 등에 사용하는 전기가 교류전기에 해당한다.
직류전기 : 자동차의 밧데리, 건전지, 휴대폰 밧데리 등에 사용하는 전기가 직류전기에 해당한다.

4-1. 비상경보설비(비상벨)(P형)-최소의 선 사용

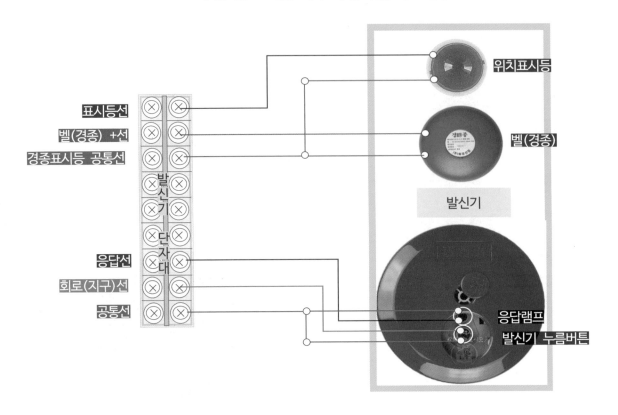

비상벨설비에는 부품[표시등, 벨(경종), 응답램프, 발신기누름버튼]이 4개이다.
부품마다 2선(+, −선)을 연결해야 한다. 4개 부품 × 2선 = 8선이 필요하다.

그러나 경제적인 최소의 선(가닥수)을 사용하면 공통선(−선)에 부품을 함께 사용하므로 6선이 된다.
현장에서도 이렇게 6선을 사용하여 공사를 주로 한다.

시험문제에서 최소의 선을 사용하여 결선을 하라는 조건이 주어지면 조건대로 선을 연결하면 된다.

전선 내용

1	표시등선
2	벨(경종)선
3	경종표시등공통선
4	응답선
5	회로(지구)선
6	공통선

5. 비상경보설비(비상벨)(P형)

1경계구역

1경계구역 전선 내용

1	표시등선
2	벨(경종)선
3	벨표시등공통선
4	응답선
5	회로(지구)선
6	공통선

2경계구역

2경계구역 전선 내용

1	표시등선
2	벨(경종)선
3	벨표시등 공통선
4	응답선
5	1회로(지구)선
6	2회로(지구)선
7	공통선

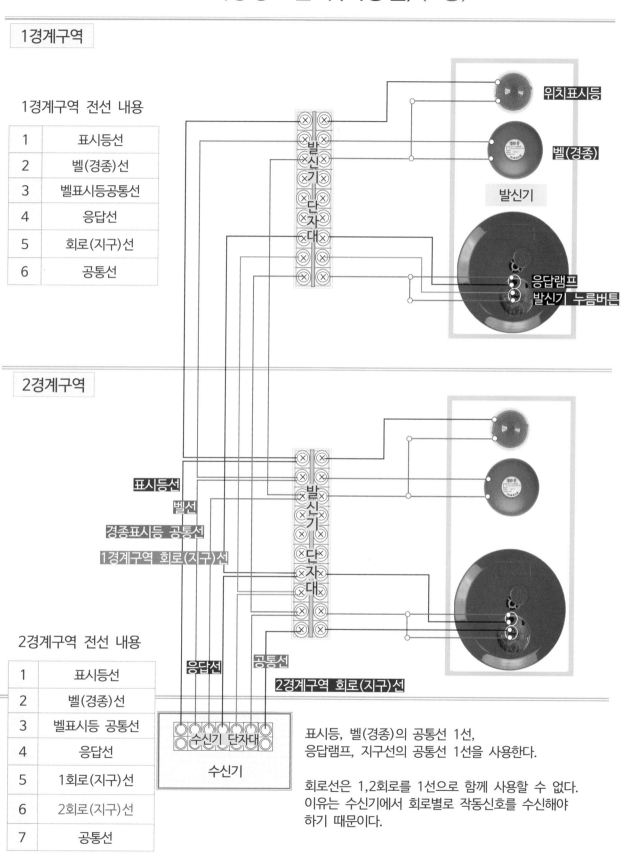

위치표시등
벨(경종)
발신기
응답램프
발신기 누름버튼

표시등선
벨선
경종표시등 공통선
1경계구역 회로(지구)선
응답선
공통선
2경계구역 회로(지구)선
수신기 단자대
수신기

표시등, 벨(경종)의 공통선 1선,
응답램프, 지구선의 공통선 1선을 사용한다.

회로선은 1,2회로를 1선으로 함께 사용할 수 없다.
이유는 수신기에서 회로별로 작동신호를 수신해야
하기 때문이다.

5-1. 비상경보설비 전기 계통도(P형)를

5.(9페이지) 그림을 도시기호로 표현한 내용

도시기호 圖示記號 : 그림으로 표시할 때 기록하는 문자

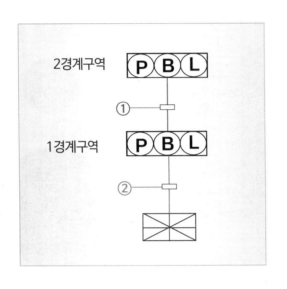

번호	전선 기호	내 용
①	HFIX 2.5㎟ - 6	벨(경종)선, 표시등선, 벨·표시등 공통선, 응답선, 1회로(지구)선, 공통선
②	HFIX 2.5㎟ - 7	벨선, 표시등선, 벨·표시등 공통선, 응답선, 1회로선, 2회로선, 공통선 2.5㎟ : 전선 구리선의 단면적 , 7 : 전선 가닥 수

참고자료

비상경보설비의 화재안전기술기술(성능)기준에서는 자동화재탐지설비의 내용인 각층별 벨선 2선을 설치해야하는 기준이 없으므로 벨선 1선을 사용한다.

자동화재탐지설비에서 각층별 벨선2선을 설치해야 하는 기준

『자동화재탐지설비 및 시각경보장치의 화재안전기술기준 2.2.3.9
『화재로 인하여 하나의 층의 지구음향장치 배선이 단락(합선)되어도 다른 층의 화재통보에 지장이 없도록 각 층 배선 상에 유효한 조치를 할 것』

HFIX

저독성 난연 가교 폴리올레핀 절연전선
Halogen Free Flame-Retardant Polyolefin Insulated Wire

HFIX의 기호 뜻 HF : 할로겐 프리, I : 절연전선, X : 저독성 난연 가교 폴리올레핀

6. 비상경보설비의 R형 수신기 중계기 결선 내용

결선내용 / 종류	IN(입력, 감시)	OUT(출력, 제어)
	발신기 누름스위치(버튼)	벨(경종)
비상경보 설비	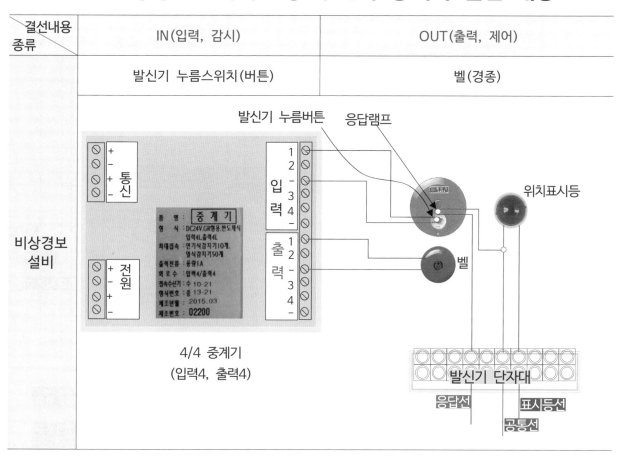	

4/4 중계기
(입력4, 출력4)

중계기의 IN(입력, 감시)과 OUT(출력, 제어)에 연결하는 부품의 구별방법

비상경보설비의 수동작동스위치는 작동하면 수신기에 신호가 전달되어야 하므로 IN(입력,감시)에
연결한다.

먼저 작동한 수동작동스위치 작동신호에 따라 수신기가 2차적으로 작동하게 신호를 보내야 하는 벨은
OUT(출력,제어)에 연결한다.
시각경보램프는 수신기의 종류에 따라 중계기에 연결하는 것과 연결하지 않는 것도 있다.

중계기에 연결하는 IN을 입력 또는 감시라고도 하며, OUT을 출력 또는 제어라고도 한다.

중계기 결선방법

- **발신기 스위치(누름버튼)** : +선은 중계기 입력 1에 연결, −선은 중계기 1,2 밑의 −에 연결한다.
- **벨(경종)** : +선은 중계기 출력1에 연결, −선은 중계기 1,2 밑의 −에 연결한다.
- **표시등** : +선은 중계기 연결하지 않고 발신기 단자대에 연결하여 수신기와 연결한다.
- **응답램프** : +선은 중계기 연결하지 않고 발신기 단자대에 연결하며, −선은 공통선에 연결한다.

7. 비상경보설비(비상벨) 중계기와 발신기 결선(R형)

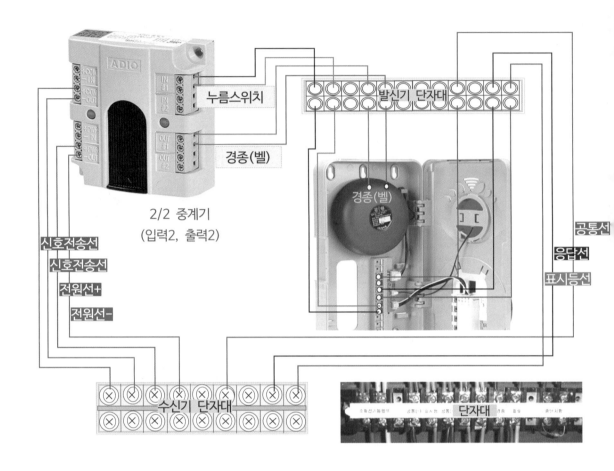

단자대(단자반) : 전선의 접속을 쉽게 하기 위하여 복수의 단자연결 설치장소를 말한다.

중계기는 제작회사에 따라 제품의 형식이 전선 연결방법에 조금씩 차이가 있다.

앞페이지의 중계기는 1,2 2개의 입력에 공통(-) 1선을 연결하는 방법이지만,
이 페이지의 중계기는 부품마다 2선(+,-)을 연결한다.

중계기는 수신기(컴퓨터)에 작동신호 등을 통신선을 통하여
정보를 전달하는 중계역할을 하는 부품이므로
중계기를 통하여 신호전달이 필요없는 부품인 응답램프, 위치표시등은
P형의 결선과 같은 방법으로 수신기와 연결한다.

응답램프, 위치표시등은 수신기와 직접 연결하며, 중계기를 통한 신호전달이 필요하지 않는 부품이다.

입력(IN) 1	누름스위치	출력(OUT) 1	경종(벨)

단자(端子) : 전력을 끌어들이거나 보내는 데 쓰는 회로의 끝부분

7-1. 비상경보설비 중계기와 발신기(R형) 작동흐름

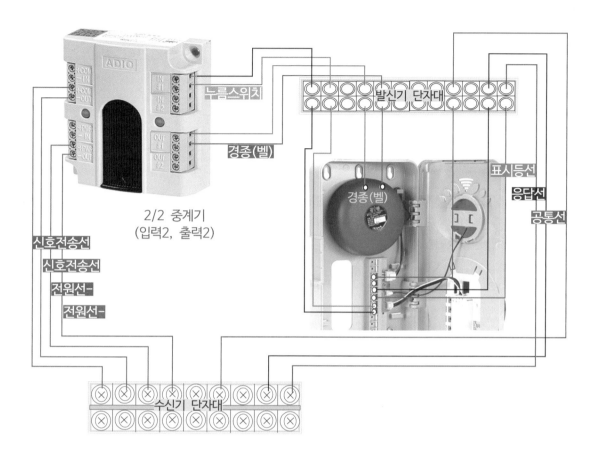

1. 발신기 누름버튼(스위치)

발신기 누름S/W +,-선은 중계기와 연결된다.
발신기 누름버튼을 손가락으로 누르면 접점이 붙어 중계기를 통하여 신호전송선으로 발신기 작동신호가 수신기에 전달된다.
수신기에서는 화재신호가 전달된 내용에 대한 후속조치로 중계기로 신호전달을 하여 경종(벨)이 작동되게 신호를 보낸다. 수신기에는 화재표시등이 점등한다.

발신기 누름버튼 누름(작동)
  ⇨ 중계기 입력(IN)1에 신호 전달
  ⇨ 중계기는 발신기 누름스위치 작동 정보를 신호전송선으로 수신기에 작동신호 전달
  ⇨ 수신기는 중계기 출력(OUT)1에 신호를 보내어 경종(벨)이 울린다.
  ⇨ 수신기에 해당경계구역 및 화재표시등이 점등한다

2. 경종(벨)

경종선 +,-선은 중계기와 연결된다.
수신기에서는 발신기 누름버튼의 작동신호를 중계기를 통해서 신호를 받으면 그에 대한 후속
조치로 수신기에서는 신호전송선으로 중계기에 신호를 보내어 중계기의 경종(벨)선에 연결된
경종(벨)이 작동되게 한다.

3. 위치표시등

표시등선(녹색선)과 **공통선**(빨간선)은 발신기와 수신기간 항상 전기가 공급되고 있다.
발신기의 위치를 주,야간 항상 볼수 있게 등이 켜져 있다.
표시등선은 중계기와 연결하지 않고 수신기와 직접 연결한다.

4. 응답램프

응답선(청색점선)은 전기가 공급되지 않으며, **공통선**(빨간선)은 전기가 수신기와 항상 공급되고
있다.
발신기 누름버튼을 손가락으로 누르면 응답램프의 청색회로에 전기가 공급되어 LED램프에 점등된다.

응답선은 중계기와 연결하지 않는다.

8. 비상경보설비(비상벨) 중계기와 발신기 결선(R형)

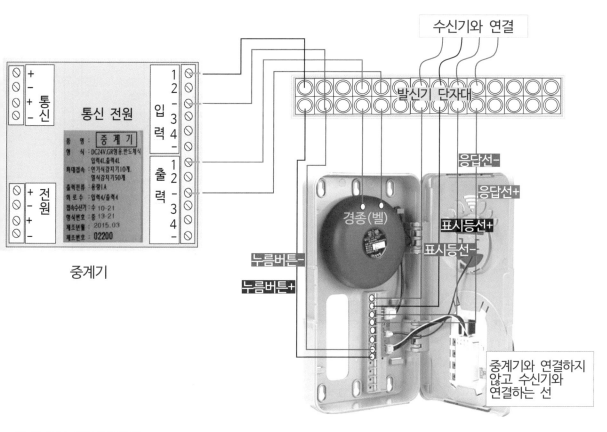

중계기

중계기의 결선방법은,
입력에는 발신기 누름버튼 +선은 1에 연결하고,
　　　　발신기 누름버튼 -선은 -에 연결한다.

출력에는 벨(경종) +선은 1에 연결하고,
　　　　벨(경종) -선은 -에 연결한다.

위치표시등, 응답램프는 중계기와 연결하지 않고
수신기와 직접 연결한다.
위치표시등, 응답램프는 중계기를 통한 수신기와의 신호전달을
하는 부품이 아니기 때문이다.

입력(IN) 1	누름스위치	출력(OUT) 1	경종(벨)

9. 비상경보설비(비상벨) 계통도(R형)

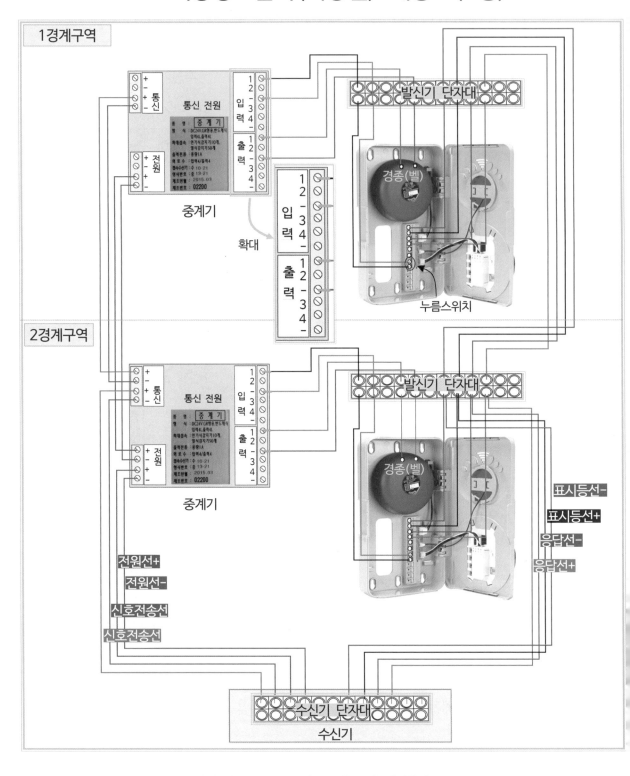

중계기 입력 1, 2에 부품 각 1선씩 연결하고 1, 2의 공통은 -에 연결한다
3, 4에 부품 각 1선씩 연결하고 3, 4의 공통은 -에 연결한다

입력(IN) 1	누름스위치	출력(OUT) 1	경종(벨)

9-1. 비상경보설비 전기 계통도(R형)를

9.(16페이지)그림을 도시기호로 표현한 내용

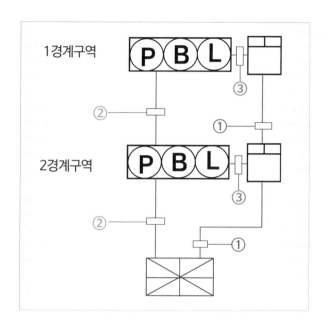

번호	배선 종류	배선 이름
①	F-CVV-SB CABLE 1.5㎟ 또는 (HCVV-SB TWIST CABLE 1.5㎟ 1pr) HFIX 2.5㎟-2	신호 전송선 중계기 전원선 2
②	HFIX 2.5㎟ -3 (최소의 전선을 사용할 때이며, 그렇지 않으면 부품별 +, - 2선을 사용한다)	위치 표시등선 1, 발신기 응답선 1, 공통선 1 또는 표시등선 2(+,-), 발신기 응답선 2(+,-) 중계기와 연결하지 않는 부품(표시등, 응답램프) 이며, 중계기와 연결하지 않고 수신기와 직접 연결 한다. 표시등, 응답램프는 중계기를 통한 수신기와의 신 호전달이 필요하지 않는 부품이다.
③	HFIX 2.5㎟ -4 부품 ↔ 중계기 연결 내용	누름스위치(버튼) +,- 2선, 경종(벨) +,- 2선

도시기호
도면에 부품 등을 그리기 위해 간략히 기호로 정한 것을 말한다.
소방시설 도시기호의 내용은 소방청장 고시『소방시설 자체점검사항 등에 관한 고시』별표에 상세히 있다.

10. 비상경보설비(비상벨) 계통도(R형)

9. 비상경보설비 계통도(R형)의 동일한 내용이며, 중계기의 형식(모양이 다르다)

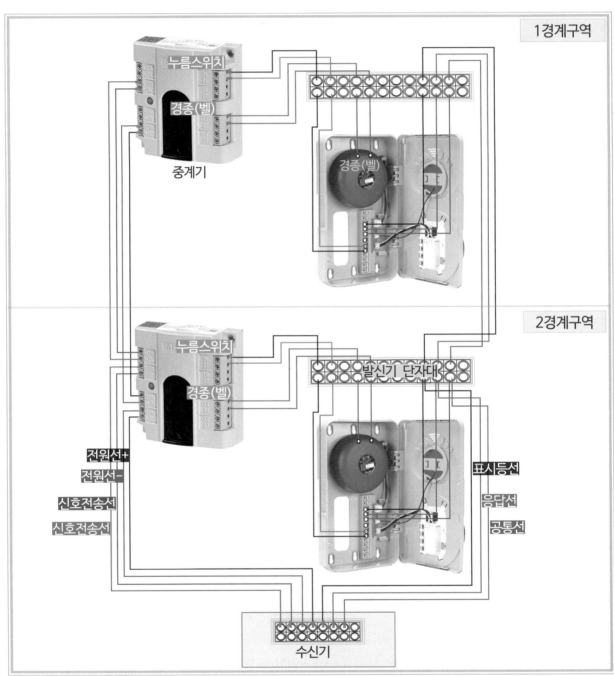

| 입력(IN) 1 | 누름스위치 | 출력(OUT) 1 | 경종(벨) |

중계기를 거치지(연결하지) 않는 배선 내용
1. 표시등선 +,   2. 표시등선 -,   3. 응답선 +,   4. 응답선 -,
또는 1. 표시등선,   2. 응답선,   3. 공통선(최소의 전선 사용)

11. P형 1급 수동발신기 결선내용

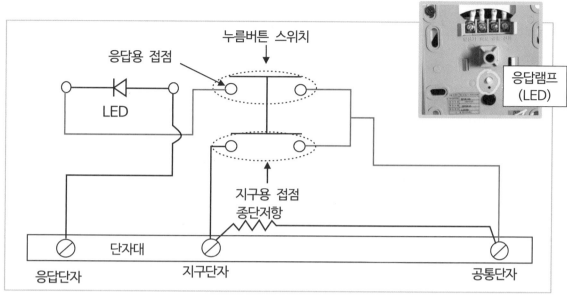

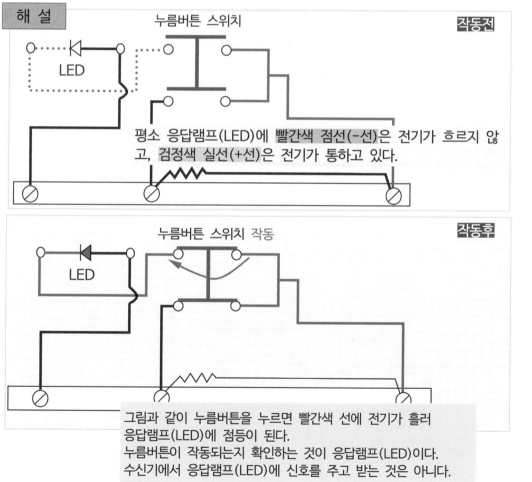

해 설

누름버튼 스위치

작동전

LED

평소 응답램프(LED)에 빨간색 점선(-선)은 전기가 흐르지 않고, 검정색 실선(+선)은 전기가 통하고 있다.

누름버튼 스위치 작동

작동후

LED

그림과 같이 누름버튼을 누르면 빨간색 선에 전기가 흘러 응답램프(LED)에 점등이 된다.
누름버튼이 작동되는지 확인하는 것이 응답램프(LED)이다.
수신기에서 응답램프(LED)에 신호를 주고 받는 것은 아니다.

LED : 발광 다이오드(light emitting diode)

도면은 P형 1급 수동발신기의 미완성 도면이다. 다음 각 물음에 답하시오.

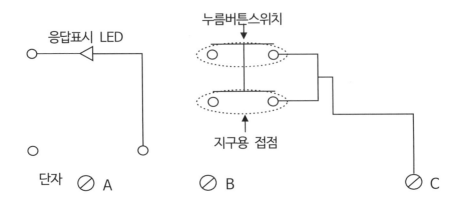

【물 음】
1. 응답표시 LED, 누름버튼스위치의 기능에 대하여 간략하게 설명하시오.
2. A, B, C의 각각의 단자 명칭은?
3. 내부결선의 미완성된 부분을 주어진 도면에 완성하시오.

정 답

1. 기 능
가. 응답표시 LED : 발신기의 화재신호가 수신기에 전달되었는지 확인하는 램프
나. 누름버튼스위치 : 화재신호를 수동으로 수신기에 전달하는 스위치

2. 단자 명칭
A : 응답단자,   B : 지구단자,   C : 공통단자

3. 완성된 결선도

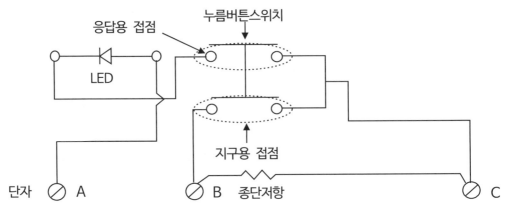

Ⅱ. 자동화재탐지설비

중계기

차 례

자동화재탐지설비 전기 배선을,

조건이 없을 때의 전선 내용과, 조건이 주어졌을 때 내용 비교

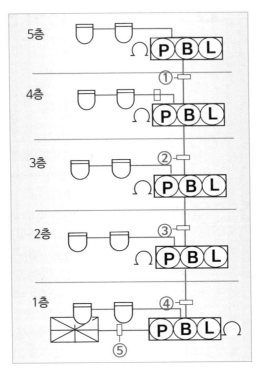

계통도

위의 자동화재탐지설비 계통도를 보고 아래의 빈칸에 최소의 전선 가닥수를 쓰시오.
(단, 경종과 표시등은 1선을 공통선으로 사용한다)

번호	벨(경종)	경종·표시등 공통	표시등	응답	회로(지구)	공통	계
①							
②							
③							
④							
⑤							

22

번호	벨(경종)	경종 · 표시등 공통	표시등	응답	회로(지구)	공통	계
①	1	1	1	1	1	1	6
②	1	1	1	1	2	1	7
③	1	1	1	1	3	1	8
④	1	1	1	1	4	1	9
⑤	1	1	1	1	5	1	10

단, 화재로 인하여 하나의 층의 지구음향장치 또는 배선이 단락되어도 다른 층의 화재통보에 지장이 없도록 각층 배선 상에 유효한 조치인 단락보호 장치를 설치한다.(이 내용을 쓰지 않으면 오답이 된다)

사 례

경종과 표시등은 1선을 공통선으로 사용하면서 지구음향장치 또는 배선 단락보호 장치 또는 퓨즈를 설치하지 않을 경우의 배선내용

번호	벨(경종)	경종 · 표시등 공통	표시등	응답	회로(지구)	공통	계
①	1	1	1	1	1	1	6
②	2	2	1	1	2	1	9
③	3	3	1	1	3	1	12
④	4	4	1	1	4	1	15
⑤	5	5	1	1	5	1	18

각층별 벨선 2선을 설치하므로 화재로 인하여 하나의 층의 지구음향장치 또는 배선이 단락되어도 다른 층의 화재통보에 지장이 없다.

문제 2

문제1(22p)의 자동화재탐지설비 계통도를 보고 아래의 빈칸에 가닥수를 쓰시오.
(단, 경종(벨)과 표시등은 1선을 공통선으로 사용한다)

문제에서 최소의 가닥수 내용은 없다

번호	벨(경종)	경종 · 표시등 공통	표시등	응답	회로(지구)	공통	계
①							
②							
③							
④							
⑤							

정답   1 또는 2방법이 가능하다

번호	벨(경종)	경종 · 표시등 공통	표시등	응답	회로(지구)	공통	계
①	1	1	1	1	1	1	6
②	1	1	1	1	2	1	7
③	1	1	1	1	3	1	8
④	1	1	1	1	4	1	9
⑤	1	1	1	1	5	1	10

번호	벨(경종)	경종 · 표시등 공통	표시등	응답	회로(지구)	공통	계
①	1	1	1	1	1	1	6
②	2	1	1	1	2	1	8
③	3	1	1	1	3	1	10
④	4	1	1	1	4	1	12
⑤	5	1	1	1	5	1	14

화재로 인하여 하나의 층의 지구음향장치 또는 배선이 단락되어도 다른 층의 화재통보에 지장이 없도록
각층 배선 상에 유효한 조치인 단락보호 장치를 설치한다.(이 내용을 쓰지 않으면 오답이 된다)

참고 : 2방법처럼 각층마다 경종선 1선을 설치해도 화재로 인하여 하나의 층의 지구음향장치 또는 배선이 단
락되어도 다른 층의 화재통보에 지장이 된다. 그러므로 유효한 조치를 해야 한다.

문 제 3

문제1(22p)의 자동화재탐지설비 계통도를 보고 아래의 빈칸에 가닥수를 쓰시오.

번호	경종+	경종-	표시등-	표시등+	응답	회로(지구)	공통	계
①								
②								
③								
④								
⑤								

정 답

번호	경종+	경종-	표시등-	표시등+	응답	회로(지구)	공통	계
①	1	1	1	1	1	1	1	7
②	2	2	1	1	1	2	1	10
③	3	3	1	1	1	3	1	13
④	4	4	1	1	1	4	1	16
⑤	5	5	1	1	1	5	1	19

※ 단락보호장치가 없이 각층별 경종선 2선을 설치하는 내용이다.

정답에서 아래 내용을 쓰면 오답이 된다.

『화재로 인하여 하나의 층의 지구음향장치 또는 배선이 단락되어도 다른 층의 화재통보에 지장이 없도록 각층 배선 상에 유효한 조치인 단락보호 장치 또는 퓨즈를 설치한다』

참고 : 각층마다 경종선 2선을 설치하므로서,
화재로 인하여 하나의 층의 지구음향장치 또는 배선이 단락되어도 다른 층의 화재통보에 지장이 없게 된다.

25

1. 자동화재탐지설비 전기 계통도(P형)

일제경보방식(조건: 각층마다 지구음향장치 또는 배선 단락보호장치를 설치한다)

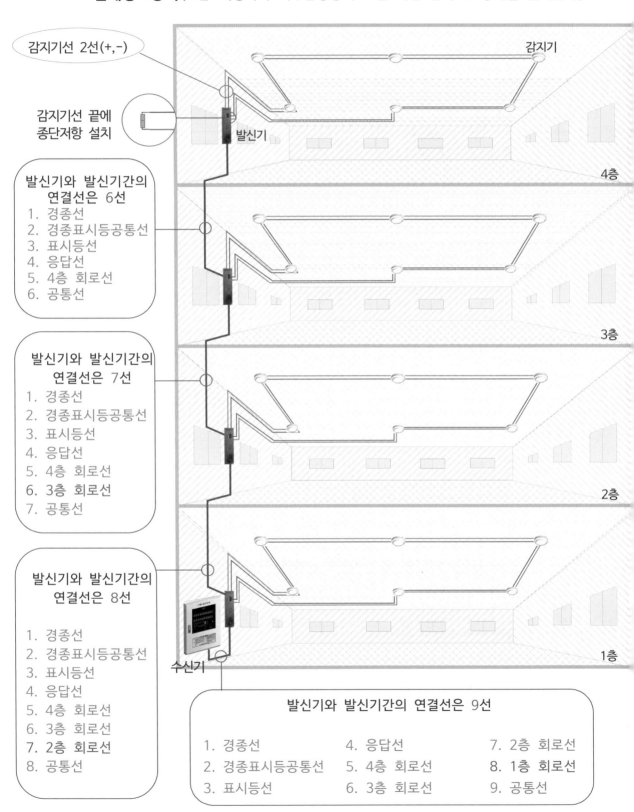

감지기선 2선(+,−)

감지기

감지기선 끝에
종단저항 설치

발신기

4층

발신기와 발신기간의
연결선은 6선
1. 경종선
2. 경종표시등공통선
3. 표시등선
4. 응답선
5. 4층 회로선
6. 공통선

3층

발신기와 발신기간의
연결선은 7선
1. 경종선
2. 경종표시등공통선
3. 표시등선
4. 응답선
5. 4층 회로선
6. 3층 회로선
7. 공통선

2층

발신기와 발신기간의
연결선은 8선

1. 경종선
2. 경종표시등공통선
3. 표시등선
4. 응답선
5. 4층 회로선
6. 3층 회로선
7. **2층 회로선**
8. 공통선

수신기

1층

발신기와 발신기간의 연결선은 9선

1. 경종선	4. 응답선	7. 2층 회로선
2. 경종표시등공통선	5. 4층 회로선	8. **1층 회로선**
3. 표시등선	6. 3층 회로선	9. 공통선

1-1. 자동화재탐지설비 전기 계통도(P형) (일제경보방식)를

1. (26페이지) 그림을 도시기호로 표현한 내용

(조건: 각층마다 지구음향장치 또는 배선의 단락보호장치를 설치한다)

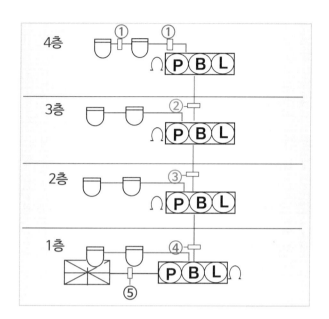

도시기호

수신기	
발신기	PBL
차동식 스포트형감지기	
종단저항	

번호	전선 기호	내 용
①	HFIX 1.5㎟ - 4	감지기 +선 2선, 감지기 -선 2선
②	HFIX 2.5㎟ - 6	경종선, 경종·표시등 공통선, 표시등선, 응답선, 회로(4층)선, 공통선
③	HFIX 2.5㎟ - 7	경종선, 경종·표시등 공통선, 표시등선, 응답선, 회로(4층)선, 회로(3층)선, 공통선
④	HFIX 2.5㎟ - 8	경종선, 경종·표시등 공통선, 표시등선, 응답선, 회로(4층)선, 회로(3층)선, 회로(2층)선, 공통선
⑤	HFIX 2.5㎟ - 9	경종선, 경종·표시등 공통선, 표시등선, 응답선, 회로(4층)선, 회로(3층)선, 회로(2층)선, 회로(1층)선, 공통선

번호	벨(경종)	경종·표시등 공통	표시등	응답	회로(지구)	공통	계
②	1	1	1	1	1	1	6
③	1	1	1	1	2	1	7
④	1	1	1	1	3	1	8
⑤	1	1	1	1	4	1	9

자동화재탐지설비 전기 계통도(P형)

일제경보방식

1경계구역(또는 그림의 1개층)에는 발신기와 감지기가 연결된다.
감지기는 그림과 같이 발신기 단자대에서 시작하는 +, - 2선이 감지기를 순차적으로 연결하여 마지막 감지기의 감지기선이 발신기의 단자대에 되돌아와서 연결하여 그 끝에 종단저항을 설치한다.

감지기를 순차적으로 연결하는 방법을 송배전(送配電)식 연결이라 부른다.

감지기회로의 끝에 저항(종단저항)을 설치하는 목적(기능)은 수신기에서 감지기회로의 선이 정상적인지를 수신기에서 도통시험(선의 끊어짐 시험)이 가능하게 하는 부품이다.

자동화재탐지설비의 감지기가 작동하면 수신기에서는 감지기 작동신호를 수신하여 화재발생을 건물에 알리기 위하여 벨(경종)을 울리게 한다.
벨을 울리는 방식이 건물 전체에 경보(벨)가 울리게 하는 방식을 일제경보방식이라 한다.

> 자동화재탐지설비 및 시각경보기의 화재안전기술기준 2.5
> 2.5 음향장치 및 시각경보장치
> 2.5.1 자동화재탐지설비의 음향장치는 다음의 기준에 따라 설치해야 한다.
> 2.5.1.1 주음향장치는 수신기의 내부 또는 그 직근에 설치할 것
> 2.5.1.2 층수가 11층(공동주택의 경우에는 16층) 이상의 특정소방대상물은 다음의 기준에 따라 경보를
>   발할 수 있도록 할 것
> 2.5.1.2.1 2층 이상의 층에서 발화한 때에는 발화층 및 그 직상 4개 층에 경보를 발할 것
> 2.5.1.2.2 1층에서 발화한 때에는 발화층·그 직상 4개 층 및 지하층에 경보를 발할 것
> 2.5.1.2.3 지하층에서 발화한 때에는 발화층·그 직상층 및 기타의 지하층에 경보를 발할 것

2022.5.9일 자동화재탐지설비의 기준이 개정되기 이전에는 건물은 화재가 발생한 층과 직상층에만 경보를 울리게 하도록 기준을 정하고 있었다.

그리고 개정된 기준의 내용 중 『자동화재탐지설비 및 시각경보기의 화재안전기술기준 2.2.3.9』
『화재로 인하여 하나의 층의 지구음향장치 또는 배선이 단락되어도 다른 층의 화재통보에 지장이 없도록 각 층 배선 상에 유효한 조치를 할 것』의 내용에 부합되기 위해서는
각층별로 벨(경종)선 +, -선 2선을 각각 설치해야 한다.

일제경보방식과 구분경보방식 모두 각 층별 벨(경종)선 +, -선 2선을 각각 설치해야 한다.

그러나 현장에서는 화재로 인하여 하나의 층의 지구음향장치 또는 배선이 단락되어도 다른 층의 화재통보에 지장이 없도록 각층 배선상에 유효한 조치인 단락보호 장치 또는 퓨즈를 설치한다.

2022.5.9일 자동화재탐지설비의 기준이 개정되기 이전에는,

1경계구역의 배선내용이,

1.벨선, 2.표시등선, 3.벨·표시등 공통선, 4.응답선, 5.회로선, 6.회로 공통선 이었다.

그러나 기준의 개정으로 각층마다 벨선 2선을 설치해야 하지만,

각층의 지구음향장치 또는 배선 단락 보호장치를 설치한다.
그러므로 선의 내용은 동일하다.

전화선은 화재안전기술기준이 제정되기 전에 수신기의 전화기능이 삭제되었다.

참고

현장에서는 전선수를 줄이기 위해 화재로 인하여 하나의 층의 지구음향장치 또는 배선이 단락되어도 다른 층의 화재통보에 지장이 없도록 각 층 배선 상에 유효한 조치인 『단락보호 조치』 또는 『퓨즈』를 설치하는 방법을 하고 있다.

지구경종 단락 보호장치

2. 자동화재탐지설비 부품 연결(P형)

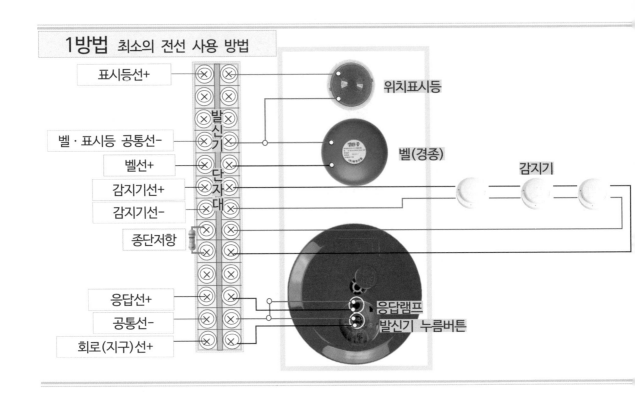

1방법 최소의 전선 사용 방법

- 표시등선+
- 벨·표시등 공통선−
- 벨선+
- 감지기선+
- 감지기선−
- 종단저항
- 응답선+
- 공통선−
- 회로(지구)선+

발신기 단자대

위치표시등
벨(경종)
감지기
응답램프
발신기 누름버튼

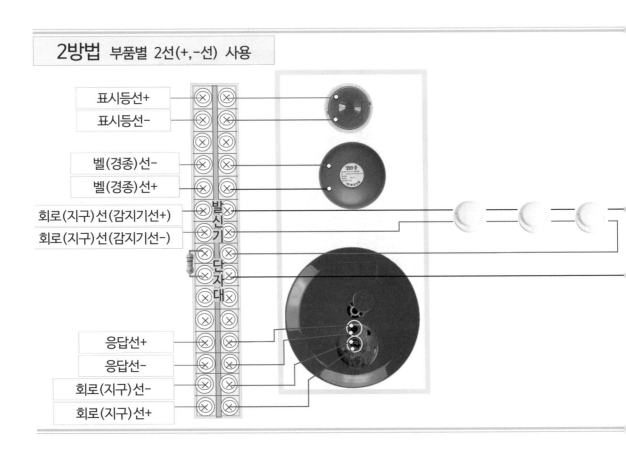

2방법 부품별 2선(+,−선) 사용

- 표시등선+
- 표시등선−
- 벨(경종)선−
- 벨(경종)선+
- 회로(지구)선(감지기선+)
- 회로(지구)선(감지기선−)
- 응답선+
- 응답선−
- 회로(지구)선−
- 회로(지구)선+

발신기 단자대

자동화재탐지설비 부품 연결(P형)

2.(30페이지).해설

1방법(최소의 선 사용방법) (조건: 각층마다 지구음향장치 단락보호장치를 설치한다)

자동화재탐지설비의 부품은 발신기 누름버튼(감지기), 응답램퍼, 위치표시등, 벨(경종)의 4개의 부품이 있다. 부품과 수신기와의 연결은 직류 24V로 연결된다.

각 부품마다 +, −선 2선이 수신기와 연결되지만 선을 절약하기 위해서 벨과 위치표시등을 공용으로 사용하는 −선 1선을 설치한다. 응답램프와 회로(지구)선에 공용으로 사용하는 −선 1선을 설치한다. 여러개의 부품에 −선 1선을 공용으로 사용하는 선을 전기분야에서는 공통선이라 부른다.

그러므로 1.벨선, 2.벨·표시등 공통선 3.표시등선, 4.응답선, 5.회로선, 6.공통선이 된다.
시각경보기를 설치하는 곳에는 시각경보기선을 추가하여 설치해야 한다.

2방법(부품별 2선 사용방법)

자동화재탐지설비의 부품은 감지기(발신기 누름버튼,회로), 응답램퍼, 위치표시등, 벨(경종)의 4개의 부품에 대하여 각 부품마다 +, −선을 연결하는 방법이다.

그러므로 『4개 부품 × 2선(+,−선) = 8선』이 된다.
이 방법이 가장 이상적인 방법이며, 이렇게 설치하는 현장도 있다.

시험문제에서는 공통선에 대한 내용의 조건을 제시하면
그에 적합하게 배선 설계를 하면 된다.

감지기 +, −선과 발신기 누름버튼 +, −선은 발신기 단자대에
동일한 곳에 연결되어 수신기로 연결된다.

화재에 의한 감지기 작동이나, 발신기 누름스위치 작동은
화재발생을 수신기에 전달하는 신호이다.

자동화재탐지설비 화재안전기준 개정전의 일제경보방식

4층 ↔ 3층
1. 벨선
2. 표시등선
3. 벨표시등공통선
4. 전화선
5. 응답선
6. 회로(지구)선
7. 공통선

➡

3층 ↔ 2층
1. 벨선
2. 표시등선
3. 벨표시등공통선
4. 전화선
5. 응답선
6. 1회로(지구)선
7. 2회로(지구)선
8. 공통선

➡

2층 ↔ 1층
1. 벨선
2. 표시등선
3. 벨표시등공통선
4. 전화선
5. 응답선
6. 1회로(지구)선
7. 2회로(지구)선
8. 3회로(지구)선
9. 공통선

➡

1층 ↔ 수신기
1. 벨선
2. 표시등선
3. 벨표시등공통선
4. 전화선
5. 응답선
6. 1회로(지구)선
7. 2회로(지구)선
8. 3회로(지구)선
9. 4회로(지구)선
10. 공통선

화재안전기준 개정전의 구분경보방식

4층 ↔ 3층
1. 벨선
2. 표시등선
3. 벨표시등공통선
4. 전화선
5. 응답선
6. 회로(지구)선
7. 공통선

➡

3층 ↔ 2층
1. 4층 벨선
2. 3층 벨선
3. 표시등선
4. 벨표시등공통선
5. 전화선
6. 응답선
7. 1회로(지구)선
8. 2회로(지구)선
9. 공통선

➡

2층 ↔ 1층
1. 4층 벨선
2. 3층 벨선
3. 2층 벨선
4. 표시등선
5. 벨표시등공통선
6. 전화선
7. 응답선
8. 1회로(지구)선
9. 2회로(지구)선
10. 3회로(지구)선
11. 공통선

➡

1층 ↔ 수신기
1. 4층 벨선
2. 3층 벨선
3. 2층 벨선
4. 1층 벨선
5. 표시등선
6. 벨표시등공통선
7. 전화선
8. 응답선
9. 1회로(지구)선
10. 2회로(지구)선
11. 3회로(지구)선
12. 4회로(지구)선
13. 공통선

화재안전기준 개정후의 일제경보방식(각층마다 지구음향장치 단락보호장치 설치)

4층 ↔ 3층
1. 벨선
2. 벨·표시등공통선
3. 표시등선
4. 응답선
5. 1회로(지구)선
6. 공통선

➡

3층 ↔ 2층
1. 벨선
2. 벨·표시등공통선
3. 표시등선
4. 응답선
5. 1회로(지구)선
6. 2회로(지구)선
7. 공통선

➡

2층 ↔ 1층
1. 벨선
2. 벨·표시등공통선
3. 표시등선
4. 응답선
5. 1회로(지구)선
6. 2회로(지구)선
7. 3회로(지구)선
8. 공통선

➡

1층 ↔ 수신기
1. 벨선
2. 벨·표시등공통선
3. 표시등선
4. 응답선
5. 1회로(지구)선
6. 2회로(지구)선
7. 3회로(지구)선
8. 4회로(지구)선
9. 공통선

3. 자동화재탐지설비 배선내용(P형) (시각경보장치 설치하는 경우)
(각층마다 지구음향장치 단락보호장치 설치)

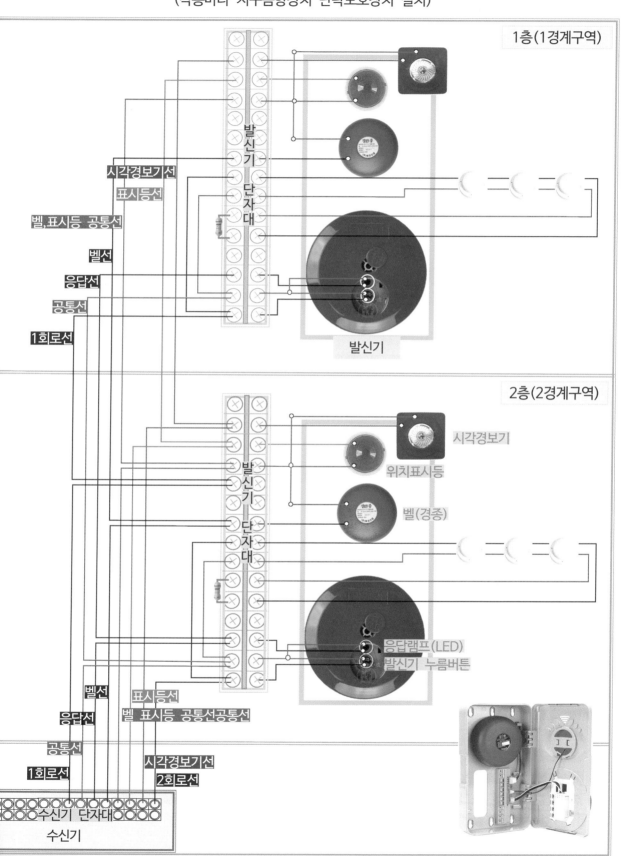

1층(1경계구역)

발신기
단자대

시각경보기선
표시등선
벨,표시등 공통선
벨선
응답선
공통선
1회로선

발신기

2층(2경계구역)

발신기
단자대

시각경보기
위치표시등
벨(경종)

응답램프(LED)
발신기 누름버튼

벨선
표시등선
응답선
벨 표시등 공통선공통선
공통선
1회로선
시각경보기선
2회로선

수신기 단자대
수신기

3-1. 자동화재탐지설비 배선내용(P형) 작동흐름

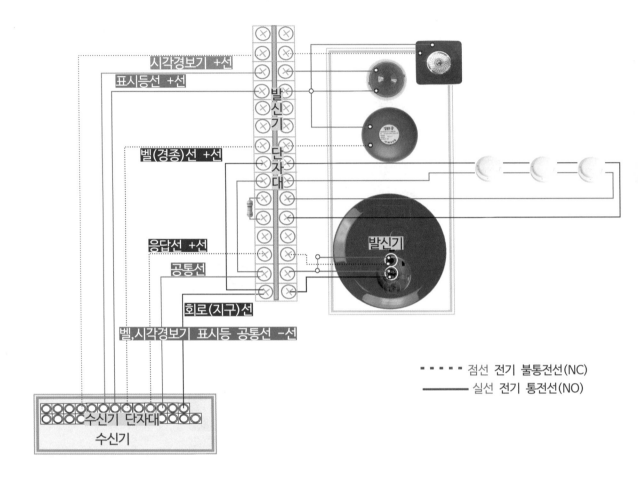

시각경보기 +선
표시등선 +선
벨(경종)선 +선
응답선 +선
공통선
회로(지구)선
벨,시각경보기 표시등 공통선 −선

발신기
단자대

발신기

· · · · · 점선 전기 불통전선(NC)
───── 실선 전기 통전선(NO)

C수신기 단자대
수신기

1. 발신기 누름버튼, 감지기

감지기+선, 발신기 누름S/W+선은 **검정색 실선**이며,
감지기−선, 발신기 누름S/W−선은 빨간선 실선으로 전기가 수신기와 항상 공급되고 있다.
발신기 누름버튼을 손가락으로 누르면 접점이 붙어 수신기에 화재신호가 전달되어 수신기는 화재신호를 인식하며,
화재발생으로 감지기가 작동하면 접점이 붙어 수신기에 화재신호가 전달되어 수신기는 화재신호를 인식한다.

감지기 작동 또는 발신기 누름버튼 누름
⇨ 감지기 작동, 발신기 누름스위치 작동신호를 수신기에 전달한다
   (실선으로 접점이 붙어 신호가 전달된다)
⇨ 수신기는 작동신호를 받아 그 후속 조치로,
   경종(벨), 시각경보기가 작동하게 전류를 보내어 경종이 울리고, 시각경보기가 작동한다
⇨ 수신기는 해당경계구역 및 화재표시등 점등한다.

2. 시각경보기, 경종(벨)

시각경보기+선, **경종(벨)**+선은 점선표기되어 있으며, 평소에는 전기가 통전되지 않는다.
발신기 누름스위치 작동 또는 감지기가 작동하여 작동신호가 수신기에 전달되면 수신기에서는 화재발생을
인식하고 시각경보기, 경종(벨)선에 전류가 통전 되게하여, 시각경보기, 경종(벨)이 작동한다.

3. 위치표시등

표시등선(녹색선)과 **공통선**(빨간선)은 발신기와 수신기간 항상 전기가 공급되고 있다.
발신기의 위치를 주,야간 항상 볼수 있게 등이 켜져 있다.

4. 응답램프

검정색 점선은 전기가 공급되지 않으며, **빨간선** 실선(공통선)은 전기가 수신기와 항상 공급되고 있다.
발신기 누름버튼을 손가락으로 누르면 응답램프의 검정색회로에 전기가 공급되어 LED램프가 점등된다

5. 전화

화재안전기술기준에서 수신기의 전화기능은 삭제되어 전화선은 없어졌다.

3-2. 3(33페이지).자동화재탐지설비 배선내용(P형) 그림을 도시기호로 표현한 내용

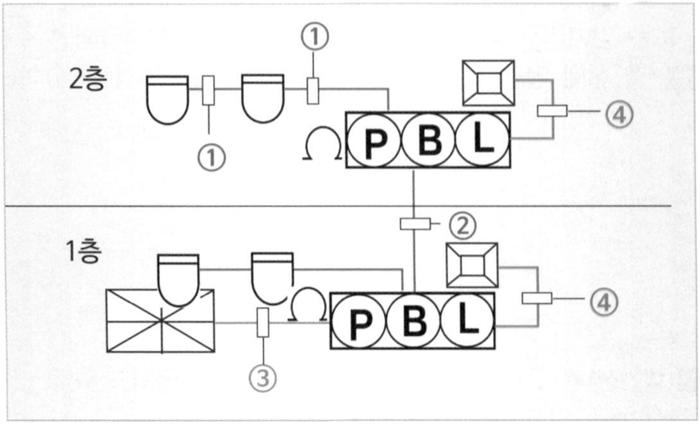

도시기호

수신기	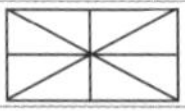
발신기	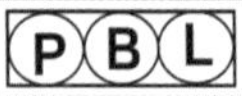
차동식 스포트형감지기	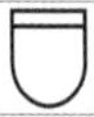
시각경보기	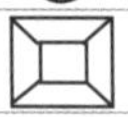
종단저항	

(경종 · 표시등을 공통선 1선으로 하며, 각층마다 지구음향장치선 단락보호장치 설치한다)

번호	전선 기호	내 용
①	HFIX 1.5㎟ - 4	감지기 +선 2선, 감지기 -선 2선
②	HFIX 2.5㎟ - 7	벨(경종)선, 시각경보기선, 경종 · 표시등선 공통선, 표시등선 응답선, 1회로(2층)선, 공통선
③	HFIX 2.5㎟ - 8	벨(경종)선, 시각경보기선, 경종 · 표시등선 공통선, 표시등선 응답선, 1회로(2층)선, 2회로(1층)선, 공통선
④	HFIX 2.5㎟ - 2	시각경보기선(+,-) 2선

번호	경종	시각경보	경종 · 표시등 공통	표시등	응답	회로(지구)	공통	계
②	1	1	1	1	1	1	1	7
③	1	1	1	1	1	2	1	8

3(33페이지). 자동화재탐지설비 배선내용(P형) 해설

자동화재탐지설비의 회로배선의 결선 및 계통도이다.
1경계구역의 소방시설 부품은 발신기 누름버튼(감지기), 응답램퍼, 위치표시등, 벨(경종), 시각경보기 5개의 부품이 있다.

각 부품마다 2선(+,−)을 연결해야 하지만, 선을 절약하여 경제적인 설계 및 공사를 하기 위하여
2 이상의 부품을 공용선(−선)으로 사용한다. 이 공용선을 전기분야에서는 공통선이라 부른다.

설계도 공통선을 사용하여 경제적 설계를 하며, 공사현장에도 이렇게 많이 하고 있다.
그러나 일부의 공사형장에는 부품마다 2선(+,−)을 공사하는 현장도 있다.

시험문제(자격 시험)에서 경제적인 설계(최소 가닥수) 또는 부품과의 공통선을 조건으로 문제를 풀도록
하는 경우가 많다.

3-2의 배선 내용은 공통선을 사용하여 경제적인 설계(최소 가닥수)로 결선한 결선도이다.

②의 구체적인 내용은 1. 시각경보기선, 2. 벨(경종)선, 3. 경종·표시등선 공통선, 4. 표시등선,   5.응답선,
6.회로(지구, 감지기, 누름버튼)선, 7. 공통선으로 결선도가 그려졌다.

발신기 누름버튼과 감지기선은 단자대에 한곳에 결선되어 1선을 아래 발신기로 연결되어 수신기로 연결한다.

2경계구역의 부품도 5개에 대하여 공통선을 사용하여 경제적인 설계(최소 가닥수)로 발신기 단자대에 결선한다.

2경계구역의 발신기 단자대에는 위에서 아래로 결선된 1경계구역의 결선내용과 2경계구역의 결선 내용이 합하여
수신기로 연결된다.

경종·표시등을 공통선 1선으로 하는 조건이며, 화재
로 인하여 하나의 층의 지구음향장치 또는 배선이
단락되어도 다른 층의 화재통보에 지장이 없도록
각층 배선 상에 유효한 조치인 단락보호 장치 또는
퓨즈를 설치한다는 조건이다.

지구경종 단락 보호장치

4. 자동화재탐지설비 배선도(P형)

시각경보장치를 설치하는 경우

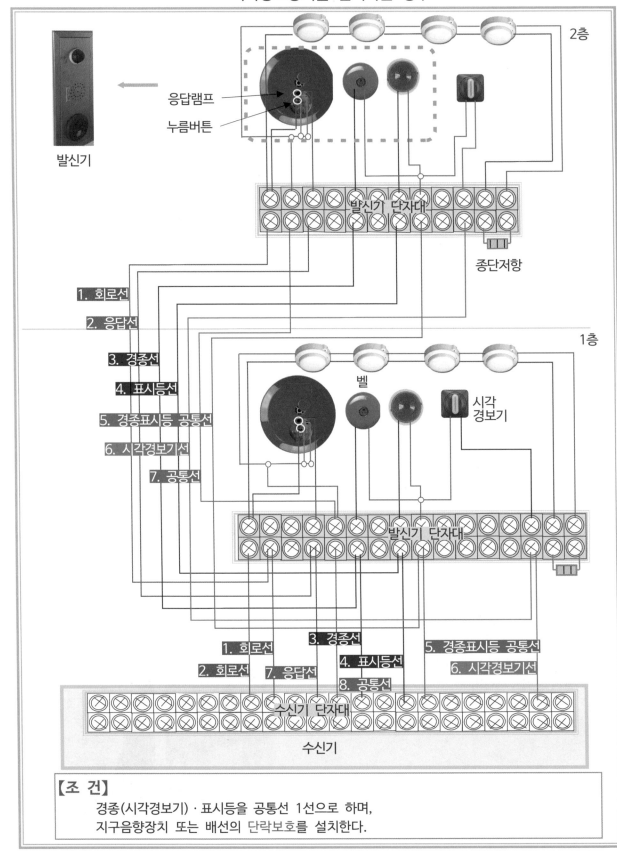

응답램프

누름버튼

발신기

2층

발신기 단자대

종단저항

1. 회로선

2. 응답선

3. 경종선

4. 표시등선

5. 경종표시등 공통선

6. 시각경보기선

7. 공통선

1층

벨

시각경보기

발신기 단자대

1. 회로선

2. 회로선

3. 경종선

4. 표시등선

5. 경종표시등 공통선

6. 시각경보기선

7. 응답선

8. 공통선

수신기 단자대

수신기

【조 건】

경종(시각경보기)·표시등을 공통선 1선으로 하며,
지구음향장치 또는 배선의 단락보호를 설치한다.

4.(38페이지) 자동화재탐지설비 배선도(P형)의 해설

1개층(경계구역)의 부품 5개에 대하여,
구체적인 선의 내용은 1. 시각경보기선   2. 벨(경종)선, 3. 경종·표시등 공통선,
4. 표시등선, 5. 응답선, 6.회로(지구, 감지기, 누름버튼)선, 7. 공통선으로 결선도가 그려졌다.

1경계구역이 추가되면 회로선이 1선 추가된다.

화재안전기준에서는,
화재로 인하여 하나의 층의 지구음향장치(경종, 시각경보기) 또는 배선이 단락되어도 다른 층의
화재통보에 지장이 없도록 해야 한다.

이렇게 하기 위해서는 각층별 벨(+, -)2선, 시각경보기 (+, -)2선을 설치해야 한다.
그러나 현실적으로 선의 가닥수가 많고, 현장에서는 이 내용을 해결하기 위해서
각층 배선 상에 유효한 조치인 단락보호 장치 또는 퓨즈를 설치한다.

단락보호장치를 설치하지 않은 경우 선의 가닥수

1방법

번호	경종+	경종-	시각경보+	시각경보-	표시등+	표시등-	응답	회로(지구)	공통	계
2층	1	1	1	1	1	1	1	1	1	9
1층	2	2	2	2	1	1	1	2	1	14

2방법

번호	경종 +,-선	시각경보+,-선	표시등+,-선	응답+,-선	회로(지구)+,-선	계
2층	2	2	2	2	2	10
1층	4	4	2	2	4	16

단락보호장치를 설치한 경우 선의 가닥수

번호	경종	시각경보	경종·표시등 공통	표시등	응답	회로(지구)	공통	계
2층	1	1	1	1	1	1	1	7
1층	1	1	1	1	1	2	1	8

5. 자동화재탐지설비 전기 계통도(P형)일제경보방식

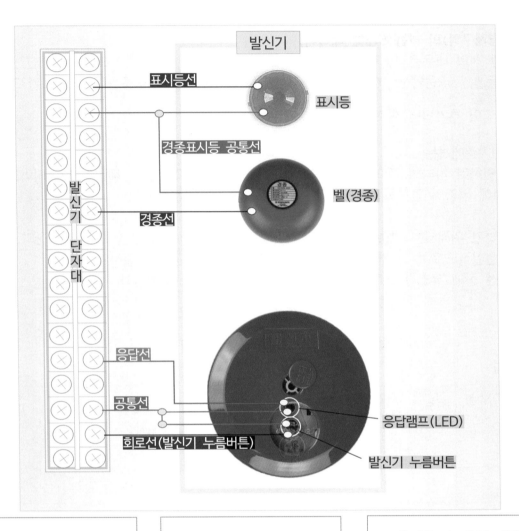

발신기

표시등선

표시등

경종표시등 공통선

벨(경종)

경종선

발신기 단자대

응답선

응답램프(LED)

공통선

회로선(발신기 누름버튼)

발신기 누름버튼

개정전의 배선 내용	개정후의 배선 내용 (1 방법)	개정후의 배선 내용 (2 방법)
1. 벨(경종)선 2. 표시등선 3. 벨, 표시등 공통선 4. 전화선 5. 응답선 6. 회로(지구)선 7. 회로 공통선	1. 벨(경종) 2. 경종표시등 공통선 3. 표시등 4. 응답선 5. 회로(지구)선 6. 공통선 경종,표시등을 1선으로 공통선 사용하고, 지구음향장치 또는 배선의 단락보호장치 설치한 경우	1. 벨(경종) +선 2. 벨(경종) −선 3. 표시등 +선 4. 표시등 −선 5. 응답선 6. 회로(지구)선 7. 공통선 지구음향장치 또는 배선의 단락보호장치 설치하지 않은 경우

화재안전기술기준 제정으로 P형 수신기의 회로배선 내용이 변경됨

1. 개정 내용

『자동화재탐지설비 및 시각경보기의 화재안전기술기준 2.2.3.9』

화재로 인하여 하나의 층의 지구음향장치 배선이 단락(합선)되어도 다른 층의 화재통보에 지장이 없도록 각 층 배선 상에 유효한 조치를 할 것.

화재안전기술기준에서 P형 수신기의 전화기능을 삭제했다, 그러므로 전화선은 없어졌다.

2. 회로배선이 변경되는 내용

각층에서 수신기에 연결되는 발신기와 발실기간의 회로배선의 내용이 변경된다.

개정된 기준내용에서 『하나의 층의 지구음향장치 배선이 단락되어도 다른 층의 화재통보에 지장이 없도록 각 층 배선 상에 유효한 조치』의 내용에 부합되기 위해서는 각층별로 경종(벨)선 +, - 2선을 설치해야 화재발생으로 화재발생층의 음향장치(벨)선이 소실(단락 등)되어도 다른 층의 화재통보에 영향이 없게 된다.

일제경보방식과 구분경보방식 모두 각 층별 벨(경종), 시각경보기선 +, -선 2선을 각각 설치해야 한다.
그러나 현실적으로 선의 가닥수가 많고, 현장에서는 이 내용을 해결하기 위해서
각층 배선 상에 유효한 조치인 단락보호 장치 또는 퓨즈를 설치한다.

시각경보기를 설치하는 장소에는 벨(경종)과 시각경보기가 동시에 작동한다.

전화선은 없어졌다.

지구경종 단락 보호장치

문 제 1

다음 그림은 P형 1급 수신기의 기본 결선도이다. 다음 물음에 답하시오.
(단, ㉐는 응답선, ㉙는 공통선이다)

1. 각 선의 명칭을 쓰시오. ㉮, ㉯, ㉱, ㉲
2. 표시등의 점멸 상태에 대해 설명하시오(평상시).
3. 경계구역이 늘어날 때마다 추가되는 선의 이름을 쓰시오.
4. 감지기에 연결해야 할 단자 이름을 쓰시오.
5. 회로에 사용되는 전원의 종류와 전압(V)을 쓰시오.

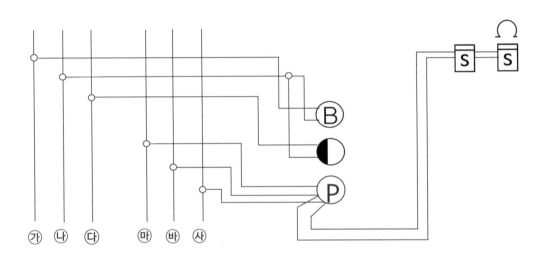

정 답

1. ㉮ 경종(벨) +선,　㉯ 경종표시등 공통선　㉰ 표시등선　㉺ 지구(회로)선
2. 적색등으로 켜져 있어야 한다.
3. 지구(회로)선
4. 지구(회로)선, 공통선
5. 직류 24V

해 설

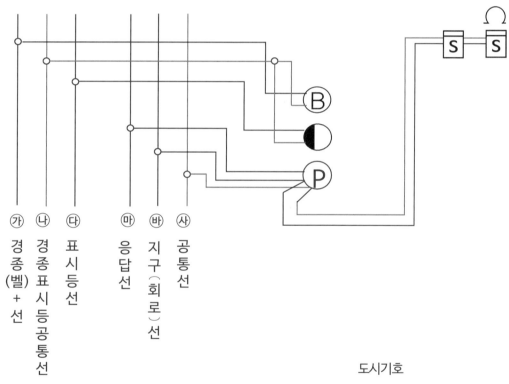

㉮ 경종(벨) +선
㉯ 경종표시등공통선
㉰ 표시등선
㉲ 응답선
㉺ 지구(회로)선
㉻ 공통선

도시기호

벨	Ⓑ
표시등	◑
발신기	Ⓟ
연기감지기	S
종단저항	Ω

그림은 자동화재탐지설비의 P형1급 수신기와 발신기, 감지기 등의 부속품이다.
결선을 완성하시오.

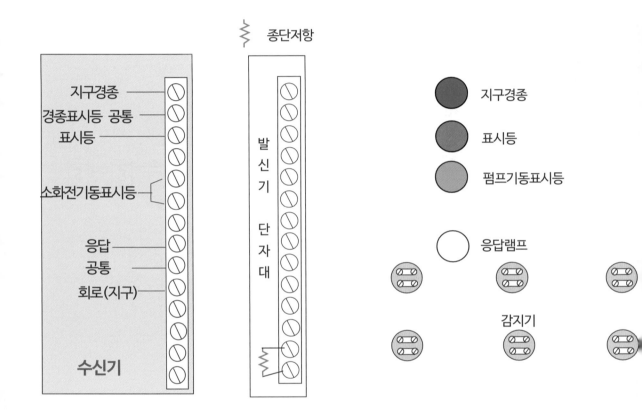

정 답

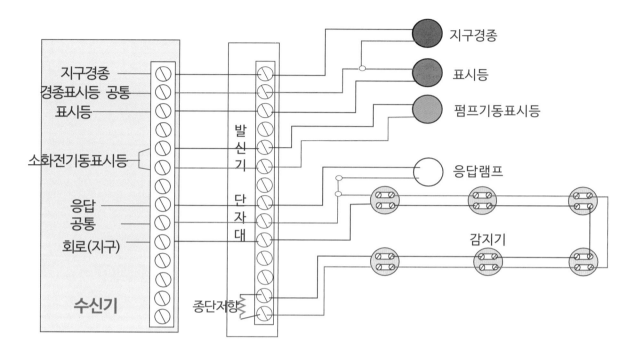

해 설

◉ 종단저항 설치 : 감지기회로의 끝에 발신기 단자대에 종단저항을 설치한다.

◉ 공통선 : −선(빨간선)은 1선으로 2개 이상의 부품에 공용으로 사용하는 선이다.
　　　　　 공통선 1선에 감지기, 응답램프를 공용으로 사용,
　　　　　 경종 표시등 공통선 1선에 경종, 표시등을 공용으로 사용한다.

◉ 부품에 사용되는 전기 : 위에 설치된 부품들은 모두 직류 24V를 사용하는
　　　　　　　　　　　　 +,− 2선이 필요하다.

다음 그림은 P형 1급 수신기의 결선도이다. 각 번호에 알맞은 배선 내역을 쓰시오.

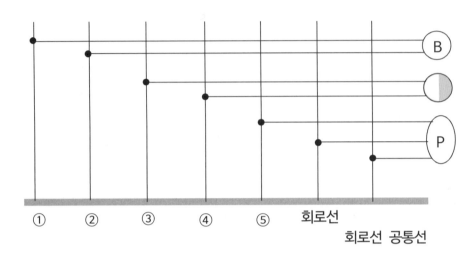

① ② ③ ④ ⑤   회로선

회로선 공통선

정 답

① 경종선(또는 경종 +선)
② 경종선(또는 경종 −선)
③ 표시등선(또는 표시등 +선)
④ 표시등선(또는 표시등 −선)
⑤ 응답선

문제 3 | **해 설**

공통선을 사용하지 않는 방법이다.

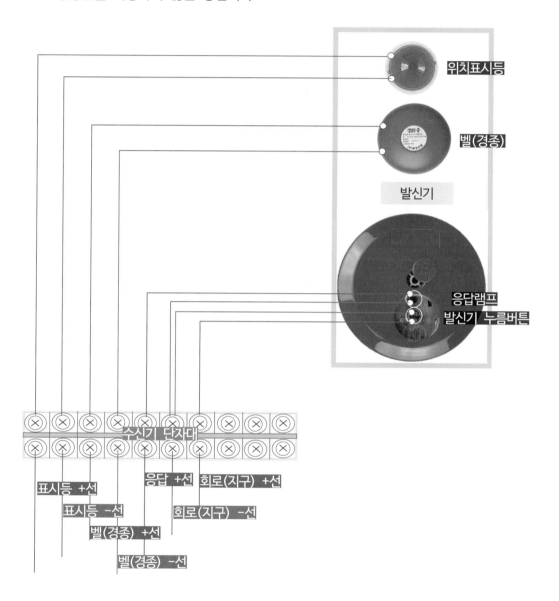

위치표시등

벨(경종)

발신기

응답램프

발신기 누름버튼

수신기 단자대

표시등 +선

표시등 -선

벨(경종) +선

벨(경종) -선

응답 +선

회로(지구) -선

회로(지구) +선

47

6. 자동화재탐지설비 발신기 배선도(P형)

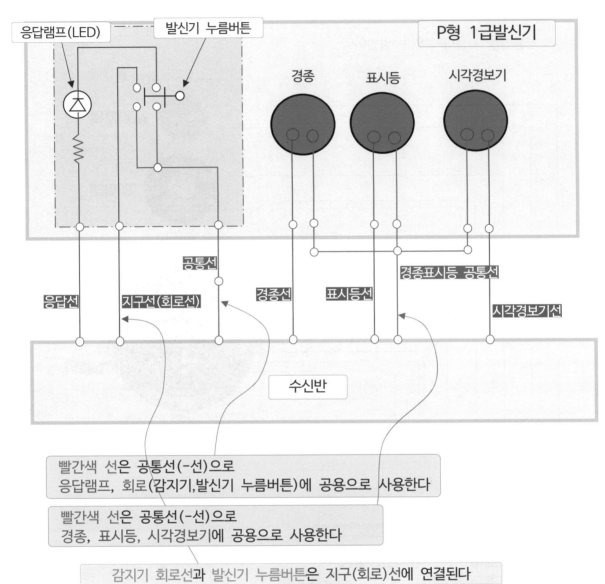

응답램프(LED)   발신기 누름버튼   P형 1급발신기

경종   표시등   시각경보기

공통선

응답선   지구선(회로선)   경종선   표시등선   경종표시등 공통선   시각경보기선

수신반

빨간색 선은 공통선(-선)으로
응답램프, 회로(감지기,발신기 누름버튼)에 공용으로 사용한다

빨간색 선은 공통선(-선)으로
경종, 표시등, 시각경보기에 공용으로 사용한다

감지기 회로선과 발신기 누름버튼은 지구(회로)선에 연결된다

시각경보기

6.(46페이지) 해설

벨(경종)과 표시등을 공통선으로 사용하여 벨선, 표시등선, 벨ㆍ표시등공통선 3선을 사용했지만,
화재안전기술기준 제정으로 화재층에서 벨선이 소실되어도 다른 층에 영향이 없도록 해야 한다.
그러나 현실적으로 선의 가닥수가 많고, 현장에서는 이 내용을 해결하기 위해서
각층 배선 상에 유효한 조치인 『단락보호 장치』 또는 『퓨즈』를 설치한다.

발신기 배선도 그림은 발신기 안에 각 부품간의 연결되는 배선 내용을 상세히 그린 것이다.
독자는 이러한 상세 내용을 제조회사나 수리하는 기술자들이 알아야 할 내용이 아니냐 하는
의문을 가질 수 있다.

이 책에서의 많은 내용이 이러한 의문을 가질 수 있지만, 소방기술자(설계, 시공, 감지자)가 최소한
알아야 할 내용에 대하여 오랜 세월에 걸쳐 학문의 영역으로 자리잡은 부분임을 이해하고,
너무 이러한 내용의 의문에 집착하면 자기발전에 장애가 될 수 있다고 본다.

발신기 배선도 그림에 대하여 기사시험 등에서 많이 출제되고 있다.

해 설

◉ **시각경보기** : 소비전력이 많으므로 시각경보기 전원반에서 별도로 2선(+,-)을 연결해야 한다.
   그러나 시각경보기에 작동전원을 공급할 수 있도록 형식승인을 얻은 수신기를 설치한 경우
   에는 수신기에서 연결이 가능하다.

◉ **응답선** : 응답단자로 이름을 사용해도 된다.

◉ **지구선** : 지구, 지구단자, 회로선, 회로단자로 이름을 사용해도 된다.

◉ **공통선** : 공통선, 공통단자로 이름을 사용해도 된다.

◉ **벨선** : 경종선, 벨단자, 경종단자로 이름을 사용해도 된다.

◉ **응답램프(LED)** : 발신기의 누름버튼의 신호가 수신기에 전달되었는가를 확인해 주는 램프로서
   신호가 전달되었다면 응답램프에 등이 켜진다.

◉ **누름버튼(푸시버튼)** : 화재발생을 수신기에 전달하기 위한 버튼으로서 누름버튼을 누르면
   경보(벨)가 울린다.

7. 자동화재탐지설비 전기 계통도(P형) 일제경보방식

화재안전기술기준이 제정되기 전에는, 벨(경종)과 표시등을 공통선을 함께 사용하여, 벨(경종)선, 표시등선, 벨(경종)·표시등 공통선으로 3선을 사용했지만,

개정후에는,
벨선(+, −) 2선을 설치해야 한다.
표시등(+, −) 2선을 설치해야 한다.
각 층별로 벨선 2선을 사용하여 설치하도록 정하고 있다.

개정내용
『하나의 층의 지구음향장치 배선이 단락되어도 다른 층의 화재통보에 지장이 없도록 각층 배선 상에 유효한 조치』

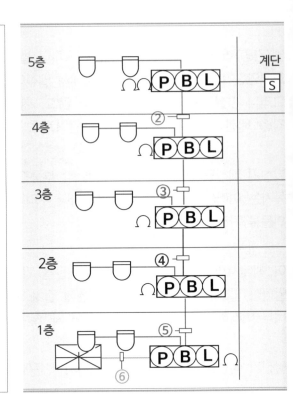

소방시설 전기회로 내용

번호	벨(경종) +	벨(경종) −	표시등 +	표시등 −	응답	회로	공통	계
②	1	1	1	1	1	2	1	8
③	2	2	1	1	1	3	1	11
④	3	3	1	1	1	4	1	14
⑤	4	4	1	1	1	5	1	17
⑥	5	5	1	1	1	6	1	20

하나의 층의 지구음향장치 배선이 단락되어도 다른 층의 화재통보에 지장이 없도록 각층 배선 상에 유효한 조치를 하지 않은 경우의 선의 가닥수 내용이다.

자동화재탐지설비 전기 계통도(P형)

화재안전기술기준 제정으로 P형 수신기의 회로배선 내용이 변경된 내용이다.

기준이 개정되기 전에는 최소의 배선을 사용하기 위해 7선(벨(경종)선, 표시등선, 벨, 표시등공통선, 전화선, 응답선, 회로(지구)선, 회로공통선)을 사용했지만,

기준이 개정된 후에는 2방법(40페이지)인 7선을 사용하는 방법보다 1방법인 6선을 사용하는 것이 적합하다.

기준이 개정되기 전에는 일제경보방식 건물은 건물 전체에 벨선 1선을 사용했지만 이제는 모든 층에 각각 벨(경종)선 2선(+,-)을 설치해야 한다.

그러나, 전선을 최소한의 가닥수로 설치하기 위해서,
화재로 인하여 하나의 층의 지구음향장치 또는 배선이 단락되어도 다른 층의 화재통보에 지장이 없도록 각층 배선 상에 유효한 조치인 단락보호 장치 또는 퓨즈를 설치한다.

그 이유는 『하나의 층의 지구음향장치 배선이 단락되어도 다른 층의 화재통보에 지장이 없도록 각 층 배선 상에 유효한 조치』의 내용에 부합되기 위해서이다.

8. 자동화재탐지설비 전기 계통도(P형)
일제경보방식

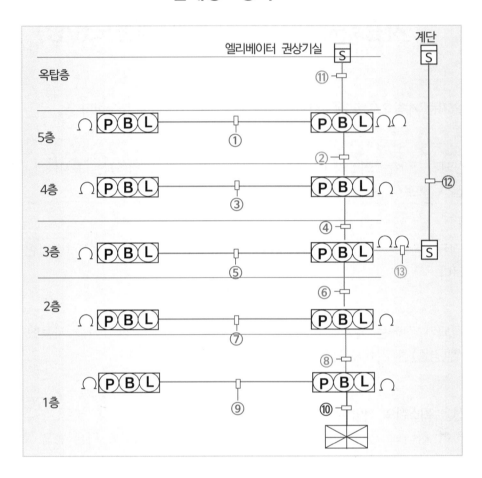

해 설

● 종단저항(Ω) 1개는 1회로(1경계구역)에 해당된다.

● 공통선 1선에 7 경계구역 이하 사용(접속)해야 한다

　　　　　　　(자동화재탐지설비 및 시각경보기의 화재안전성능기준 11조 7에 정해져 있다)

　이유 : 하나의 공통선에 전체 감지기 회로를 연결하면 과부하의 문제점도 있고, 공통선 단선 시
　　　모든 감지기 회로가 작동할 수 없으므로 사고 부담을 줄이기 위해 제한하고 있다.

자동화재탐지설비 및 시각경보기의 화재안전성능기준 11조 7
피(P)형 수신기 및 지피(G.P.)형 수신기의 감지기 회로의 배선에 있어서 하나의 공통선에 접속할
수 있는 경계구역은 7개 이하로 할 것

8. (52페이지) 자동화재탐지설비 전기 계통도 **배선내용**

NO	전선 기호	내 용
① ③ ⑤ ⑦ ⑨	HFIX 2.5㎟ -6	벨선, 표시등선, 벨·표시등 공통, 응답선, 회로, 공통
②	HFIX 2.5㎟ -8	벨선, 표시등선, 벨·표시등 공통, 응답선, 회로3, 공통
④	HFIX 2.5㎟ -10	벨선, 표시등선, 벨·표시등 공통, 응답선, 회로5, 공통
⑥	HFIX 2.5㎟ -14	벨선, 표시등선, 벨·표시등 공통, 응답선, 회로8, 공통2
⑧	HFIX 2.5㎟ -16	벨선, 표시등선, 벨·표시등 공통, 응답선, 회로10, 공통2
⑩	HFIX 2.5㎟ -18	벨선, 표시등선, 벨·표시등 공통, 응답선, 회로12, 공통2
⑪	HFIX 1.5㎟ -4	감지기-선 2, 감지기+선 2,
⑫⑬	HFIX 1.5㎟ -4	감지기-선 2, 감지기+선 2

소방시설 전기회로 내용

번호	벨	벨·표시등공통	표시등	응답	회로	공통	계
①③⑤⑦⑨	1	1	1	1	1	1	6
②	1	1	1	1	3	1	8
④	1	1	1	1	5	1	10
⑥	1	1	1	1	8	2	14
⑧	1	1	1	1	10	2	16
⑩	1	1	1	1	12	2	18

【조 건】
재로 인하여 하나의 층의 지구음향장치 또는 배선이 단락되어도 다른 층의 화재통보에 지장이 없도록
층 배선 상에 유효한 조치인 『단락보호 장치』 또는 『퓨즈』를 설치한다.

9. 자동화재탐지설비 전기 계통도(P형) 구분경보방식

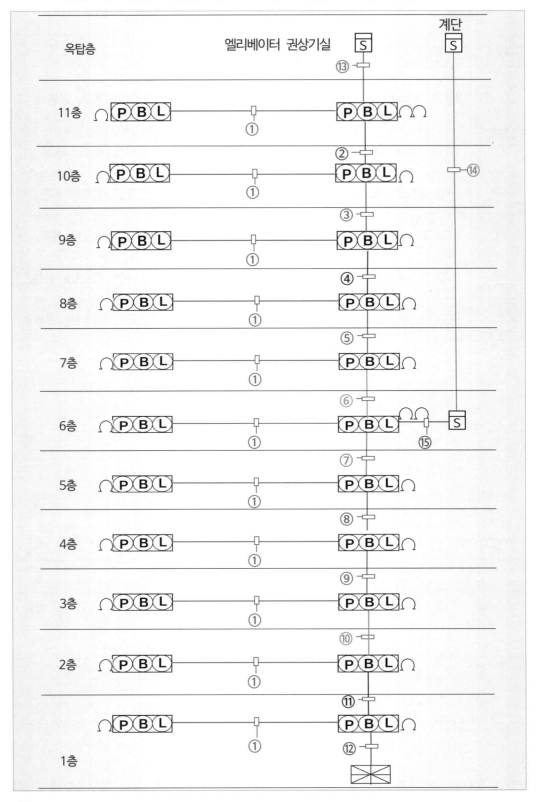

【조 건】

화재로 인하여 하나의 층의 지구음향장치 또는 배선이 단락되어도 다른 층의 화재통보에 지장이 없도록 각층 배선 상에 유효한 조치인 『단락보호 장치』 또는 『퓨즈』를 설치한다.

9. (54페이지) 자동화재탐지설비 전기 계통도(P형) 배선내용

번호	전선 기호	내 용
①	HFIX 2.5㎟ -6	벨, 표시등, 벨·표시등 공통, 응답, 회로, 공통 1
②	HFIX 2.5㎟ -8	벨, 표시등, 벨·표시등 공통, 응답, 회로 3, 공통 1
③	HFIX 2.5㎟ -11	벨 2, 표시등, 벨·표시등 공통, 응답, 회로 5, 공통 1
④	HFIX 2.5㎟ -14	벨 3, 표시등, 벨·표시등 공통, 응답, 회로 7, 공통 1
⑤	HFIX 2.5㎟ -18	벨 4, 표시등, 벨·표시등 공통, 응답, 회로 9, 공통 2
⑥	HFIX 2.5㎟ -21	벨 5, 표시등, 벨·표시등 공통, 응답, 회로 11, 공통 2
⑦	HFIX 2.5㎟ -25	벨 6, 표시등, 벨·표시등 공통, 응답, 회로 14, 공통 2
⑧	HFIX 2.5㎟ -29	벨 7, 표시등, 벨·표시등 공통, 응답, 회로 16, 공통 3
⑨	HFIX 2.5㎟ -32	벨 8, 표시등, 벨·표시등 공통, 응답, 회로 18, 공통 3
⑩	HFIX 2.5㎟ -35	벨 9, 표시등, 벨·표시등 공통, 응답, 회로 20, 공통 3
⑪	HFIX 2.5㎟ -39	벨 10, 표시등, 벨·표시등 공통, 응답, 회로 22, 공통 4
⑫	HFIX 2.5㎟ -42	벨 11, 표시등, 벨·표시등 공통, 응답, 회로 24, 공통 4
⑬ ⑭ ⑮	HFIX 1.5㎟ -4(16∅)	감지기-선 2선, 감지기+선 2선

번호	벨	벨·표시등공통	표시등	응답	회로	공통	계
①	1	1	1	1	1	1	6
②	1	1	1	1	3	1	8
③	2	1	1	1	5	1	11
④	3	1	1	1	7	1	14
⑤	4	1	1	1	9	2	18
⑥	5	1	1	1	11	2	21
⑦	6	1	1	1	14	2	25
⑧	7	1	1	1	16	3	29
⑨	8	1	1	1	18	3	32
⑩	9	1	1	1	20	3	35
⑪	10	1	1	1	22	4	39
⑫	11	1	1	1	24	4	42

10. 자동화재탐지설비 배선도(P형)

일제경보방식이면서 시각경보장치를 설치하는 경우

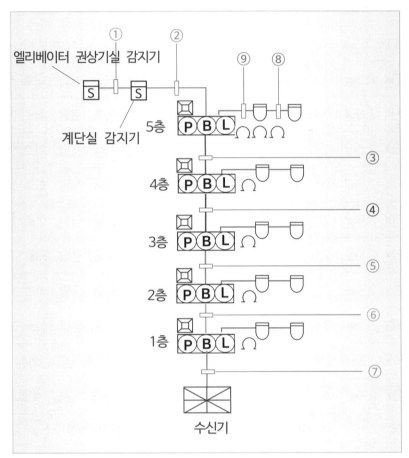

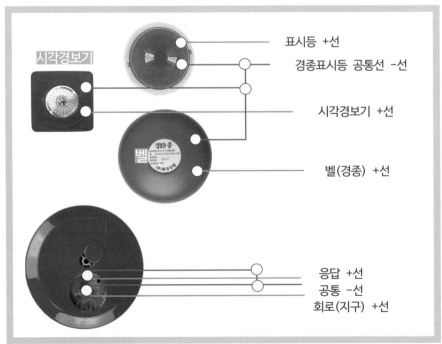

10.(56페이지) 자동화재탐지설비 배선도(P형) 배선내용

【조 건】

화재로 인하여 하나의 층의 지구음향장치 또는 배선이 단락되어도 다른 층의 화재통보에 지장이 없도록 각층 배선 상에 유효한 조치인 『단락보호 장치』 또는 『퓨즈』를 설치한다.

번호	배선 종류	배선 이름
①	HFIX 1.5㎟ - 4	감지기선 4(+선 2, -선 2)
②	HFIX 1.5㎟ - 8	감지기선 8(엘리베이터 권상기실 감지기선 4, 계단실 감지기선 4)
③	HFIX 2.5㎟ - 9	벨, 시각경보, 표시등, 벨·표시등 공통, 응답, 회로 3, 공통
④	HFIX 2.5㎟ - 10	벨, 시각경보, 표시등, 벨·표시등 공통, 응답, 회로 4, 공통
⑤	HFIX 2.5㎟ - 11	벨, 시각경보, 표시등, 벨·표시등 공통, 응답, 회로 5, 공통
⑥	HFIX 2.5㎟ - 12	벨, 시각경보, 표시등, 벨·표시등 공통, 응답, 회로 6, 공통
⑦	HFIX 2.5㎟ - 13	벨, 시각경보, 표시등, 벨·표시등 공통, 응답, 회로 7, 공통
⑧⑨	HFIX 1.5㎟ - 4	감지기선 4(+선 2, -선 2)

번호	벨	시각경보	벨·표시등공통	표시등	응답	회로	공통	계
③	1	1	1	1	1	3	1	9
④	1	1	1	1	1	4	1	10
⑤	1	1	1	1	1	5	1	11
⑥	1	1	1	1	1	6	1	12
⑦	1	1	1	1	1	7	1	13

11. 자동화재탐지설비 배선도(P형)

구분경보방식이면서 시각경보장치를 설치하는 경우

(11층 이상 건물이지만, 5층까지만 그려 생략된 그림)

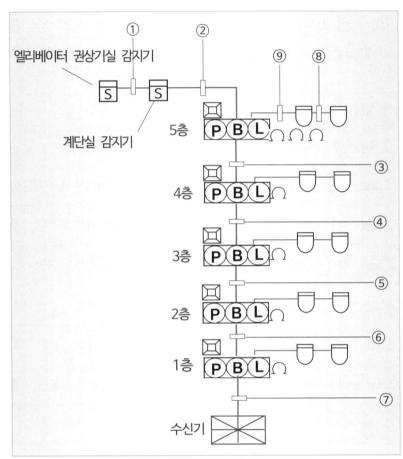

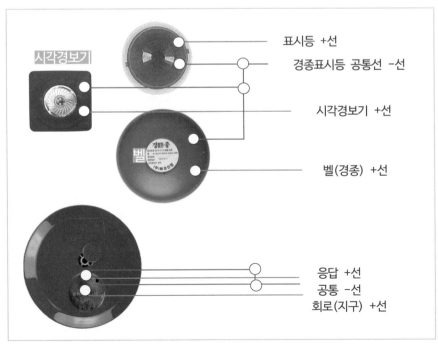

11.(58페이지) 자동화재탐지설비 배선도(P형) 배선내용

【조 건】

화재로 인하여 하나의 층의 지구음향장치 또는 배선이 단락되어도 다른 층의 화재통보에 지장이 없도록 각층 배선 상에 유효한 조치인 『단락보호 장치』 또는 『퓨즈』를 설치한다.

번호	배선 종류	배선 이름
①	HFIX 1.5㎟ - 4	감지기선 4(+선 2, -선 2)
②	HFIX 1.5㎟ - 8	감지기선 8(엘리베이터 권상기실 감지기선 4, 계단실 감지기선 4)
③	HFIX 2.5㎟ - 9	벨, 시각경보, 표시등, 벨·표시등 공통, 응답, 회로 3, 공통
④	HFIX 2.5㎟ - 12	벨2, 시각경보2, 표시등, 벨·표시등 공통, 응답, 회로 4, 공통
⑤	HFIX 2.5㎟ - 15	벨3, 시각경보3, 표시등, 벨·표시등 공통, 응답, 회로 5, 공통
⑥	HFIX 2.5㎟ - 18	벨4, 시각경보4, 표시등, 벨·표시등 공통, 응답, 회로 6, 공통
⑦	HFIX 2.5㎟ - 21	벨5, 시각경보5, 표시등, 벨·표시등 공통, 응답, 회로 7, 공통
⑧⑨	HFIX 1.5㎟ - 4	감지기선 4(+선 2, -선 2)

번호	벨	시각경보	벨·표시등공통	표시등	응답	회로	공통	계
③	1	1	1	1	1	3	1	9
④	2	2	1	1	1	4	1	12
⑤	3	3	1	1	1	5	1	15
⑥	4	4	1	1	1	6	1	18
⑦	5	5	1	1	1	7	1	21

12. 자동화재탐지설비 배선도(P형)

시각경보장치 설치

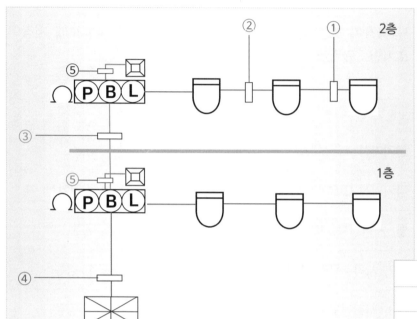

도시기호

수신기	⊠
발신기	(P)(B)(L)
차동식스포트형감지기	⌓
시각경보기	⊠
종단저항	⌒

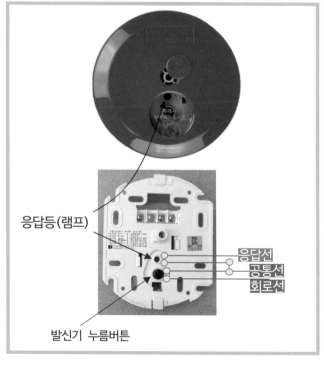

응답등(램프)

응답선
공통선
회로선

발신기 누름버튼

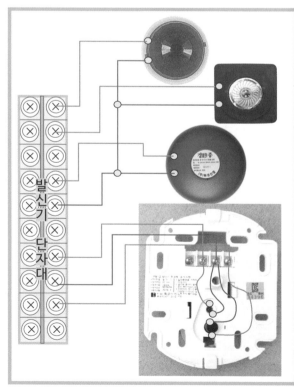

12.(60페이지) 자동화재탐지설비 배선도 회로 내용

번호	배선 종류	배선 이름
①②	HFIX 1.5㎟ - 4	감지기선 + 2선, 감지기선 - 2선
③	HFIX 2.5㎟ - 7	벨, 시각경보, 표시등, 벨 · 표시등 공통, 응답, 회로 1, 공통
④	HFIX 2.5㎟ -8	벨, 시각경보, 표시등, 벨 · 표시등 공통, 응답, 회로 2, 공통
⑤	HFIX 2.5㎟ - 8	시각경보기선(+,-) 2

참 고

시각경보기는 소비전력이 많으므로 시각경보기 전원반에서 별도로 2선(+,-)을 연결해야 한다.
그러나, 시각경보기에 작동전원을 공급할 수 있도록 형식승인을 얻은 수신기를 설치한 경우에는
수신기에서 연결이 가능하다.

자동화재탐지설비 및 시각경보장치 화재안전성능기준

제8조(음향장치 및 시각경보장치) ②

4. 시각경보장치의 광원은 전용의 축전지설비 또는 전기저장장치(외부 전기에너지를 저장해 두었
다가 필요한 때 전기를 공급하는 장치)에 의하여 점등되도록 할 것. 다만, 시각경보기에 작동전원을
공급할 수 있도록 형식승인을 얻은 수신기를 설치한 경우에는 그렇지 않다.

『자동화재탐지설비 및 시각경보기의 화재안전기술기준 2.2.3.9』

『화재로 인하여 하나의 층의 지구음향장치 또는 배선이 단락되어도 다른 층의 화재통보에 지장이 없도
록 각 층 배선 상에 유효한 조치를 할 것』

그러나,
현장에서는 전선수를 줄이기 위해 화재로 인하여 하나의 층의 지구음향장치 또는 배선이 단락되어도
다른 층의 화재통보에 지장이 없도록 각 층 배선 상에 유효한 조치인 단락보호 조치 또는 퓨즈를 설
치하는 방법을 하고 있다.

연면적 5,500㎡이고 지상5층 지하1층의 건물이다. 각층에 경계구역이 2인 건물의 자동화재탐지
설비의 간선계통도를 그리고 최소 전선수를 표시하시오.
(단, 수신기는 P형 1급 20회로 수신기이며, 설치장소는 지상 1층이다.)

정 답

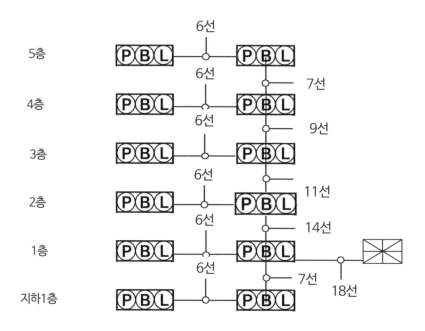

전선관   전선의 피복등을 보호하기
위해 전선을 넣는 관을 말한다.

금속제 가요전선관

CD 전선관

가요전선관
가요라는 말은 Flexible의 의미를 가진 한자어이다.   가요 可撓 : 마음대로 구부릴 수 있음

CD전선관
건물 내부공사에서 가장 많이 사용하는 전선관은 CD(Combined Duct)전선관이다.
전선관은 다양한 색상으로 제조된다. CD전선관은 일반CD전선관과 난연CD전선관으로 구분한다.
일반CD전선관은 자기소화성이 없지만 난연CD전선관은 자기소화성이 있다. 불이 쉽게 붙지 않는
소재로 가격이 더 비싼 편이다.

문제 1 | 해 설

이 건물은 지상5층 건물이므로 일제경보방식의 건물에 해당된다.

배선의 상세 내용

층수	전선 내용	배선 상세 내용
층의 발신기↔발신기	22C(HFIX 2.5㎟ -6)	벨(경종)선,　표시등선,　벨표시등 공통선, 회로(지구)선,　응답선,　공통선
	22C는 전선관의 굵기의 표현이며, 2.5㎟ 는 전선의 구리선 굵기이다. 6은 선의 가닥수이다. 전선관 규격표에 의해 전선관 구경은 22mm 이다.	
5층 ↔ 4층	22C(HFIX 2.5㎟ -7)	벨(경종)선,　표시등선,　벨표시등 공통선, 회로(지구)선 2,　응답선,　공통선
4층 ↔ 3층	28C(HFIX 2.5㎟ -9)	벨(경종)선,　표시등선,　벨표시등 공통선, 회로(지구)선 4,　응답선,　공통선
3층 ↔ 2층	28C(HFIX 2.5㎟ -11)	벨(경종)선,　표시등선,　벨표시등 공통선, 회로(지구)선 6,　응답선,　공통선
2층 ↔ 1층	36C(HFIX 2.5㎟ -14)	벨(경종)선,　표시등선,　벨표시등 공통선, 회로(지구)선 8,　응답선,　공통선 2
지하1층 ↔ 1층	22C(HFIX 2.5㎟ -7)	벨(경종)선,　표시등선,　벨표시등 공통선, 회로(지구)선 2,　응답선,　공통선
1층발신기 ↔ 수신기	36C(HFIX 2.5㎟ -18)	벨(경종)선,　표시등선,　벨표시등 공통선, 회로(지구)선 12,　응답선,　공통선 2

층간	벨	벨 · 표시등공통	표시등	응답	회로	공통	계
층의 발신기 ↔ 발신기	1	1	1	1	1	1	6
5층 ↔ 4층	1	1	1	1	2	1	7
4층 ↔ 3층	1	1	1	1	4	1	9
3층 ↔ 2층	1	1	1	1	6	1	11
2층 ↔ 1층	1	1	1	1	8	2	14
지하1층 ↔ 1층	1	1	1	1	2	1	7
1층발신기 ↔ 수신기	1	1	1	1	12	2	18

【조 건】
화재로 인하여 하나의 층의 지구음향장치 또는 배선이 단락되어도 다른 층의 화재통보에 지장이
었도록 각층 배선 상에 유효한 조치인 『단락보호 장치』 또는 『퓨즈』를 설치한다.

P형 1급 수신기와 발신기, 경종, 표시등 부품 상호간 결선하시오.
(단, 지하1층, 지상6층 건물이며, 일제경보방식이다)

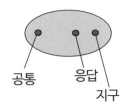

공통   응답   지구

발신기 단자이름

	발신기	경종	표시등
6층			
5층			
4층			
3층			
2층			
1층			
지하1층			

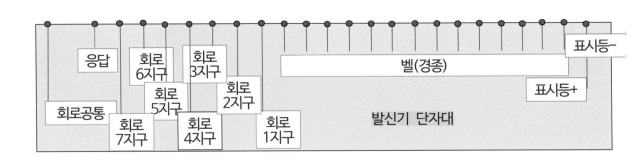

응답   회로6지구   회로3지구   벨(경종)   표시등－

회로공통   회로5지구   회로2지구   표시등＋

회로7지구   회로4지구   회로1지구   발신기 단자대

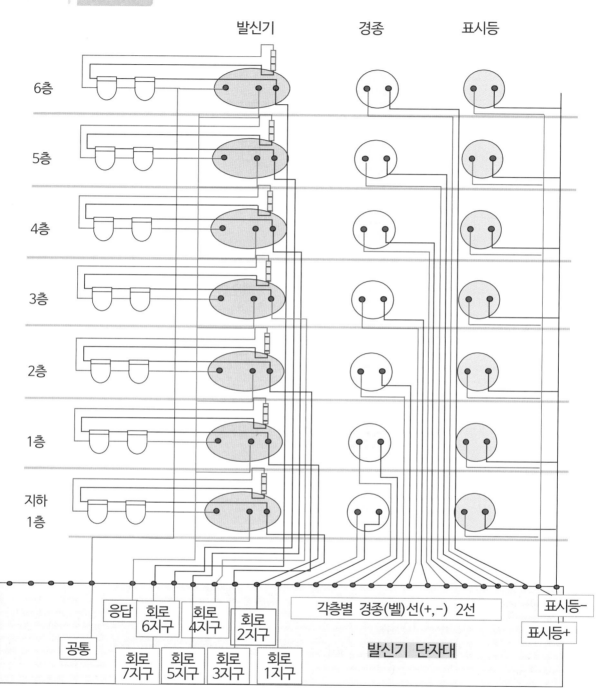

발신기　　　　　경종　　　　　표시등

6층

5층

4층

3층

2층

1층

지하
1층

공통	응답	회로 6지구	회로 4지구	회로 2지구
	회로 7지구	회로 5지구	회로 3지구	회로 1지구

각층별 경종(벨)선(+,−) 2선

표시등−

표시등+

발신기 단자대

결선 해설

『화재로 인하여 하나의 층의 지구음향장치 또는 배선이 단락되어도 다른 층의 화재통보에
장이 없도록 각 층 배선 상에 유효한 조치를 할 것』에 부합되게, 각층별 경종선 2선씩 설치한다. 『단락보호 장
』 또는 『퓨즈』를 설치하지 않고 이렇게 설치해도 된다.
로, 응답램프는 하나의 공통선을 사용한다.

그림은 건물의 자동화재탐지설비 평면도이다. 감지기와 감지기 사이 및 감지기와 발신기 세트 사이의 거리가 각각 10m일 때 다음 물음에 답하시오.

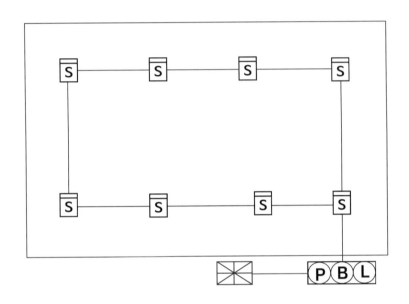

물 음

1. 수신기와 발신기세트 사이의 거리가 15m일 때 전선관의 총길이는 몇m인가?
2. 연기감지기 2종을 부착면의 높이가 5m인 곳에 설치할 경우 소방대상물의 바닥면적은 몇 ㎡인가?
3. 전선관과 전선의 물량을 산출하시오(단, 발신기와 수신기 사이 물량은 제외하며, 여유 물량은 계산하지 않는다)

정 답

1. 전선관 총길이
   (10m × 9) + 15m = 105m
                 (감지기, 발신기 사이 거리 × 9개소) + 발신기와 수신기 사이 거리
   답 : 105m

2. 소방대상물 바닥면적
   75㎡ × 8개 = 600㎡   (연기감지기 2종 감지기 1개의 설치 바닥면적은 75㎡)

3. 전선관 물량 계산 : 10m × 9 = 90m
   전선 물량 계산 : (10m×2선 × 8개소)+(10m×4선 × 1개소) = 160 + 40 = 200m

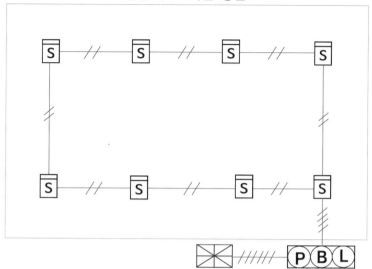

전선 수 표기된 평면도

연기감지기의 부착높이에 따라 바닥면적마다 1개 이상 설치 기준
【자동화재탐지설비 및 시각경보장치의 화재안전기술기준 2.4.3.10.1】

부착높이	감지기 종류	
	1종 및 2종	3종
4m 미만	150	50
4m 이상 20m 미만	75	

1. 전선관 총길이

　(10m × 9) + 15m = 105m

　감지기, 감지기, 발신기 사이 거리(10m) × 9개소 = 90m

　발신기, 수신기　사이 거리(15m) × 1개소 = 15m　　∴ 90 + 15 = 105m

2. 소방대상물 바닥면적 = 감지기 8개 × 75㎡(감지기 1개 유효 바닥면적) = 600㎡

3. 전선관 물량

　감지기, 감지기, 발신기 사이 전선관 물량 : 10m × 9개소 = 90m

　감지기, 감지기, 발신기 사이 전선 물량 : (10m × 8개소 × 2선) + (10m × 1개소 × 4선)

　　　　　　　　　　　　　　　　 = 160m + 40m = 200m

13. 자동화재탐지설비 전기 계통도(R형)

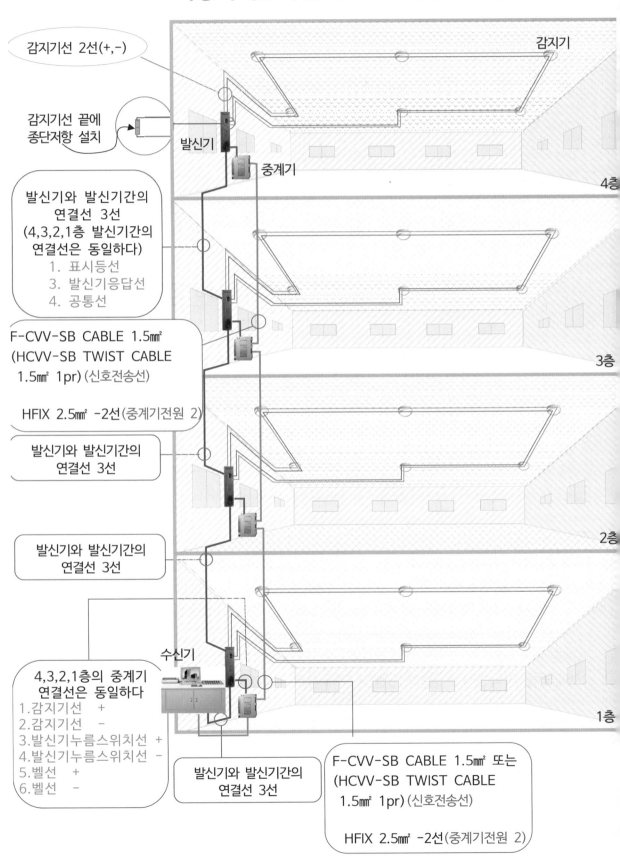

감지기선 2선(+,−)

감지기선 끝에 종단저항 설치

발신기

중계기

감지기

4층

발신기와 발신기간의
연결선 3선
(4,3,2,1층 발신기간의
연결선은 동일하다)
1. 표시등선
3. 발신기응답선
4. 공통선

F-CVV-SB CABLE 1.5㎟
(HCVV-SB TWIST CABLE
1.5㎟ 1pr)(신호전송선)

HFIX 2.5㎟ −2선(중계기전원 2)

발신기와 발신기간의
연결선 3선

3층

발신기와 발신기간의
연결선 3선

2층

수신기

4,3,2,1층의 중계기
연결선은 동일하다
1.감지기선 +
2.감지기선 −
3.발신기누름스위치선 +
4.발신기누름스위치선 −
5.벨선 +
6.벨선 −

발신기와 발신기간의
연결선 3선

1층

F-CVV-SB CABLE 1.5㎟ 또는
(HCVV-SB TWIST CABLE
1.5㎟ 1pr)(신호전송선)

HFIX 2.5㎟ −2선(중계기전원 2)

13-1. 자동화재탐지설비 전기 계통도(R형)를
13.(68페이지) 그림을 도시기호로 표현한 내용

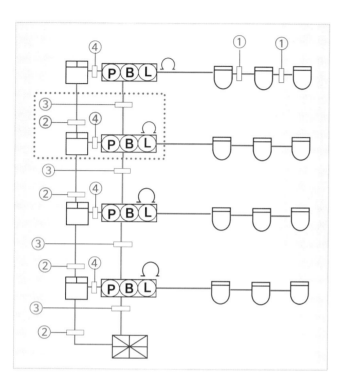

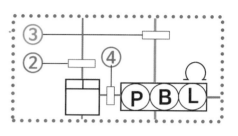

도시기호

수신기	⊠
발신기	P B L
차동식스포트형 감지기	⌂
중계기	⊟
종단저항	∩

일제경보방식과 구분경보방식의 전기배선 차이점

◎ R형 수신기 : 전기배선의 다른 내용(차이점)은 없으며, 수신기에 일제경보 또는 구분경보를 하게 정보가 입력되어 있다.

◎ P형 수신기 : 배선이 다를 수 있지만 화재안전기술기준 제정으로 각층별 벨선 2선을 설치하므로 전기배선의 내용은 같다. 그러나 단락보호장치를 설치하면 구분경보방식에는 각층별 경종 1선씩 추가 설치한다.

번호	배선 종류	배선 이름
①	HFIX 1.5㎟ -4	감지기선 4(+ 2, - 2선)
②	F-CVV-SB CABLE 1.5㎟ 또는 (HCVV-SB TWIST CABLE 1.5㎟ 1pr)	신호 전송선
	HFIX 2.5㎟-2	중계기 전원선 2
③	HFIX 2.5㎟ - 3	위치 표시등선 1, 발신기 응답선 1, 공통선 1 중계기와 연결하지 않는 부품이며, 수신기와 직접 연결한다.
④	HFIX 2.5㎟ - 6 부품 ↔ 중계기 연결 내용	벨선(+,-) 2, 감지기선(+,-) 2, 발신기누름버튼선(+,-) 2

14. 자동화재탐지설비 전기 계통도(R형)

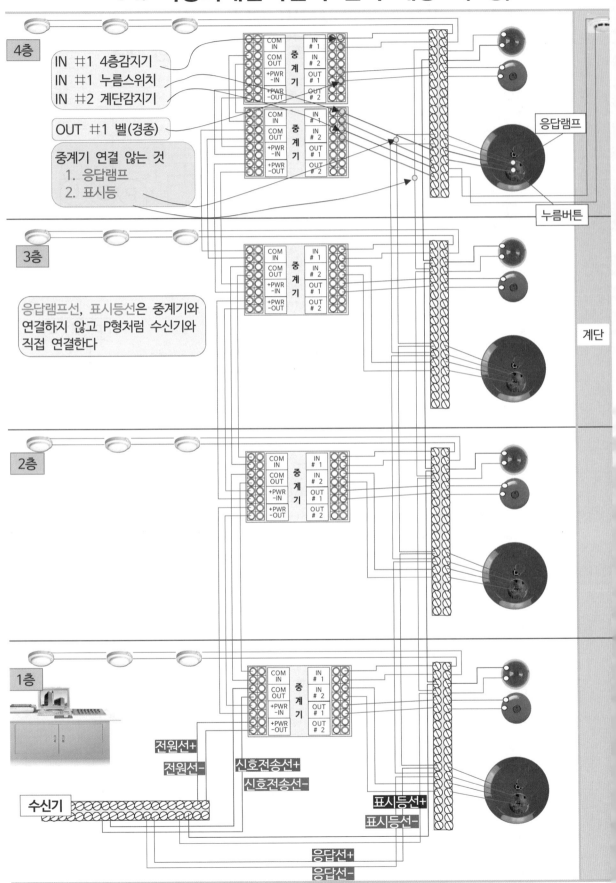

4층

IN ♯1 4층감지기
IN ♯1 누름스위치
IN ♯2 계단감지기

OUT ♯1 벨(경종)

중계기 연결 않는 것
1. 응답램프
2. 표시등

응답램프

누름버튼

3층

응답램프선, 표시등선은 중계기와
연결하지 않고 P형처럼 수신기와
직접 연결한다

계단

2층

1층

COM IN
COM OUT
+PWR -IN
+PWR -OUT

중계기

IN ♯1
IN ♯2
OUT ♯1
OUT ♯2

전원선+
전원선-
신호전송선+
신호전송선-
표시등선+
표시등선-

수신기

응답선+
응답선-

15. R형 수신기의 중계기 결선 내용

종류 \ 결선내용	IN(입력, 감시) IN을 입력 또는 감시라 부른다	OUT(출력, 제어) OUT을 출력 또는 제어라 부른다
비상경보설비	발신기 누름 스위치(버튼)	벨(경종)
자동화재 탐지설비	1. 발신기 누름스위치, 2. 감지기	벨(경종)

발신기누름 버튼　응답램프　감지기　위치표시등　벨　시각경보기　발신기 단자대　응답선　표시등선　공통선

통신　전원

품　명 : 중 계 기
형　식 : DC24V.GR형용,반도체식
　　　　 입력4L,출력4L
최대접속 : 연기식감지기10개,
　　　　　 열식감지기50개
출력전류 : 용량1A
회 로 수 : 입력4/출력4
접속수신기 : 수 10-21
형식번호 : 중 13-21
제조년월 : 2015.03
제조번호 : 02200

통
신　+ + - -
입
력　1 2 - 3 4 -
출
력　1 2 - 3 4 -
전
원　+ - +

중계기의 IN(입력, 감시)과 OUT(출력, 제어)에 연결하는 부품의 구별방법

자동화재탐지설비의 감지기, 수동작동스위치가 작동하면 수신기에 신호가 전달되어야 하므로 IN(입력,감시)에 연결한다.

먼저 작동한 감지기, 수동작동스위치 작동신호에 따라 수신기가 2차적으로 작동하게 신호를 보내야 하는 벨, 시각경보램프는 OUT(출력,제어)에 연결한다.

16. 자동화재탐지설비 전기 계통도(R형). 분산형

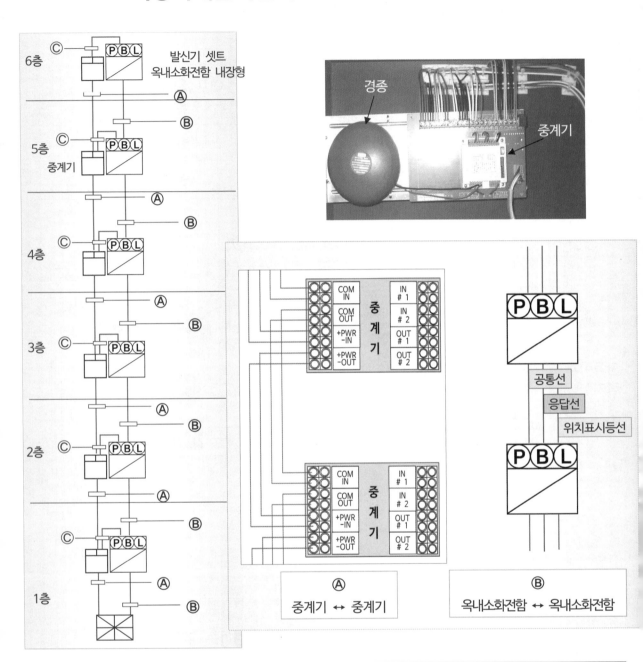

번호	배선 종류	배선 내용
Ⓐ	F-CVV-SB CABLE 1.5㎟-1Pr 또는 (HCVV-SB TWIST CABLE 1.5㎟ 1pr)	신호 전송선(다른 종류의 신호전송선도 있다)
	HFIX 2.5㎟ -2	중계기 전원선 2
Ⓑ	HFIX 2.5㎟ -3(발신기속보 셋트)	위치 표시등선 1, 발신기 응답선 1, 공통선(-) 1
Ⓒ	HFIX 2.5㎟ -8 부품 ↔ 중계기 연결 내용	벨선(+,-)2, 감지기선(+,-)2, 발신기누름버튼선(+,-) 2, 펌프기동 확인 표시등선2(+, -)

17. 자동화재탐지설비 전기 계통도(R형). 집합형
(구분 경보방식 건물)

① ② ③ 경계구역의 발신기 단자대 상호간에는 P형 회로 배선으로 연결하며, 이 3개의 경계구역을 ④ 의 중계기와 연결하여 중계기와 수신기가 연결하고, ⑤ ⑥ ⑦ 경계구역의 발신기 단자대 상호간에는 P형 회로 배선으로 연결한다.

3개의 ⑤ ⑥ ⑦ 경계구역을 ⑧의 중계기와 연결하여 중계기와 수신기가 연결되는 형식의 배선방법이다.
대형 건물에서 일부의 구간을 P형으로 설계를 하고 건물 전체에 대하여는 R형으로 설계하는 방법이다.

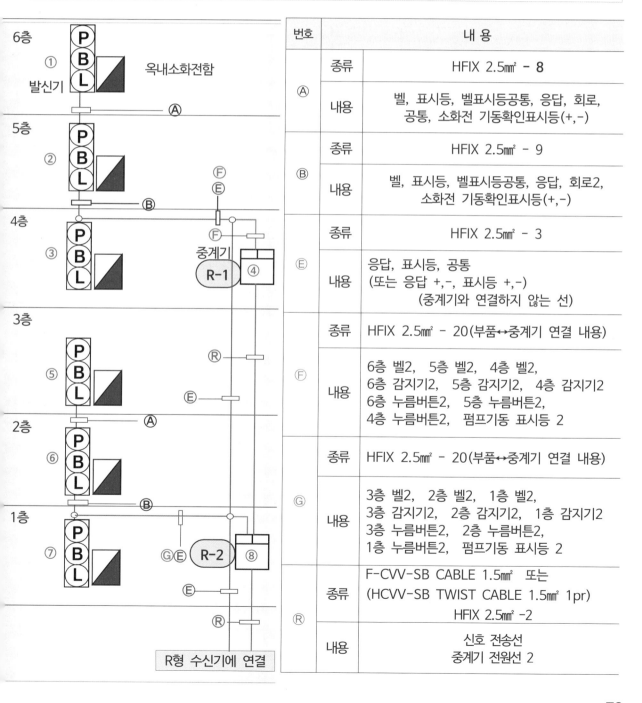

번호		내 용
Ⓐ	종류	HFIX 2.5㎟ - 8
	내용	벨, 표시등, 벨표시등공통, 응답, 회로, 공통, 소화전 기동확인표시등(+,-)
Ⓑ	종류	HFIX 2.5㎟ - 9
	내용	벨, 표시등, 벨표시등공통, 응답, 회로2, 소화전 기동확인표시등(+,-)
Ⓔ	종류	HFIX 2.5㎟ - 3
	내용	응답, 표시등, 공통 (또는 응답 +,-, 표시등 +,-) (중계기와 연결하지 않는 선)
Ⓕ	종류	HFIX 2.5㎟ - 20(부품↔중계기 연결 내용)
	내용	6층 벨2, 5층 벨2, 4층 벨2, 6층 감지기2, 5층 감지기2, 4층 감지기2 6층 누름버튼2, 5층 누름버튼2, 4층 누름버튼2, 펌프기동 표시등 2
Ⓖ	종류	HFIX 2.5㎟ - 20(부품↔중계기 연결 내용)
	내용	3층 벨2, 2층 벨2, 1층 벨2, 3층 감지기2, 2층 감지기2, 1층 감지기2 3층 누름버튼2, 2층 누름버튼2, 1층 누름버튼2, 펌프기동 표시등 2
Ⓡ	종류	F-CVV-SB CABLE 1.5㎟ 또는 (HCVV-SB TWIST CABLE 1.5㎟ 1pr) HFIX 2.5㎟ -2
	내용	신호 전송선 중계기 전원선 2

18. 자동화재탐지설비 전기 계통도(R형)

HFIX

저독성 난연 가교 폴리올레핀 절연전선
Halogen Free Flame-Retardant Polyolefin
Insulated Wire

HF : 할로겐 프리
I : 절연전선
X : 저독성 난연 가교 폴리올레핀

도시기호

수신기	⊠
발신기	Ⓟ Ⓑ Ⓛ
차동식 스포트형감지기	⊓
중계기	⊟
종단저항	Ω

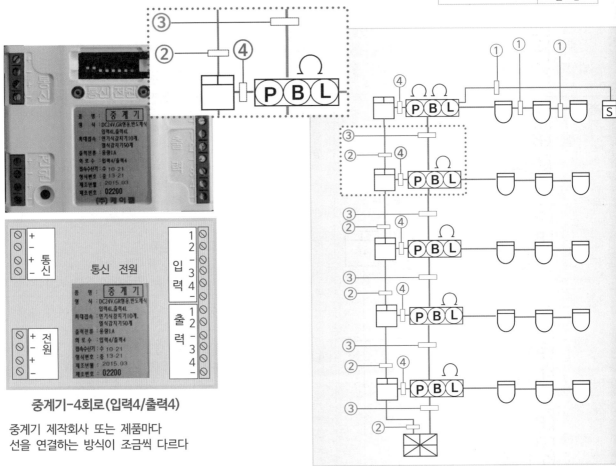

중계기-4회로(입력4/출력4)

중계기 제작회사 또는 제품마다
선을 연결하는 방식이 조금씩 다르다

번호	배선 종류	배선 이름
①	HFIX 1.5㎟ -4	감지기선 4(+ 2, - 2선)
②	F-CVV-SB CABLE 1.5㎟ 또는 (HCVV-SB TWIST CABLE 1.5㎟ 1pr) HFIX 2.5㎟-2	신호 전송선 (다른 종류의 신송전송선도 있다) 중계기 전원선 2
③	HFIX 2.5㎟ -3	위치 표시등선 1, 발신기 응답선 1, 공통선 1 중계기와 연결하지 않는 부품, 수신기와 직접 연결한다
④	HFIX 2.5㎟ - 6 부품 ↔ 중계기 연결 내용	벨선(+,-) 2, 감지기선(+,-) 2, 발신기 누름버튼선(+,-) 2

18-1. (74p) 해설 자동화재탐지설비 전기 계통도(R형)

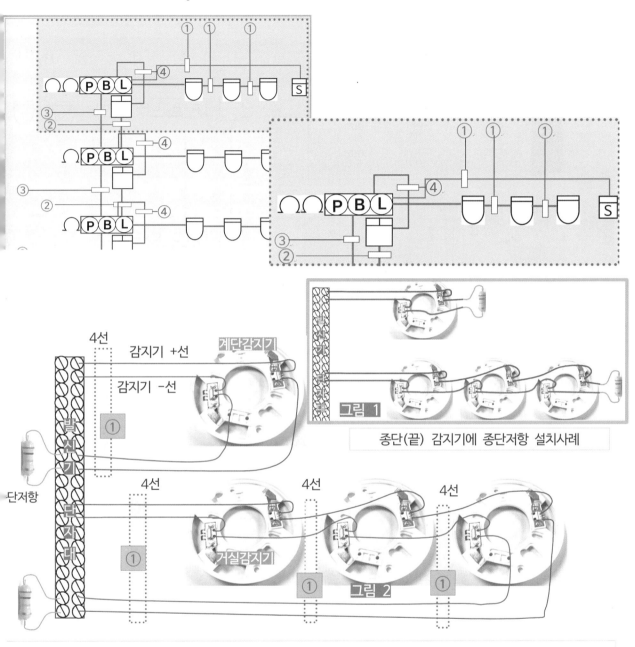

계단에 설치하는 연기감지기 1개는 별도의 경계구역을 하며, 감지기 회로의 끝에 종단저항을 설치한다.

거실에 설치하는 감지기 3개는 그림2와 같이 감지기 +, -선이 다음 감지기로 연결하고, 또 다음 감지기로 연결한다. 이러한 배선 방법을 송배전식 연결이라 한다.

종단저항을 설치하는 장소는 감지기 회로의 끝에 그림2와과 같이 발신기 단자대에 설치하여 유지, 관리가 편리하도록 잘 보이는 장소에 설치한다.
그림1과 같이 감지기(종단 감지기)에 설치할 수 있지만 유지, 관리에 적합한 장소는 되지 않는다.

감지기 선의 수는 계단 감지기, 거실 감지기 각각 빨간색점선의 표기 내용과 같이 ①은 4선이 된다.

19. 자동화재탐지설비 배선도(R형)

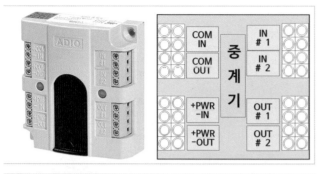

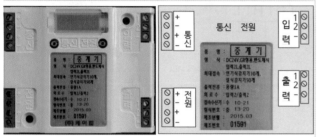

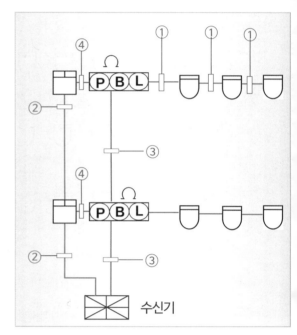

중계기-4회로(입력4/출력4)
● 제작회사 또는 제품 마다 중계기의 연결방식이 조금씩 다르다

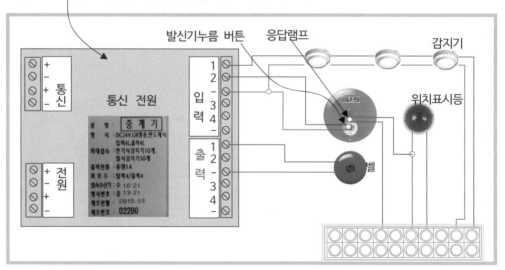

번호	배선 종류	배선 이름
①	HFIX 1.5㎟ -4	감지기선 4
②	F-CVV-SB CABLE 1.5㎟ 또는 (HCVV-SB TWIST CABLE 1.5㎟ 1pr)	신호 전송선
	HFIX 2.5㎟-2	중계기 전원선 2
③	HFIX 2.5㎟ -3	위치표시등선 1, 발신기응답선 1, 공통선 1 중계기와 연결하지 않는 부품이며, 수신기와 직접 연결한다.
④	HFIX 2.5㎟ - 6 부품 ↔ 중계기 연결 내용	벨선(+,-) 2, 감지기선(+,-) 2, 발신기 누름버튼선(+,-) 2

19-1. (76p) 해설 자동화재탐지설비 배선도(R형)

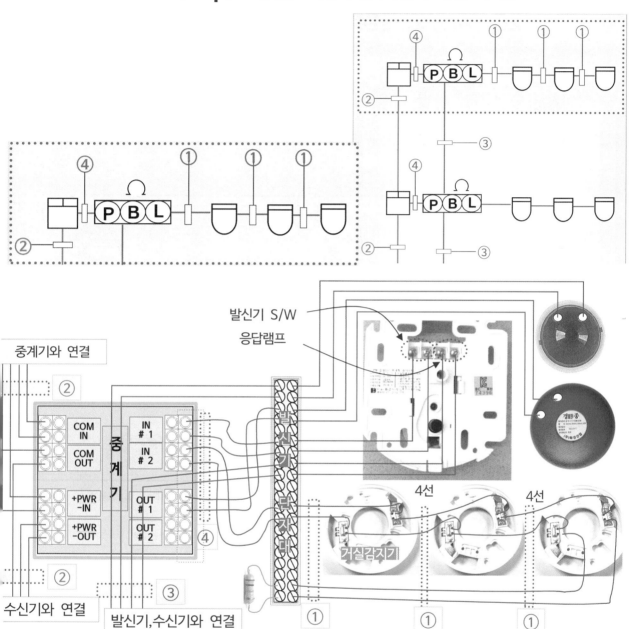

발신기 S/W
응답램프

중계기와 연결

②

COM IN
COM OUT
중계기
IN #1
IN #2

+PWR -IN
+PWR -OUT
OUT #1
OUT #2

④

②

수신기와 연결

발신기,수신기와 연결

③

②

발신기다자대

거실감지기

4선

4선

①

①

①

중계기에 연결하는 ④의 내용은 ⬚⬚⬚ 점선의 표기 부분이다.
연결 내용 IN 1은 발신기 누름버튼,   IN 2는 감지기,   OUT 1은 벨에 연결한다.

②의 내용은
중계기의 신호전송선은 COM IN은 인근 중계기와 연결한다.
중계기의 신호전송선은 COM OUT은 인근 중계기와 연결하여, 수신기와 연결된다.
중계기의 전원선은 PWR IN은 인근 중계기와 연결한다.
중계기의 전원선은 PWR OUT은 인근 중계기와 연결하여, 수신기와 연결된다.

③의 내용은 표시등선, 응답선은 인근 발신기와 연결, 수신기와 연결한다.
    (공통선을 사용하면 3선, 부품별 2선을 사용하면 4선 연결)

20. 자동화재탐지설비 감지기선 평면도

P형

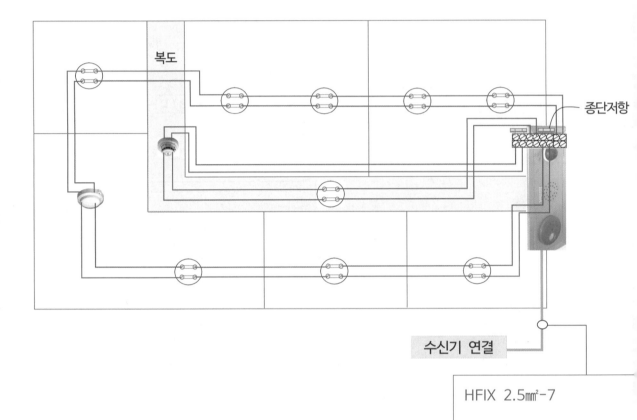

복도

종단저항

수신기 연결

HFIX 2.5㎟-7

회로선 2
(복도1회로, 실(室)1회로)
공통 1
벨(경종)선 1
응답선 1
표시등선 1
벨·표시등 공통선 1

저항(종단저항)

종단저항의 작동원리

감지기 또는 감시하는 부품의 선(회로)에 감시전류를 흘려 보내어
수신기에 되돌아오는 감시전류의 값을 보고 단선 유, 무를 판단할 수 있게하는 부품이 종단저항이다.

R형

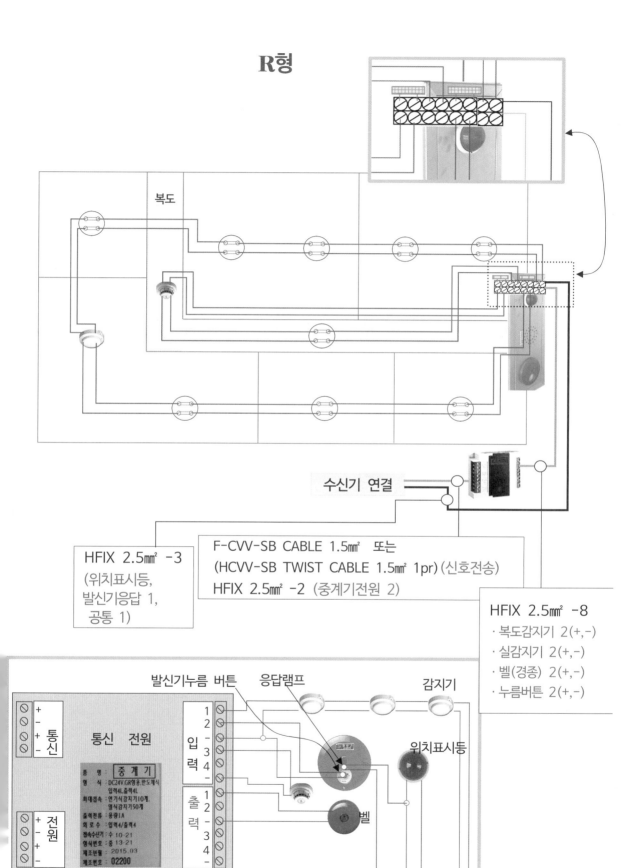

복도

수신기 연결

HFIX 2.5㎟ -3
(위치표시등,
발신기응답 1,
공통 1)

F-CVV-SB CABLE 1.5㎟ 또는
(HCVV-SB TWIST CABLE 1.5㎟ 1pr) (신호전송)
HFIX 2.5㎟ -2 (중계기전원 2)

HFIX 2.5㎟ -8
· 복도감지기 2(+,-)
· 실감지기 2(+,-)
· 벨(경종) 2(+,-)
· 누름버튼 2(+,-)

발신기누름 버튼   응답램프   감지기

통신   통신 전원   입력   위치표시등

품 명 : 중계기
형 식 : DC24V,GR형용,반도체식
       입력4L,출력4L
최대접속 : 연기식감지기10개,
          열식감지기50개
출력전류 : 용량1A
회 로 수 : 입력4/출력4
접속수신기 : 수 10-21
형식번호 : 종 13-21
제조년월 : 2015.03
제조번호 : 02200

출력   벨

전원

그림과 같은 자동화재탐지설비의 평면 계통도에서 ①~⑧의 전선 가닥수를 표에 쓰시오.

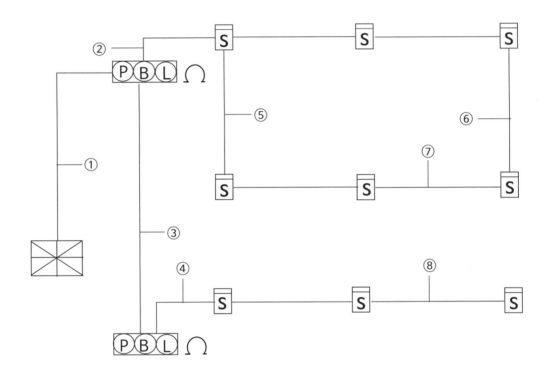

전선 가닥수

기호	①	②	③	④
가닥수				
기호	⑤	⑥	⑦	⑧
가닥수				

정 답

기호	①	②	③	④
가닥수	7	4	6	4
기호	⑤	⑥	⑦	⑧
가닥수	2	2	2	4

해 설

기호	전선 내용	전선 상세내용
①	22C(HFIX 2.5㎟-7)	벨선, 표시등선, 벨표시등 공통선, 응답선, 공통선, 회로선2
②	16C(HFIX 1.5㎟-4)	감지기 +선 2, 감지기 -선 2
③	22C(HFIX 2.5㎟-6)	벨선, 표시등선, 벨표시등 공통선, 응답선, 공통선, 회로선1
④	16C(HFIX 1.5㎟-4)	감지기 +선 2, 감지기 -선 2
⑤	16C(HFIX 1.5㎟-2)	감지기 +선, 감지기 -선
⑥	16C(HFIX 1.5㎟-2)	감지기 +선, 감지기 -선
⑦	16C(HFIX 1.5㎟-2)	감지기 +선, 감지기 -선
⑧	16C(HFIX 1.5㎟-4)	감지기 +선 2, 감지기 -선 2

참고

감지기선의 굵기는 1.5㎟를 사용하며,
그 밖의 직류전기를 사용하는 소방시설 부품의 전선 굵기는 2.5㎟ 사용한다.

문 제 2

그림은 지하1층, 지상8층인 내화구조의 건물로서 지상1층의 평면도이다. 다음 각 물음에 답하시오

1. 도면에 표시된 감지기를 루프식(Loop-고리모양) 배선방식을 사용하여 발신기와 수신기에
   연결하고 배선가닥수를 표시하시오.

2. ①~⑤에 표시된 도시기호에 대한 명칭과 형별을 쓰시오.

항목	명칭	형별
①		
②	발신기	P형
③		
④		
⑤	수신기	P형

3. 발신기와 수신기 사이의 배관길이가 20m일 경우 전선은 몇m가 필요한지 소요량을 산출하시오.
   (단, 전선의 할증률은 10%로 한다)

   ① 계산과정
   ② 답

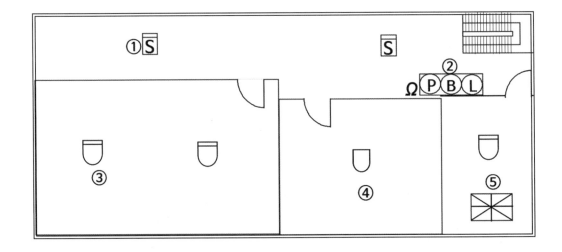

1.

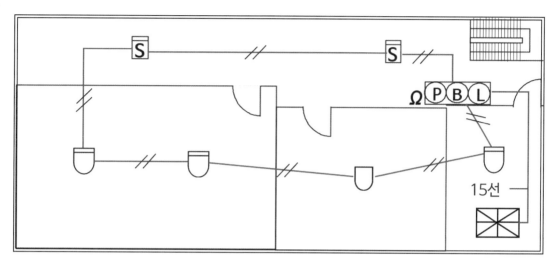

2.

항목	명칭	형별
①	연기감지기	스포트형
②	발신기	P형
③	차동식감지기	스포트형
④	정온식감지기	스포트형
⑤	수신기	P형

3.   ① 계산과정 :   20m × 15가닥 = 300m,   300m × 1.1(할증률) = 330m
     ② 답   330m

참고

발신기와 수신기간의 가닥수 개산은 다음 페이지(84p)에 설명이 있다.

계통도

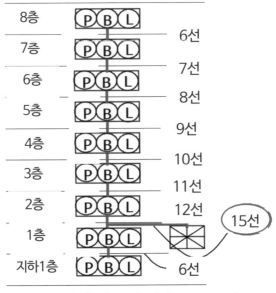

계통도 및 층별 배선 가닥수

배선의 상세내용

층간	벨	벨·표시등공통	표시등	응답	회로	공통	계
8층 ↔ 7층	1	1	1	1	1	1	6
7층 ↔ 6층	1	1	1	1	2	1	7
6층 ↔ 5층	1	1	1	1	3	1	8
5층 ↔ 4층	1	1	1	1	4	1	9
4층 ↔ 3층	1	1	1	1	5	1	10
3층 ↔ 2층	1	1	1	1	6	1	11
2층 ↔ 1층	1	1	1	1	7	1	12
지하1층 ↔ 1층	1	1	1	1	1	1	6
1층 ↔ 수신기	1	1	1	1	9	2	15

【조 건】

화재로 인하여 하나의 층의 지구음향장치 또는 배선이 단락되어도 다른 층의 화재통보에 지장이 없도록 각층 배선 상에 유효한 조치인 『단락보호 장치』 또는 『퓨즈』를 설치한다.

감지기 송배전식 배선도

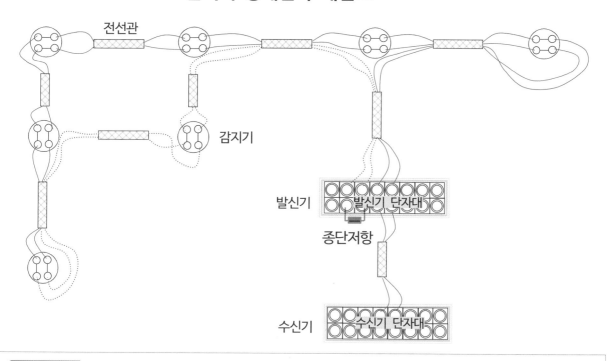

해 설

감지기선 -(빨강), +(청) 2선은 수신기에서 시작하여 발신기 및 감지기를 거쳐 마지막 감지기에서 +, -선 2선을 발신기 단자대 까지 연결하여 감지기선 끝에 종단저항을 설치한다.

감지기와 감지기 간의 연결을 릴레이식으로 다음 감지기로 연결하며, 어느 감지기도 선이 끄어짐이 없이 연결해야 한다.

감지기를 그림과 같이 송배전식으로 연결하면 감지기선 어디에서 단선이 되어도 수신기에는 도통시험으로 선의 단선유무의 시험이 가능하다.

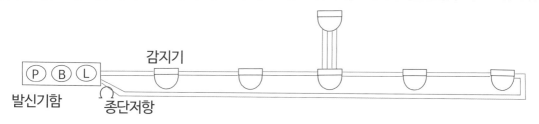

실제배선도(감지기 회로의 끝에 종단저항 설치하는 경우)

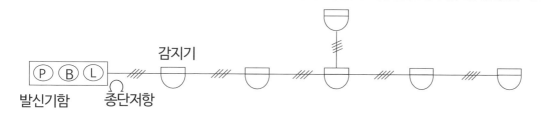

도시기호로 표현한 설계도면의 그림(감지기 회로의 끝에 종단저항 설치하는 경우)

평면도와 같이 각 실별로 화재감지기를 설치했다. 평면도에 명시된 배관루트에 따라 주어진 배관을 이용하여 감지기와 감지기 간, 감지기와 발신기 간, 발신기와 수신기 간에 연결하는 전선을 모두 그리시오. (단, 종단저항은 발신기 내부에 설치되이 있다)

● 평면도

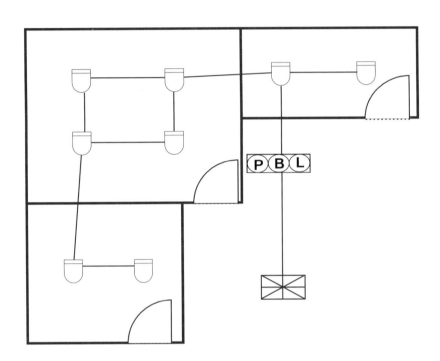

● 배관도

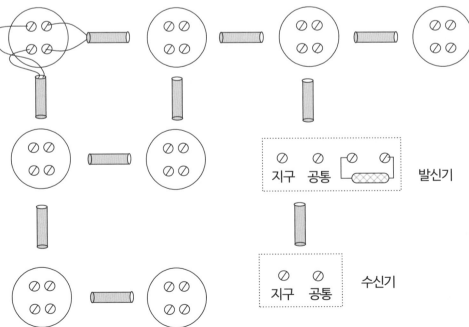

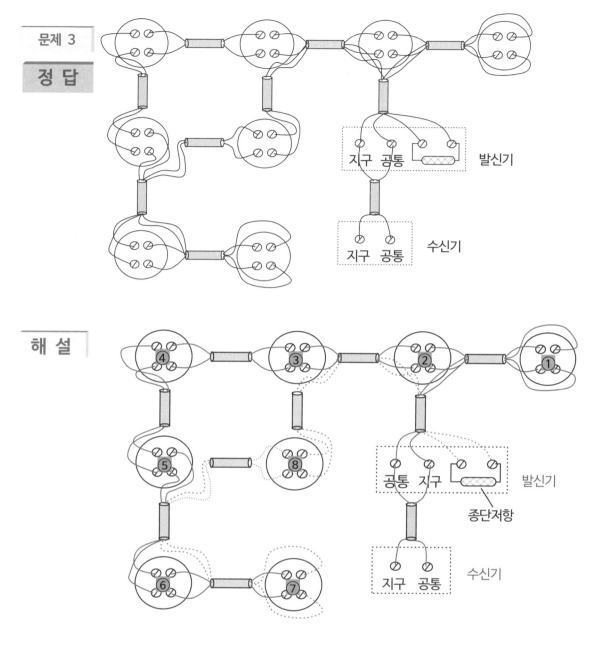

감지기 결선 순서

발신기【공통(빨간선), 지구(청색선)】에서 감지기 ① ⇨ ② ⇨ ③ ⇨ ④ ⇨ ⑤ ⇨ ⑥ ⇨ ⑦감지기까지 연결하여 ⑦감지기(녹색선), (자주색선)】 2선이 ⑥번감지기 ⑤번감지기를 지나(⑥, ⑤감지기는 연결은 안함) ⑧번 감지기에 연결한다. ⑧감지기(녹색선), (자주색선)】 2선이 ③, ②번 감지기를 지나(③, ②감지기는 연결은 안함) 발신기 까지 연결하여 감지기선 끝에 종단저항을 설치한다. 발신기와 수신기 간에는 지구선과 공통선을 연결한다.

그러나 위의 순서대로 감지기를 연결하지 않고 순서를 바꾸어 하나의 감지기가 두 번 연결하지 않고 연결해도 되며, 채점에서는 정답을 처리한다.
예를 들어 감지기 ① ⇨ ② ⇨ ③ ⇨ ④ ⇨ ⑤ ⇨ ⑧ ⇨ ⑥ ⇨ ⑦ 감지기를 연결해서 ⑥ ⇨ ⑤ ⇨ ⑧ ⇨ ③ ⇨ ②감지기는 연결하지 않고 전선관만 이용하고 발신기에 선을 연장하여 선 끝에 종단저항을 설치하면 된다.

문제 4

감지기회로의 배선에 대한 각 물음에 답하시오.

　　가. 송배전방식에 대해 설명하시오.
　　나. 교차회로방식에 대해 설명하시오.
　　다. 교차회로방식의 적용설비 2가지를 쓰시오. (단, 2가지 모두 맞아야 정답으로 인정함)

정 답

가. 수신반에서 감지기회로의 도통시험을 감지기회로 전체에 도통시험을 원활히 하기 위해 감지기 연결
　　방식이다.
나. 하나의 담당구역 내에 2 이상의 감지기회로를 설치하고 2이상의 감지기회로가 동시에 감지되는 때에 설비가
　　작동되는 방식이다.
다. 준비작동식 스프링클러, 일제살수식 스프링클러설비, 이산화탄소 소화설비, 할론소화설비, 할로겐화합물 및
　　불활성기체 소화설비, 분말소화설비(2개 선택해서 기재)

해 설

송배전 방식

감지기 연결하는 방법이 직렬연결 한 것이며 보내기 배선이라고도 부른다. 그림1과 같이 2선이 감지
기와 연결되어 다음 감지기로 연속하여 연결해 가는 방식을 말한다. 그림2와 같이 선의 중간에서 감지기를 연
결하는 방식은 송배전방식이 아니며 병렬배전방식이다.
송배전 방식의 설치목적은 수신기에서 모든 감지기선을 도통시험이 가능하게 하기 위한 것이다.
화재안전기준에서는 송배전送排電이라 하지만 송배선送排線이라고 부르기도 한다.

감지기 송배전식 배선도

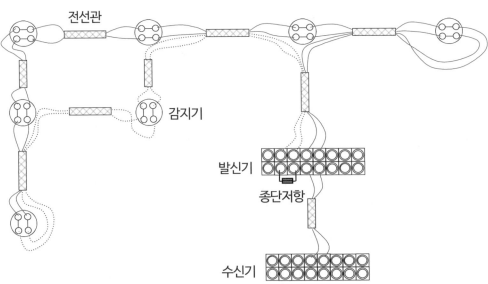

전선관 / 감지기 / 발신기 / 종단저항 / 수신기

그림과 같이 차동식 스포트형 감지기 A, B, C, D가 있다. 배선을 전부 보내기 방식으로 할 경우 박스와 감지기 "C"사이의 배선은 몇 가닥인지 쓰시오.

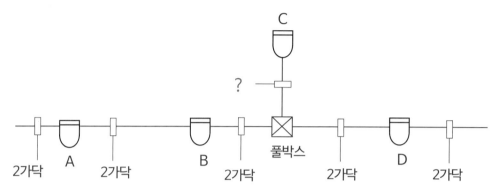

정 답

4가닥

해 설

보내기 방식을 법적 용어는 송배전(송배선)식이라 한다.

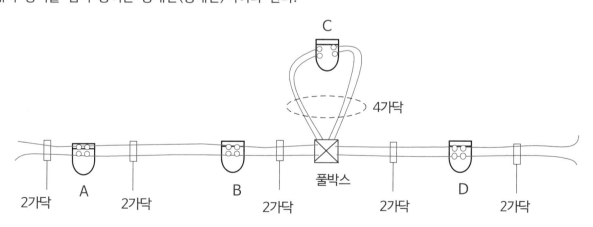

C의 감지기 선은 발신기에서 C감지기까지 연결한 2선(+,−)이 발신기까지 2선(+,−)이 되돌아가야 하므로 4선이 된다. 발신기까지 되돌아간 2선의 끝에 종단저항을 설치한다.

21. 자동화재탐지설비 배선도(R형)

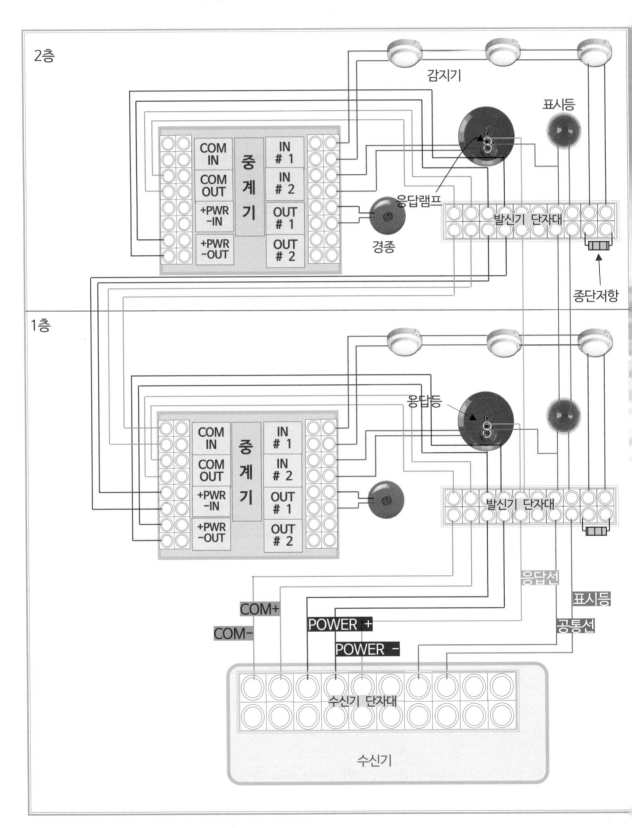

22. 자동화재탐지설비(R형) – 시각경보기설치

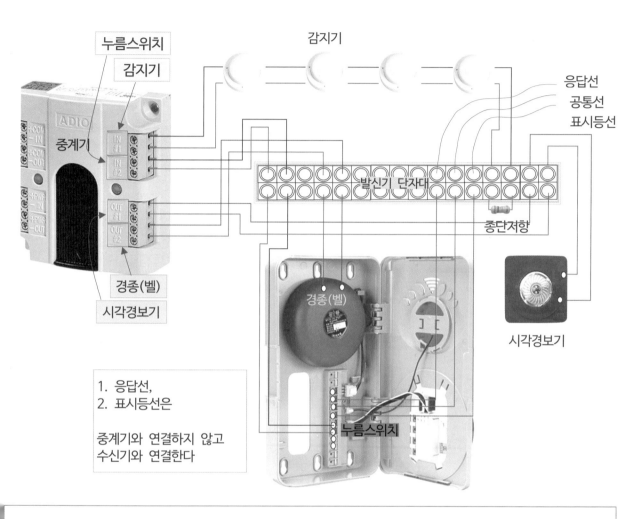

1. 응답선,
2. 표시등선은

중계기와 연결하지 않고
수신기와 연결한다

참 고

시각경보기는 소비전력이 많으므로 시각경보기 전원반에서 별도로 2선(+,−)을 연결해야 한다.

자동화재탐지설비 및 시각경보장치 화재안전성능기준 제8조(음향장치 및 시각경보장치) ②
4. 시각경보장치의 광원은 전용의 축전지설비 또는 전기저장장치(외부 전기에너지를 저장해 두었다가 필요한 때 전기를 공급하는 장치)에 의하여 점등되도록 할 것. 다만, 시각경보기에 작동전원을 공급할 수 있도록 형식승인을 얻은 수신기를 설치한 경우에는 그렇지 않다.

시각경보기에 작동전원을 공급할 수 있도록 형식승인을 얻은 수신기를 설치한 경우에는 중계기 및 수신기와 연결한다.

입력(IN) 1	감지기	출력(OUT) 1	경종(벨)
입력(IN) 2	누름스위치	출력(OUT) 2	시각경보기

23. 자동화재탐지설비(R형) - 시각경보기설치

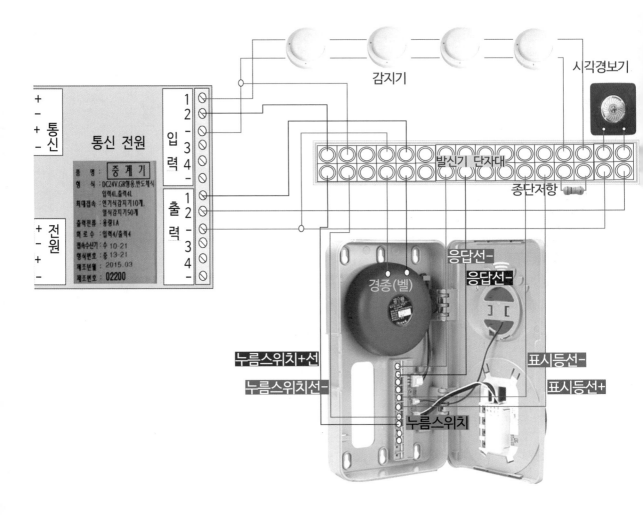

부품 결선방법

○ **감지기** : +선은 중계기 입력 1에 연결, -선은 중계기 1,2 밑의 -에 연결한다.

○ **발신기 스위치(누름버튼)** : +선은 중계기 입력 2에 연결, -선은 중계기 1,2 밑의 -에 연결한다.

○ **벨(경종)** : +선은 중계기 출력1에 연결, -선은 중계기 1,2 밑의 -에 연결한다.

○ **시각경보기** : +선은 중계기 출력2에 연결, -선은 중계기 1,2 밑의 -에 연결한다.

○ **표시등** : 중계기 연결하지 않고 발신기 단자대에 연결하며, 수신기와 연결한다.

○ **응답램프** : 중계기 연결하지 않고 발신기 단자대에 연결하며, 수신기와 연결한다.

○ **표시등, 응답램프선** : P형 수신기 결선방법과 같이 발신기 단자대에 선을 연결하여 아래층의 발신기
단자대와 연결하여 수신기까지 연결한다.

입력(IN) 1	감지기	출력(OUT) 1	경종(벨)
입력(IN) 2	누름스위치	출력(OUT) 2	시각경보기

24. 자동화재탐지설비(R형)-시각경보기설치

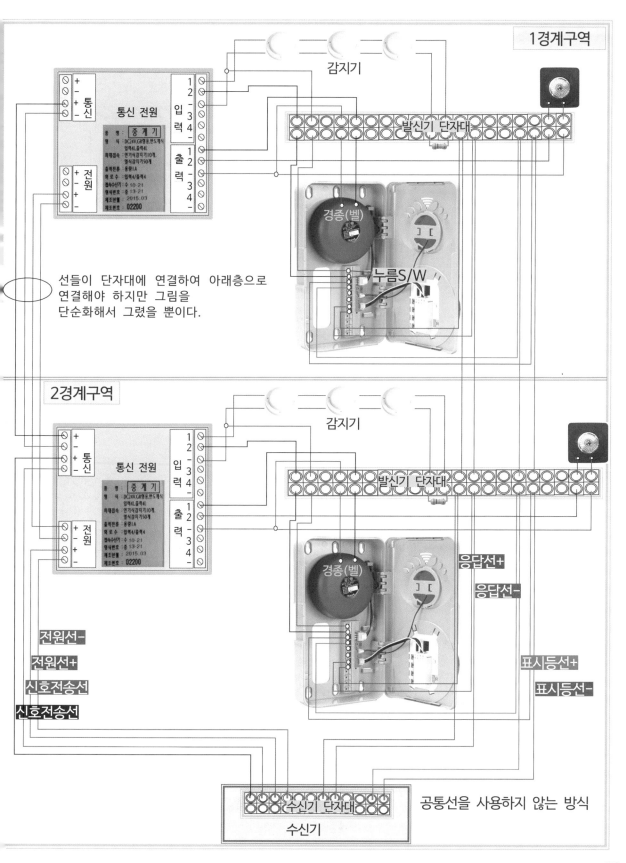

선들이 단자대에 연결하여 아래층으로
연결해야 하지만 그림을
단순화해서 그렸을 뿐이다.

25. 자동화재탐지설비(R형)

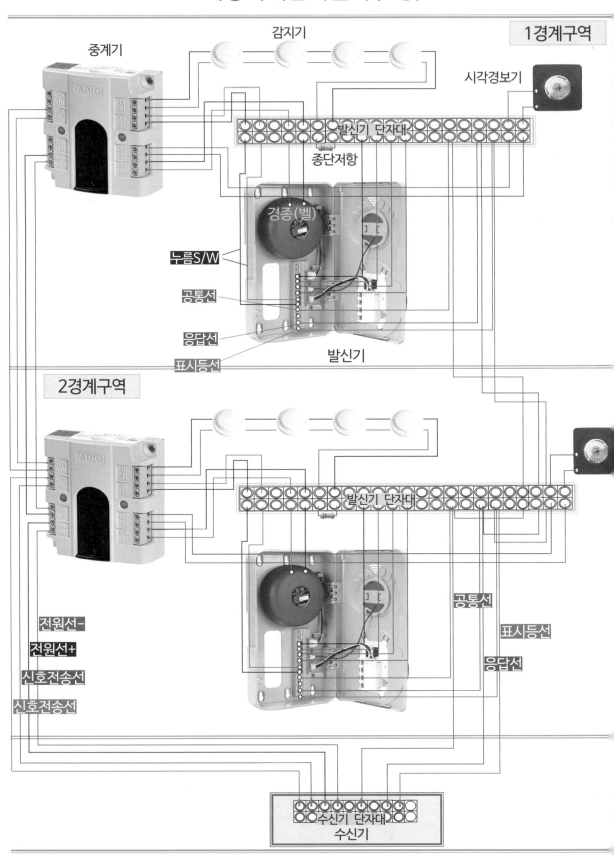

25-1. 자동화재탐지설비(R형) 작동흐름

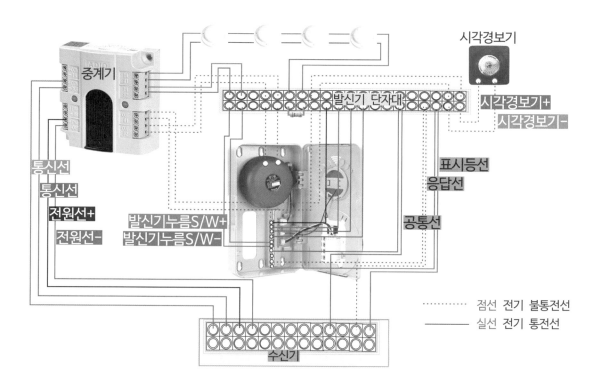

1. 발신기 누름버튼, 감지기

감지기 +선, 발신기 누름S/W +선은 **녹색 실선이며,** 감지기 -선, 발신기 누름S/W -선은 **빨간선** 실선으로 전기가 중계기와 항상 공급되고 있다.

발신기누름S/W +,-선, 감지기 +,-선은 중계기 IN(입력)에 연결한다.
발신기 누름스위치 작동 또는 감지기가 작동하면, 작동신호가 중계기를 거쳐 수신기에 작동신호가 전달되면 수신기에서는 화재발생을 인식한다.
수신기에서는 중계기 OUT(출력)으로 시각경보기, 경종(벨)선에 전류가 통전되게 하여, 시각경보기, 경종(벨)이 작동한다.

감지기 작동, 발신기 누름S/W 작동
⇨ 중계기 입력(IN)1, 입력(IN)2에 신호전달
⇨ 중계기는 신호전송선으로 수신기에 감지기 작동신호 전달
⇨ 수신기는 감지기 작동, 발신기 누름S/W 작동의 후속 작동내용으로,
　 중계기 출력(OUT)2에 연결된 경종(벨),
　 중계기 출력(OUT)1에 연결된 시각경보기를 작동하게 중계기에 신호를 보낸다
⇨ 중계기는 출력(OUT)1, 2에 연결된 경종(벨), 시각경보기를 작동한다.

2. 시각경보기, 경종(벨)

시각경보기 +,-선, 경종(벨) +,-선은 점선표기되어 있으며, 평소에는 전기가 통전되지 않는다.
시각경보기 +,-선, 경종(벨) +,-선은 중계기 OUT(출력)에 연결한다.
발신기 누름스위치 작동 또는 감지기가 작동하면, 작동신호가 중계기를 거쳐 수신기에 전달되면
수신기에서는 화재발생을 인식한다.
수신기에서는 중계기 OUT(출력)으로 시각경보기, 경종(벨)선에 전류가 통전되게 하여,
시각경보기, 경종(벨)이 작동한다.

수신기는 감지기 작동신호, 발신기 누름S/W 작동 내용에 대한 후속 작동내용으로,
중계기 출력(OUT)1, 2에 연결된 경종(벨), 시각경보기를 작동하게 중계기에 신호를 보낸다
⇨ 중계기는 출력(OUT)1, 2에 연결된 경종(벨), 시각경보기를 작동한다.

3. 전화

화재안전기준 개정으로 수신기의 전화기능이 삭제되었으며, 전화선은 없어졌다.

4. 위치표시등

표시등선(녹색선)과 공통선(빨간선)은 발신기와 수신기간 항상 전기가 공급되고 있다.
발신기의 위치를 주,야간 항상 볼수 있게 위치표시등이 켜져 있다.

표시등선은 중계기와 연결하지 않고 수신기와 직접 연결한다.
표시등은 중계기를 통하여 통신선으로 신호를 수신기와 정보교류를 하지 않는 부품이다.
그러므로 P형수신기의 결선방법과 같이 수신기와 연결한다.

5. 응답램프

응답램프선(청색점선)은 전기가 공급되지 않으며,
빨간선 실선(공통선)은 전기가 수신기와 항상 공급되고 있다.
발신기 누름버튼을 손가락으로 누르면 응답램프의 청색회로에 전기가 공급되어 LED램프가
점등된다.

응답램프선은 중계기와 연결하지 않는다.
응답램프는 중계기를 통하여 통신선으로 신호를 수신기와 정보교류를 하지 않는 부품이다.
그러므로 P형수신기의 결선방법과 같이 수신기와 연결한다.

26. R형 수신기 ⇔ 옥내소화전함 ⇔ 자동화재탐지설비 ⇔ 중계기

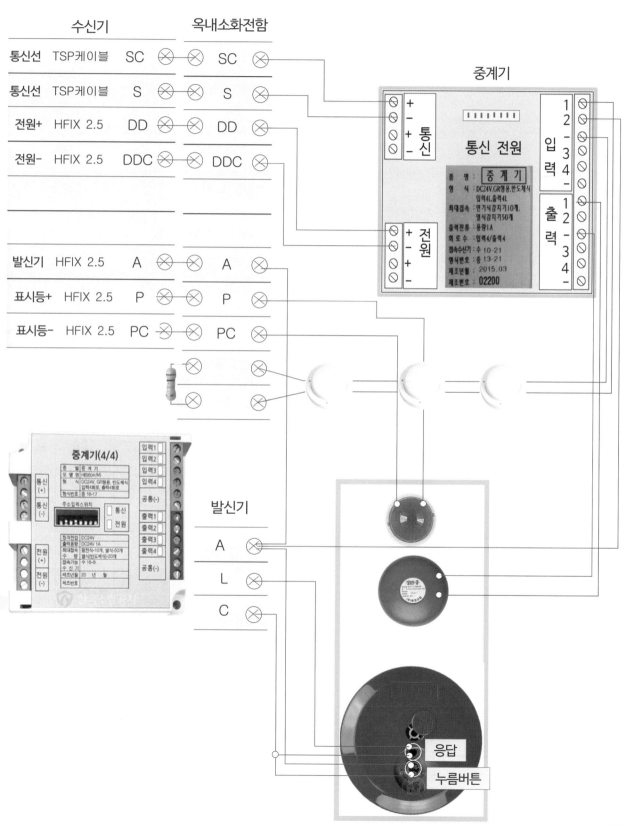

27. 자동화재탐지설비 전기회로 계통도

【 N O T E 】

P형 1급 수신기 5회로용(벽부착형)
주경종 6″∅
자동화재탐지설비용 오동작 방지회로 내장
밧데리 및 충전기 내장
유도등 점멸기 내장
경계구역 일람도 비치

① 28∅ (HFIX 2.5㎟ - 8)

② 28∅ (HFIX 2.5㎟ - 9)

③ 28∅ (HFIX 2.5㎟ - 10)

【조 건】
화재로 인하여 하나의 층의 지구음향장치 또는 배선이 단락되어도 다른 층의 화재통보에 지장이 없도록 각층 배선 상에 유효한 조치인 『단락보호 장치』 또는 『퓨즈』를 설치한다

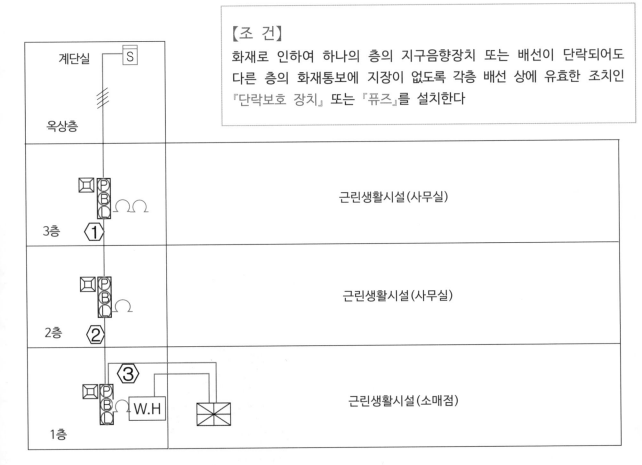

27. 자동화재탐지설비 전기회로 계통도 선의 상세 내용

⬡① 28∅ (HFIX 2.5㎟ - 8)

1. 벨선
2. 시각경보기선
3. 벨(시각경보기)·표시등 공통선
4. 표시등선
5. 응답선
6. 회로선(3층 회로)
7. 회로선(계단실 회로)
8. 공통선

⬡② 28∅ (HFIX 2.5㎟ - 9)

1. 벨선
2. 시각경보기선
3. 벨(시각경보기)·표시등 공통선
4. 표시등선
5. 응답선
6. 회로선(3층 회로)
7. 회로선(계단실 회로)
8. 회로선(2층 회로)
9. 공통선

⬡③ 28∅ (HFIX 2.5㎟ - 10)

1. 벨선
2. 시각경보기선
3. 벨(시각경보기)·표시등 공통선
4. 표시등선
5. 응답선
6. 회로선(3층 회로)
7. 회로선(계단실 회로)
8. 회로선(2층 회로)
9. 회로선(1층 회로)
10. 공통선

회로선 요약내용

번호	벨	시각경보	벨·표시등공통	표시등	응답	회로	공통	계
①	1	1	1	1	1	2	1	8
②	1	1	1	1	1	3	1	9
③	1	1	1	1	1	4	1	10

【조 건】

화재로 인하여 하나의 층의 지구음향장치 또는 배선이 단락되어도 다른 층의 화재통보에 지장이 없도록 각층 배선 상에 유효한 조치인 『단락보호 장치』를 설치한다.

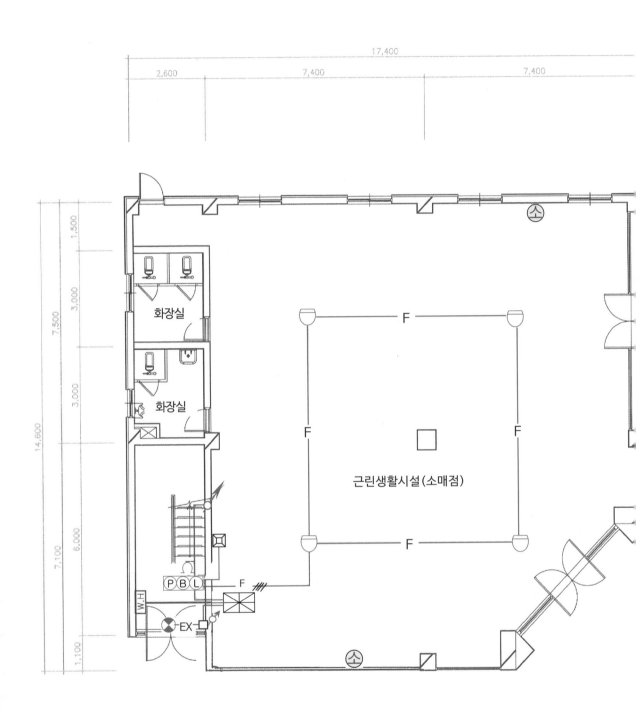

1층 소방설비 평면도

28. 자동화재탐지설비 전선계통도(P형)

Ⓐ 16Φ(HFIX 2.5㎟ - 2)

시각경보기선 2선

①　HFIX 2.5㎟ - 7

1. 벨선
2. 시각경보기선
3. 표시등선
4. 벨·표시등 공통선
5. 응답선
6. 회로선(7층 회로)
7. 공통선

②　HFIX 2.5㎟ - 8

1. 벨선
2. 시각경보기선
3. 표시등선
4. 벨·표시등 공통선
5. 응답선
6. 회로선(7층 회로)
7. 회로선(6층 회로)
8. 공통선

【조 건】

화재로 인하여 하나의 층의 지구음향장치 또는 배선이 단락되어도 다른 층의 화재통보에 지장이 없도록 각층 배선 상에 유효한 조치인 『단락보호 장치』를 설치한다.

자동화재탐지설비 전선계통도

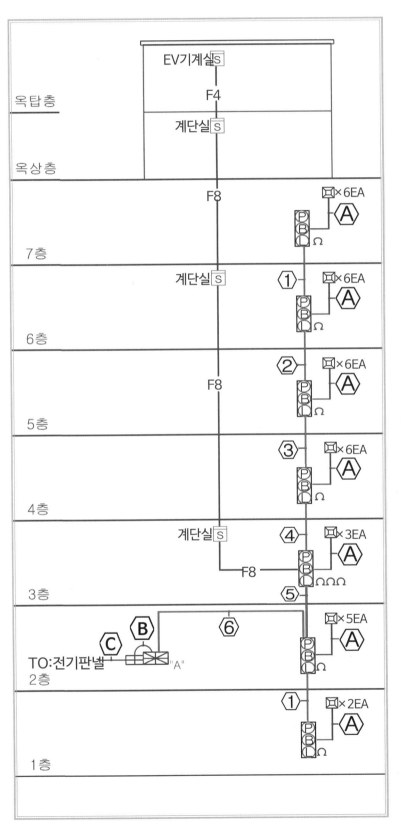

④ HFIX 2.5㎟ - 10

1. 벨선
2. 시각경보기선
3. 표시등선
4. 벨 · 표시등 공통선
5. 응답선
6. 회로선(7층 회로)
7. 회로선(6층 회로)
8. 회로선(5층 회로)
9. 회로선(4층 회로)
10. 공통선

⑤ HFIX 2.5㎟ - 13

1. 벨선
2. 시각경보기선
3. 표시등선
4. 벨 · 표시등 공통선
5. 응답선
6. 회로선(7층 회로)
7. 회로선(6층 회로)
8. 회로선(5층 회로)
9. 회로선(4층 회로)
10. 회로선(3층 회로)
11. 회로선(EV기계실 회로)
12. 회로선(계단실 회로)
13. 공통선

자동화재탐지설비 전선계통도

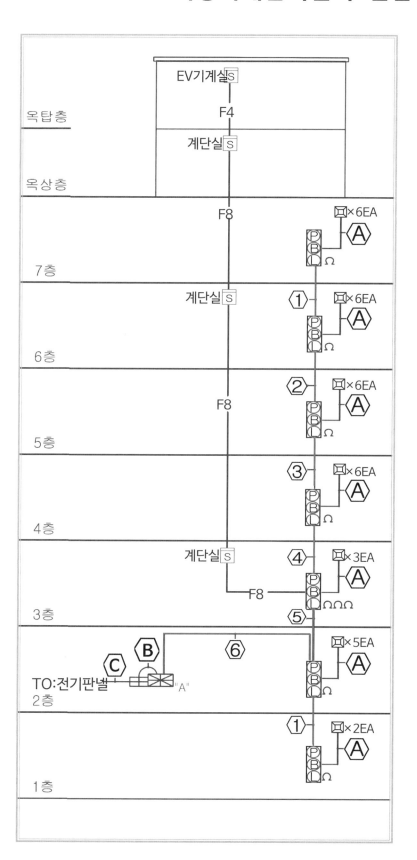

 HFIX 2.5㎟ - 16

1. 벨선
2. 시각경보기선
3. 표시등선
4. 벨·표시등 공통선
5. 응답선
6. 회로선(7층 회로)
7. 회로선(6층 회로)
8. 회로선(5층 회로)
9. 회로선(4층 회로)
10. 회로선(3층 회로)
11. 회로선(2층 회로)
12. 회로선(1층 회로)
13. 회로선(EV기계실 회로)
14. 회로선(계단실 회로)
15. 1 공통선
16. 2 공통선

그림은 공장 1층에 설치된 소화설비이다. ㉮~㉯까지의 배선 가닥수를 구하고 두 가지 기기의 차이점과 전면
에 부착된 기기의 명칭을 열거하시오.
옥내소화전함은 기동용 수압개폐장치 기동방식과 발신기 세트는 각 층마다 설치한다.

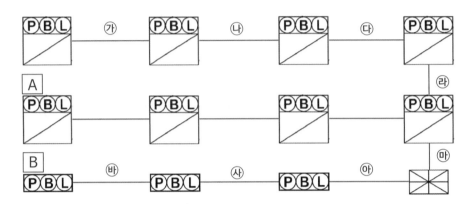

【물 음】

1. ㉮~㉯의 전선 가닥수를 표시하시오.
2. A와 B의 차이점은 무엇인가?
3. A와 B의 전면부에 부착된 기기의 명칭을 열거하시오.

정 답

1. ㉮ 8,　　㉯ 9,　　㉰ 10,　　㉱ 11,　　㉲ 16,　　㉳ 6,　　㉴ 7,　　㉵ 8
2. 가. A는 옥내소화전함에 발신기세트 내장형,　　　　나. 발신기 세트 단독형
3. 가. A : 발신기, 경종, 표시등, 기동확인표시등,　　　나. B : 발신기, 경종, 표시등

해 설　　　배선의 용도, 가닥수

	내 용	㉮	㉯	㉰	㉱	㉲	㉳	㉴	㉵
발신기 세트	지구(회로)선	1	2	3	4	8	1	2	3
	공통선	1	1	1	1	2	1	1	1
	응답선	1	1	1	1	1	1	1	1
	표시등선	1	1	1	1	1	1	1	1
	경종(벨)선	1	1	1	1	1	1	1	1
	경종·표시등 공통선	1	1	1	1	1	1	1	1
옥내 소화전	기동확인 표시등	1	1	1	1	1			
	표시등 공통	1	1	1	1	1			
	계	8	9	10	11	16	6	7	8

자동화재탐지설비의 평면도를 보고 배관, 배선 물량을 산출하시오.

【조 건】

층고는 4m이고 반자는 없는 조건이며, 발신기와 수신기는 바닥으로부터 1.2m의 높이에 설치한다.
배선의 할증은 10%를 적용한다.

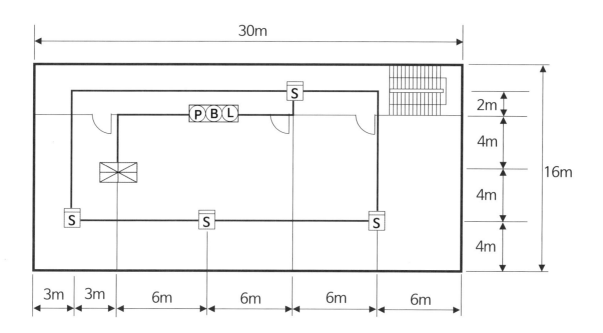

【물 음】

1. 감지기와 감지기 간, 감지기와 발신기간에 대한 배관, 배선의 물량은 다음의 서식에 준하여 산출하시오.

품명	규격	산출식	총길이(m)
전선관	16C		
전선	1.5(㎟)		

2. 수신기와 발신기 간을 연결하는 배관, 배선의 물량을 산출하시오.

품명	규격	산출식	총길이(m)
전선관	28C		
전선	2.5(㎟)		

문제 2 **정 답**

1.

품명	규격	산출식	총길이(m)
전선관	16C	62m + 10.8m = 72.8m	72.8m
전선	1.5(㎟)	124m + 43.2m = 167.2m 167.2m × 1.1(할증) = 183.92m	183.92m

2.

품명	규격	산출식	총길이(m)
전선관	28C	4m - 1.2m + 6m + 4m + 4m - 1.2m = 15.6m	15.6m
전선	2.5(㎟)	15.6m × 6 = 93.6m 93.6m × 1.1(할증) = 102.96m	102.96m

해 설

수신기와 발신기 간을 연결하는 배관, 배선

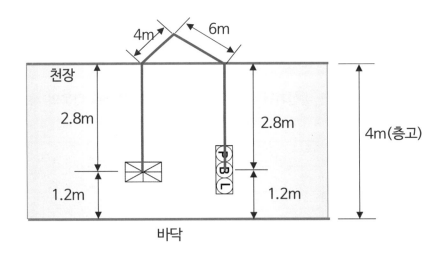

106

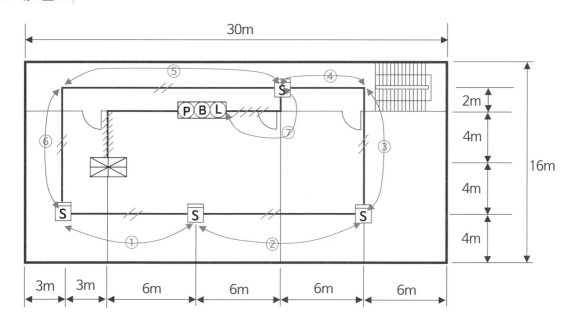

가. 감지기와 감지기간 배관배선

품명	규격	산출식	총길이(m)
전선관	16C	① + ② + ③ + ④ + ⑤ + ⑥ (3+6)+(6+6)+(4+4+2)+6+(6+6+3)+(2+4+4)	62m
전선	1.5(㎟)	전선관 길이(62m) × 2선(회로선, 공통선)	124m

나. 감지기와 발신기간 배관배선

품명	규격	산출식	총길이(m)
전선관	16C	⑦ + (천장에서 발신기까지 높이 -1.2m) (2+6) + (4-1.2) =	10.8m
전선	1.5(㎟)	10.8m × 4선(회로선 2, 공통선 2, -송배전식 배선)	43.2m

다. 수신기와 발신기를 연결하는 배관

품명	규격	산출식	총길이(m)
전선관	28C	【천장에서 발신기까지 높이(4-1.2) + 6 + 4】 + 【천장에서 수신기까지 높이((4-1.2) =	15.6m
전선	2.5(㎟)	15.6m × 6선(회로, 공통, 표시등, 응답, 경종+, 경종-) = 총합계 93.6 × 1.1(배선 할증율 10%) =	102.96m

문제 3

지하 3층, 지상 11층인 어느 특정소방대상물에 설치된 자동화재탐지설비의 음향장치의 설치기준에 관한 사항이다. 다음의 표와 같이 화재가 발생하였을 경우 우선적으로 경보 해야 하는 층을 빈칸에 표시하시오.

(단, 공동주택이 아니고, 경보표시는 ●를 사용한다. 각각 세로부분이 모두 맞아야 정답으로 인정된다.)

구분	3층 화재 시	2층 화재 시	1층 화재 시	지하 1층 화재 시	지하 2층 화재 시	지하 3층 화재 시
7층						
6층						
5층						
4층						
3층	●					
2층		●				
1층			●			
지하 1층				●		
지하 2층					●	
지하 3층						●

정 답

구분	3층 화재 시	2층 화재 시	1층 화재 시	지하 1층 화재 시	지하 2층 화재 시	지하 3층 화재 시
7층	●					
6층	●	●				
5층	●	●	●			
4층	●	●	●			
3층	●	●	●			
2층		●	●			
1층			●	●		
지하 1층			●	●	●	●
지하 2층			●	●	●	●
지하 3층			●	●	●	●

108

해 설

자동화재탐지설비 및 시각경보장치의 화재안전기술기준(NFTC 203)

5 음향장치 및 시각경보장치

2.5.1 자동화재탐지설비의 음향장치는 다음의 기준에 따라 설치해야 한다.

2.5.1.1 주음향장치는 수신기의 내부 또는 그 직근에 설치할 것

2.5.1.2 층수가 11층(공동주택의 경우에는 16층) 이상의 특정소방대상물은 다음의 기준에 따라 경보를 발할 수 있도록 할 것

2.5.1.2.1 2층 이상의 층에서 발화한 때에는 발화층 및 그 직상 4개 층에 경보를 발할 것

2.5.1.2.2 1층에서 발화한 때에는 발화층·그 직상 4개 층 및 지하층에 경보를 발할 것

2.5.1.2.3 지하층에서 발화한 때에는 발화층·그 직상층 및 기타의 지하층에 경보를 발할 것

구분	3층 화재 시	2층 화재 시	1층 화재 시	지하 1층 화재 시	지하 2층 화재 시	지하 3층 화재 시
7층	●					
6층	●	●				
5층	●	●	●			
4층	●	●	●			
3층	●	●	●			
2층		●	●			
1층			●	●		
지하 1층			●	●	●	●
지하 2층			●	●	●	●
지하 3층			●	●	●	●

2층 이상의 층에서 발화한 때에는 발화층 및 그 직상 4개 층에 경보를 발한다.

3층 발화 ⇨ 3층, 4, 5, 6, 7층

2층 이상의 층에서 발화한 때에는 발화층 및 그 직상 4개 층에 경보를 발한다.

2층 발화 ⇨ 2층, 3, 4, 5, 6층

1층에서 발화한 때에는 발화층·그 직상 4개 층 및 지하층에 경보를 발한다.

1층 발화 ⇨ 1층, 2, 3, 4, 5층, 지하1층, 지하2층, 지하3층

지하층에서 발화한 때에는 발화층·그 직상층 및 기타의 지하층에 경보를 발한다.

지하1층 발화 ⇨ 지하1층, 1층, 지하2층, 지하3층

지하2층 발화 ⇨ 지하1층, 지하2층, 지하3층

지하3층 발화 ⇨ 지하1층, 지하2층, 지하3층

해설

2.5.1.2.2 1층에서 발화한 때에는 발화층·그 직상 4개 층 및 지하층에 경보를 발할 것

2.5.1.2.3 지하층에서 발화한 때에는 발화층·그 직상층 및 기타의 지하층에 경보를 발할 것

지하층, 기타의 지하층은 모든 지하층을 말한다.

문제 4

다음과 같은 건물평면도의 경우 자동화재탐지설비의 최소경계구역의 수를 구하시오.

가.

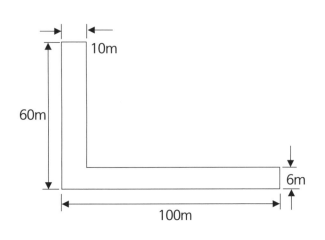

나.

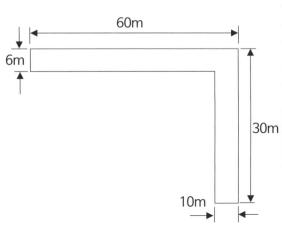

가.
○ 계산과정 :
○ 답 :

나.
○ 계산과정 :
○ 답 :

정 답

가.
○ 계산과정 :

$$\frac{50 \times 10}{600} = 0.8 \;\rightarrow\; 소수점\ 이하는\ 1,\ 1경계구역$$

$$\frac{50 \times 6}{600} = 0.5 \;\rightarrow\; 소수점\ 이하는\ 1,\ 1경계구역$$

$$\frac{(10 \times 4) + (50 \times 6)}{600} = 0.57$$
→ 소수점 이하는 1이다. 1경계구역

○ 답 : 3경계구역

나.
○ 계산과정 :

$$\frac{50 \times 6}{600} = 0.5 \rightarrow 소수점\ 이하는\ 1,\ 1경계구역$$

$$\frac{30 \times 10}{600} = 0.5 \rightarrow 소수점\ 이하는\ 1,\ 1경계구역$$

○ 답 : 2경계구역

해 설

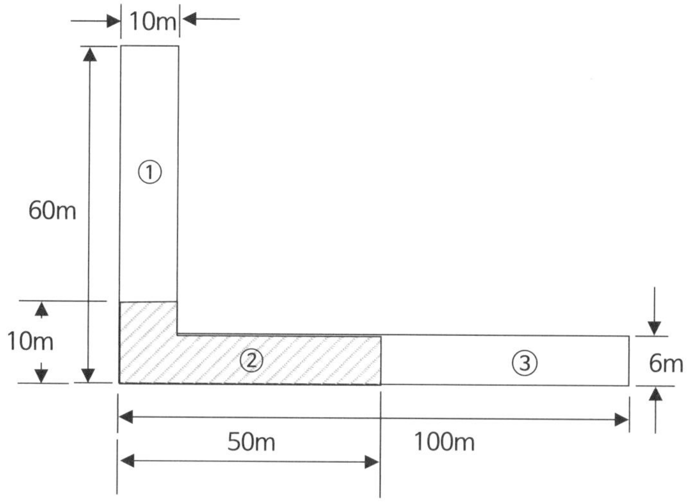

가.

○ 계산과정 :

$\dfrac{50\times 10}{600}$ = 0.8 → 소수점 이하는 1이다. 1경계구역

$\dfrac{50\times 6}{600}$ = 0.5 → 소수점 이하는 1이다. 1경계구역

$\dfrac{(10\times 4)+(50\times 6)}{600}$ = 0.57 → 소수점 이하는 1이다. 1경계구역

○ 답 : 3경계구역

나.

○ 계산과정 :

$\dfrac{50\times 6}{600}$ = 0.5 → 소수점 이하는 1이다. 1경계구역

$\dfrac{30\times 10}{600}$ = 0.5 → 소수점 이하는 1이다. 1경계구역

○ 답 : 2경계구역

자동화재탐지설비 및 시각경보장치의 화재안전성능기준

제4조(경계구역)

① 자동화재탐지설비의 경계구역은 다음 각호의 기준에 따라 설정하여야 한다. 다만, 감지기의 형식승인 시 감지거리, 감지면적 등에 대한 성능을 별도로 인정받은 경우에는 그 성능인정범위를 경계구역으로 할 수 있다.

1. 하나의 경계구역이 둘 이상의 건축물에 미치지 아니하도록 할 것
2. 하나의 경계구역이 둘 이상의 층에 미치지 아니하도록 할 것
3. 하나의 경계구역의 면적은 600제곱미터 이하로 하고 한변의 길이는 50미터 이하로 할 것

문제 5

해당 특정소방대상물의 경계구역 수를 구하시오.

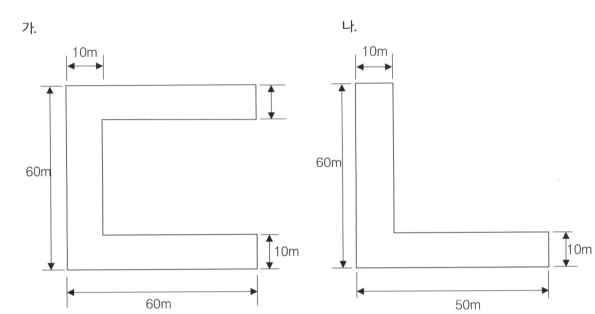

가.

나.

정 답

가.
○ 계산과정

경계구역 수 : $\dfrac{50 \times 10}{600}$ = 0.83 → 절상하여 1, 1×2 = 2개

$\dfrac{30 \times 10}{600}$ = 0.5 → 절상하여 1, 1×2 = 2개

○ 답 : 4개

나.
○ 계산과정

경계구역 수 : $\dfrac{50 \times 10}{600}$ = 0.83 → 절상하여 1, 1×2=2개

○ 답 : 2개

해 설

자동화재탐지설비 및 시각경보장치의 화재안전성능기준(NFPC 203)

제4조(경계구역) ① 3. 하나의 경계구역의 면적은 600제곱미터 이하로 하고 한변의 길이는 50미터 이하로 할 것

문제 6	다음 도면을 보고 물음에 답하시오.	

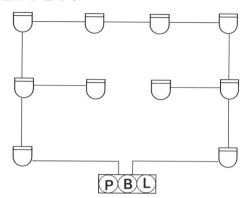

가. 필요한 부싱의 개수를 쓰시오.
나. 필요한 로크너트 개수를 쓰시오.
다. 도면에 가닥 수를 표기하시오.

정 답

가. 22개,   나. 44개   다.

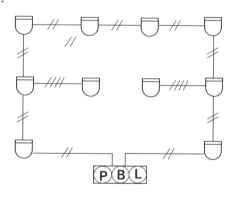

해 설

로크너트 ◯ , 부싱 ◯

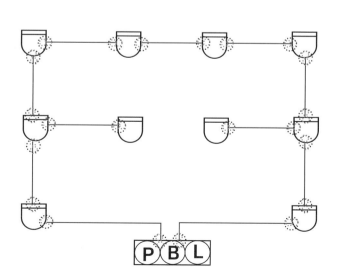

부싱, 로크너트 설치개수 사례

8각 박스 : 13개소   4각 박스 : 2개소   로크너트 : 62개   부싱 : 31개

8각 박스 사용장소◯ : 13개소

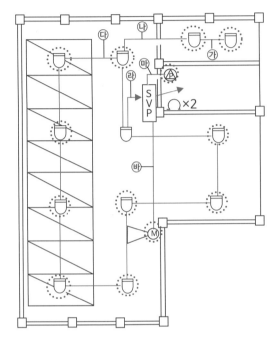

4각 박스 사용장소◯ : 2개소

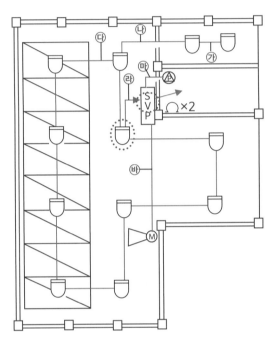

부싱 사용장소◯ : 31개소

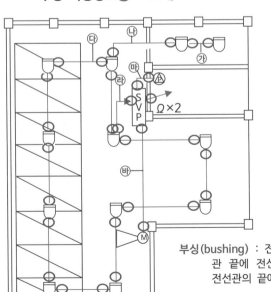

로크너트 사용장소◯ : 62(31×2)개소

부싱(bushing) : 전선관과 4각(8각)박스를 연결하는 전선
관 끝에 전선의 피복을 보호하기 위하여 날까로운
전선관의 끝에 끼워서 배관을 마감하는 부품을 말한

로크너트(lock-nut)
진동 따위로 조임이 풀리는 것을 막기 위하여 덧끼우는 암나사

4각, 8각박스

로크너트

전기선

부싱

29. 감지기 설치개수 설계

가. 차동식스포트형 · 보상식스포트형 및 정온식스포트형 감지기

차동식스포트형 · 보상식스포트형 및 정온식스포트형 감지기는 그 부착 높이 및 특정소방대상물에 따라
다음 표 2.4.3.5에 따른 바닥면적마다 1개 이상을 설치한다.

표 2.4.3.5 부착높이 및 특정소방대상물의 구분에 따른 차동식, 보상식, 정온식스포트형감지기의 종류

부착높이 및 특정소방대상물 구분		감지기 종류(단위 : ㎡)						
		차동식스포트형		보상식스포트형		정 온 식스포트형		
		1종	2종	1종	2종	특종	1종	2종
4m 미만	주요구조부를 내화구조로 한 특정소방대상물 또는 그 부분	90	70	90	70	70	60	20
	기타 구조의 특정소방대상물 또는 그 부분	50	40	50	40	40	30	15
4m 이상 8m 미만	주요구조부를 내화구조로 한 특정소방대상물 또는 그 부분	45	35	45	35	35	30	
	기타 구조의 특정소방대상물 또는 그 부분	30	25	30	25	25	15	

나. 연기 감지기

1. 연기감지기의 부착 높이에 따라 다음 표 2.4.3.10.1에 따른 바닥면적마다 1개 이상으로 할 것

표 2.4.3.10.1 부착 높이에 따른 연기감지기의 종류

부 착 높 이	감지기 종류(단위 ㎡)	
	1종 및 2종	3종
4m 미만	150	50
4m 이상 20m 미만	75	

2. 감지기는 복도 및 통로에 있어서는 보행거리 30 m(3종에 있어서는 20 m)마다, 계단 및 경사로에 있어서는 수직거리 15 m(3종에 있어서는 10 m)마다 1개 이상으로 할 것
3. 천장 또는 반자가 낮은 실내 또는 좁은 실내에 있어서는 출입구의 가까운 부분에 설치할 것
4. 천장 또는 반자 부근에 배기구가 있는 경우에는 그 부근에 설치할 것
5. 감지기는 벽 또는 보로부터 0.6 m 이상 떨어진 곳에 설치할 것

다. 열전대식 차동식분포형 감지기

1. 열전대부는 감지구역의 바닥면적 18 ㎡(주요구조부가 내화구조로 된 특정소방대상물에 있어서는 22 ㎡)마다 1개 이상으로 할 것. 다만, 바닥면적이 72 ㎡(주요구조부가 내화구조로 된 특정소방대상물에 있어서는 88 ㎡) 이하인 특정소방대상물에 있어서는 4개 이상으로 해야 한다.

2. 하나의 검출부에 접속하는 열전대부는 20개 이하로 할 것. 다만, 각각의 열전대부에 대한 작동여부를 검출부에서 표시할 수 있는 것(주소형)은 형식승인 받은 성능인정 범위 내의 수량으로 설치할 수 있다.

라. 공기관식 차동식분포형 감지기

1. 공기관의 노출부분은 감지구역마다 20m 이상이 되도록 한다.
2. 공기관과 감지구역의 각변과의 수평거리는 1.5m 이하가 되도록 하고,
   공기관 상호간의 거리는 6m(주요 구조부를 내화구조로 한 특정소방대상물 또는 그 부분에 있어
   서는 9m) 이하가 되도록 한다.
3. 공기관은 도중에서 분기하지 아니하도록 한다.
4. 하나의 검출부분에 접속하는 공기관의 길이는 100m 이하로 한다.
5. 검출부는 5° 이상 경사되지 아니하도록 부착한다.
6. 검출부는 바닥으로부터 0.8m 이상 1.5m 이하의 위치에 설치한다.

공기관식 차동식분포형감지기 설치사례

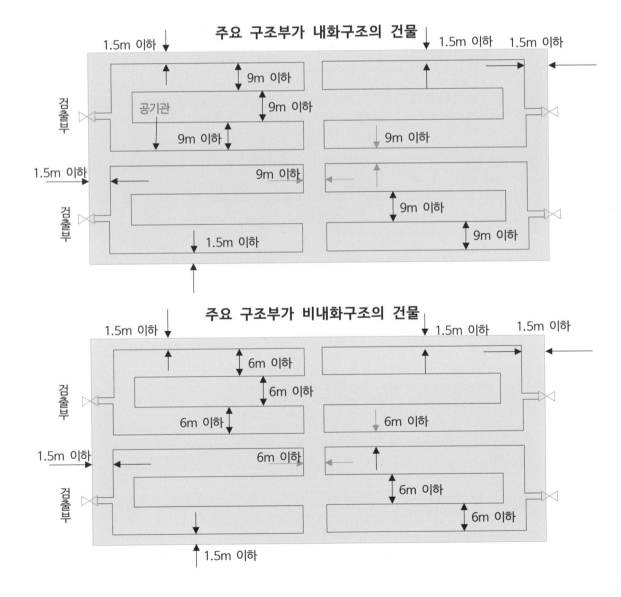

116

마. 열반도체식 차동식분포형 감지기

1. 감지부는 그 부착 높이 및 특정소방대상물에 따라 다음 표 2.4.3.9.1에 따른 바닥면적마다 1개 이상으로 할 것. 다만, 바닥면적이 다음 표 2.4.3.9.1에 따른 면적의 2배 이하인 경우에는 2개(부착높이가 8 m 미만이고, 바닥면적이 다음 표 2.4.3.9.1에 따른 면적 이하인 경우에는 1개) 이상으로 해야 한다.

표 2.4.3.9.1 부착높이 및 특정소방대상물의 구분에 따른 열반도체식 차동식분포형감지기의 종류

부착높이 및 특정소방대상물 구분		감지기 종류(단위 : ㎡)	
		1종	2종
8m 미만	주요구조부가 내화구조로된 특정소방대상물 또는 그 구분	65	36
	기타 구조의 특정소방대상물 또는 그 부분	40	23
8m 이상 15m 미만	주요구조부가 내화구조로 된 특정소방대상물 또는 그 부분	50	36
	기타 구조의 특정소방대상물 또는 그 부분	30	23

2. 하나의 검출기에 접속하는 감지부는 2개 이상 15개 이하가 되도록 한다. 다만, 각각의 감지부에 대한 작동여부를 검출기에서 표시할 수 있는 것(주소형)은 형식승인 받은 성능인정범위내의 수량으로 설치할 수 있다.

바. 정온식감지선형 감지기

1. 보조선이나 고정금구를 사용하여 감지선이 늘어지지 않도록 설치한다.
2. 단자부와 마감 고정금구와의 설치간격은 10㎝ 이내로 설치한다.
3. 감지선형 감지기의 굴곡반경은 5㎝ 이상으로 한다.
4. 감지기와 감지구역의 각부분과의 수평거리가 내화구조의 경우 1종 4.5m 이하, 2종 3m 이하로 한다. 기타 구조의 경우 1종 3m 이하, 2종 1m 이하로 한다.
5. 케이블트레이에 감지기를 설치하는 경우에는 케이블트레이 받침대에 마감금구를 사용하여 설치한다.
6. 창고의 천장 등에 지지물이 적당하지 않는 장소에서는 보조선을 설치하고 그 보조선에 설치할 것
7. 분전반 내부에 설치하는 경우 접착제를 이용하여 돌기를 바닥에 고정시키고 그 곳에 감지기를 설치한다.
8. 그 밖의 설치방법은 형식승인 내용에 따르며 형식승인 사항이 아닌 것은 제조사의 시방에 따라 설치한다.

사. 아날로그방식의 감지기

공칭감지온도범위 및 공칭감지농도범위에 적합한 장소에, 다신호방식의 감지기는 화재신호를 발신하는 감도에 적합한 장소에 설치한다. 다만, 이 기준에서 정하지 않는 설치방법에 대하여는 형식승인 사항이나 제조사의 시방서에 따라 설치할 수 있다.

아. 광전식분리형 감지기

1. 감지기의 수광면은 햇빛을 직접 받지 않도록 설치한다.
2. 광축(송광면과 수광면의 중심을 연결한 선)은 나란한 벽으로부터 0.6m 이상 이격하여 설치한다.
3. 감지기의 송광부와 수광부는 설치된 뒷벽으로부터 1m이내 위치에 설치한다.
4. 광축의 높이는 천장 등(천장의 실내에 면한 부분 또는 상층의 바닥하부면을 말한다) 높이의 80 % 이상으로 한다.
5. 감지기의 광축의 길이는 공칭감시거리 범위 이내로 한다.
6. 그 밖의 설치기준은 형식승인 내용에 따르며 형식승인 사항이 아닌 것은 제조사의 시방서에 따라 설치한다.

다음은 어느 특정소방대상물의 평면도이다. 건축물의 구조는 비내화구조이고, 층간 높이는 5m일 때 다음 각 물음에 답하시오. (단, 설치하여야 할 감지기는 2종을 설치한다.)

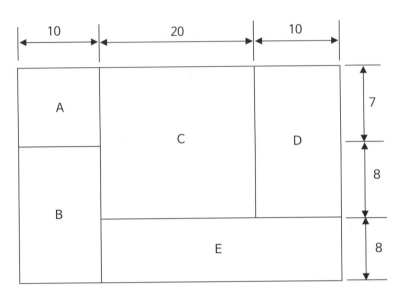

가. 연기감지기 2 종을 설치할 경우 각 실에 설치되는 감지기의 개수를 구하시오.
나. 해당 특정소방대상물의 경계구역 수를 구하시오.

정 답

○ 계산과정
　가.

A : $\dfrac{10 \times 7}{75} = 0.93$ → 소수점 이하는 1개, 그러므로 1개

B : $\dfrac{10 \times (8+8)}{75} = 2.13$ → 소수점 이하는 1개, 그러므로 3개

C : $\dfrac{20 \times (7+8)}{75} = 4$

D: $\dfrac{10 \times (7+8)}{75} = 2$

E: $\dfrac{8 \times (20+10)}{75} = 3.2$ → 소수점 이하는 1개, 그러므로 4개

○ 답 : 14개

나. 경계구역 수 : $\dfrac{(10+20+10) \times (7+8+8)}{600} = 1.533$ → 소수점 이하는 1개, 그러므로 2개

○ 답 : 답 2개

해 설

> 문제 내용
>
> 건축물의 구조는 비내화구조이고, 층간 높이는 5m일 때 다음 각 물음에 답하시오. (단, 설치하여야 할 감지기는 연기감지기2종을 설치한다.)

자동화재탐지설비 및 시각경보장치의 화재안전기술기준(NFTC 203)
표 2.4.3.10.1 부착 높이에 따른 연기감지기의 종류

부 착 높 이	감지기 종류(단위 ㎡)	
	1종 및 2종	3종
4m 미만	150	50
4m 이상 20m 미만	75	

가. 감지기 개수 계산

A : $\dfrac{10 \times 7}{75} = 0.93$ → 소수점 이하는 1, 그러므로 1개

B : $\dfrac{10 \times (8+8)}{75} = 2.13$ → 소수점 이하는 1, 그러므로 3개

C : $\dfrac{20 \times (7+8)}{75} = 4$

D: $\dfrac{10 \times (7+8)}{75} = 2$

E: $\dfrac{8 \times (20+10)}{75} = 3.2$ → 소수점 이하는 1, 그러므로 4개

나. 경계구역 수 계산

자동화재탐지설비 및 시각경보장치의 화재안전성능기준

제4조(경계구역)

① 자동화재탐지설비의 경계구역은 다음 각호의 기준에 따라 설정하여야 한다. 다만, 감지기의 형식승인 시 감지거리, 감지면적 등에 대한 성능을 별도로 인정받은 경우에는 그 성능인정범위를 경계구역으로 할 수 있다.

1. 하나의 경계구역이 둘 이상의 건축물에 미치지 아니하도록 할 것
2. 하나의 경계구역이 둘 이상의 층에 미치지 아니하도록 할 것
3. 하나의 경계구역의 면적은 600제곱미터 이하로 하고 한변의 길이는 50미터 이하로 할 것

경계구역 수 : $\dfrac{(10+20+10) \times (7+8+8)}{600} = 1.533$ → 소수점 이하는 1, 그러므로 2개

다음 그림과 같은 복도에 연기감지기 2종과 3종의 개수를 산정하여 각각 그려 넣으시오.

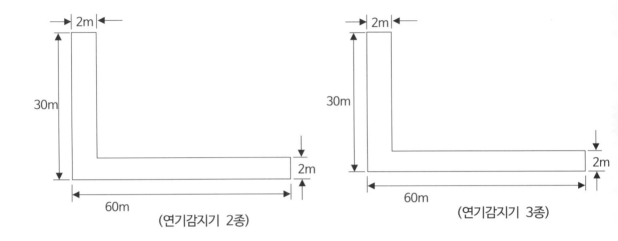

(연기감지기 2종)　　　　　　　　(연기감지기 3종)

정 답

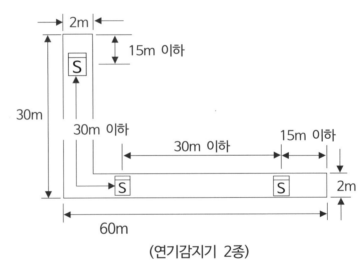

(연기감지기 2종)

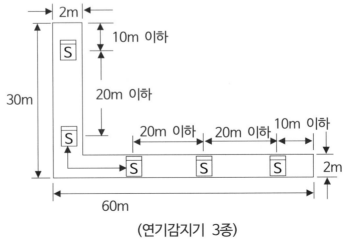

(연기감지기 3종)

자동화재탐지설비 및 시각경보장치의 화재안전기술기준

2.4.3.10 연기감지기는 다음의 기준에 따라 설치할 것

2.4.3.10.1 연기감지기의 부착 높이에 따라 다음 표 2.4.3.10.1에 따른 바닥면적마다 1개 이상으로 할 것

부 착 높 이	감지기 종류(단위 ㎡)	
	1종 및 2종	3종
4m 미만	150	50
4m 이상 20m 미만	75	

2.4.3.10.2 감지기는 복도 및 통로에 있어서는 보행거리 30 m(3종에 있어서는 20 m)마다, 계단 및 경사로에 있어서는 수직거리 15 m(3종에 있어서는 10 m)마다 1개 이상으로 할 것

설계방법(내용)

연기감지기 2종은 바닥면적 150㎡에 1개, 보행거리 30m 마다 감지기를 설계한다.

연기감지기 3종은 바닥면적 50㎡에 1개, 보행거리 20m 마다 감지기를 설계한다.

(문제에서 감지기 부착높이는 누락되었다. 부착높이 4m 미만으로 보고 설계했다)

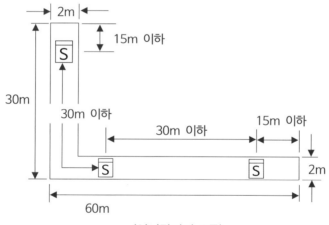

(연기감지기 2종)

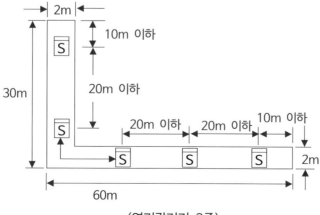

(연기감지기 3종)

다음과 같은 장소에 차동식 스포트형 감지기 2종을 설치하는 경우와 광전식 스포트형 2종을 설치하는 경우 최소 감지기 소요개수를 산정하시오. (단, 주요구조부는 내화구조, 감지기의 설치높이는 3[m] 이다)

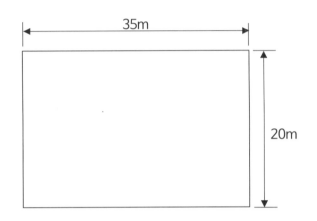

가. 차동식 스포트형 감지기(2종) 소요개수
　　○ 계산과정 :
　　○ 답 :

나. 광전식 스포트형 감지기(2종) 소요개수
　　○ 계산과정 :
　　○ 답 :

정 답

가. 차동식 스포트형 감지기(2종)

○ 계산과정 : 바닥면적(35m × 20m = 700㎡), 600㎡가 넘으므로 2개의 경계구역이 된다.

그러므로, 700㎡를 $\frac{1}{2}$로 나누어 1경계구역 350㎡에 대한 감지기 설치개수를 계산한다.

$$\frac{350}{70} = 5개, \quad \frac{350}{70} = 5개$$

○ 답 : 10개

나. 광전식 스포트형 감지기(2종)

○ 계산과정 : 바닥면적(35m × 20m = 700㎡), 600㎡가 넘으므로 2개의 경계구역이 된다.

그러므로, 700㎡를 300, 400㎡ 2개의 경계구역으로 나누어 감지기 설치개수를 계산한다.

$$\frac{300}{150} = 2개, \quad \frac{400}{150} = 2.63 \rightarrow 절상하여 3개$$

○ 답 : 5개

해 설

표 2.4.3.5 부착높이 및 특정소방대상물의 구분에 따른
차동식, 보상식, 정온식스포트형감지기의 종류

부착높이 및 특정소방대상물 구분		감지기 종류(단위 : ㎡)						
		차동식스포트형		보상식스포트형		정온식스포트형		
		1종	2종	1종	2종	특종	1종	2종
4m 미만	주요구조부를 내화구조로 한 특정소방대상물 또는 그 부분	90	70	90	70	70	60	20
	기타 구조의 특정소방대상물 또는 그 부분	50	40	50	40	40	30	15
4m 이상 8m 미만	주요구조부를 내화구조로 한 특정소방대상물 또는 그 부분	45	35	45	35	35	30	
	기타 구조의 특정소방대상물 또는 그 부분	30	25	30	25	25	15	

표 2.4.3.10.1 부착 높이에 따른 **연기감지기의 종류**

부 착 높 이	감지기 종류(단위 ㎡)	
	1종 및 2종	3종
4m 미만	150	50
4m 이상 20m 미만	75	

가. 차동식 스포트형 감지기(2종)

○ 계산과정 : 바닥면적(35m × 20m = 700㎡), 600㎡가 넘으므로 2개의 경계구역이 된다.

그러므로, 700㎡를 $\frac{1}{2}$로 나누어 1경계구역 350㎡에 대한 감지기 설치개수를 계산한다.

$\frac{350}{70}$ = 5개, $\frac{350}{70}$ = 5개

○ 답 : 10개

나. 광전식 스포트형 감지기(2종)

○ 계산과정 : 바닥면적(35m × 20m = 700㎡), 600㎡가 넘으므로 2개의 경계구역이 된다.

그러므로, 700㎡를 300, 400㎡ 2개의 경계구역으로 나누어 감지기 설치개수를 계산한다.

$\frac{300}{150}$ = 2개, $\frac{400}{150}$ = 2.63 → 절상하여 3개

○ 답 : 5개

Ⅲ. 비상방송설비

차 례

1. 비상방송설비, 자동화재탐지설비 계통도(P형)

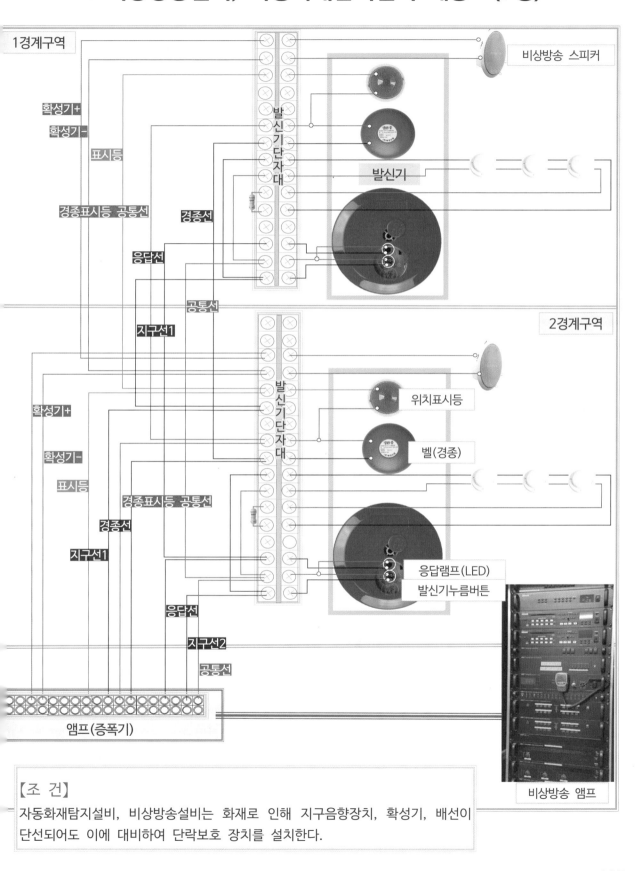

1경계구역

확성기+
확성기-
표시등
경종표시등 공통선
응답선
공통선
지구선1

발신기단자대
경종선

비상방송 스피커
발신기

2경계구역

확성기+
확성기-
표시등
경종표시등 공통선
경종선
지구선1
응답선
지구선2
공통선

발신기단자대

위치표시등
벨(경종)
응답램프(LED)
발신기누름버튼

앰프(증폭기)

비상방송 앰프

【조 건】
자동화재탐지설비, 비상방송설비는 화재로 인해 지구음향장치, 확성기, 배선이
단선되어도 이에 대비하여 단락보호 장치를 설치한다.

2. 비상방송설비 전기 계통도(P형)

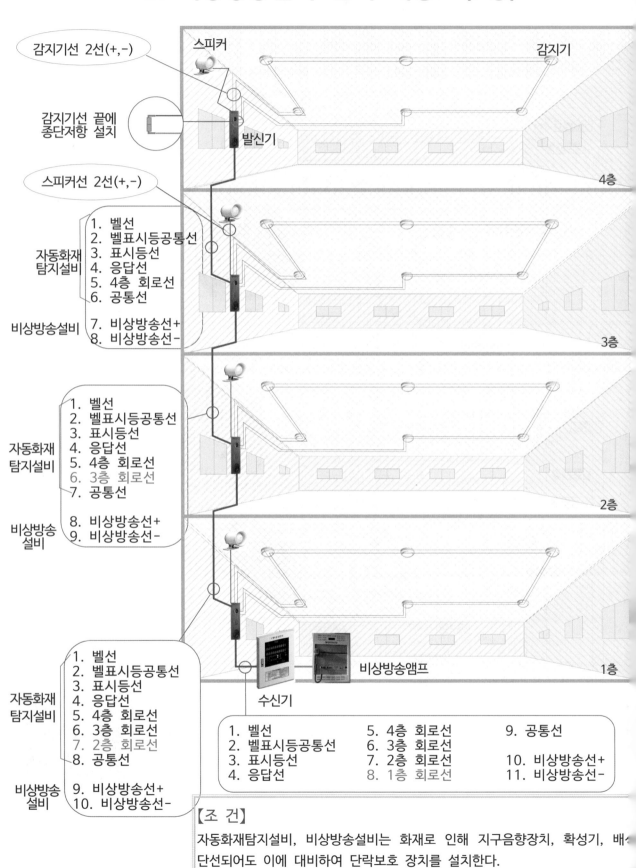

감지기선 2선(+,−)

스피커

감지기

감지기선 끝에
종단저항 설치

발신기

4층

스피커선 2선(+,−)

자동화재
탐지설비
1. 벨선
2. 벨표시등공통선
3. 표시등선
4. 응답선
5. 4층 회로선
6. 공통선

비상방송설비
7. 비상방송선+
8. 비상방송선−

3층

자동화재
탐지설비
1. 벨선
2. 벨표시등공통선
3. 표시등선
4. 응답선
5. 4층 회로선
6. 3층 회로선
7. 공통선

비상방송
설비
8. 비상방송선+
9. 비상방송선−

2층

비상방송앰프

1층

수신기

자동화재
탐지설비
1. 벨선
2. 벨표시등공통선
3. 표시등선
4. 응답선
5. 4층 회로선
6. 3층 회로선
7. 2층 회로선
8. 공통선

비상방송
설비
9. 비상방송선+
10. 비상방송선−

1. 벨선	5. 4층 회로선	9. 공통선
2. 벨표시등공통선	6. 3층 회로선	
3. 표시등선	7. 2층 회로선	10. 비상방송선+
4. 응답선	8. 1층 회로선	11. 비상방송선−

【조 건】
자동화재탐지설비, 비상방송설비는 화재로 인해 지구음향장치, 확성기, 배~
단선되어도 이에 대비하여 단락보호 장치를 설치한다.

2-1. 비상방송설비 전기 계통도(P형)

2.(126페이지) 그림을 도시기호로 그린 내용

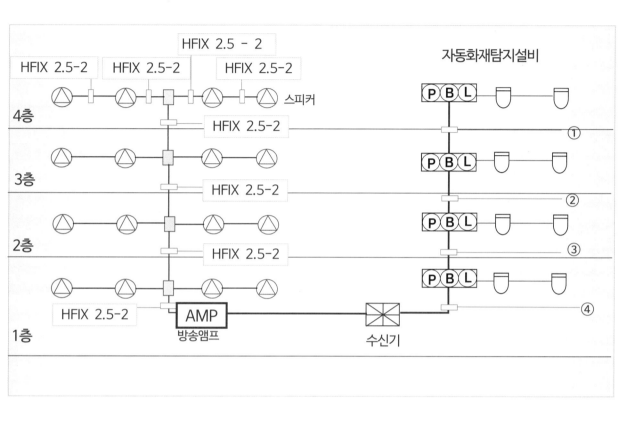

번호	배선 종류	배선 이름
①	HFIX 2.5㎟ -6	1.벨선,　2.벨·표시등공통선,　3.표시등선,　4.응답선,　5.4층 회로선,　6.공통선
②	HFIX 2.5㎟ -7	1.벨선,　2.벨·표시등공통선,　3.표시등선,　4.응답선,　5.4층 회로선,　6.3층 회로선,　7.공통선
③	HFIX 2.5㎟ -8	1.벨선,　2.벨·표시등공통선,　3.표시등선,　4.응답선,　5.4층 회로선,　6.3층 회로선,　7.2층 회로선,　8.공통선
④	HFIX 2.5㎟ -9	1.벨선,　2.벨·표시등공통선,　3.표시등선,　4.응답선,　5.4층 회로선,　6.3층 회로선,　7.2층 회로선,　8.1층 회로선,　9.공통선

【조 건】

자동화재탐지설비, 비상방송설비는 화재로 인해 지구음향장치, 확성기, 배선이 단선되어도 이에 대비
하여 단락보호 장치를 설치한다.

3. 비상방송설비, 자동화재탐지설비 계통도(P형)

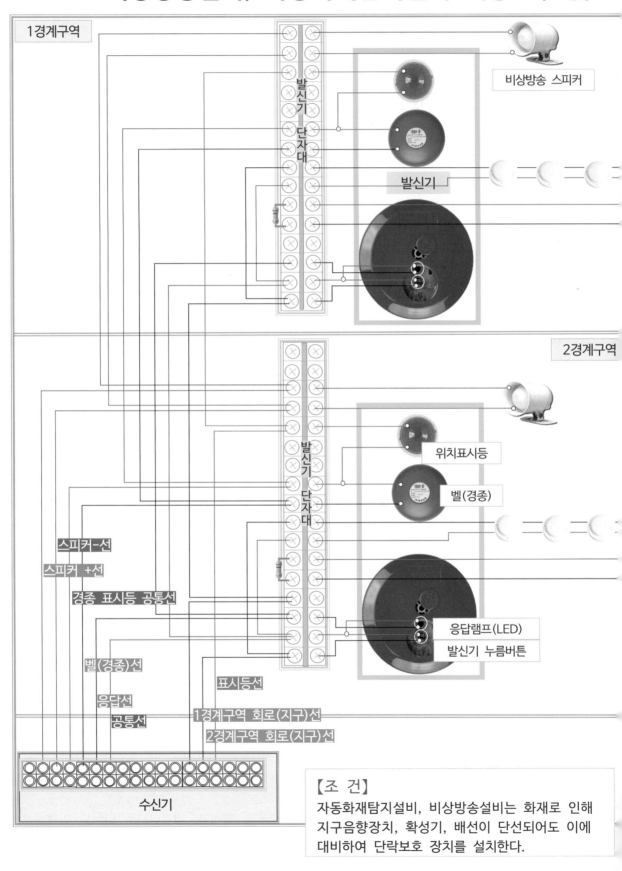

1경계구역

발신기 단자대

비상방송 스피커

발신기

2경계구역

발신기 단자대

위치표시등

벨(경종)

응답램프(LED)

발신기 누름버튼

스피커-선

스피커 +선

경종 표시등 공통선

벨(경종)선

응답선

공통선

표시등선

1경계구역 회로(지구)선

2경계구역 회로(지구)선

수신기

【조 건】
자동화재탐지설비, 비상방송설비는 화재로 인해
지구음향장치, 확성기, 배선이 단선되어도 이에
대비하여 단락보호 장치를 설치한다.

3-1. 비상방송설비, 자동화재탐지설비 계통도(P형)를
3.(128페이지) 그림을 도시기호로 그린 내용

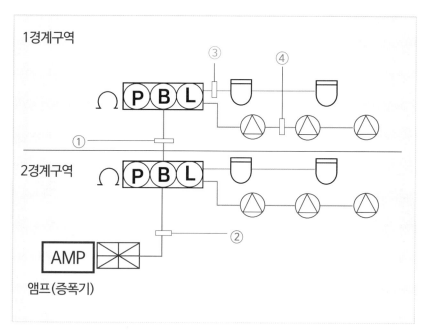

앰프(증폭기)	AMP
수신기	⊠
발신기	(P)(B)(L)
차동식스포트형 감지기	⌓
스피커	△
종단저항	∩

번호	배선 종류	배선 이름
①	HFIX 2.5㎟ -8	1.벨선, 2.벨·표시등공통선, 3.표시등선, 4.응답선, 5.1경계구역 회로선, 6.공통선, 7. 스피커 +선, 8. 스피커 -선
②	HFIX 2.5㎟ -9	1.벨선, 2.벨·표시등공통선, 3.표시등선, 4.응답선, 5.1경계구역 회로선, 6.2경계구역 회로선, 7.공통선, 8. 스피커 +선, 9. 스피커 -선
③	HFIX 1.5㎟ -4	감지기 +선 2선, 감지기 -선 2선
④	HFIX 2.5㎟ -2	스피크(확성기) +, -선

번호	자동화재탐지설비						비상방송설비		계
	벨	벨·표시등 공통	표시등	응답	회로	공통	스피커+	스피커-	
①	1	1	1	1	1	1	1	1	8
②	1	1	1	1	2	1	1	1	9

【조 건】
자동화재탐지설비, 비상방송설비는 화재로 인해 지구음향장치, 확성기, 배선이 단선되어도 이에
대비하여 단락보호 장치 또는 퓨즈를 설치한다.

4. 비상방송설비 스피커 배선도(P형)

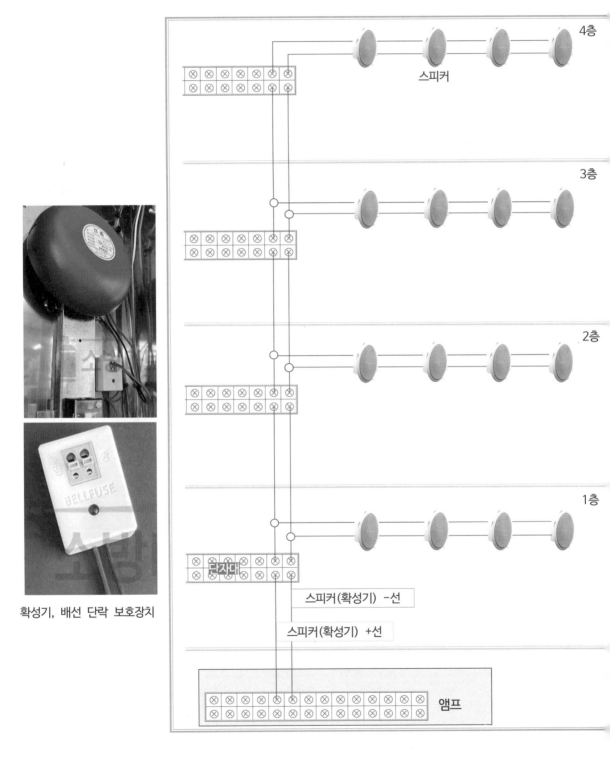

확성기, 배선 단락 보호장치

스피커

4층

3층

2층

1층

스피커(확성기) −선

스피커(확성기) +선

단자대

앰프

【조 건】
비상방송설비는 화재로 인해 확성기, 배선이 단선되어도 이에 대비하여 단락보호 장치를 설치한

4-1. 비상방송설비 스피커 배선도(P형)를
4.(130페이지)를 도시기호로 그린 내용

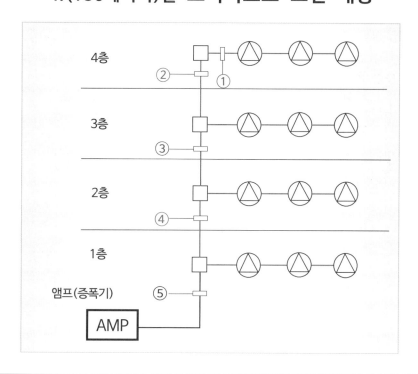

번호	배선 종류	배선 이름
①	HFIX 2.5㎟ -2	스피크(확성기)선 +, 스피크선 -
②	HFIX 2.5㎟ -2	스피크(확성기)선 +, 스피크선 -
③	HFIX 2.5㎟ -2	스피크(확성기)선 +, 스피크선 -
④	HFIX 2.5㎟ -2	스피크(확성기)선 +, 스피크선 -
⑤	HFIX 2.5㎟ -2	스피크(확성기)선 +, 스피크선 -

【조 건】
비상방송설비는 화재로 인해 확성기, 배선이 단선되어도 이에 대비하여 단락보호 장치를 설치한다.

참고

비상방송설비의 화재안전성능기준 제5조에서 "화재로 인하여 하나의 층의 확성기 또는 배선이 단선되어도 다른 층에 화재통보에 지장이 없도록 할 것"으로 되어 있으므로 위의 조건의 내용으로 하지 않으면, 층마다 확성기선 +, -선을 별도로 배선해야 한다.

구분(우선)경보방식은 단락보호장치를 설치해도 각층마다 확성기선(+선) 1선을 별도로 배선해야 한다.

5. 비상방송설비 일제경보방식 계통도(P형)
(비상방송 전용시설)

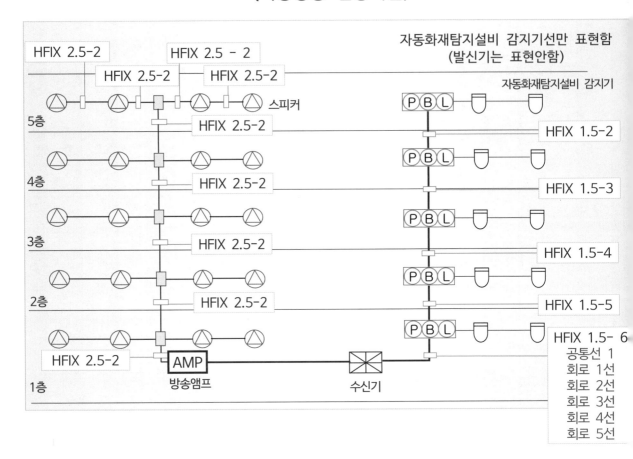

해 설

비상방송설비의 앰프를 소방용 비상방송설비로만 전용으로 사용하는 장소로서, 일제경보방식의
회로 계통도이다.

【조 건】

비상방송설비는 화재로 인해 확성기, 배선이 단선되어도 이에 대비하여 단락보호 장치를 설치한다.

참고

비상방송설비의 화재안전성능기준 제5조에서 "화재로 인하여 하나의 층의 확성기 또는 배선이 단
되어도 다른 층에 화재통보에 지장이 없도록 할 것"으로 되어 있으므로 위의 조건(단락보호 장치)
내용으로 하지 않으면, 층마다 확성기 회로선 +, -선을 별도로 배선해야 한다.

5-1. 일제경보방식 전기 계통도(P형)
(비상방송 전용시설)

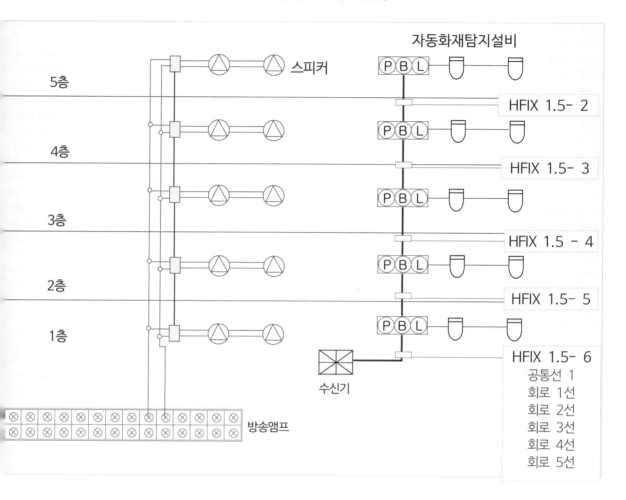

【조 건】

비상방송설비는 화재로 인해 확성기, 배선이 단선되어도 이에 대비하여 『단락보호 장치』 또는 『퓨즈』를 설치한다.

참고

비상방송설비의 화재안전성능기준 제5조에서 "화재로 인하여 하나의 층의 확성기 또는 배선이 단선되어도 다른 층에 화재통보에 지장이 없도록 할 것"으로 되어 있으므로 위의 조건의 내용 (단락보호 장치)으로 하지 않으면,
층마다 확성기 회로선 +, -선을 별도로 배선해야 한다.

6. 일제경보방식 전기 계통도(P형)

(비상방송과 업무용 방송을 겸용)

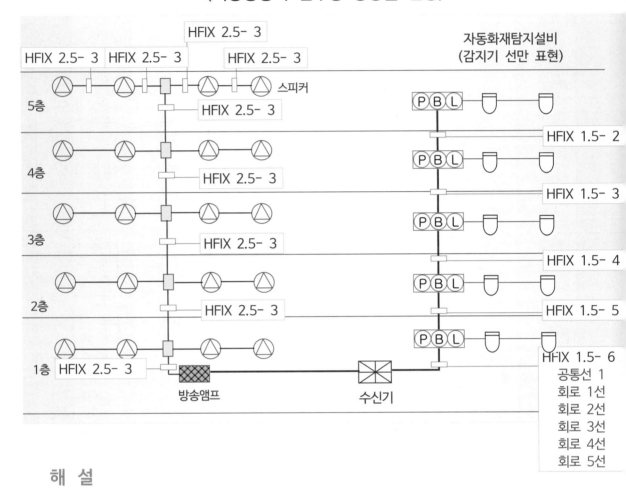

해 설

비상방송설비의 앰프를 비상방송과 업무용 방송을 겸용으로 사용하는 장소로서, 일제경보방식의
회로 계통도이다.

【조 건】

비상방송설비는 화재로 인해 확성기, 배선이 단선되어도 이에 대비하여 단락보호 장치 또는 퓨즈
설치한다.

참고

비상방송설비의 화재안전성능기준 제5조에서 "화재로 인하여 하나의 층의 확성기 또는 배선이 단선
어도 다른 층에 화재통보에 지장이 없도록 할 것"으로 되어 있으므로 위의 조건의 내용으로 하
않으면, 업무용선 이외에 층마다 비상방송 확성기 회로선 +, −선을 별도로 배선해야 한다.

6-1. 일제경보방식 전기 계통도(P형)

(비상방송과 업무용 방송을 겸용)

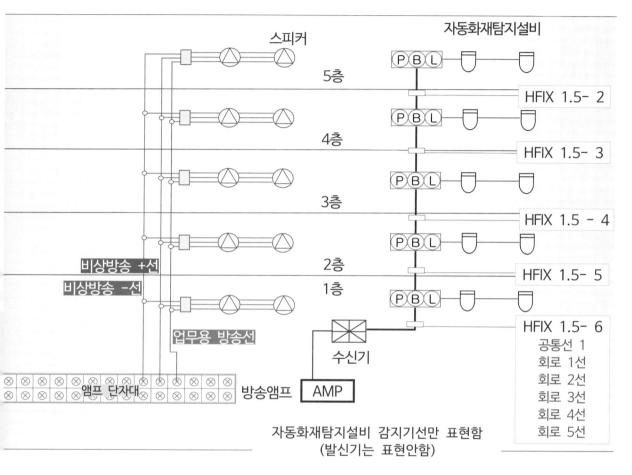

해 설

비상방송설비의 앰프를 비상방송과 업무용 방송을 겸용으로 사용하는 장소로서, 일제경보방식의 회로 계통도이다.

조 건】

상방송설비는 화재로 인해 확성기, 배선이 단선되어도 이에 대비하여 단락보호 장치를 설치한다.

참고

비상방송설비의 화재안전성능기준 제5조에서 "화재로 인하여 하나의 층의 확성기 또는 배선이 단선되어도 다른 층에 화재통보에 지장이 없도록 할 것"으로 되어 있으므로 위의 조건의 내용으로 하지 않으면, 업무용선 이외에 층마다 비상방송 회로선 +, -선을 별도로 배선해야 한다.

7. 비상방송설비 구분경보방식 계통도(P형)
(비상방송과 업무용 방송을 겸용하는 설비)

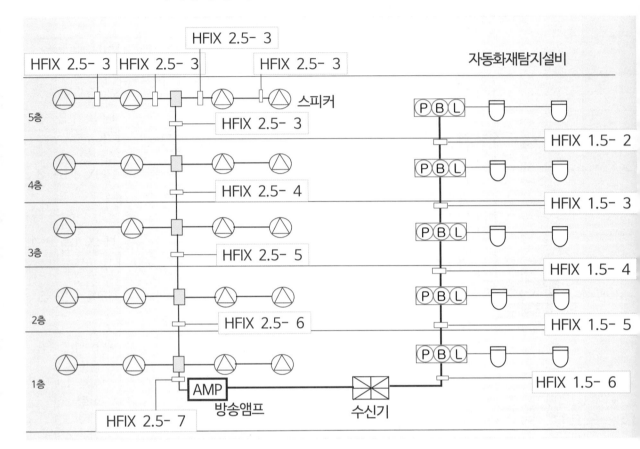

자동화재탐지설비 감지기선만 표현함
(발신기는 표현안함)

해 설

비상방송설비의 앰프를 비상방송과 업무용 방송을 겸용으로 사용하는 장소로서, 구분경보방식의
회로 계통도이다.

【조 건】

비상방송설비는 화재로 인해 확성기, 배선이 단선되어도 이에 대비하여 『단락보호 장치』 또는 『퓨즈』를
설치한다.

참고

비상방송설비의 화재안전성능기준 제5조에서 "화재로 인하여 하나의 층의 확성기 또는 배선이 단선되어도 다른
층에 화재통보에 지장이 없도록 할 것"으로 되어 있으므로 위의 조건의 내용으로 하지 않으면, 업무용
선 이외에 층마다 비상방송 회로선 +, -선을 별도로 배선해야 한다.

구분경보방식이므로 각층별 비상방송 확성기 회로선 1선씩을 설치한다.

7-1. 구분경보방식 전기 계통도(P형)

비상방송과 업무용 방송을 겸용으로 사용하는 장소

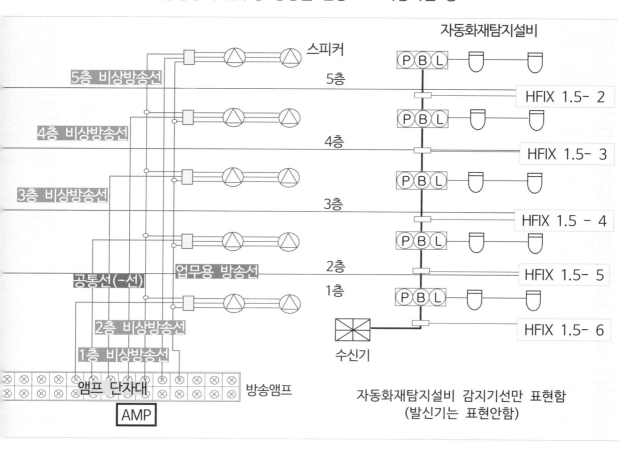

해 설

비상방송설비의 앰프를 비상방송과 업무용 방송을 겸용으로 사용
하는 장소로서, 구분경보방식의 회로 계통도이다.

조 건】

비상방송설비는 화재로 인해 확성기, 배선이 단선되어도
에 대비하여 『단락보호 장치』 또는 『퓨즈』를 설치한다.

참고

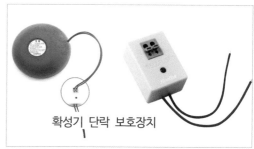

확성기 단락 보호장치

비상방송설비의 화재안전성능기준 제5조에서 "화재로 인하여 하나의 층의 확성기 또는 배선이 단선되어도 다른
에 화재통보에 지장이 없도록 할 것"으로 되어 있으므로 위의 조건의 내용으로 하지 않으면, 업무용
이외에 층마다 비상방송 회로선 +, −선을 별도로 배선해야 한다.

분경보방식이므로 각층별 비상방송 회로선 1선씩을 설치한다.

8. 비상방송설비 전기 계통도(R형)

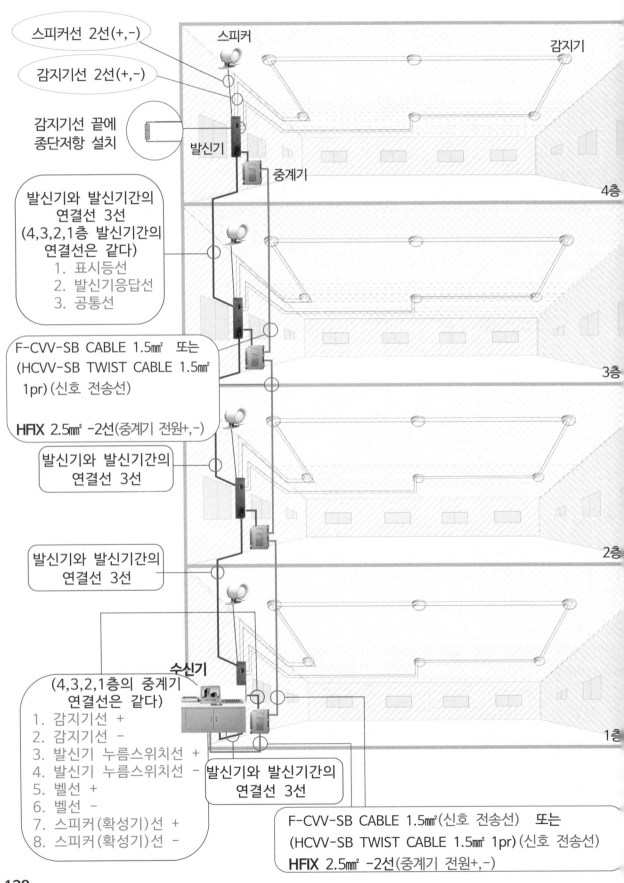

스피커선 2선(+,-)

감지기선 2선(+,-)

감지기선 끝에
종단저항 설치

스피커

감지기

발신기

중계기

4층

발신기와 발신기간의
연결선 3선
(4,3,2,1층 발신기간의
연결선은 같다)
1. 표시등선
2. 발신기응답선
3. 공통선

F-CVV-SB CABLE 1.5㎟ 또는
(HCVV-SB TWIST CABLE 1.5㎟
1pr)(신호 전송선)

HFIX 2.5㎟ -2선(중계기 전원+,-)

3층

발신기와 발신기간의
연결선 3선

발신기와 발신기간의
연결선 3선

2층

수신기

(4,3,2,1층의 중계기
연결선은 같다)
1. 감지기선 +
2. 감지기선 -
3. 발신기 누름스위치선 +
4. 발신기 누름스위치선 -
5. 벨선 +
6. 벨선 -
7. 스피커(확성기)선 +
8. 스피커(확성기)선 -

발신기와 발신기간의
연결선 3선

1층

F-CVV-SB CABLE 1.5㎟(신호 전송선)   또는
(HCVV-SB TWIST CABLE 1.5㎟ 1pr)(신호 전송선)
HFIX 2.5㎟ -2선(중계기 전원+,-)

8-1. 비상방송설비 전기 계통도(R형)를

(138페이지 그림을 도시기호로 그린 내용)

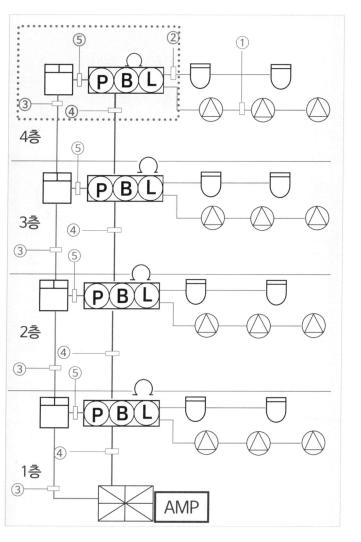

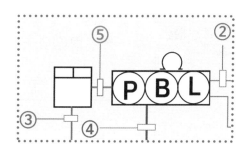

도시기호

수신기	⊠
앰프(증폭기)	AMP
발신기	Ⓟ Ⓑ Ⓛ
차동식스포트형감지기	
중계기	
스피커	△
종단저항	Ω

NO	배선 종류	배선 이름	
①	HFIX 2.5㎟ -2	스피커선 2(+, -)	
②	HFIX 1.5㎟ -4	감지기선 4(+ 2, - 2선)	
③	F-CVV-SB CABLE 1.5㎟ (신호 전송선) 또는 (HCVV-SB TWIST CABLE 1.5㎟ 1pr) (신호전송선) HFIX 2.5㎟-2	신호 전송선 중계기 전원선 2	
④	HFIX 2.5㎟ -3	위치 표시등선 1, 발신기 응답선 1, 공통선 1 중계기와 연결하지 않는 부품이며, 수신기와 직접 연결한다.	
⑤	HFIX 2.5㎟ -8 부품 ↔ 중계기 연결	경종(벨)2(+,-), 감지기2(+,-), 스피크2(+,-) 발신기 누름스위치(버튼) 2(+,-),	

9. 비상방송설비 중계기 결선 내용(R형)

중계기 결선 내용

결선내용 종류	IN(입력, 감시)	OUT(출력, 제어)
	감지기, 누름스위치	벨(경종), 스피커(사이렌)

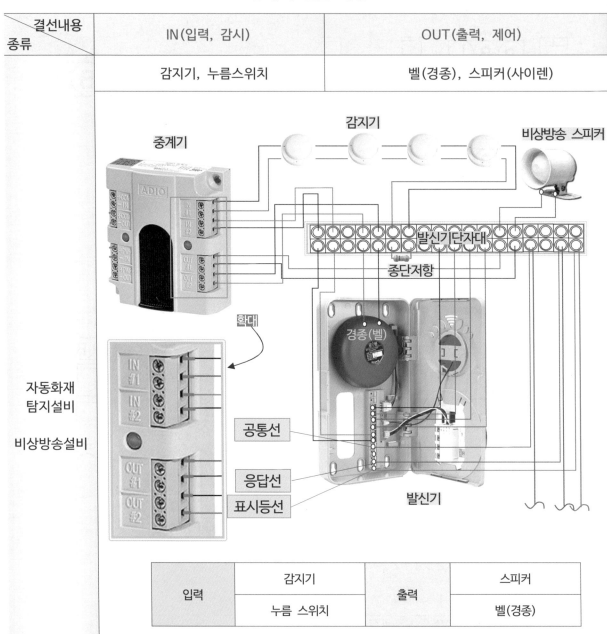

입력	감지기	출력	스피커
	누름 스위치		벨(경종)

참고 내용

위의 그림은 감지기와 스피커의 중계기 결선에서 비상방송설비 엠프를 생략하고 결선한
내용으로서, 실제 현장의 결선내용과는 다를 수 있다.
여기서는 그림을 단순화해서 감지기신호는 중계기 입력으로, 스피커는 중계기 출력으로
전달된다는 내용을 표현했을 뿐이며, 실제 현장의 결선과는 다름을 참고하기 바람(수신기 제
작회사에 따라 결선내용이 상이할 수 있다)

10. 비상방송설비 사이렌(확성기) 배선도(R형)

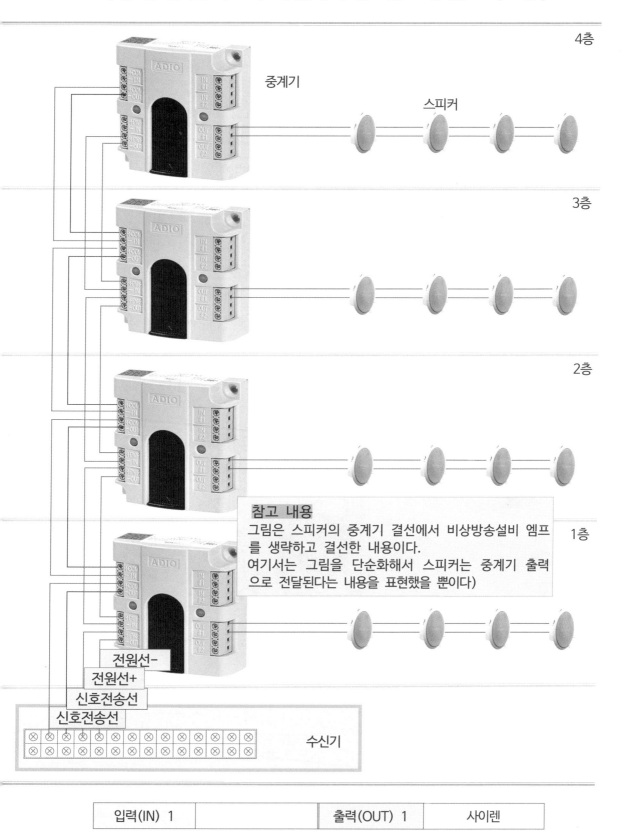

4층

중계기

스피커

3층

2층

참고 내용
그림은 스피커의 중계기 결선에서 비상방송설비 엠프를 생략하고 결선한 내용이다.
여기서는 그림을 단순화해서 스피커는 중계기 출력으로 전달된다는 내용을 표현했을 뿐이다)

1층

전원선-
전원선+
신호전송선
신호전송선

수신기

입력(IN) 1		출력(OUT) 1	사이렌

11. 비상방송설비, 자동화재탐지설비 배선도(R형)

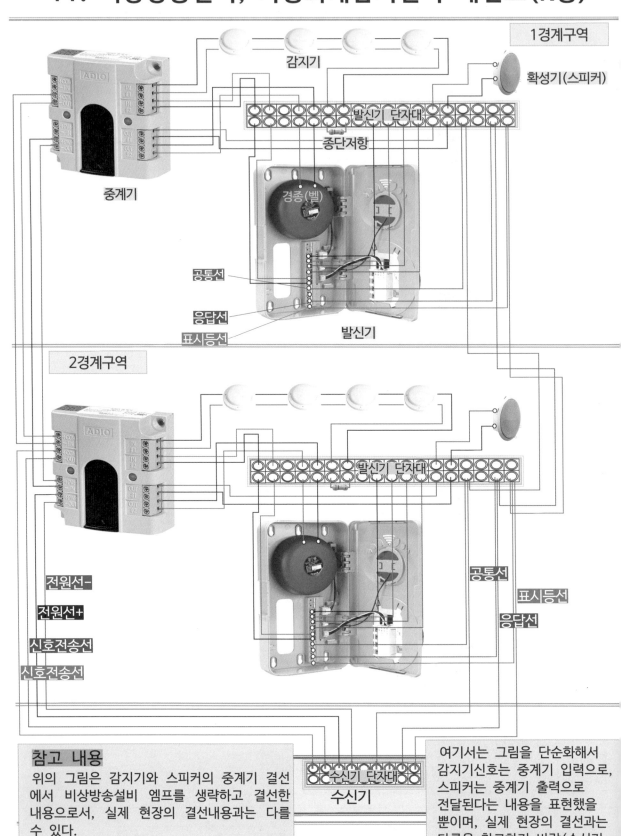

1경계구역

감지기

확성기(스피커)

발신기 단자대

종단저항

경종(벨)

중계기

공통선

응답선

표시등선

발신기

2경계구역

발신기 단자대

공통선

전원선－

표시등선

전원선＋

응답선

신호전송선

신호전송선

참고 내용

위의 그림은 감지기와 스피커의 중계기 결선에서 비상방송설비 엠프를 생략하고 결선한 내용으로서, 실제 현장의 결선내용과는 다를 수 있다.

여기서는 그림을 단순화해서 감지기신호는 중계기 입력으로, 스피커는 중계기 출력으로 전달된다는 내용을 표현했을 뿐이며, 실제 현장의 결선과는 다름을 참고하기 바람(수신기 제작회사에 따라 결선내용이 상이할 수 있다)

수신기 단자대

수신기

11-1. 11.(142페이지) 그림을 도시기호로 그린 내용

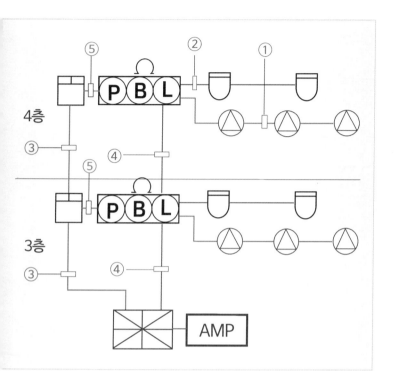

	도시기호
수신기	⊠
앰프(증폭기)	AMP
발신기	Ⓟ Ⓑ Ⓛ
차동식스포트형감지기	⬭
중계기	⬓
스피커	△
종단저항	Ω

NO	배선 종류	배선 이름
①	HFIX 2.5㎟ -2	스피커선 2(+, -선)
②	HFIX 1.5㎟ -4	감지기선 4(+ 2, - 2선)
③	F-CVV-SB CABLE 1.5㎟(신호 전송선) 또는 (HCVV-SB TWIST CABLE 1.5㎟ 1pr)(신호 전송선) HFIX 2.5㎟-2	신호 전송선 중계기 전원선 2
④	HFIX 2.5㎟ -3	위치 표시등선 1, 발신기 응답선 1, 공통선 1 또는 위치 표시등선 2(+,-), 응답선 2(+,-) 중계기와 연결하지 않는 부품이며, 수신기와 직접 연결한다.
⑤	HFIX 2.5㎟ -8 부품 ↔ 중계기 연결	경종(벨) 2(+,-), 발신기 버튼 2(+,-), 감지기 2(+,-), 스피크 2(+,-)

그림은 발화층·상층 경보방식(우선경보방식)의 비상방송설비의 회로 계통도이다.
각 층 사이의 ①~⑥까지의 배선수와 각 배선의 용도를 쓰시오.
(단, 비상방송과 업무용방송을 겸용하는 설비이다)

기호	배선 수	배선 용도

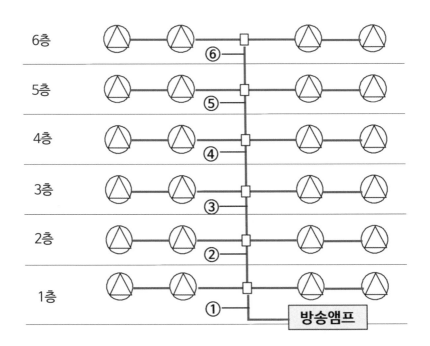

정 답

기호	배선수	배선 용도
⑥	3	업무용선1, 비상방송 6층 지구선(+선), 비상방송 공통선(-선)
⑤	4	업무용선1, 비상방송 6층 지구선(+선), 비상방송 5층 지구선(+선), 비상방송 공통선(-선)
④	5	업무용선1, 비상방송 6층 지구선(+선), 비상방송 5층 지구선(+선), 비상방송 4층 지구선(+선), 비상방송 공통선(-선)
③	6	업무용선1, 비상방송 6층 지구선(+선), 비상방송 5층 지구선(+선), 비상방송 4층 지구선(+선), 비상방송 3층 지구선(+선), 비상방송 공통선(-선)
②	7	업무용선1, 비상방송 6층 지구선(+선), 비상방송 5층 지구선(+선), 비상방송 4층 지구선(+선), 비상방송 3층 지구선(+선), 비상방송 2층 지구선(+선), 비상방송 공통선(-선)
①	8	업무용선1, 비상방송 6층 지구선(+선), 비상방송 5층 지구선(+선), 비상방송 4층 지구선(+선), 비상방송 3층 지구선(+선), 비상방송 2층 지구선(+선), 비상방송 1층 지구선(+선), 비상방송 공통선(-선)

【조 건】

이 설비에는 비상방송설비는 화재로 인해 확성기, 배선이 단선되어도 이에 대비하여 단락보호
장치 또는 퓨즈를 설치한다. (정답에서 조건의 내용을 쓰지 않으면 오답이 된다)

해 설

비상방송설비의 화재안전성능기준 제5조에서
"화재로 인하여 하나의 층의 확성기 또는 배선이 단선되어도 다른 층에 화재통보에 지장이
없도록 할 것"으로 되어 있으므로 층마다 비상방송 +, -선을 별도로 배선해야 한다.

그러나 조건에서 단락보호장치를 설치하므로 각층별 비상방송선 2선씩 설치하지 않는다.

발화층·상층 경보방식(우선경보방식)이므로 각층별 지구(회로)선을 1선씩 설치한다.

비상방송설비의 전선 가닥수를 산정하고, 내역을 쓰시오.(단, 결선방식은 2선식이고, 우선경보방식으로
한다)

5층		△
4층		△
3층		△
2층		△
1층	증폭기	△

정 답

층	배선 가닥수	배선 용도
1층	6	5층 스피크선, 4층 스피크선, 3층 스피크선, 2층 스피크선, 1층 스피크선, 공통선(−)
2층	5	5층 스피크선, 4층 스피크선, 3층 스피크선, 2층 스피크선, 공통선(−)
3층	4	5층 스피크선, 4층 스피크선, 3층 스피크선, 공통선(−)
4층	3	5층 스피크선, 4층 스피크선, 공통선(−)
5층	2	5층 스피크(확성기)선(+), 공통선(−)

【조 건】

이 설비에는 비상방송설비는 화재로 인해 확성기, 배선이 단선되어도 이에 대비하여 단락보호 장치
또는 퓨즈를 설치한다.(정답에서 조건의 내용을 쓰지 않으면 오답이 된다)

해 설

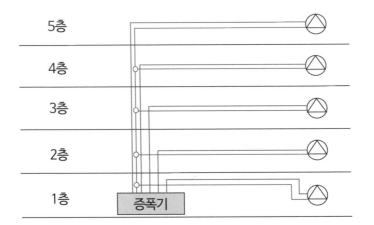

12. 3선식 배선

음량조정기(볼륨)의 조정과 상관없이 비상방송이 언제나 정상적인 음량으로 방송(출력)이 되도록 앰프와 스피커의 선을 3선(+선, -선, 긴급용배선)으로 설치하는 방식을 말한다.

3선식 배선을 설치하는 이유

구내(사내)에 사용하는 일반방송과 비상방송을 겸용으로 사용하는 건물에서 평소에 구내방송을 할 때에 볼륨을 조정하여 낮은 음량으로 사용하고 있어도 화재 시에 감지기가 작동하여 비상방송이 될 때에는 낮은 볼륨의 조정상태와 상관없이 공통선(-선)과 긴급용 배선(+선)으로 스피커를 통하여 정상적인 음량으로 비상방송이 될 수 있도록 하기 위하여 설치한다.

비상방송설비의 확성기(스피커) 회로에 음량조정기를 설치하는 경우 결선도

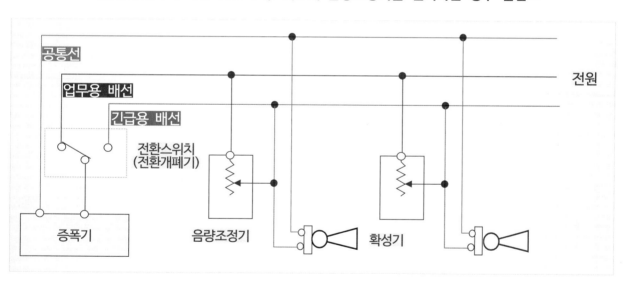

비상방송설비 확성기(Speaker)회로에 음량조정기(볼륨)를 설치하고자 한다. 미완성 결선을 완성하시오.

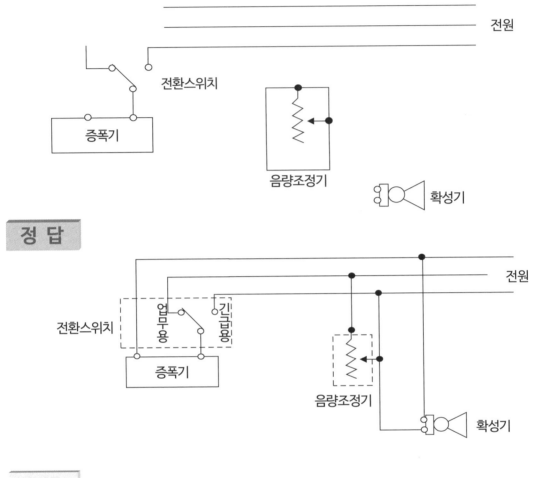

정 답

해 설

음량조정기를 설치하는 경우 음량조정기의 배선은 3선식으로 해야 한다.
음량조정기(볼륨)를 조정하여 업무용으로 사용해도 감지기가 작동이 되면 전환스위치의 긴급용배선
공통선으로 비상방송이 정상적으로 작동된다.

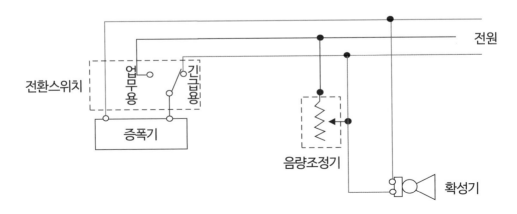

IV. 옥내, 외소화전설비

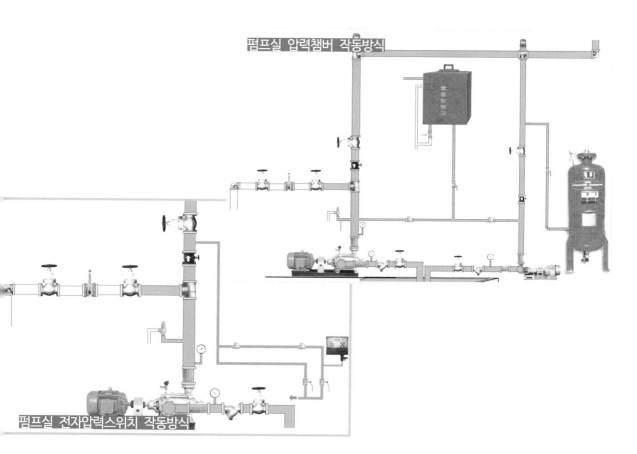

1. 옥내, 외소화전설비 자동기동방식(R형)

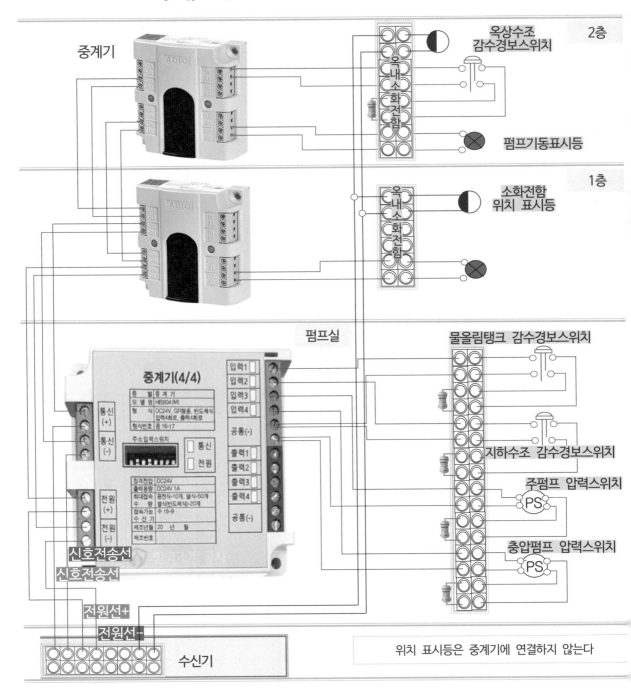

R형 수신기의 중계기 결선 내용

종류 \ 결선내용	IN(입력, 감시)	OUT(출력, 제어)
옥내소화전설비	물올림탱크 감수경보스위치 지하수조 감수경보스위치 옥상수조 감수경보스위치 주펌프 압력스위치 충압펌프 압력스위치	펌프기동표시등

1-1.옥내, 외소화전설비 자동기동방식(R형) 작동흐름

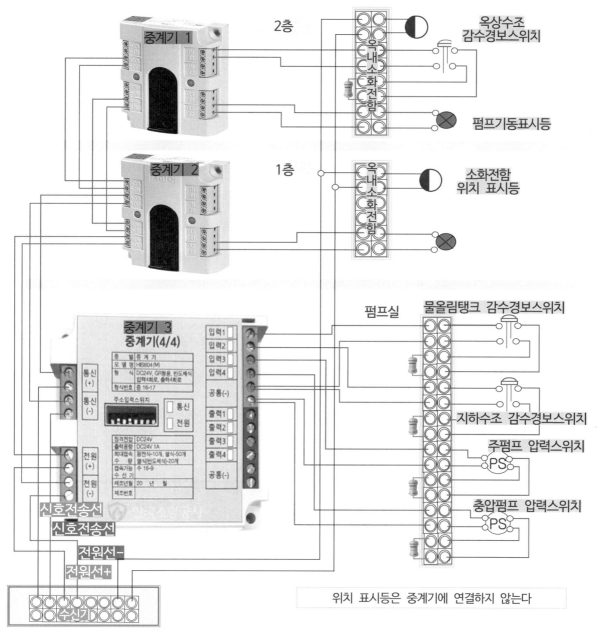

위치 표시등은 중계기에 연결하지 않는다

1. 감수경보스위치

수조(옥상수조, 수고가조, 지하수조), **물올림탱크 감수경보스위치**

수조(물탱크)의 물이 적정수위 이하로 낮아지면 감수경보스위치가 작동하여
중계기 입력(IN)으로 신호가 전달된다.

중계기는 입력된 정보를 신호전송선을 통하여 수신기에 작동신호를 전달한다.
수신기에서는 저수위신호가 입력되면 수신기에 작동경보창이 켜지고,
제어반에서 작동경보가 울린다.(방제센타 내에서만 울린다)

감수경보스위치의 회로 끝에는 그림과 같이 종단저항을 설치하여
수신기에서 감수경보회로에 대하여 도통시험이 가능하도록 하고 있다.

2. 압력스위치

주펌프 압력스위치, 충압펌프 압력스위치

배관안의 물 압력이 감소하여 충압펌프 압력스위치가 작동(접점이 붙으면)하면, 중계기3 입력 (IN)4로 신호가 전달된다.

중계기는 입력된 정보를 신호전송선을 통하여 수신기에 작동신호를 전달한다.

수신기에서는 중계기의 압력스위치 작동신호가 입력되면 충압펌프를 작동하게 한다.

배관안의 물 압력이 더 감소하여 주펌프 압력스위치가 작동하면, 중계기3 입력(IN)3으로 신호가 전달된다.

중계기는 입력된 정보를 신호전송선을 통하여 수신기에 작동신호를 전달한다.

수신기에서는 중계기의 압력스위치 작동신호가 입력되면 주펌프를 작동하게 한다.

주, 충압펌프 압력스위치의 회로 끝에는 그림과 같이 종단저항을 설치하여 수신기에서 압력스위치회로에 대하여 도통시험이 가능하도록 하고 있다.

3. 펌프기동 표시등

배관안의 물 압력이 감소하여 주펌프 압력스위치가 작동하면, 중계기3 입력(IN)3으로 신호가 전달된다.

중계기는 입력된 정보를 신호전송선을 통하여 수신기에 작동신호를 전달한다.

수신기에서는 중계기의 압력스위치 작동신호가 입력되면 주펌프를 작동하게 한다.

압력스위치 작동신호를 받은 수신기는 주펌프가 작동(기동)하게 하고,
신호전송선을 통해 중계기1 출력(OUT)2에 연결된 펌프기동 표시등이 점등되게 한다.
참고 : 중계기의 모양이 다른 것은 제작회사가 각각 다른 제품이며 참고로 다른모양의 중계기를 실었
다.

4. 중계기와 수신기 연결

신호전송선(통신선) 연결은 중계기와 중계기 간에는 통신(COM)과 통신(COM)으로 상호 연결한다.
수신기와 가까운 중계기는 중계기 통신(COM)과 수신기간 연결한다.

전원선 연결은 중계기와 중계기 간에는 전원(PWR)과 전원(PWR)으로 상호 연결한다.
수신기와 가까운 중계기는 중계기 전원(PWR)과 수신기간 연결한다.

5. 옥내소화전함 위치표시등

위치 표시등은 수신기와 직접연결하며, 중계기에 결선하지 않는다.

1-2. 옥내, 외소화전 자동기동방식(수압개폐방식) (R형)

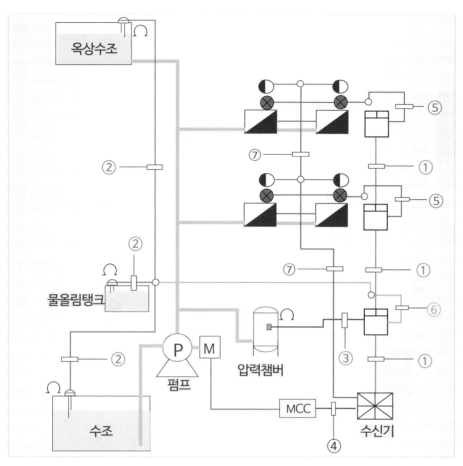

도시기호	이름	도시기호	이름
◪	옥내소화전함	∩	종단저항
⊗	펌프기동 확인 표시등	⊡ / ◐	감수경보스위치 위치 표시등
▭	중계기		

번호	배선 종류	배선 이름
①	F-CVV-SB CABLE 1.5㎟(신호 전송선) 또는 (HCVV-SB TWIST CABLE 1.5㎟ 1pr)(신호 전송선) HFIX 2.5㎟-2	신호 전송선 중계기 전원선 2
②	HFIX 2.5㎟ -2	감수경보 스위치 +, 감수경보 스위치 -
③	HFIX 2.5㎟ -2	압력스위치 +, 압력스위치 -
④	HFIX 2.5mm² -5	기동선, 정지선, 공통선, 기동확인 표시등(+,-)2선
⑤	HFIX 2.5mm² -2	펌프기동(작동)표시등 2(+,-)
⑥	HFIX 2.5㎟ -6 부품 ↔ 중계기 연결 내용	옥상수조 감수경보 스위치 2(+,-) 물올림탱크 감수경보 스위치 2(+,-) 지하수조 감수경보 스위치 2(+,-)
⑦	HFIX 2.5mm² -2	소화전함 위치 표시등 2(+,-) (중계기와 연결하지 않는다)

2. 옥내,외소화전 수동기동방식(ON, OFF방식) (R형)

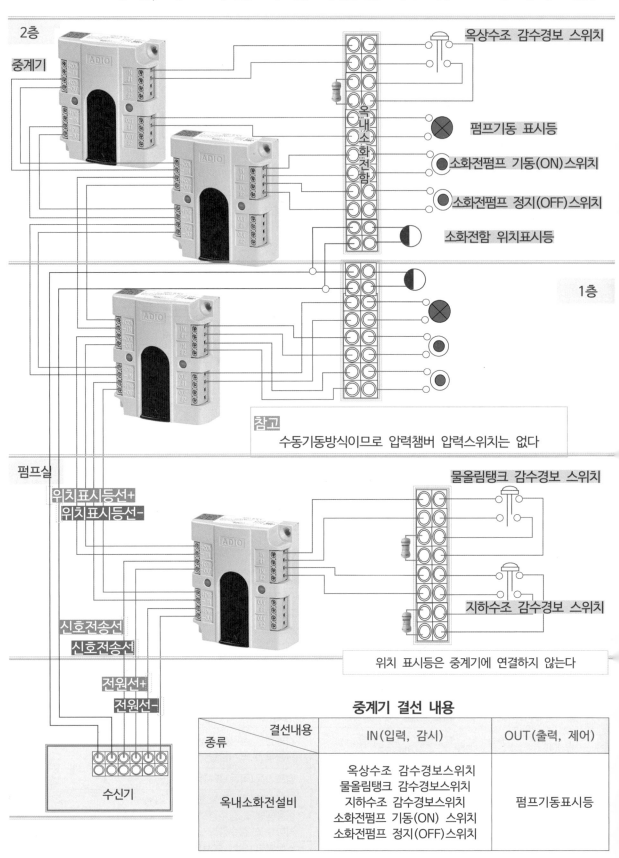

2층

중계기

옥상수조 감수경보 스위치

펌프기동 표시등

소화전펌프 기동(ON)스위치

소화전펌프 정지(OFF)스위치

소화전함 위치표시등

1층

참고

수동기동방식이므로 압력챔버 압력스위치는 없다

펌프실

위치표시등선+
위치표시등선-

물올림탱크 감수경보 스위치

지하수조 감수경보 스위치

위치 표시등은 중계기에 연결하지 않는다

신호전송선
신호전송선

전원선+
전원선-

수신기

중계기 결선 내용

종류 \ 결선내용	IN(입력, 감시)	OUT(출력, 제어)
옥내소화전설비	옥상수조 감수경보스위치 물올림탱크 감수경보스위치 지하수조 감수경보스위치 소화전펌프 기동(ON) 스위치 소화전펌프 정지(OFF)스위치	펌프기동표시등

154

2-1. 옥내,외소화전 수동기동방식(ON, OFF방식) (R형)

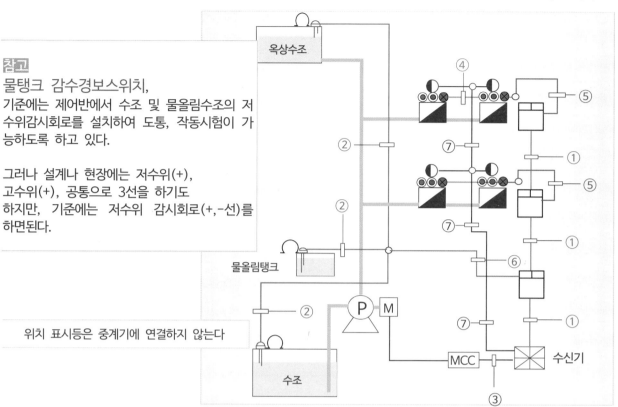

참고

물탱크 감수경보스위치,
기준에는 제어반에서 수조 및 물올림수조의 저
수위감시회로를 설치하여 도통, 작동시험이 가
능하도록 하고 있다.

그러나 설계나 현장에는 저수위(+),
고수위(+), 공통으로 3선을 하기도
하지만, 기준에는 저수위 감시회로(+,-선)를
하면된다.

위치 표시등은 중계기에 연결하지 않는다

도시기호	이름	도시기호	이름
	옥내소화전함		중계기
	펌프기동 확인 표시등		종단저항
	소화전펌프 정지(OFF) 스위치		감수경보스위치
	소화전펌프 기동(ON) 스위치		위치 표시등

번호	배선 종류	배선 이름
①	F-CVV-SB CABLE 1.5㎟(신호 전송선) 또는 (HCVV-SB TWIST CABLE 1.5㎟ 1pr)(신호 전송선) HFIX 2.5㎟-2	신호 전송선 (다른 종류의 신호전송선 제품도 있다) 중계기 전원선 2
②	HFIX 2.5㎟ -2	감수경보 스위치 +, 감수경보 스위치 -
③	HFIX 2.5㎟ -5	기동선, 정지선, 공통선, 기동확인 표시등(+,-)2선
④	HFIX 2.5mm² -4	펌프기동 스위치 +, 펌프기동정지 스위치 -, 펌프기동확인 표시등 +, 공통 1
⑤	HFIX 2.5mm² -6 부품 ↔ 중계기 연결 내용	펌프기동 스위치 2(+,-), 펌프기동정지 스위치 2(+,-), 펌프기동확인 표시등 2(+,-)
⑥	HFIX 2.5mm² -6 부품 ↔ 중계기 연결	옥상수조 감수경보스위치 2(+,-) 물올림탱크 감수경보스위치 2(+,-) 지하수조 감수경보스위치 2(+,-)
⑦	HFIX 2.5㎟ -2	소화전함 위치표시등(중계기에 연결하지 않는다)

3. 수신기 ⟷ 옥내, 외소화전함 ⟷ 자동화재탐지설비 ⟷ 중계기(R형)

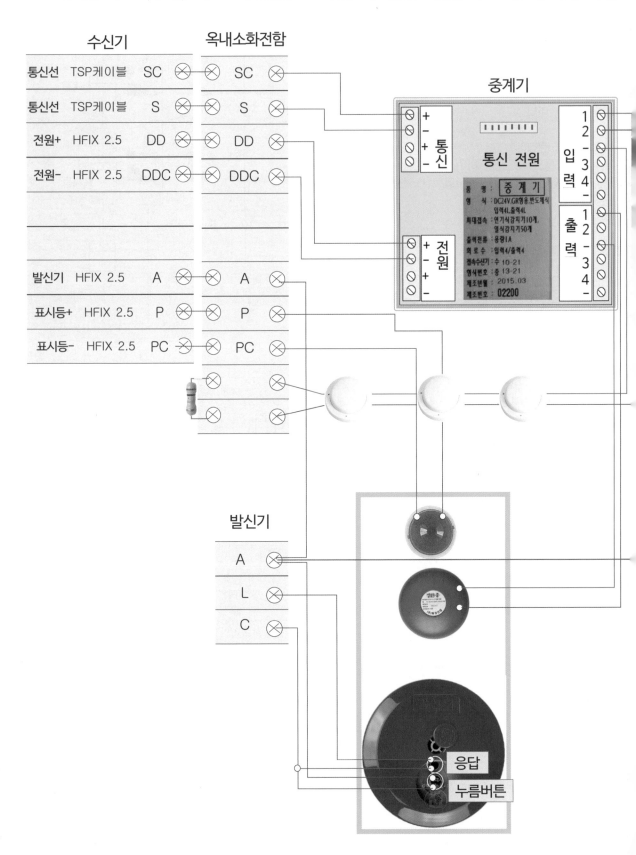

4. 옥내,외소화전 자동기동방식(수압개폐방식)(P형)

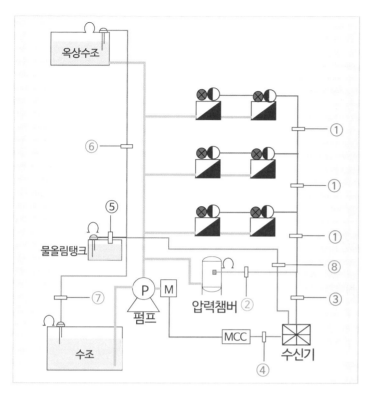

옥내소화전함

펌프기동 확인 표시등
(펌프가 작동하면 등이 켜진다)

도시기호	이름
◥	옥내소화전함
⊗	펌프기동 확인 표시등
◐	소화전함 위치표시등

번호	배선 종류	배선 이름
①	HFIX 2.5mm² -4	기동확인 표시등 2(+, -), 소화전함 위치표시등 2(+, -)
②	HFIX 2.5mm² -2	압력스위치 2(+, -)【충압펌프를 설치한 경우(주펌프1, 충압펌프1, 공통1)】. 종단저항설치
③	HFIX 2.5mm² -6	기동확인 표시등 2(+, -), 압력스위치 2(+, -),소화전함 위치표시등 2(+, -)
④	HFIX 2.5mm² -5	기동, 정지, 기동확인 표시등, 전원감시 표시등, 공통
⑤	HFIX 2.5mm² -2	물올림탱크 저수위 감시스위치(저수위 감시스위치 +, -). 종단저항설치
⑥	HFIX 2.5mm² -2	옥상물탱크 저수위 감시스위치(저수위 감시스위치 +, -). 종단저항설치
⑦	HFIX 2.5mm² -2	물탱크 저수위 감시스위치(저수위 감시스위치 +, -). 종단저항설치
⑧	HFIX 2.5mm² -4	물탱크 저수위 1, 옥상물탱크 저수위 1, 물올림탱크 저수위 1, 공통 1

물탱크(수조)회로 기준자료 - 종단저항 설치회로 내용

옥내소화전설비의 화재안전기술기준 2.6(제어반)

2.6.2 감시제어반의 기능은 다음의 기준에 적합해야 한다.

2.6.2.5 다음의 각 확인회로마다 도통시험 및 작동시험을 할 수 있도록 할 것

    (1) 기동용수압개폐장치의 압력스위치회로

    (2) 수조 또는 물올림수조의 저수위감시회로(참고: 고수위 회로는 설치하지 않는다)

    (3) 2.3.10에 따른 개폐밸브의 폐쇄상태 확인회로

5. 옥내,외소화전 수동기동방식(ON, OFF방식)(P형)

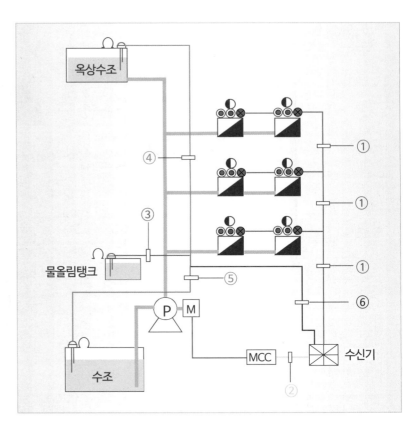

소화전펌프 기동, 정지 스위치

도시기호	이름
◸	옥내소화전함
◉	소화전펌프 정지(OFF) 스위치
◉	소화전펌프 기동(ON) 스위치
⊗	펌프기동 확인 표시등
◐	소화전함 위치표시등

번호	배선 종류	배선 이름
①	HFIX 2.5㎟-5	기동선, 정지선, 소화전함 표시등 기동확인 표시등선, 공통선
②	HFIX 2.5㎟-5	기동, 정지, 기동확인 표시등, 전원감시 표시등, 공통
③	HFIX 2.5㎟-2	물올림탱크 수위 감시스위치. 종단저항설치 (저수위 감시스위치 +, -)
④	HFIX 2.5㎟-2	옥상물탱크 수위 감시스위치. 종단저항설치 (저수위 감시스위치 +, -)
⑤	HFIX 2.5㎟-2	물탱크 수위 감시스위치. 종단저항설치 (저수위 감시스위치 +, -)
⑥	HFIX 2.5㎟-4	물탱크 저수위 1, 옥상물탱크 저수위 1, 물올림탱크 저수위 1, 공통 1

6. 수신기 옥내,외소화전 결선

수신기 ⇔ MCC판넬 ⇔ 주펌프 ⇔ 압력챔버 ⇔ 옥내,외소화전함

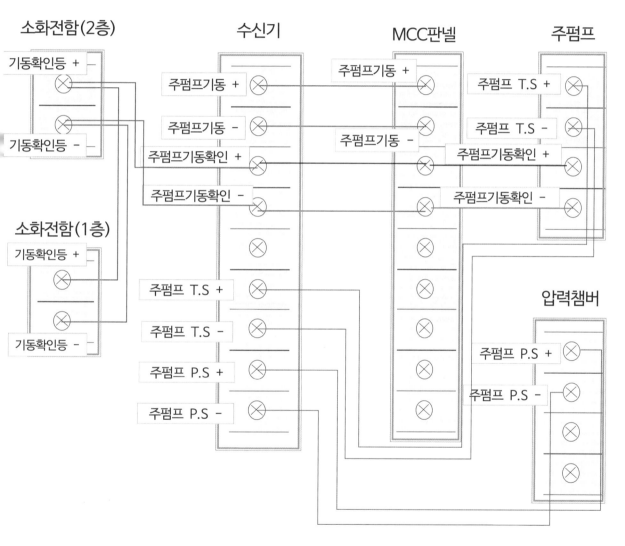

내용	이름
T.S	탬퍼스위치(Tamper Switch)
P.S	압력스위치(Pressure Switch)

7. 수신기 옥내,외소화전 결선

수신기 ⇔ MCC판넬 ⇔ 충압펌프 ⇔ 압력챔버

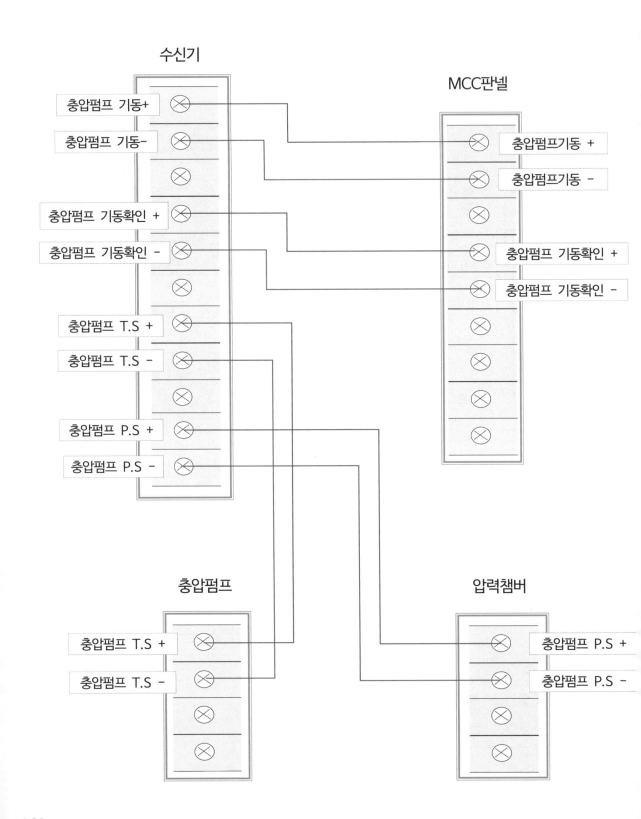

8. 옥내, 외소화전설비(P형) 자동기동방식

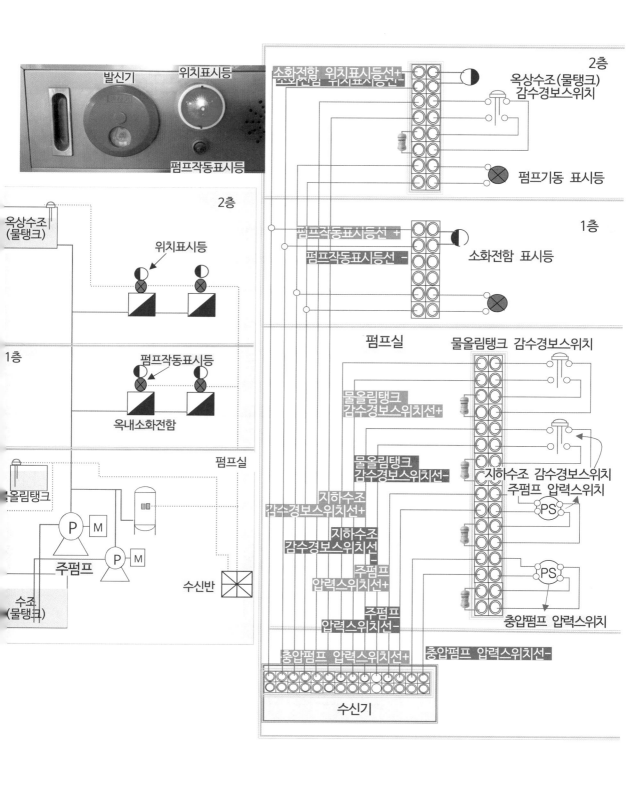

발신기
위치표시등
펌프작동표시등

옥상수조
(물탱크)
2층
위치표시등
1층
펌프작동표시등
옥내소화전함
펌프실
올림탱크
P M
주펌프
P M
수조
(물탱크)
수신반

소화전함 위치표시등선＋
소화전함 위치표시등선－
2층
옥상수조(물탱크)
감수경보스위치

펌프기동 표시등

펌프작동표시등선 ＋
펌프작동표시등선 －
1층
소화전함 표시등

펌프실
물올림탱크 감수경보스위치
물올림탱크
감수경보스위치선＋
물올림탱크
감수경보스위치선－
지하수조
감수경보스위치선＋
지하수조 감수경보스위치
주펌프 압력스위치
지하수조
감수경보스위치선
－
주펌프
압력스위치선＋
주펌프
압력스위치선－
충압펌프 압력스위치
충압펌프 압력스위치선＋
충압펌프 압력스위치선－
수신기

9. 옥내, 외소화전(P형) 수동기동방식(ON, OFF방식)

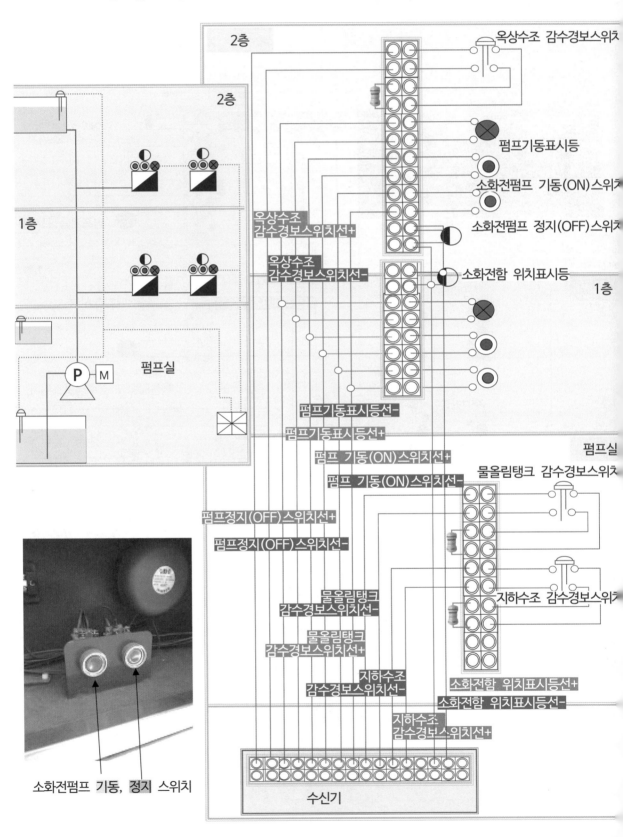

옥상수조 감수경보스위치

2층

펌프기동표시등

소화전펌프 기동(ON)스위치

옥상수조
감수경보스위치선+

소화전펌프 정지(OFF)스위치

옥상수조
감수경보스위치선-

소화전함 위치표시등

1층

펌프실

펌프기동표시등선-

펌프기동표시등선+

펌프 기동(ON)스위치선+

물올림탱크 감수경보스위치

펌프 기동(ON)스위치선-

펌프정지(OFF)스위치선+

펌프정지(OFF)스위치선-

물올림탱크
감수경보스위치선-

지하수조 감수경보스위치

물올림탱크
감수경보스위치선+

지하수조
감수경보스위치선-

소화전함 위치표시등선+

소화전함 위치표시등선-

지하수조
감수경보스위치선+

수신기

소화전펌프 기동, 정지 스위치

162

문 제 1

3개의 독립된 1층 건물에 P형 1급 발신기를 그림과 같이 설치하고, P형 1급 수신기는 경비실에 설치했다. 경보방식은 동별 구분 경보방식을 적용하였으며, 옥내소화전의 가압송수장치는 기동용 수압개폐장치를 사용하는 방식을 사용할 경우에 다음 물음에 답하시오.

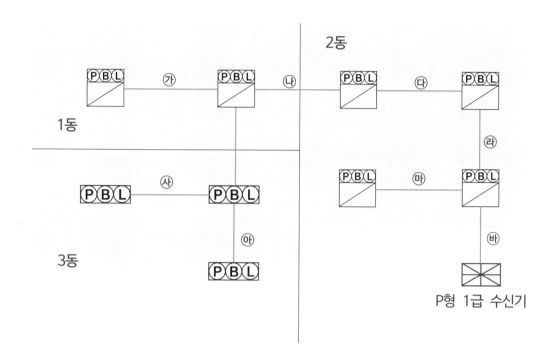

(1) 빈 칸 ㉯, ㉰, ㉺, ㉳, ㉄ 안에 전선가닥수 및 전선의 용도를 쓰시오.

항목	가닥수	용도1	용도2	용도3	용도4	용도5	용도6	용도7
㉮	8	응답	지구	공통	경종	경종표시등 공통	표시등	기동확인표시등2
㉯								
㉰								
㉱								
㉲								
㉳	21	응답	지구9	공통2	경종3	경종표시등 공통3	표시등	기동확인표시등2
㉴								
㉵	6	응답	지구	공통	경종	경종표시등 공통	표시등	

(2) 경비실에 설치하는 P형 1급 수신기는 몇 회선용을 사용해야 하는가.
(단, 수신기의 예비회로는 실제 사용회로의 10%를 두는 조건이다)

(3) P형 1급 수신기는 상시 사람이 근무하는 장소에 설치해야 하는데 이 건물에 사람이 상시 근무하는 장소가 없는 경우에는 수신기를 어떤 장소에 설치해야 하는가.

(4) 수신기가 설치된 장소에 화재발생구역을 신속하게 확인하기 위하여 비치해야 하는 것은.

163

문제 1 정답

(1)

항목	가닥수	용도1	용도2	용도3	용도4	용도5	용도6	용도7
㉮	8	응답	지구	공통	경종 +	경종표시등 공통	표시등	기동확인표시등2
㉯	14	응답	지구5	공통	경종 2	경종표시등 공통 2	표시등	기동확인표시등2
㉰	17	응답	지구6	공통	경종 3	경종표시등 공통 3	표시등	기동확인표시등2
㉱	18	응답	지구7	공통	경종 3	경종표시등 공통 3	표시등	기동확인표시등2
㉲	8	응답	지구	공통	경종	경종표시등 공통	표시등	기동확인표시등2
㉳	21	응답	지구9	공통2	경종 3	경종표시등 공통 3	표시등	기동확인표시등2
㉴	6	응답	지구	공통	경종	경종표시등 공통	표시등	
㉵	6	응답	지구	공통	경종	경종표시등 공통	표시등	

(2) 10회로용

(3) 관계인이 쉽게 접근할 수 있고 관리가 편리한 장소

(4) 경계구역 일람표

발신기, 옥내소화전함(수동기동방식)

참고

자동화재탐지설비 발신기에 위치표시등을 설치해야 하며,
옥내소화전함에 위치표시등을 설치해야 한다.

그러나 현장에 설치하는 자동화재탐지설비, 옥내소화전함 겸용의 설비는 표시등이 1개 뿐이다.
검정제품도 위치표시등이 1개 설치된다.

그러므로
화재안전기술(성능)기준에 『자동화재탐지설비, 옥내소화전함 겸용의 설비는 위치표시등을 1개 설치할 수 있다』는 단서조항을 마련하는 것이 적합하다.

발신기,
옥내소화전함(자동기동방식)

옥외소화전함
(자동기동방식

㉯의 전선 가닥수

지구 5 : 1동 지구2, 3동 지구3이므로 합하여 지구5가 된다.

    (1동 발신기 2개, 3동 발신기 3개)

경종 4 : 경보방식은 동별 경보방식을 적용하므로 1동 경종, 경종표시등 공통 – 2선,

    2동 경종, 경종표시등 공통 – 2선이므로 합하여 경종 4선이 된다.

㉰의 전선 가닥수

지구 6 : 1동 지구2, 3동 지구3, 2동 지구1이므로 합하여 지구6이 된다.

    (1동 발신기 2개, 3동 3개, 2동 1개)

경종 6 : 경보방식은 동별 경보방식을 적용하므로 1동 경종, 경종표시등 공통 – 2선,

    2동 경종, 경종표시등 공통 – 2선, 3동 경종, 경종표시등 공통 – 2선이므로

    합하여 경종 6선이 된다.

㉱의 전선 가닥수

지구 7 : 1동 지구2, 3동 지구3, 2동 지구2이므로 합하여 지구7이 된다.

    (1동 발신기 2개, 3동 3개, 2동 2개)

경종 6 : 경보방식은 동별 경보방식을 적용하므로 1동 경종, 경종표시등 공통 – 2선,

    2동 경종, 경종표시등 공통 – 2선, 3동 경종, 경종표시등 공통 – 2선이므로

    합하여 경종 6선이 된다.

(2) 경비실에 설치하는 P형1급 수신기 회로 수는 발신기 개수(경계구역 수)는 9개이므로

  9 × 1.1(예비회로 10%) = 9.9

  그러므로 수신기 회로수는 10회로이다.

문제 2

그림은 옥내소화전설비의 전기 계통도이다. 각 물음에 답하시오.

1. ①~⑤의 배선 수를 쓰시오.
2. 그림에서 도통시험을 위한 종단저항을 설치하는 장치의 명칭을 2가지 쓰시오.
3. 번호 ④의 배선을 설치하기 위해 사용하는 전선관의 명칭을 쓰시오.
4. 번호 ④의 전선관을 설치하기 위하여 사용하는 박스의 명칭을 쓰시오.
5. 물탱크에 설치된 플로트스위치는 어떤 경우에 작동하여 감시제어반에 신호 및 경보를 하는가.

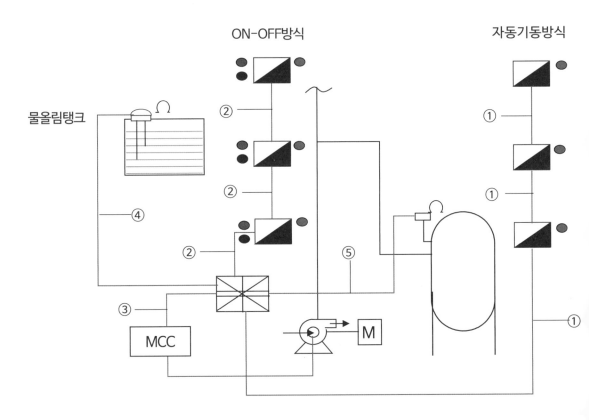

참고
소방설비기사 기출문제이며 옥내소화전함에 위치표시등을 설치해야 하지만 소화전함에 위치표시등을 누락한 문제를 출제하고 있다.

문제 2 　 정 답

1. ① 2 　 ② 5 　 ③ 5 　 ④ 2 　 ⑤ 2
2. 감수경보장치, 압력챔버 압력스위치
3. 가요전선관
4. 4각박스
5. 저수위(낮은 물높이)인 경우

해 설

1. 배선 수, 이름

번호	배선수	선 이름
①	2	펌프 기동표시등 2
②	5	기동1, 정지1, 공통1, 전원 표시등1, 기동확인 표시등1
③	5	공통, ON, OFF, 운전표시, 정지표시
④	2	감수경보 장치 2
⑤	2	압력스위치 2

2. 종단저항

압력스위치, 감수경보장치회로에 종단저항을 설치하여 수신기에서 도통시험이 가능하게 한다.

3. 압력챔버의 압력스위치 회로

압력챔버에는 충압펌프와 주펌프의 압력스위치가 2개이지만 그림은 주펌프와 압력스위치이므로 1개가 설치된 문제이다.
충압펌프와 주펌프의 압력스위치가 2개이면 3선(주펌프 압력스위치 +, 충압펌프 압력스위치 +, 공통선 -)이 된다.

4. 전선관을 설치하는 박스

박스의 종류는 4각박스와 8각박스가 있다. 부품간의 수직 연결은 4각박스를 사용하며 수평연결은 8각박스를 사용한다. 물올림탱크와 제어반의 수직연결은 4각박스를 사용한다.

5. 가요전선관

굴곡 장소가 많아 배관공사의 능률을 높이기 위하여 자유롭게 굽힐 수 있는 전선 배관

문제 3

발신기 세트와 옥내소화전설비를 겸한 자동화재탐지설비의 계통도이다. ①~⑦의 간선수를 쓰시오.
(단, 지상 15층의 특정소방대상물이며 아래의 계통도는 그 일부이며, 소화전펌프는 자동기동방식이다.)
(조건)
이 건물은 화재로 인하여 하나의 층의 지구음향장치 또는 배선이 단락되어도 다른 층의 화재통보에
지장이 없도록 각층 배선 상에 유효한 조치인 『단락보호 장치』 또는 『퓨즈』를 설치한다.

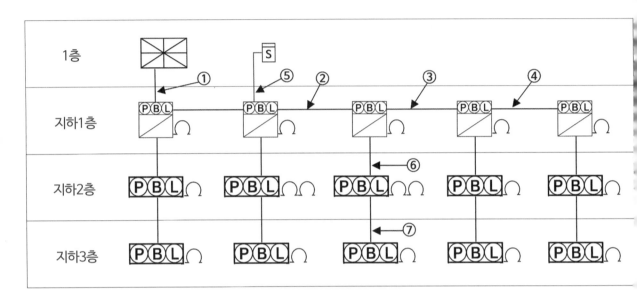

참고자료

[자동화재탐지설비의 화재안전기술기준 2.5(음향장치 및 시각경보장치)]
2.5.1 자동화재탐지설비의 음향장치는 다음의 기준에 따라 설치해야 한다.
2.5.1.1 주음향장치는 수신기의 내부 또는 그 직근에 설치할 것
2.5.1.2 층수가 11층(공동주택의 경우에는 16층) 이상의 특정소방대상물은 다음의 기준에 따라 경
보를 발할 수 있도록 할 것
  1. 2층 이상의 층에서 발화한 때에는 발화층 및 그 직상 4개 층에 경보를 발할 것
  2. 1층에서 발화한 때에는 발화층·그 직상 4개 층 및 지하층에 경보를 발할 것
  3. 지하층에서 발화한 때에는 발화층·그 직상층 및 기타의 지하층에 경보를 발할 것

자동화재탐지설비의 화재안전성능기준 5조 ③ 9.

화재로 인하여 하나의 층의 지구음향장치 배선이 단락되어도 다른 층의 화재통보에 지장이 없도록
각 층 배선 상에 유효한 조치를 할 것〈신설 2022. 5. 9.〉

① 26가닥   ② 18가닥   ③ 13가닥   ④ 10가닥   ⑤ 4가닥   ⑥ 8가닥   ⑦ 6가닥

해설

이 건물은 지상15층 건물이므로 구분경보방식의 건물에 해당된다.

화재로 인하여 하나의 층의 지구음향장치 배선이 단락되어도 다른 층의 화재통보에 지장이 없도록 각 층별 벨선 2선을 설치해야 한다. 그러나 조건에서 각층 배선 상에 유효한 조치인 『단락보호장치』를 설치한다.

번호	가닥수	내 용
①	26	1.벨선 2.표시등선 3.벨표시등공통선 4.응답선 4.회로선 17 6.공통선 3 7.펌프기동 확인선 2(+, -)
②	18	1.벨선 2.표시등선 3.벨표시등공통선 4.응답선 4.회로선 10 6.공통선 2 7.펌프기동 확인선 2(+, -)
③	13	1.벨선 2.표시등선 3.벨표시등공통선 4.응답선 4.회로선 6 6.공통선 7.펌프기동 확인선 2(+, -)
④	10	1.벨선 2.표시등선 3.벨표시등공통선 4.응답선 4.회로선 3 6.공통선 7.펌프기동 확인선 2(+, -)
⑤	4	감지기선 4(+선2, -선2)
⑥	8	1.벨선 2.표시등선 3.벨표시등공통선 4.응답선 5.회로선 3 6.공통선
⑦	6	1.벨선 2.표시등선 3.벨표시등공통선 4.응답선 4.회로선 6.공통선

항목	경종	표시등	경종표시등 공통	응답	지구	공통	기동확인표 시등+	기동확인 표시등-	계
①	1	1	1	1	17	3	1	1	26
②	1	1	1	1	10	2	1	1	18
③	1	1	1	1	6	1	1	1	13
④	1	1	1	1	3	1	1	1	10
⑥	1	1	1	1	3	1			8
⑦	1	1	1	1	1	1			6

참고 : 지구(회로)의 수는 종단저항 설치개수와 같다.

문 제 4

아래 그림은 자동화재탐지설비와 옥내소화전함의 P형 수신기에 연결되는 발신기와 감지기의 결선도이다. 조건을 참조하여 미완성 결선도를 완성하시오. 발신기의 설치단자는 ① 응답, ② 지구, ③ 공통이다)

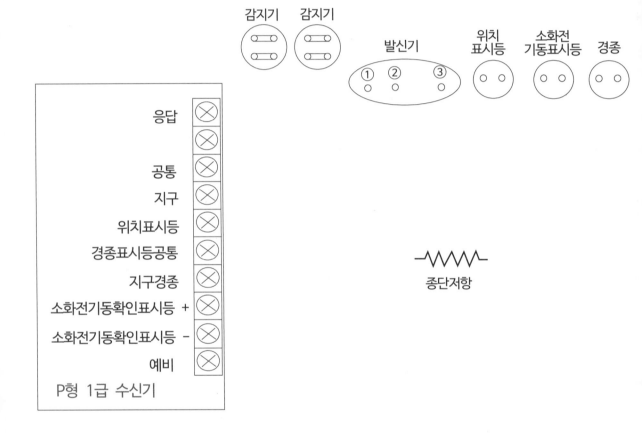

감지기   감지기   발신기   위치   소화전   경종
                                         표시등   기동표시등

                              ① ②   ③

응답
공통
지구
위치표시등
경종표시등공통
지구경종
소화전기동확인표시등 +
소화전기동확인표시등 −
예비
P형 1급 수신기

종단저항

문제 4 정 답

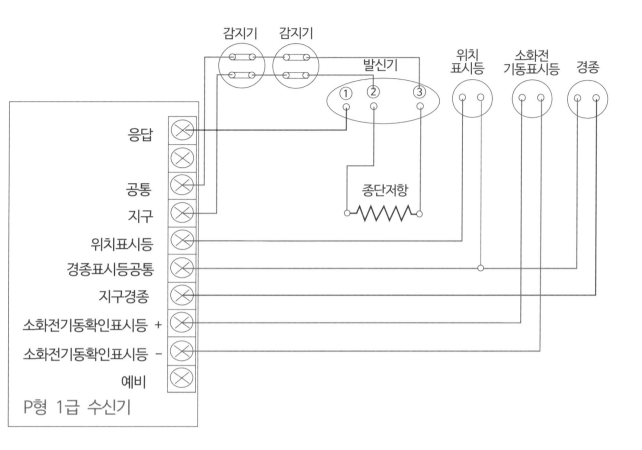

해 설

자동화재탐지설비 화재안전기준 개정전에는 자동화재탐지설비의 회로선 내용은,
1.벨선,　2.표시등선,　3.벨표시등공통선,　4.전화선,　5.응답선,　6.회로(지구)선, 7.회로공통선이었다.

그러나 자동화재탐지설비의 기술(성능)기준이 제정되어, 수신기의 기능에서 전화가 없어졌다.
제정된 기준의 내용 중 화재로 인하여 『자동화재탐지설비의 화재안전성능기준 제5조. ③, 9.』
『화재로 인하여 하나의 층의 지구음향장치 배선이 단락(합선)되어도 다른 층의 화재통보에 지장이 없도록 각 층 배선 상에 유효한 조치를 할 것』의 내용에 부합되기 위해서는

각층별 경종선 2선씩 설치하는 방법과,
건물의 층 구분없이 경종선과 경종표시등 공통선을 설치하여
층별 지구음향장치의 배선 『단락보호 장치』 또는 『퓨즈』를 설치하는 방법이 있다.

이제는 자동화재탐지설비의 회로선 내용은,
1.벨선,　2.벨표시등 공통선, 2.표시등선, 4.응답선, 5.회로(지구)선,　6.공통선으로 해야 한다.

다음은 자동화재탐지설비의 P형 1급 수신기의 미완성 도면이다. 수신기의 단자에 알맞게 각 기기장치를
연결하시오. (단, 발신기의 단자는 왼쪽부터 응답, 지구, 지구공통이다)

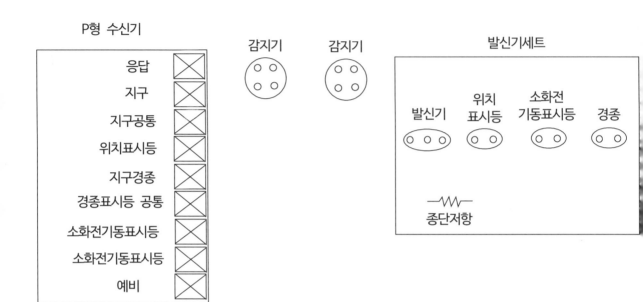

정 답

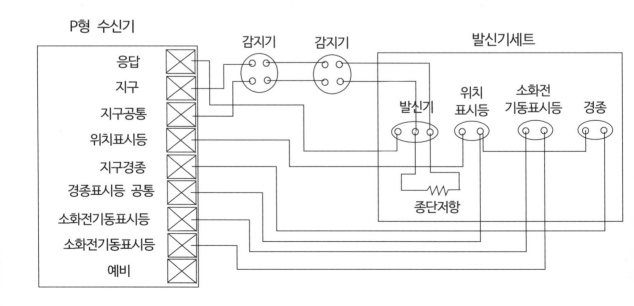

문제 6

다음은 지상 1층부터 지상 8층까지의 건축물이다. 각 물음에 답하시오. (단, 화재로 인하여 하나의 층의 지구음향장치 배선이 단락되어도 다른층의 화재통보에 지장이 없도록 각 층 배선상에 유효한 조치를 하였으며, 전화선은 삭제된 것으로 한다)

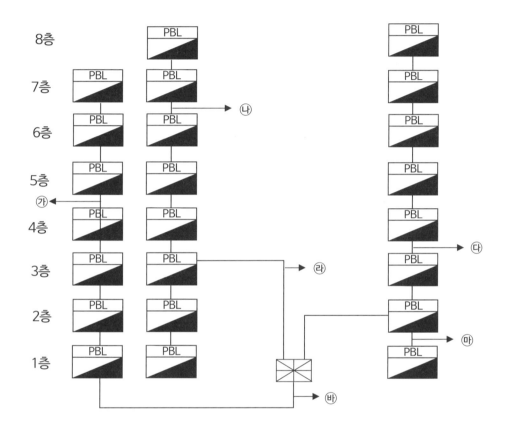

가. ㉮ ~ ㉫까지의 가닥 수를 산정하시오.

나. 해당 건출물의 수신기는 몇 회로용을 사용해야 하는지 쓰시오.

다. 5층에서 단락이 되었을 때 몇 층에 경보가 울리는지 쓰시오.

라. 음향장치는 정격전압의 몇 % 전압에서 음향을 발할 수 있는 것으로 해야 하는지 쓰시오.

마. 음향장치의 음량의 크기는 부착된 음향장치 중심으로부터 1m 떨어진 위치에서 몇 dB 이상이 되는 것을 해야 하는지 쓰시오.

정 답

가. ㉮ 10, ㉯ 9, ㉰ 12, ㉱ 16, ㉲ 8, ㉳ 14

나. 25회로용

다. 1층, 2층, 3층, 4층, 6층, 7층, 8층

라. 80%

마. 90 dB

해 설

가. 상세 내용

11층 이상의 건물은 구분경보방식이며, 이 건물은 일제경보방식 건물이다.

구분	지구선 (회로선)	회로 공통선	경종(벨)선	경종표시등 공통선	표시등선	응답선	기동확인 표시등	계
㉮	3	1	1	1	1	1	2	10
㉯	2	1	1	1	1	1	2	9
㉰	5	1	1	1	1	1	2	12
㉱	8	2	1	1	1	1	2	16
㉲	1	1	1	1	1	1	2	8
㉳	7	1	1	1	1	1	2	14

나. 총 23경계구역이며, 수신기 제작은 5단위로 생산하므로 23경계구역 보다 많은 25회로용을 설치해야 한다.

다. 5층에서 단락이 되어도 다른층의 화재통보에 지장이 없도록 각 층 배선상에 유효한 조치를 하였으므로 5층 이외의 층에는 경보가 울린다.

자동화재탐지설비 및 시각경보장치의 화재안전성능기준(NFPC 203)

제8조(음향장치 및 시각경보장치)

① 자동화재탐지설비의 음향장치는 다음 각 호의 기준에 따라 설치해야 한다.
  1. 주음향장치는 수신기의 내부 또는 그 직근에 설치할 것
  2. 층수가 11층(공동주택의 경우에는 16층) 이상의 특정소방대상물은 발화층에 따라 경보하는 층을 달리하여 경보를 발할 수 있도록 할 것
  3. 지구음향장치는 특정소방대상물의 층마다 설치하되, 해당 특정소방대상물의 각 부분으로부터 하나의 음향장치까지의 수평거리가 25미터 이하가 되도록 하고, 해당층의 각부분에 유효하게 경보를 발할 수 있도록 설치할 것
  4. 음향장치는 다음 각 목의 기준에 따른 구조 및 성능의 것으로 하여야 한다.
    가. 정격전압의 80퍼센트의 전압에서 음향을 발할 수 있는 것으로 할 것. 다만, 건전지를 주전원으로 사용하는 음향장치는 그러하지 아니하다
    나. 음량은 부착된 음향장치의 중심으로부터 1미터 떨어진 위치에서 90데시벨 이상이 되는 것으로 할 것
    다. 감지기 및 발신기의 작동과 연동하여 작동할 수 있는 것으로 할 것
  5. 제3호에도 불구하고 제3호의 기준을 초과하는 경우로서 기둥 또는 벽이 설치되지 아니한 대형공간의 경우 지구음향장치는 설치 대상 장소의 가장 가까운 장소의 벽 또는 기둥 등에 설치 할 것

다음은 옥내소화전설비를 겸용하는 자동화재탐지설비의 계통도이다. 기호 ㉮~㉺의 최소 전선수를 쓰시오.(단, 기동용 수압개폐장치방식의 옥내소화전함을 사용하며, 경종과 표시등 공통선을 같이한다)

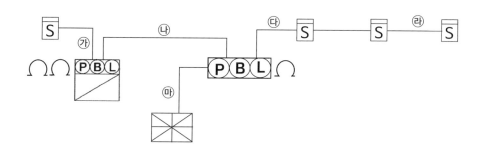

정 답

㉮ : 4가닥   ㉯ : 9가닥   ㉰ : 4가닥   ㉱ : 4가닥   ㉲ : 10가닥

해 설

㉮	4	감지기 - 2선, 감지기 + 2선
㉯	9	지구(회로) 2선, 벨(경종)선 1, 표시등선 1, 경종표시등공통선 1, 응답선 1, 회로공통선 1, 옥내소화전 펌프기동확인선 2(+,-)
㉰	4	감지기 - 2선, 감지기 + 2선
㉱	4	감지기 - 2선, 감지기 + 2선
㉲	10	지구(회로) 3선, 벨(경종)선 1, 표시등선 1, 경종표시등공통선 1, 응답선 1, 회로공통선 1, 옥내소화전 펌프기동확인선 2(+,-)

구분	지구선 (회로선)	회로 공통선	경종(벨) 선	경종표시등 공통선	표시등선	응답선	기동확인표 시등	계
㉯	2	1	1	1	1	1	2	9
㉲	3	1	1	1	1	1	2	10

V. 스프링클러설비

1. 스프링클러설비 중계기 결선 내용(R형)

종류 \ 결선내용	IN(입력, 감시)	OUT(출력, 제어)
준비작동식	1. 감지기 A회로, 2. 감지기 B회로 3. 수동조작함 작동스위치 4. 압력스위치, 5. 개폐밸브 탬퍼스위치	1. 사이렌 2. 전동볼밸브(또는 솔레노이드밸브)
부압식	1. 감지기 2. 수동조작함 작동스위치 3. 압력스위치, 4. 개폐밸브 탬퍼스위치	1. 사이렌 2. 전동볼밸브(또는 솔레노이드밸브) 3. 진공펌프

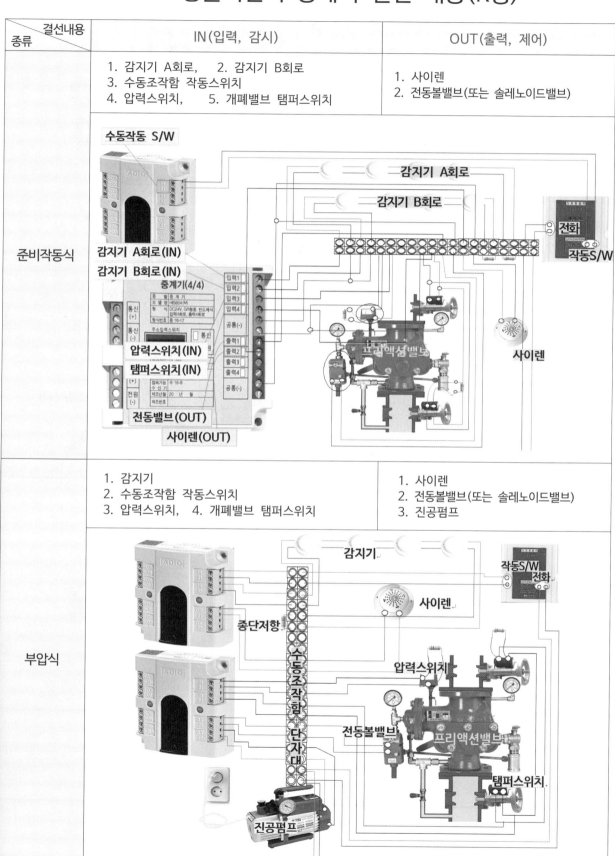

177

결선내용 종류	IN(입력, 감시)	OUT(출력, 제어)
스프링클러 설비 습식	1. 압력스위치,　　2. 탬퍼스위치	사이렌
	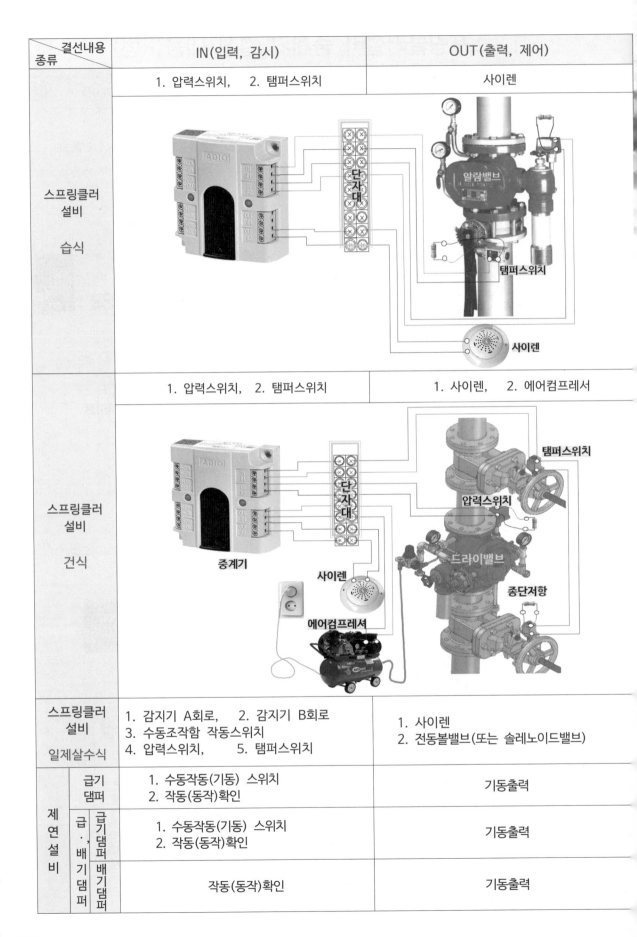	
스프링클러 설비 건식	1. 압력스위치,　　2. 탬퍼스위치	1. 사이렌,　　2. 에어컴프레서
스프링클러 설비 일제살수식	1. 감지기 A회로,　　2. 감지기 B회로 3. 수동조작함 작동스위치 4. 압력스위치,　　　5. 탬퍼스위치	1. 사이렌 2. 전동볼밸브(또는 솔레노이드밸브)
제연설비	급기댐퍼	1. 수동작동(기동) 스위치 2. 작동(동작)확인	기동출력
	급·배기댐퍼 · 급기댐퍼	1. 수동작동(기동) 스위치 2. 작동(동작)확인	기동출력
	배기댐퍼	작동(동작)확인	기동출력

178

2. 준비작동식 스프링클러설비(R형)

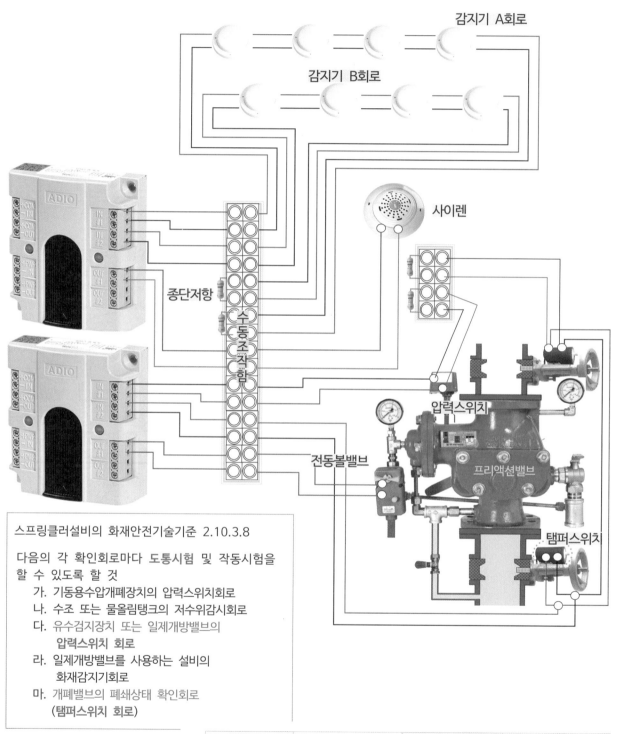

감지기 A회로

감지기 B회로

사이렌

종단저항

수동조작함

압력스위치

프리액션밸브

전동볼밸브

탬퍼스위치

스프링클러설비의 화재안전기술기준 2.10.3.8

다음의 각 확인회로마다 도통시험 및 작동시험을
할 수 있도록 할 것
  가. 기동용수압개폐장치의 압력스위치회로
  나. 수조 또는 물올림탱크의 저수위감시회로
  다. 유수검지장치 또는 일제개방밸브의
      압력스위치 회로
  라. 일제개방밸브를 사용하는 설비의
      화재감지기회로
  마. 개폐밸브의 폐쇄상태 확인회로
      (탬퍼스위치 회로)

입력(IN) 1	감지기 A회로	출력(OUT) 1	사이렌
입력(IN) 2	감지기 B회로	출력(OUT) 2	전동볼밸브
입력(IN) 3	압력스위치		
입력(IN) 4	탬퍼스위치		

2-2. 준비작동식(R형)

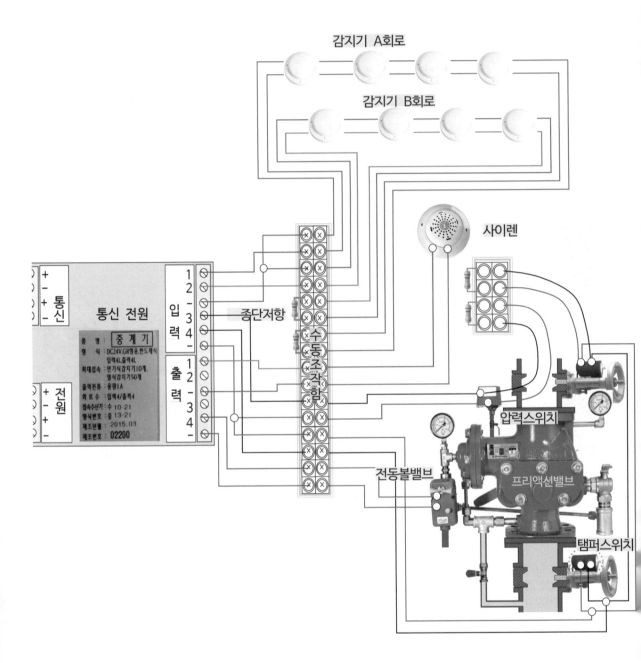

입력(IN) 1	감지기 A회로	출력(OUT) 1	사이렌
입력(IN) 2	감지기 B회로	출력(OUT) 4	전동볼밸브
입력(IN) 3	압력스위치		
입력(IN) 4	탬퍼스위치		

2-3. 준비작동식(R형)

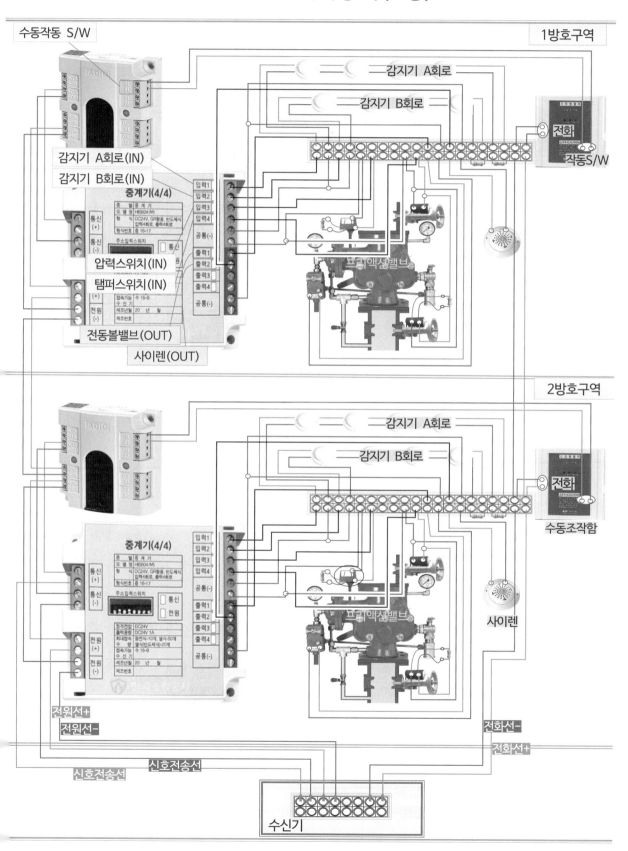

2-3-1. 준비작동식(R형) 작동흐름

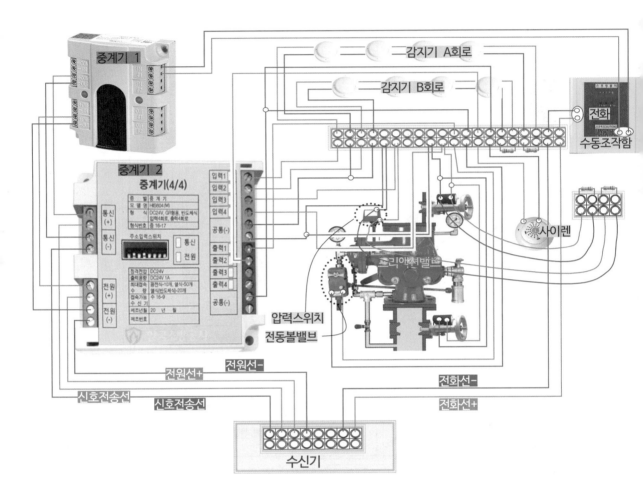

1. 감지기 A회로 작동

감지기 A회로가 작동하면 작동신호는 중계기2 입력(IN)1에 신호가 전달된다.

중계기는 감지기 A회로 작동 정보를 신호전송선을 통하여 수신기에 작동신호를 전달한다.

수신기에서는 감지기 작동신호가 입력되면 수신기에서는 해당방호구역 감지기A회로 작동표시(표시창 등)가 되며, 중계기2 출력(OUT)2에 연결된 사이렌에서 파상음 사이렌이 울리게 한다.

감지기 A회로 작동
⇨ 중계기2 입력(IN)1에 신호 전달
⇨ 중계기는 감지기 A회로 작동 정보를 신호전송선으로 수신기에 작동신호 전달
⇨ 수신기는 해당방호구역 감지기A회로 작동표시
⇨ 중계기2 출력(OUT)2에 연결된 사이렌 울림

2. 감지기 B회로 작동

감지기 B회로가 작동하면 작동신호는 중계기2 입력(IN)2에 신호가 전달된다.

중계기는 감지기 B회로 작동 정보를 신호전송선을 통하여 수신기에 작동신호를 전달한다.

수신기에서는 감지기 작동신호가 입력되면 수신기에서는 해당방호구역 감지기B회로 작동표시(표시창 등)가 되며, 중계기2 출력(OUT)1에 연결된 전동볼밸브가 작동한다.

감지기 B회로 작동
  ⇨ 중계기2 입력(IN)2에 신호 전달
  ⇨ 중계기는 감지기 B회로 작동 정보 신호전송선으로 수신기에 작동신호 전달
  ⇨ 수신기는 해당방호구역 감지기B회로 작동표시
  ⇨ 중계기2 출력(OUT)1에 연결된 전동볼밸브 작동하여 프리액션밸브 개방

3. 수동작동스위치 작동

수동조작함(슈퍼비죠리판넬 - Super Visory Panel)의 수동작동스위치를 누르면 작동신호는 중계기1(그림의 2/2 중계기) 입력(IN)1에 신호가 전달된다.

중계기는 수동작동스위치 작동 정보를 신호전송선을 통하여 수신기에 작동신호를 전달한다.
수신기에서는 수동작동스위치 작동신호가 입력되면 수신기에서는 해당방호구역
중계기2 출력(OUT)2에 연결된 사이렌을 울리게 한다.
중계기2(그림 아래의 4/4 중계기) 출력(OUT)1에 연결된 전동볼밸브가 작동한다.

수동작동스위치 작동
  ⇨ 중계기1 입력(IN)1에 신호 전달
  ⇨ 중계기는 수동작동스위치 작동 정보 신호전송선으로 수신기에 작동신호 전달
  ⇨ 수신기는 해당방호구역 수동작동스위치 작동표시
  ⇨ 중계기2 출력(OUT)1에 연결된 사이렌을 울리게 한다
  ⇨ 중계기2 출력(OUT)1에 연결된 전동볼밸브 작동하여 프리액션밸브 개방

수동조작(작동)함 : Super Visory Panel이라 하며, SVP(S.V.P)라고도 한다.

4. 압력스위치 작동

프리액션밸브 클래퍼가 개방되어 1차측 가압수가 2차측 배관으로 이동하면서
압력스위치를 작동하면 압력스위치 작동신호는 중계기2 입력(IN)3에 신호가 전달된다.

중계기는 압력스위치 작동 정보를 신호전송선을 통하여 수신기에 작동신호를 전달한다.

수신기에서는 압력스위치 작동신호가 입력되면 수신기에서는 해당방호구역
중계기2 출력(OUT)2에 연결된 사이렌에 신호가 전달되어 연속음의 사이렌이 울리게 한다.

클래퍼 개방 ⇨ 1차측 가압수가 2차측배관으로 이동
    ⇨ 가압수가 압력스위치 작동
    ⇨ 압력스위치 작동신호 중계기 2(IN)3에 신호 전달
    ⇨ 중계기는 압력스위치 작동 정보 수신기에 작동신호 전달
    ⇨ 수신기는 중계기2 출력(OUT)2에 연결된 사이렌을 작동(연속음 사이렌 작동)하게 한다.

5. 탬퍼스위치 작동

프리액션밸브 1,2차측 개폐밸브에 설치된 탬퍼스위치가 작동하면
탬퍼스위치 작동신호는 중계기2 입력(IN)4에 신호가 전달된다.
(1,2차측 개폐밸브의 탬퍼스위치를 각각 별도로 입력하는 방법도 있다.)
중계기는 탬퍼스위치 작동 정보를 신호전송선을 통하여 수신기에 작동신호를 전달한다.

수신기에서는 탬퍼스위치 작동신호가 입력되면 수신기에서는 해당방호구역 개폐밸브 잠김 표시의
밸브잠김 경보창이 켜지고, 제어반에서 밸브잠김 경보가 울린다.(방제센타 내에서만 울린다)

탬퍼스위치 작동
    ⇨ 탬퍼스위치 작동신호 중계기2 입력(IN)4에 신호 전달
    ⇨ 중계기는 탬퍼스위치 작동 정보 수신기에 작동신호 전달
    ⇨ 수신기는 밸브잠김 경보창 점등하고, 밸브잠김 경보 울린다

6. 전화

전화선(청색선)과 공통선(**빨간선**)은 수동조작함(SVP)와 수신기간 항상 전기가 공급되고 있다.

전화연결 구멍에 전화폰 연결잭을 꽂고 수신기가 있는 방재센타의 근무자와 통화가 가능하다.
전화선은 중계기와 연결하지 않고 수신기와 직접연결한다.
전화선은 중계기를 통하여 통신선으로 신호를 수신기와 정보교류를 하지 않는 부품이다.
그러므로 P형수신기의 결선과 같은 방법으로 수신기와 연결한다.

탬퍼스위치 Tamper Switch : 밸브 닫힘 감시스위치(열려 있어야 하는 밸브가 닫힌 경우 신호를 수신기에 전달한다

2-4. 준비작동식 전기 계통도(R형)

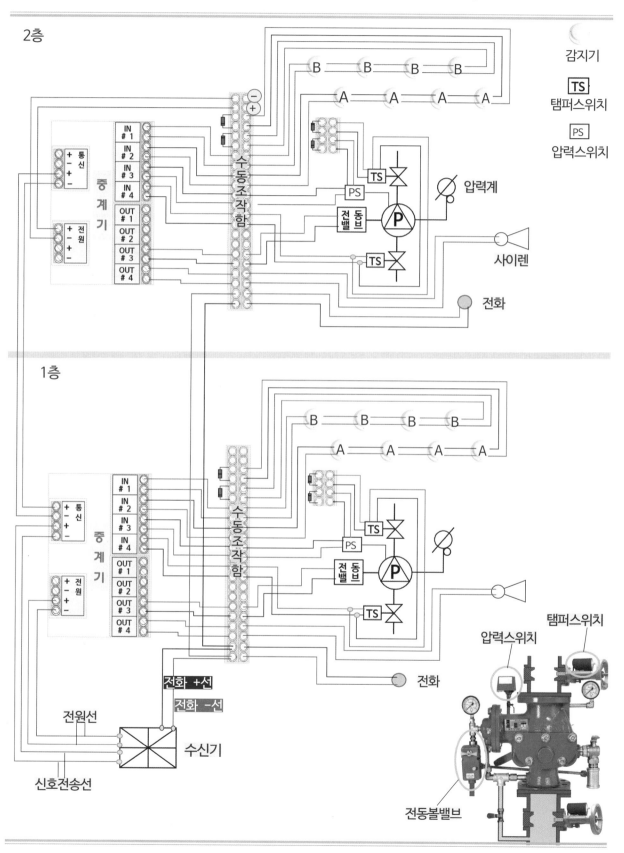

2층

감지기

TS
탬퍼스위치

PS
압력스위치

통신 + - + -
중계기
전원 + - + -

IN #1
IN #2
IN #3
IN #4
OUT #1
OUT #2
OUT #3
OUT #4

수동조작함

B — B — B — B
A — A — A — A

TS
PS
전동밸브
P
압력계
사이렌

전화

1층

통신 + - + -
중계기
전원 + - + -

IN #1
IN #2
IN #3
IN #4
OUT #1
OUT #2
OUT #3
OUT #4

수동조작함

B — B — B — B
A — A — A — A

TS
PS
전동밸브
P

TS

전화

전화 +선
전화 -선

전원선
수신기
신호전송선

압력스위치
탬퍼스위치

전동볼밸브

2-5. 준비작동식 스프링클러 전기 계통도(R형)

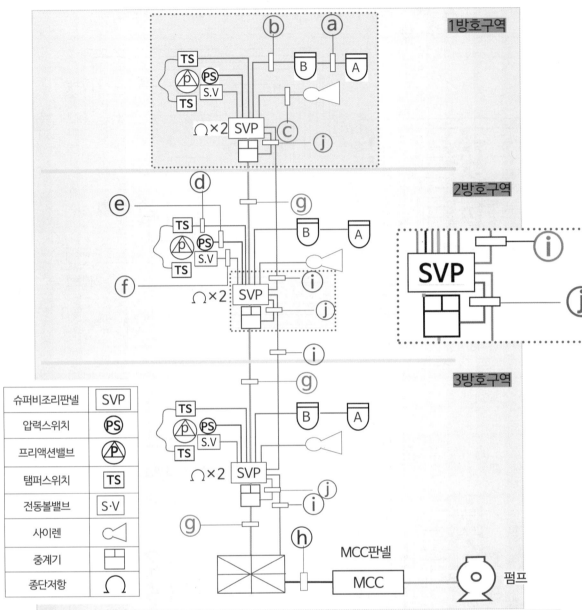

슈퍼비조리판넬	SVP
압력스위치	ⓅⓈ
프리액션밸브	Ⓟ
탬퍼스위치	TS
전동볼밸브	S·V
사이렌	◁
중계기	⊞
종단저항	Ω

번호	전선 종류 및 수량	용도
ⓐ	HFIX 1.5㎟ - 4	감지기 A회로 4(+선 2, -선 2)
ⓑ	HFIX 1.5㎟ - 8	감지기 A회로 4(+2, -2), 감지기 B회로 4(+2, -2)
ⓒⓓⓔ	HFIX 2.5㎟ - 2	ⓒ 사이렌 (+,-), ⓓ 탬퍼스위치(+,-), ⓔ 압력스위치(+,-)
ⓕ	HFIX 2.5㎟ - 2	전동볼밸브(또는 솔레노이드밸브) (+ , -)
ⓖ	F-CVV-SB CABLE 1.5㎟ 또는 (HCVV-SB TWIST CABLE 1.5㎟ 1pr)	신호전송선 : 2
	HFIX 2.5㎟ - 4	중계기전원 : 2, 전화 : 2(중계기와 연결하지 않는다)
ⓗ	HFIX 2.5㎟ - 5	기동1, 정지1, 공통1, 전원표시등1, 기동확인표시등1
ⓘ	HFIX 2.5㎟ - 2	전화선 +, -
ⓙ	HFIX 2.5㎟ - 14 부품 ↔ 중계기 연결	감지기A(+,-) 2선, 감지기B 2, 압력스위치 2, 사이렌 2, 전동볼밸브 2, 탬퍼스위치 1,2차 2, 수동작동스위치 2

2-5-1. (186p) 해설 준비작동식 스프링클러 전기 계통도(R형)

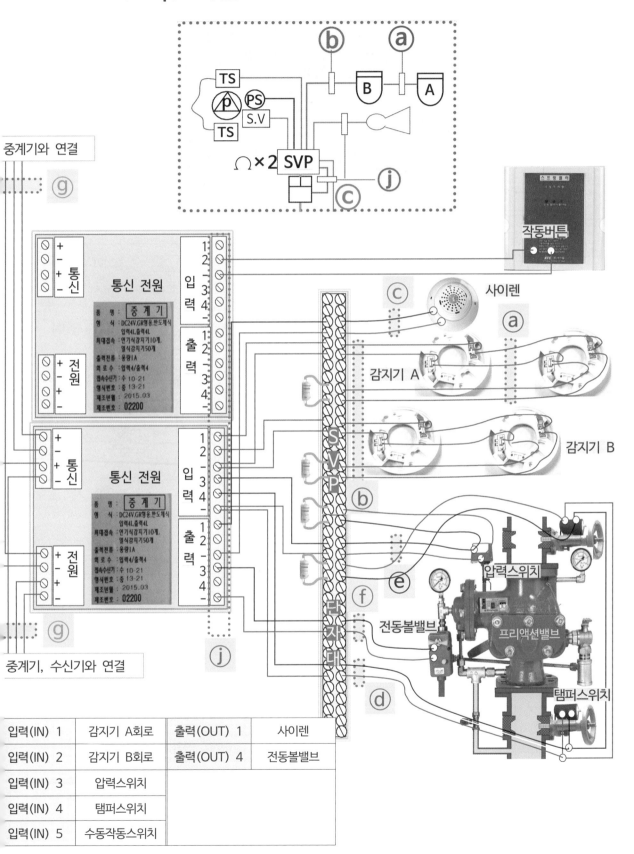

중계기와 연결

ⓖ

ⓖ

중계기, 수신기와 연결

사이렌

감지기 A

감지기 B

압력스위치

전동볼밸브

프리액션밸브

탬퍼스위치

입력(IN) 1	감지기 A회로	출력(OUT) 1	사이렌
입력(IN) 2	감지기 B회로	출력(OUT) 4	전동볼밸브
입력(IN) 3	압력스위치		
입력(IN) 4	탬퍼스위치		
입력(IN) 5	수동작동스위치		

2-6. 준비작동식 스프링클러 전기 계통도(R형)

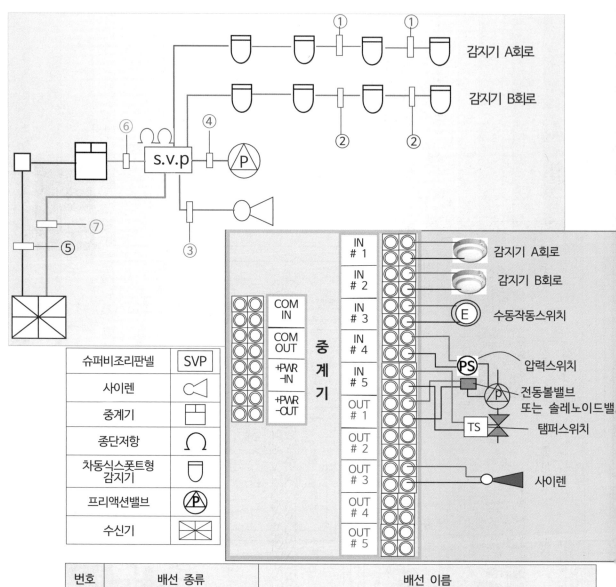

슈퍼비조리판넬	SVP
사이렌	◁
중계기	⊞
종단저항	Ω
차동식스폿트형 감지기	▽
프리액션밸브	Ⓟ
수신기	⊠

번호	배선 종류	배선 이름	
①②	HFIX 1.5㎟ - 4	감지기선 4	
③	HFIX 2.5㎟ - 2	사이렌선 2	
④	HFIX 2.5㎟ - 4	압력스위치선 1, 전동볼밸브선 1, 탬퍼스위치선 1, 공통선 1	
⑤	F-CVV-SB CABLE 1.5㎟ 또는 (HCVV-SB TWIST CABLE 1.5㎟ 1pr)	신호전송선 2	
	HFIX 2.5㎟-2	중계기 전원선 2	
⑥	HFIX 2.5㎟-14 부품 ↔ 중계기 연결	감지기A(+,-) 2선, 감지기B 2, 압력스위치 2, 사이렌 2, 전동볼밸브 2, 탬퍼스위치 1,2차 2, 수동작동스위치 2	
⑦	HFIX 2.5㎟-2	전화선 2(중계기와 연결하지 않는다)	

2-6-1. (188p) 해설 준비작동식 스프링클러 전기 계통도(R형)

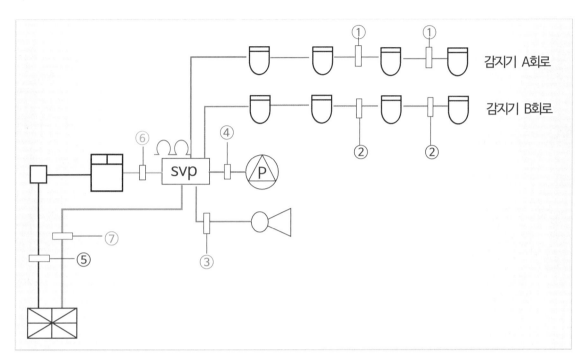

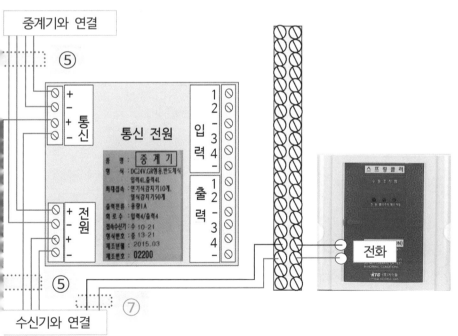

	F-CVV-SB CABLE 1.5㎟ 또는 (HCVV-SB TWIST CABLE 1.5㎟ 1pr)	신호전송선 2
⑤	HFIX 2.5㎟-2	중계기 전원선 2
⑦	HFIX 2.5㎟-2	전화선 2(중계기와 연결하지 않는다)

2-7. 준비작동식 스프링클러 전기 계통도(R형)

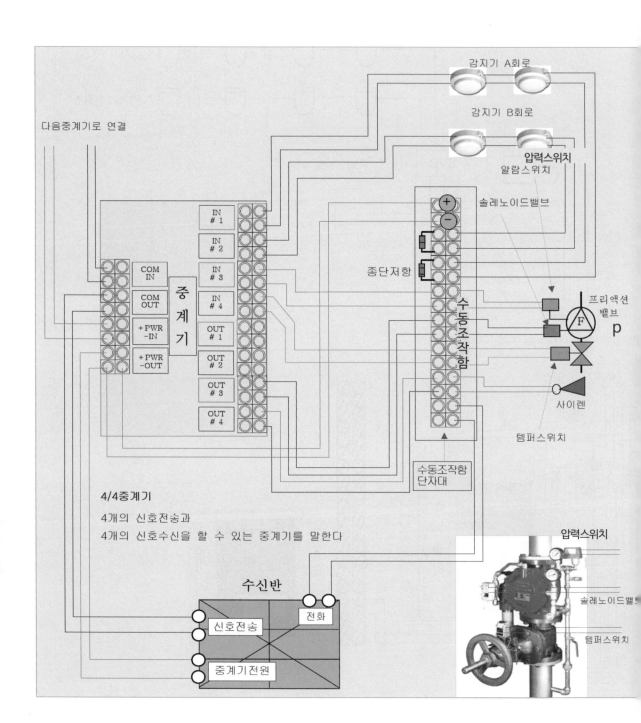

감지기 A회로

감지기 B회로

압력스위치
알람스위치

다음중계기로 연결

솔레노이드밸브

IN # 1
IN # 2
IN # 3
IN # 4
OUT # 1
OUT # 2
OUT # 3
OUT # 4

COM IN
COM OUT
+ PWR - IN
+ PWR - OUT

중계기

종단저항

수동조작함

프리액션밸브 p

사이렌

템퍼스위치

수동조작함 단자대

4/4중계기

4개의 신호전송과
4개의 신호수신을 할 수 있는 중계기를 말한다

압력스위치

수신반

신호전송
전화
중계기전원

솔레노이드밸브
템퍼스위치

3. 부압식 스프링클러설비(R형)

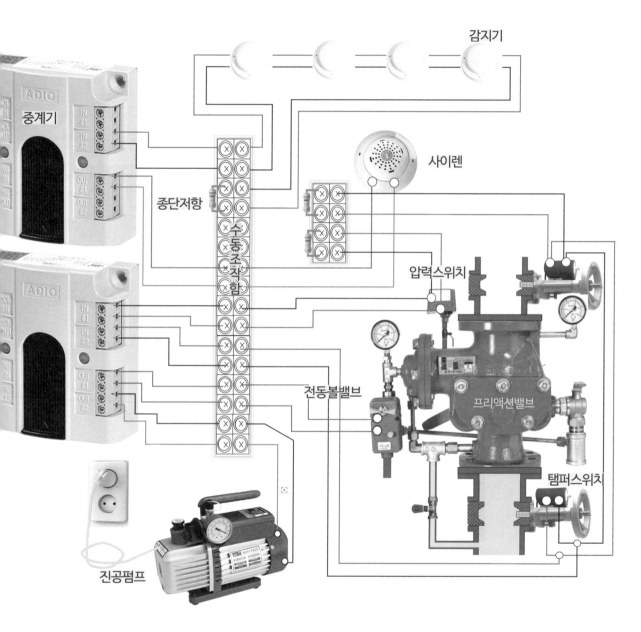

입력(IN) 1	감지기 회로	출력(OUT) 1	사이렌

입력(IN) 1	압력스위치	출력(OUT) 1	전동볼밸브
입력(IN) 2	탬퍼스위치	출력(OUT) 2	진공펌프

3-1. 부압식(R형)

부압 負壓 negative pressure : 대기의 압력보다 낮은 압력

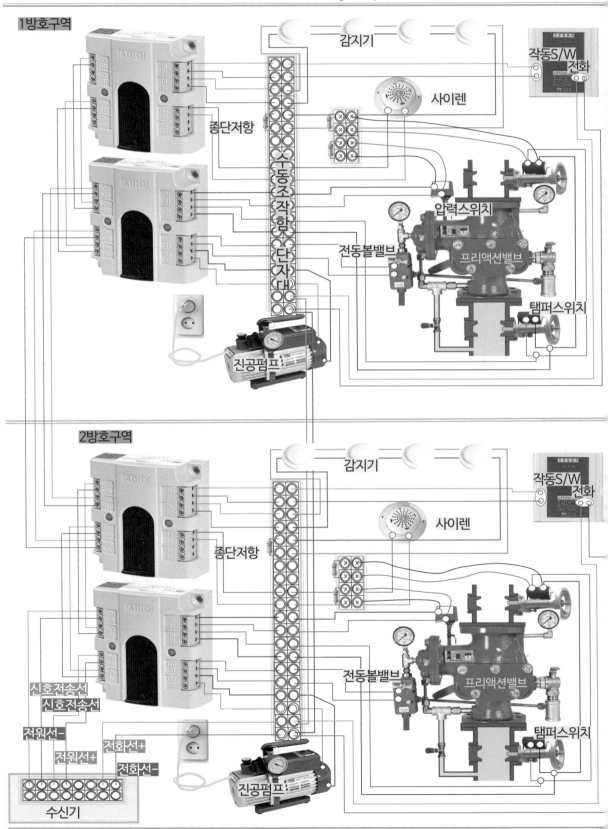

1방호구역

감지기

작동S/W 전화

종단저항

사이렌

수동조작함단자대

압력스위치

전동볼밸브

프리액션밸브

탬퍼스위치

진공펌프

2방호구역

감지기

작동S/W 전화

종단저항

사이렌

전동볼밸브

프리액션밸브

탬퍼스위치

신호전송선
신호전송선

전원선-

전원선+

전화선+

전화선-

진공펌프

수신기

3-2. 3-1(192페이지).부압식(R형) 그림을 도시기호로 표현한 내용

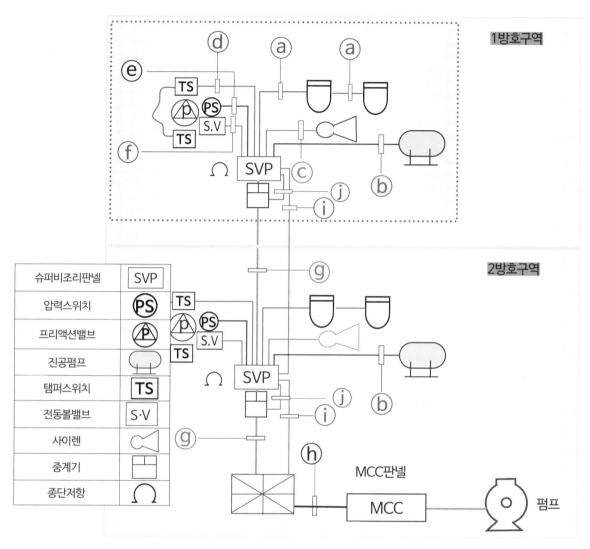

번호	전선 종류 및 수량	용도	
ⓐ	HFIX 1.5㎟ - 4	감지기 4(+선 2, -선 2)	
ⓑ ⓒ	HFIX 2.5㎟ - 2	ⓑ 진공펌프 2, ⓒ 사이렌 (+,-)	
ⓓ ⓔ	HFIX 2.5㎟ - 2	ⓓ 템퍼스위치(+,-), ⓔ 압력스위치(+,-)	
ⓕ	HFIX 2.5㎟ - 2	전동볼밸브(또는 솔레노이드밸브) (+ , -)	
ⓖ	F-CVV-SB CABLE 1.5㎟ 또는 (HCVV-SB TWIST CABLE 1.5㎟ 1pr)	신호전송선 : 2	
	HFIX 2.5㎟ - 2	중계기전원 : 2	
ⓗ	HFIX 2.5㎟ - 5	기동1, 정지1, 공통1, 전원표시등1, 기동확인표시등1	
ⓘ	HFIX 2.5㎟ - 2	전화선 +, -	
ⓙ	HFIX 2.5㎟ - 14 부품 ↔ 중계기 연결	감지기(+,-) 2선, 진공펌프 2, 압력스위치 2, 사이렌 2, 전동볼밸브 2, 탬퍼스위치 1,2차 2, 수동작동스위치 2	

3-3. 3-2(193페이지) 해설.   부압식(R형)

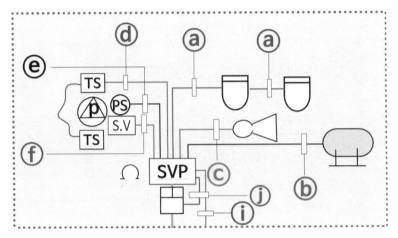

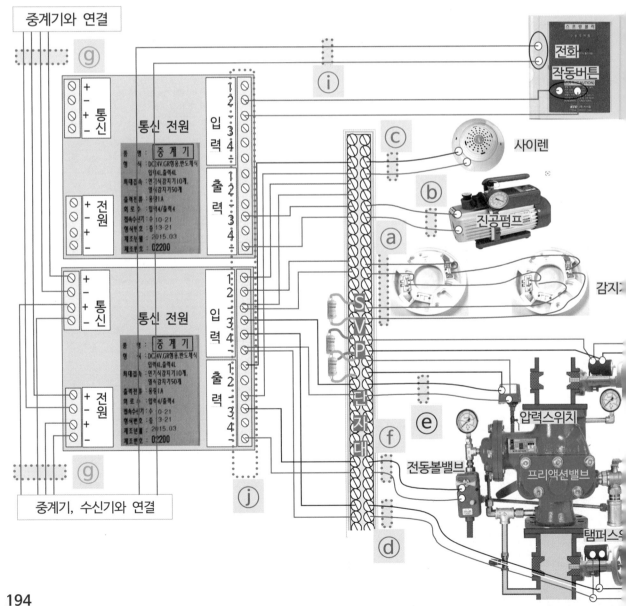

3-4. 부압식(R형)

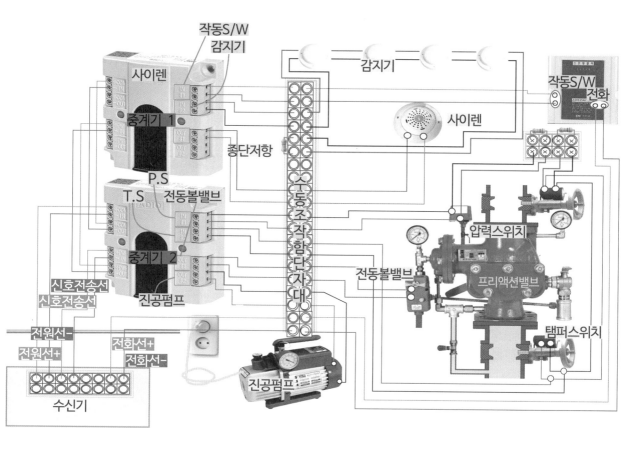

1. 감지기 작동

감지기가 작동하면 작동신호는 중계기1 입력(IN)2에 신호가 전달된다.
중계기는 감지기 작동 정보를 신호전송선을 통하여 수신기에 작동신호를 전달한다.
수신기에서는 감지기 작동신호가 입력되면 수신기에서는 해당 방호구역
감지기 작동표시(표시창 등)가 되며, 화재표시등이 점등된다.
수신기는 중계기1 출력(OUT)1에 신호를 보내어 사이렌에서 파상음 사이렌이 울리게 한다.
수신기는 중계기2 출력(OUT)1에 신호를 보내어 전동볼밸브를 작동하여 프리액션밸브 클래퍼를
개방한다.
수신기는 중계기2 출력(OUT)2에 신호를 보내어 진공펌프를 작동정지하고 진공밸브를 닫는다.

감지기 작동
⇨ 중계기1 입력(IN)2에 신호 전달   ⇨ 중계기는 감지기작동 정보 수신기에 작동신호 전달
⇨ 수신기는 해당방호구역 감지기 작동표시, 화재표시등 점등
⇨ 중계기1 출력(OUT)1에 연결된 사이렌 작동
⇨ 중계기2 출력(OUT)1에 연결된 전동볼벨브 작동   ⇨ 프리액션밸브 클래퍼 개방
⇨ 중계기2 출력(OUT)2에 연결된 진공펌프 작동정지

2. 수동작동스위치 작동

수동조작함(슈퍼비죠리판넬)의 수동작동스위치를 누르면 작동신호는
중계기1 입력(IN)1에 신호가 전달된다.
    중계기는 수동작동스위치 작동 정보를 신호전송선을 통하여 수신기에 작동신호를 전달한다.
    수신기에서는 수동작동스위치 작동신호가 입력되면 수신기에서는 해당방호구역
    수동스위치 작동표시(표시창 등)가 되며, 화재표시등이 점등된다.
중계기1 출력(OUT)1에 연결된 사이렌에서 파상음 사이렌이 울리게 한다.
중계기2 출력(OUT)2에 연결된 진공펌프를 작동정지하고 진공밸브를 닫는다.
중계기2 출력(OUT)1에 연결된 전동볼밸브를 작동하여 프리액션밸브 클래퍼를 개방한다.

수동작동 스위치 작동
- ⇨ 중계기1 입력(IN)1에 신호 전달
- ⇨ 중계기는 감지기작동 정보 수신기에 작동신호 전달
- ⇨ 수신기는 해당방호구역 감지기 작동표시, 화재표시등 점등
- ⇨ 중계기1 출력(OUT)1에 연결된 사이렌 작동
- ⇨ 중계기2 출력(OUT)2에 연결된 진공펌프 작동정지
- ⇨ 중계기2 출력(OUT)1에 연결된 전동볼밸브 작동
- ⇨ 프리액션밸브 클래퍼 개방

3. 압력스위치 작동

프리액션밸브 클래퍼가 개방되어 1차측 가압수가 2차측 배관의 물을 가압하여 2차측배관의 물이
정압(+압력)으로 변한다.
화재가 더욱 확대되어 화재의 열에 의해 헤드가 개방되면 헤드로 물이 방수되며, 1차측 배관의 물이 2차측
배관으로 이동한다.
배관내의 물이 이동하면서 압력스위치를 작동하면 압력스위치 작동신호는 중계기2 입력(IN)1에 신호가
전달된다.
중계기는 압력스위치 작동 정보를 신호전송선을 통하여 수신기에 작동신호를 전달한다.
수신기에서는 압력스위치 작동신호가 입력되면 수신기에서는 해당방호구역 중계기1 출력(OUT)2에
연결된 사이렌에 신호가 전달되어 연속음의 사이렌(유수경보)이 울리게 한다.

클래퍼 개방
- ⇨ 1차측 가압수가 2차측배관으로 이동
- ⇨ 가압수가 압력스위치 작동
- ⇨ 압력스위치 작동신호 중계기2 (IN)1에 신호 전달
- ⇨ 중계기는 압력스위치 작동 정보 수신기에 작동신호 전달
- ⇨ 수신기는 중계기1 출력(OUT)2에 연결된 사이렌을 작동(연속음 사이렌 작동)하게 한다.

4. 탬퍼스위치 작동

프리액션밸브 1,2차측 개폐밸브가 닫혀 탬퍼스위치가 작동하면,
탬퍼스위치 작동신호는 중계기2 입력(IN)2에 신호가 전달된다.
중계기는 탬퍼스위치 작동 정보를 신호전송선을 통하여 수신기에 작동신호를 전달한다.
수신기에서는 탬퍼스위치 작동신호가 입력되면 수신기에서는 해당방호구역 개폐밸브 잠김 표시의 밸브 잠김 경보창이 켜지고,
제어반에서 밸브잠김 경보가 울린다.(방제센타 내에서만 울린다)

탬퍼스위치 작동
    ⇨ 탬퍼스위치 작동신호 중계기2 입력(IN)2에 신호 전달
    ⇨ 중계기는 탬퍼스위치 작동 정보 수신기에 작동신호 전달
    ⇨ 수신기는 밸브잠김 경보창 점등하고, 밸브잠김 경보 울린다

그림에서는 1,2차측 개폐밸브의 탬퍼스위치를 1회로로 묶어 중계기에 연결했다(중계기 IN에 연결할 수 있는 곳이 없어 1회로로 묶어 연결했다)

그러나, 1, 2차측 개폐밸브의 탬퍼스위치를 각각 중계기에 연결하는 것이 적합하다.
현장에서는 그림과 같이 1회로로 묶어 공사를 하는 현장도 있으며, P형 수신기는 대부분 1회로로 공사를 한다.

4. 건식 스프링클러설비(R형)

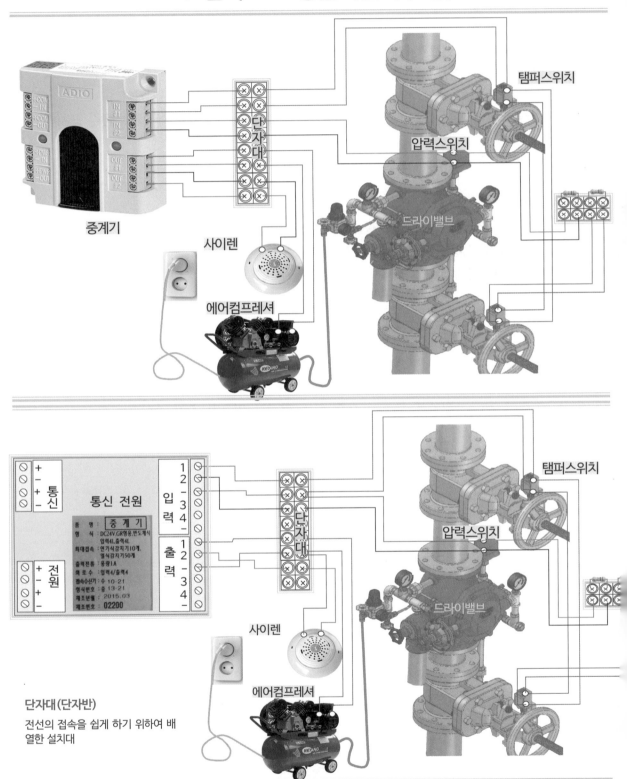

중계기

탬퍼스위치

압력스위치

드라이밸브

단자대

사이렌

에어컴프레셔

통신 전원

중 계 기

품 명 : 중 계 기
형 식 : DC24V.GR영용.반도체식
        입력4L.출력4L
최대접속 : 연기식감지기10개,
          열식감지기50개
출력전류 : 용량1A
회 로 수 : 입력4/출력4
접속수신기 : 수 10-21
형식번호 : 중 13-21
제조년월 : 2015.03
제조번호 : 02200

입력

출력

1
2
3
4

1
2
3
4

단자대(단자반)

전선의 접속을 쉽게 하기 위하여 배
열한 설치대

입력(IN) 1	압력스위치	출력(OUT) 1	사이렌
입력(IN) 2	탬퍼스위치	출력(OUT) 2	에어컴프레셔

4-2. 건식 스프링클러설비(R형)

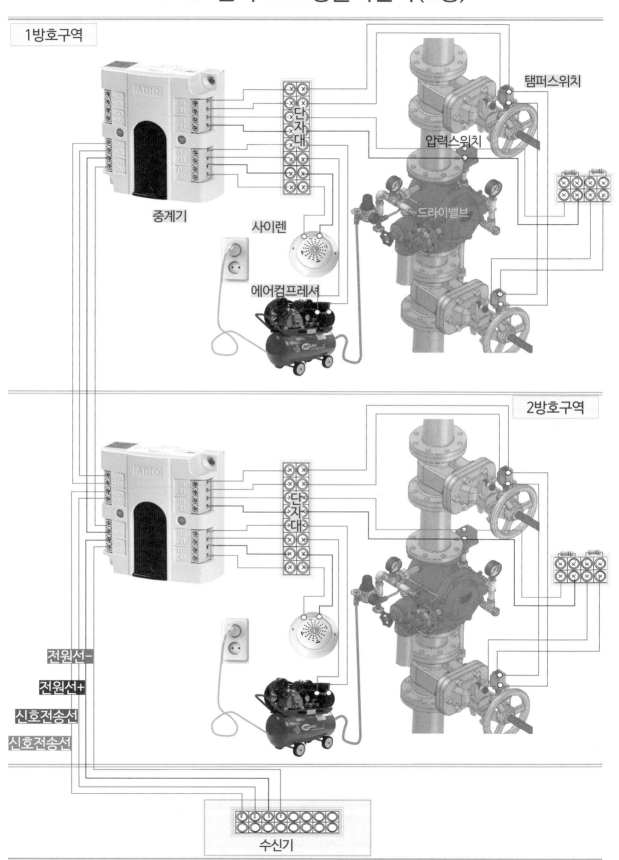

1방호구역

중계기

단자대

탬퍼스위치

압력스위치

드라이밸브

사이렌

에어컴프레셔

2방호구역

단자대

전원선−
전원선+
신호전송선
신호전송선

수신기

4-2-1. 건식 스프링클러설비(R형) 작동흐름 설명

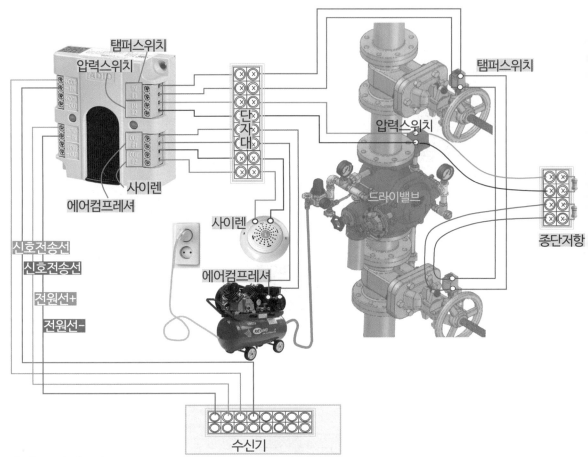

1. 압력스위치 작동

폐쇄형헤드가 화재의 열에 의해 개방되면, 드라이밸브의 2차측 공기가 개방된 헤드로 방출된다.
드라이밸브의 1차측 가압수의 압력에 의해 클래퍼가 개방되며, 1차측 가압수가 2차측 배관으로 이동한다.
이동하는 가압수가 압력스위치(유수검지장치)를 작동한다.
압력스위치를 작동하면 압력스위치 작동신호는 중계기 입력(IN)에 신호가 전달된다.

중계기는 압력스위치 작동 정보를 신호전송선을 통하여 수신기에 작동신호를 전달한다.

수신기에서는 압력스위치 작동신호가 입력되면 수신기에서는 해당방호구역 중계기 출력(OUT)에 연결된 사이렌에 신호가 전달되어 사이렌(유수경보)이 울리게 한다.
수신기에서는 중계기 출력(OUT)에 연결된 에어컴프레셔에 신호가 전달되어 작동을 멈추게 한다.

헤드 개방 ⇨ 클래퍼 개방 ⇨ 1차측 가압수가 2차측배관으로 이동 ⇨ 가압수가 압력스위치 작동 ⇨ 압력스위치 작동신호 중계기 입력(IN)에 신호 전달 ⇨ 중계기는 압력스위치 작동 정보 수신기에 작동신호 전달 ⇨ 수신기는 중계기 출력(OUT)에 연결된 사이렌을 작동하게 한다 ⇨ 수신기는 중계기 출력(OUT)에 연결된 에어컴프레셔 작동을 멈추게 한다.

2. 탬퍼스위치 작동

드라이밸브 1,2차측 개폐밸브에 설치된 탬퍼스위치가 작동하면
탬퍼스위치 작동신호는 중계기 입력(IN)에 신호가 전달된다.

중계기는 탬퍼스위치 작동 정보를 신호전송선을 통하여 수신기에 작동신호를 전달한다.

수신기에서는 탬퍼스위치 작동신호가 입력되면 수신기에서는 해당방호구역 개폐밸브 잠김 표시의 밸브잠김 경보창이 켜지고, 제어반에서 밸브잠김 경보가 울린다.(방제센타 내에서만 울린다)

탬퍼스위치 작동 ⇨ 탬퍼스위치 작동신호 중계기 입력(IN)에 신호 전달
　　　　　　　⇨ 중계기는 탬퍼스위치 작동 정보 수신기에 작동신호 전달
　　　　　　　⇨ 수신기는 밸브잠김 경보창 점등하고, 밸브잠김 경보 울린다

3. 종단저항 설치

압력스위치 회로, 탬퍼스위치 회로의 끝에는 수신기에서 회로의 도통시험을 할 수 있도록 회로의 끝에 종단저항을 설치한다.

스프링클러설비의 화재안전기술기준 2.10.3.8
　　다음의 각 확인회로마다 도통시험 및 작동시험을 할 수 있도록 할 것
　　　　　(도통시험을 위해 종단저항을 설치해야 하는 회로)
　　가. 기동용수압개폐장치의 압력스위치회로
　　나. 수조 또는 물올림탱크의 저수위감시회로
　　다. 유수검지장치 또는 일제개방밸브의 압력스위치회로
　　라. 일제개방밸브를 사용하는 설비의 화재감지기회로
　　마. 개폐밸브의 폐쇄상태 확인회로(탬퍼스위치)

참고
　　유수검지장치 종류
　　　　1. 습식 유수검지장치(알람밸브)
　　　　2. 준비작동식 유수검지장치(프리액션밸브)
　　　　3. 건식 유수검지장치(드라이밸브)

4-3. 건식 스프링클러 전기 계통도(R형)

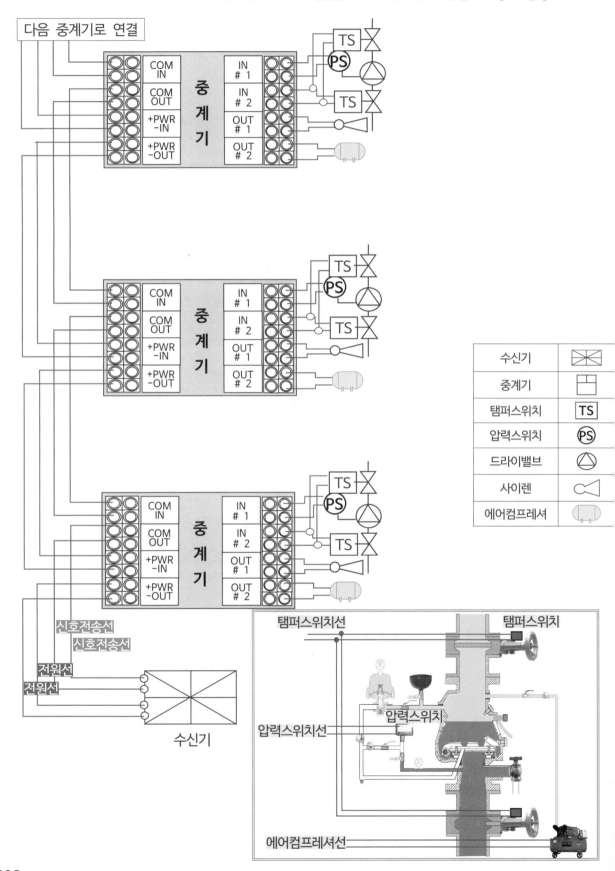

다음 중계기로 연결

COM IN	중계기	IN #1
COM OUT		IN #2
+PWR -IN		OUT #1
+PWR -OUT		OUT #2

COM IN	중계기	IN #1
COM OUT		IN #2
+PWR -IN		OUT #1
+PWR -OUT		OUT #2

COM IN	중계기	IN #1
COM OUT		IN #2
+PWR -IN		OUT #1
+PWR -OUT		OUT #2

신호전송선
신호전송선
전원선
전원선

수신기

수신기	✕
중계기	⊟
탬퍼스위치	TS
압력스위치	PS
드라이밸브	△
사이렌	◁
에어컴프레셔	⬭

탬퍼스위치선   탬퍼스위치

압력스위치선   압력스위치

에어컴프레셔선

202

4-4. 건식 스프링클러 전기 계통도(R형)

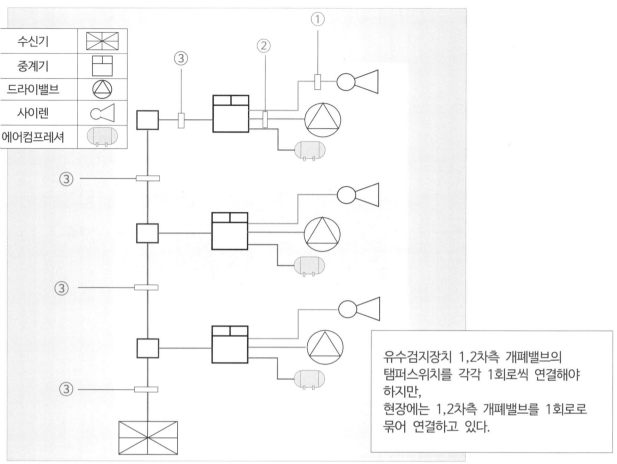

수신기		
중계기		
드라이밸브		
사이렌		
에어컴프레셔		

유수검지장치 1,2차측 개폐밸브의
탬퍼스위치를 각각 1회로씩 연결해야
하지만,
현장에는 1,2차측 개폐밸브를 1회로로
묶어 연결하고 있다.

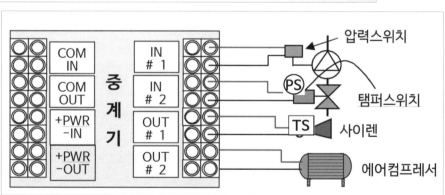

번호	배선 종류	배선 이름	
①	HFIX 2.5㎟ - 2	사이렌선 2 (부품 ↔ 중계기 연결 내용)	
②	HFIX 2.5㎟ - 4	압력스위치2(+,-), 템퍼스위치2(+,-) (부품 ↔ 중계기 연결 내용)	
③	F-CVV-SB CABLE 1.5㎟ 또는 (HCVV-SB TWIST CABLE 1.5㎟ 1pr)		신호전송선 : 2
	HFIX 2.5㎟ - 2		중계기 전원선 : 2
④	HFIX 2.5㎟ - 2	에어컴프레셔선 2 (부품 ↔ 중계기 연결 내용)	

4-5. 건식 스프링클러 전기 계통도(R형)

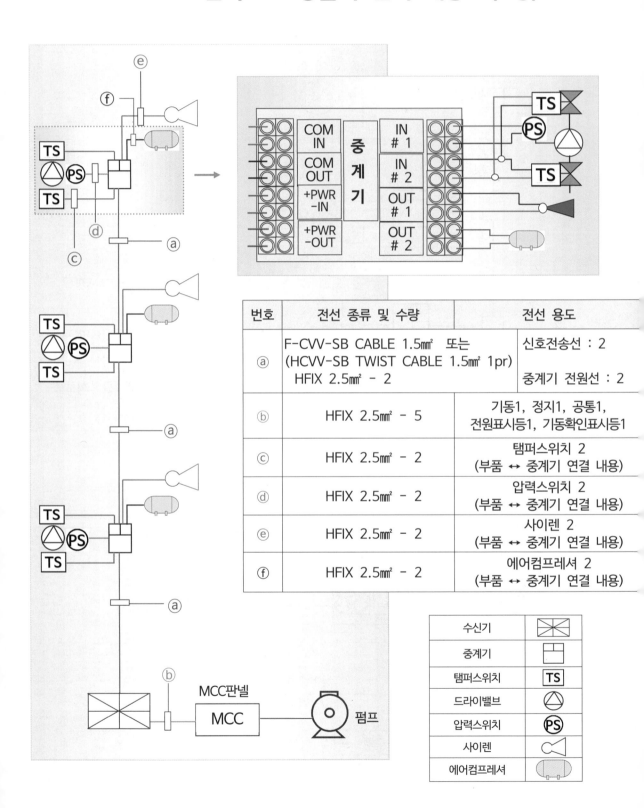

번호	전선 종류 및 수량	전선 용도	
ⓐ	F-CVV-SB CABLE 1.5㎟ 또는 (HCVV-SB TWIST CABLE 1.5㎟ 1pr) HFIX 2.5㎟ - 2	신호전송선 : 2	
		중계기 전원선 : 2	
ⓑ	HFIX 2.5㎟ - 5	기동1, 정지1, 공통1, 전원표시등1, 기동확인표시등1	
ⓒ	HFIX 2.5㎟ - 2	탬퍼스위치 2 (부품 ↔ 중계기 연결 내용)	
ⓓ	HFIX 2.5㎟ - 2	압력스위치 2 (부품 ↔ 중계기 연결 내용)	
ⓔ	HFIX 2.5㎟ - 2	사이렌 2 (부품 ↔ 중계기 연결 내용)	
ⓕ	HFIX 2.5㎟ - 2	에어컴프레셔 2 (부품 ↔ 중계기 연결 내용)	

수신기	▨
중계기	▭
탬퍼스위치	TS
드라이밸브	△
압력스위치	PS
사이렌	◁
에어컴프레셔	⬭

5. 습식 스프링클러설비(R형)

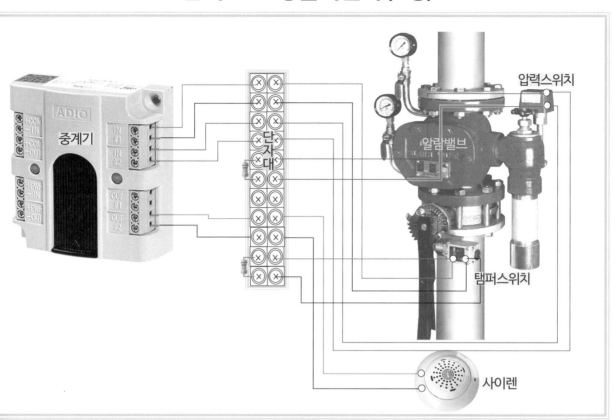

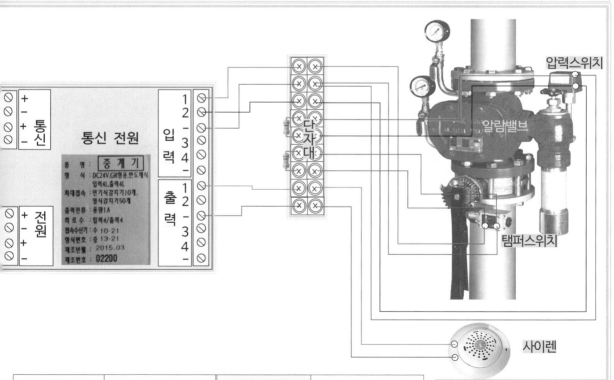

입력(IN) 1	압력스위치	출력(OUT) 1	사이렌
입력(IN) 2	탬퍼스위치		

205

5-2. 습식(R형)

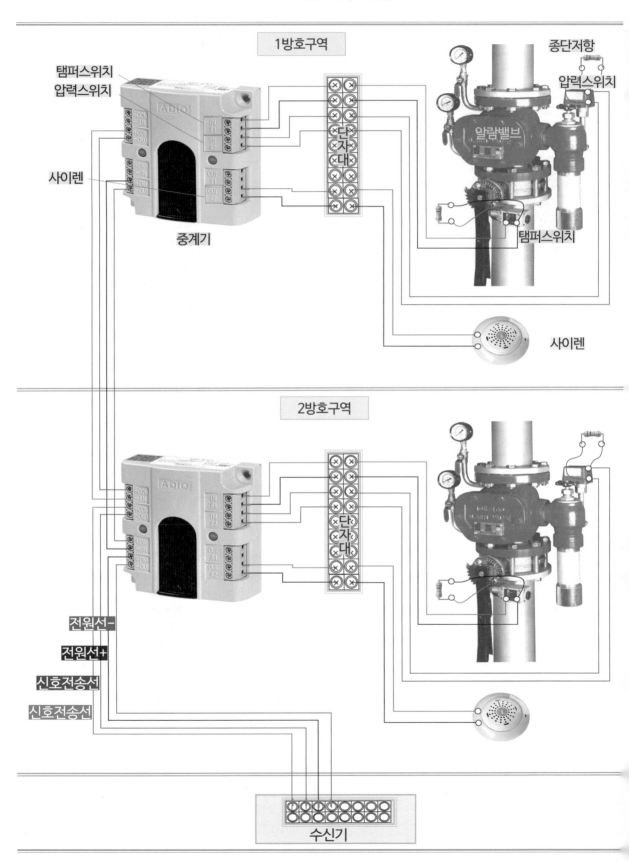

1방호구역

종단저항

압력스위치

탬퍼스위치
압력스위치

알람밸브

단
자
대

사이렌

중계기

탬퍼스위치

사이렌

2방호구역

단
자
대

ADIO

전원선-

전원선+

신호전송선

신호전송선

수신기

5-2-1. 습식(R형) 작동흐름 설명

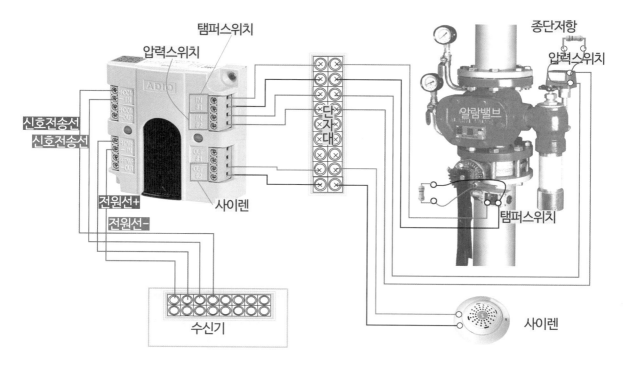

1. 압력스위치 작동

폐쇄형헤드가 화재의 열에 의해 개방되면, 알람밸브의 2차측 배관의 가압수가 개방된 헤드로 방수된다.

알람밸브의 1차측 가압수의 압력에 의해 클래퍼가 개방되며, 1차측 가압수가 2차측 배관으로 이동한다. 이동하는 가압수가 압력스위치(유수검지장치)를 작동한다.

압력스위치를 작동하면 압력스위치 작동신호는 중계기 입력(IN)에 신호가 전달된다.

중계기는 압력스위치 작동 정보를 신호전송선을 통하여 수신기에 작동신호를 전달한다.

수신기에서는 압력스위치 작동신호가 입력되면 수신기에서는 해당방호구역 중계기 출력(OUT)에 연결된 사이렌에 신호가 전달되어 사이렌(유수경보)이 울리게 한다.

헤드 개방
  ⇨ 클래퍼 개방
  ⇨ 1차측 가압수가 2차측배관으로 이동
  ⇨ 가압수가 압력스위치 작동
  ⇨ 압력스위치 작동신호 중계기 입력(IN)에 신호 전달
  ⇨ 중계기는 압력스위치 작동 정보 수신기에 작동신호 전달
  ⇨ 수신기는 중계기 출력(OUT)에 연결된 사이렌을 작동하게 한다.

2. 탬퍼스위치 작동

알람밸브 1차측 개폐밸브에 설치된 탬퍼스위치가 작동하면
탬퍼스위치 작동신호는 중계기 입력(IN)에 신호가 전달된다.

중계기는 탬퍼스위치 작동 정보를 신호전송선을 통하여 수신기에 작동신호를 전달한다.

수신기에서는 탬퍼스위치 작동신호가 입력되면 수신기에서는 해당방호구역 개폐밸브 잠김 표시의
밸브잠김 경보창이 켜지고, 제어반에서 밸브잠김 경보가 울린다. (방제센타 내에서만 울린다)

탬퍼스위치 작동
- ⇨ 탬퍼스위치 작동신호 중계기 입력(IN)에 신호 전달
- ⇨ 중계기는 탬퍼스위치 작동 정보 수신기에 작동신호 전달
- ⇨ 수신기는 밸브잠김 경보창 점등하고, 밸브잠김 경보 울린다(방재센타에서만 울린다)

5-3. 습식(알람밸브) 스프링클러 전기 계통도(R형)

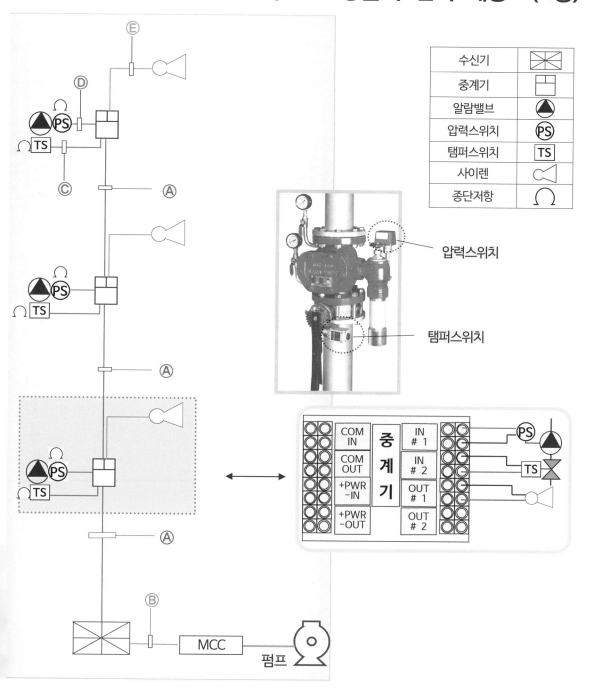

수신기	✕
중계기	⊟
알람밸브	◉
압력스위치	PS
탬퍼스위치	TS
사이렌	◁
종단저항	∩

압력스위치

탬퍼스위치

심벌	사용전선 종류 및 수량	용도
Ⓐ	F-CVV-SB CABLE 1.5㎟ 또는 (HCVV-SB TWIST CABLE 1.5㎟ 1pr)	신호전송선 : 2
	HFIX 2.5㎟ - 2	중계기전원선 : 2
Ⓑ	HFIX 2.5㎟ - 5	기동, 정지, 기동확인 표시등, 전원감시 표시등, 공통
Ⓒ	HFIX 2.5㎟ - 2	탬퍼스위치 2
Ⓓ	HFIX 2.5㎟ - 2	압력스위치 2
Ⓔ	HFIX 2.5㎟ - 2	사이렌 2

5-4. 습식(알람밸브) 스프링클러 전기 계통도(R형)

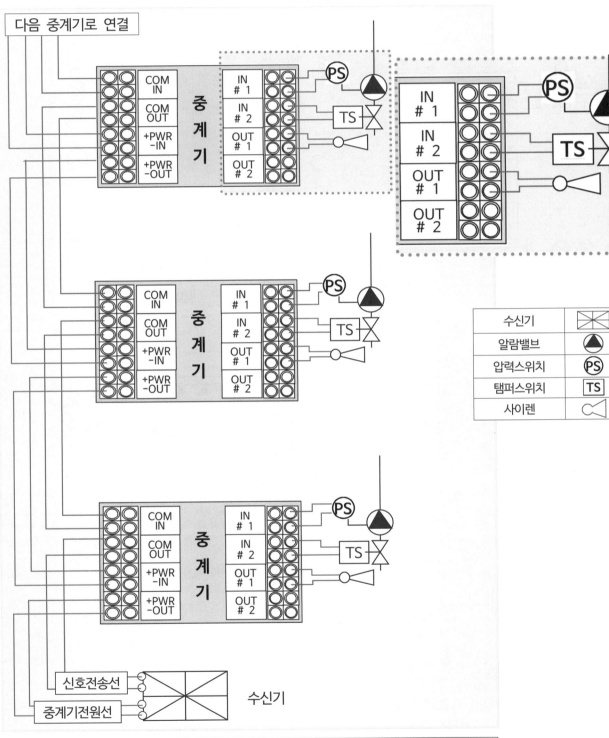

다음 중계기로 연결

수신기	⊠
알람밸브	◭
압력스위치	Ⓟⓢ
탬퍼스위치	TS
사이렌	◁

신호전송선

중계기전원선

수신기

IN(입력, 감시)	OUT(출력, 제어)
1. 압력스위치 2. 개폐밸브 탬퍼스위치	사이렌

5-5. 습식 스프링클러 전기 계통도(R형)

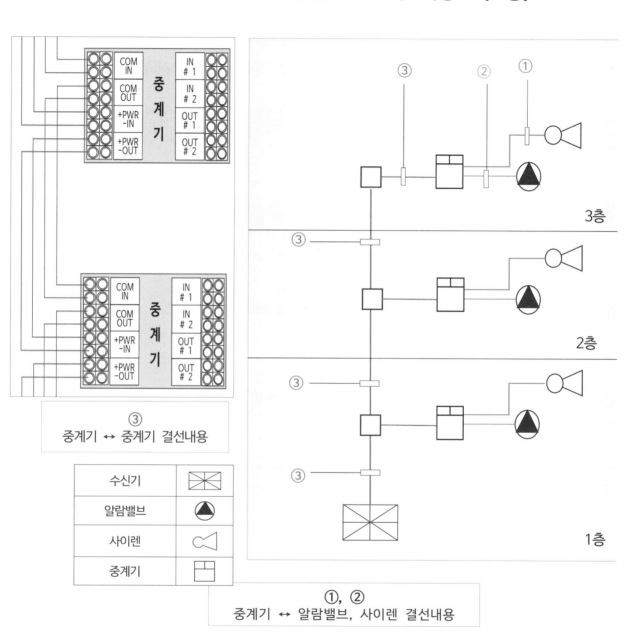

번호	배선 종류	배선 이름
①	HFIX 2.5㎟ - 2	사이렌선 2 부품 ↔ 중계기 연결
②	HFIX 2.5㎟ - 4	압력스위치선 2, 템퍼스위치선 2 부품 ↔ 중계기 연결
③	F-CVV-SB CABLE 1.5㎟ 또는 (HCVV-SB TWIST CABLE 1.5㎟ 1pr) HFIX 2.5㎟-2	신호전송선 2 중계기 전원선 2

다음 표에 따른 설비별 중계기 입력 및 출력 회로수를 각각 구분하여 쓰시오.

설비별	회로	입력(감시)	출력(제어)
자동화재탐지설비	발신기, 경종	(ㄱ)	(ㄴ)
습식스프링클러설비	압력스위치, 탬퍼스위치, 사이렌	(ㄷ)	(ㄹ)
준비작동식 스프링클러설비	감지기A, 감지기B, 압력스위치, 탬퍼스위치, 전동볼밸브(또는 솔레노이드밸브), 사이렌	(ㅁ)	(ㅂ)
할로겐화합물 및 불활성기체소화설비	감지기A, 감지기B, 압력스위치, 지연스위치, 솔레노이드, 사이렌, 방출표시등	(ㅅ)	(ㅇ)

정 답

입력(감시)	출력(제어)
(ㄱ)발신기	(ㄴ)경종
(ㄷ)압력스위치, 탬퍼스위치	(ㄹ)사이렌
(ㅁ)감지기A, 감지기B, 압력스위치, 탬퍼스위치	(ㅂ)전동볼밸브(또는 솔레노이드밸브), 사이렌
(ㅅ)감지기A, 감지기B, 압력스위치, 지연스위치	(ㅇ)솔레노이드밸브, 사이렌, 방출표시등

문제 2

각층에 수동발신기 1회로, 알람밸브 1회로, 제연댐퍼 1회로가 설치되어 있고, 층별 R형 중계기 1대씩 설치되어 있는 지상 6층, 지하 1층인 소방대상물이 있다. 이 건물의 소방설비 간선계통도를 그리고 선수를 표시하시오.
(단, R형수신기는 지상 1층에 설치하며, R형 수신기 1대에는 R형 중계기 10대를 연결할 수 있으며, R형 중계기와 수신기간의 선로는 신호선 2선, 전화선 2선, 전원선 2선을 연결하며, 이 선들은 층간 중계기의 증가에 따라 회선이 증가하지 않는다.)

【범례】 R형 수신기 : ▨   알람밸브 : ◬   제연댐퍼 : ◯▱
         R형 중계기 : ▤   사이렌 : ◁   수동발신기 : ⓅⒷⓁ

정답

간선계통도

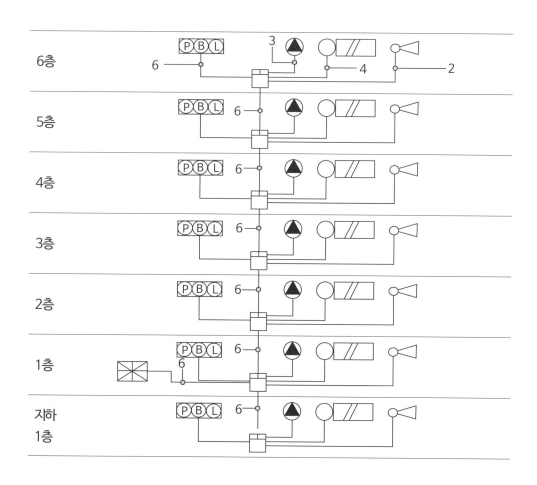

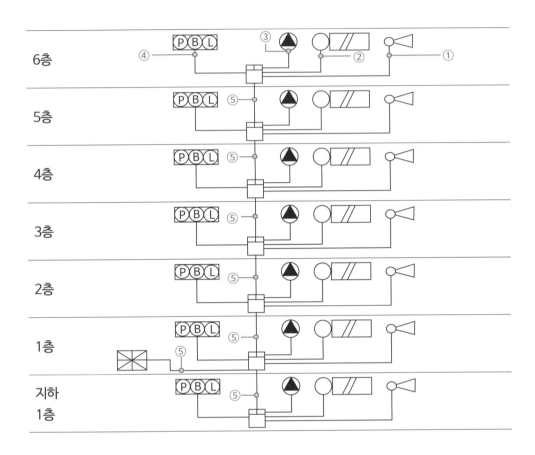

번호	배선수	배선의 종류	배선 이름
①	2	16C(HFIX 2.5㎟ - 2)	사이렌선 2(+, -선)
②	4	16C(HFIX 2.5㎟ - 4)	전원선 2(+, -선), 댐퍼기동스위치선 1, 댐퍼기동확인 표시등선 1
③	3	16C(HFIX 2.5㎟ - 3)	압력스위치선 1, 탬퍼스위치선 1, 공통선(-) 1
④	6	22C(HFIX 2.5㎟ - 6)	벨선, 표시등선, 벨·표시등공통선, 응답선, 회로선, 회로공통선
⑤	6	16C(HFIX 2.5㎟ - 4) F-CVV-SB CABLE 1.5㎟ 또는 (HCVV-SB TWIST CABLE 1.5㎟ 1pr)	전원선 2(+, -), 전화선 2(+, -), 신호선 2선

6. 습식 스프링클러설비(P형)

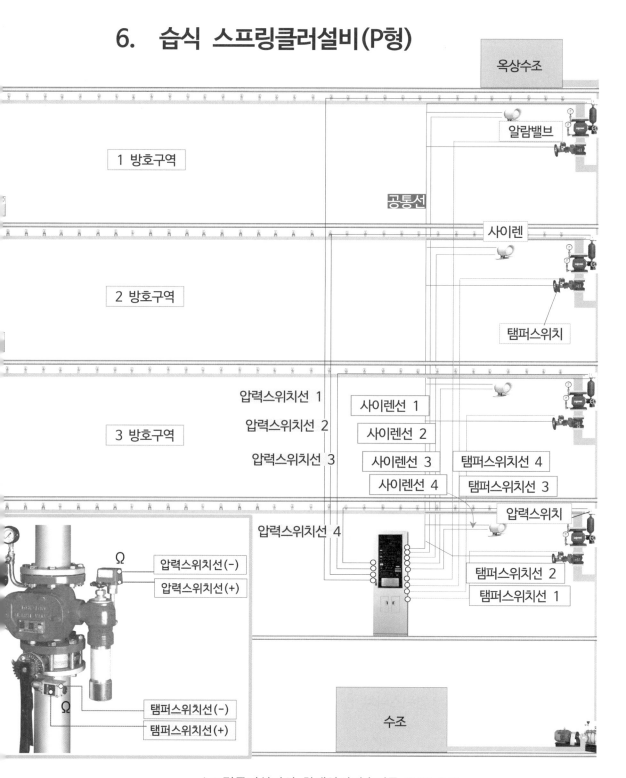

옥상수조

1 방호구역

알람밸브

공통선

사이렌

2 방호구역

탬퍼스위치

압력스위치선 1
압력스위치선 2
3 방호구역
압력스위치선 3

사이렌선 1
사이렌선 2
사이렌선 3
사이렌선 4

탬퍼스위치선 4
탬퍼스위치선 3

압력스위치

압력스위치선 4

탬퍼스위치선 2
탬퍼스위치선 1

Ω
압력스위치선(-)
압력스위치선(+)

Ω
탬퍼스위치선(-)
탬퍼스위치선(+)

수조

스프링클러설비의 화재안전기술기준 2.10.3.8
다음의 각 확인회로마다 도통시험 및 작동시험을 할 수 있도록 할 것
(도통시험을 위해 종단저항을 설치해야 하는 회로)
가. 기동용수압개폐장치의 압력스위치회로
나. 수조 또는 물올림탱크의 저수위감시회로
다. 유수검지장치 또는 일제개방밸브의 압력스위치회로
라. 일제개방밸브를 사용하는 설비의 화재감지기회로
마. 개폐밸브의 폐쇄상태 확인회로(탬퍼스위치)

6-2. 습식(P형)

수신기 ⇔ 스프링클러 단자대 ⇔ 알람밸브, 사이렌

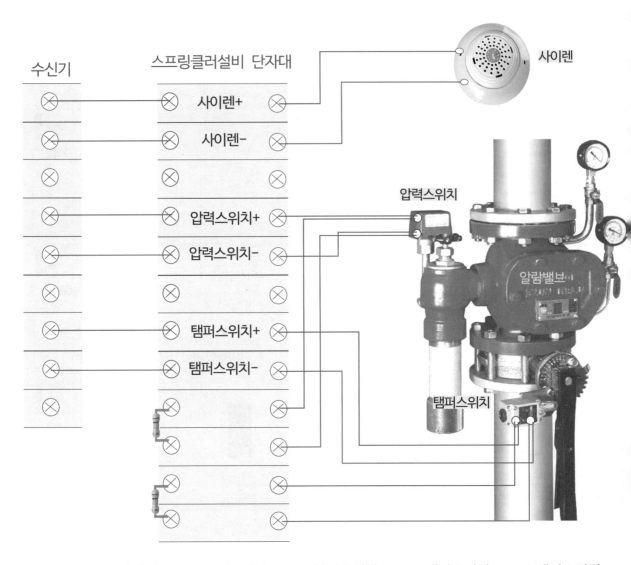

수신기　　　스프링클러설비 단자대

사이렌

사이렌+

사이렌-

압력스위치

압력스위치+

압력스위치-

탬퍼스위치

탬퍼스위치+

탬퍼스위치-

알람밸브

탬퍼스위치

1.사이렌 +,　2.사이렌 -,　3.압력스위치 +,　4.압력스위치 -,　5.탬퍼스위치 +,　6.탬퍼스위치 -

또는
1.사이렌,　2.압력스위치,　3.탬퍼스위치,　4.공통선

6-3. 습식 스프링클러 전기 계통도(P형)

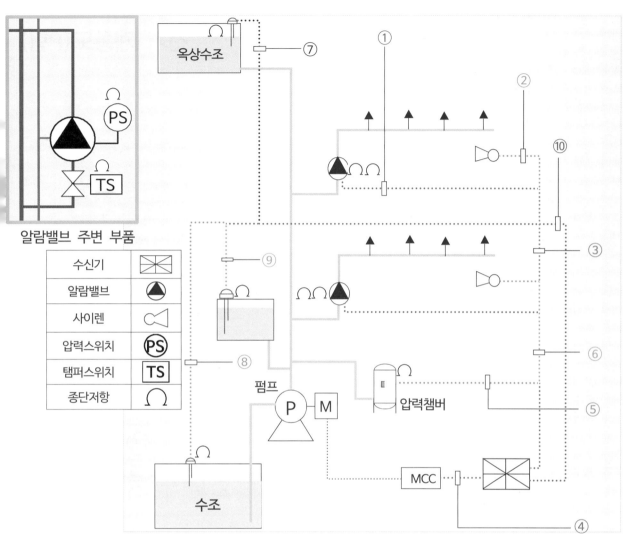

알람밸브 주변 부품

수신기	✕
알람밸브	⬤
사이렌	◁
압력스위치	PS
탬퍼스위치	TS
종단저항	Ω

번호	배선 종류	배선 이름
①	16C(HFIX 2.5㎟ -3)	압력스위치선 1, 탬퍼스위치선 1, 공통선 1
②	16C(HFIX 2.5㎟ -2)	사이렌 2(+,-선)
③	16C(HFIX 2.5㎟ -4)	압력스위치선 1, 탬퍼스위치선 1, 사이렌선 1, 공통선 1
④	22C(HFIX 2.5㎟ -5)	기동, 정지, 기동확인 표시등, 전원감시 표시등, 공통
⑤	16C(HFIX 2.5㎟ -2)	압력스위치선 2, 【충압펌프를 설치한 경우(주펌프1, 충압펌프1, 공통1)】
⑥	22C(HFIX 2.5㎟ -7)	압력스위치선 2, 탬퍼스위치선 2, 사이렌선 2, 공통선 1
⑦	16C(HFIX 2.5㎟ -2)	옥상물탱크 저수위 감시스위치 +, -
⑧	16C(HFIX 2.5㎟ -2)	지하물탱크 저수위 감시스위치 +, -
⑨	16C(HFIX 2.5㎟ -2)	물올림탱크 저수위 감시스위치 +, -
⑩	16C(HFIX 2.5㎟ -4)	옥상물탱크 저수위 감시스위치, 지하물탱크 저수위 감시스위치, 물올림탱크저수위 감시스위치, 공통선

6-4. 습식 스프링클러 전기 계통도(P형)

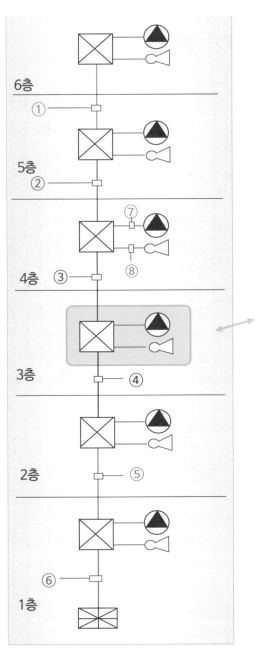

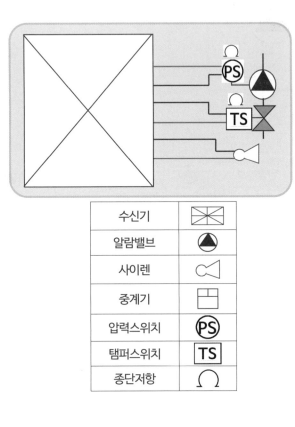

수신기		
알람밸브		
사이렌		
중계기		
압력스위치		PS
탬퍼스위치		TS
종단저항		

번호	배선 종류	배선 이름
①	16C(HFIX 2.5㎟ - 4)	압력스위치1(6층), 탬퍼스위치1(6층), 사이렌1(6층), 공통1
②	22C(HFIX 2.5㎟ - 7)	압력스위치2(5,6층), 탬퍼스위치2(5,6층), 사이렌2(5,6층), 공통1
③	28C(HFIX 2.5㎟ - 10)	압력스위치3, 탬퍼스위치3, 사이렌3, 공통1
④	36C(HFIX 2.5㎟ - 13)	압력스위치4, 탬퍼스위치4, 사이렌4, 공통1
⑤	36C(HFIX 2.5㎟ - 16)	알람스위치5, 탬퍼스위치5, 사이렌5, 공통1
⑥	36C(HFIX 2.5㎟ - 19)	압력스위치선6(1,2,3,4,5,6층), 탬퍼스위치선6(1,2,3,4,5,6층), 사이렌선6(1,2,3,4,5,6층), 공통선1
⑦	16C(HFIX 2.5㎟ - 3)	압력스위치1, 탬퍼스위치1, 공통1 (또는 압력스위치 2(+,-), 탬퍼스위치 2(+,-)
⑧	16C(HFIX 2.5㎟ - 2)	사이렌 +, -

218

6-5. 습식 스프링클러 전기 계통도(P형)

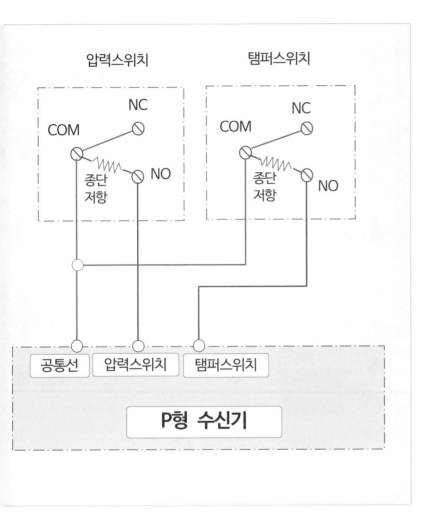

알람밸브

알람밸브의 압력스위치(유수검지장치) 회로와, 탬퍼스위치 회로에 대하여
수신기에서 도통시험이 가능하게 그림과 같이 회로의 끝에 종단저항을 설치한다.

COM : Common, 공통
NC : Normal Close, 평소에 닫힘(평소에 전류가 통하지 않음)
NO : Normal Open, 평소에 열림(평소에 전류가 통함)

6-6. 습식 스프링클러 전기 계통도(P형)

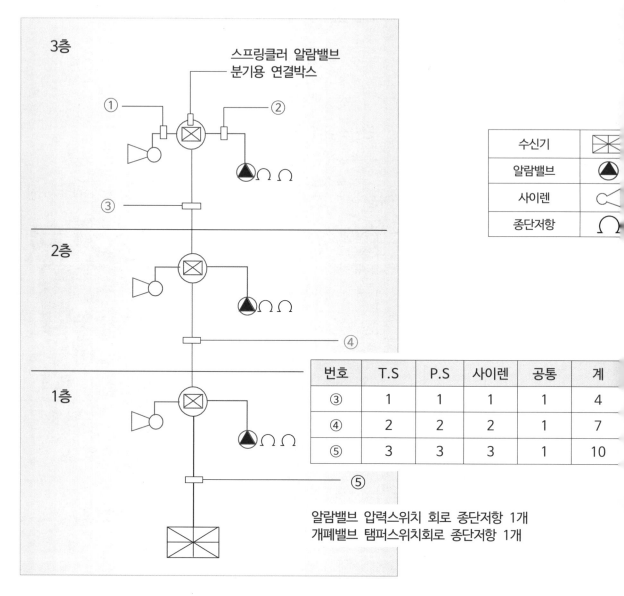

수신기	![수신기]
알람밸브	![알람밸브]
사이렌	![사이렌]
종단저항	![종단저항]

번호	T.S	P.S	사이렌	공통	계
③	1	1	1	1	4
④	2	2	2	1	7
⑤	3	3	3	1	10

알람밸브 압력스위치 회로 종단저항 1개
개폐밸브 탬퍼스위치회로 종단저항 1개

번호	배선 종류	배선 이름
①	HFIX 2.5㎟ -2(16C)	사이렌선 2(+, −)
②	HFIX 2.5㎟ -3(16C)	탬퍼스위치선 1, 압력스위치선 1, 공통선 1
③	HFIX 2.5㎟ -4(16C)	사이렌선 1(3층), 탬퍼스위치선 1(3층), 압력스위치선 1(3층), 공통선 1
④	HFIX 2.5㎟ -7(22C)	사이렌선 2(3,2층), 탬퍼스위치선 2(3,2층), 압력스위치선 2(3,2층), 공통선 1
⑤	HFIX 2.5㎟ -10(28C)	사이렌선 3(3,2,1층), 탬퍼스위치선 3(3,2,1층), 압력스위치선 3(3,2,1층), 공통선 1

문제 1

그림은 습식 스프링클러설비의 전기 계통도이다. ①~⑦까지에 대한 전선 가닥수는?
(단, 전선 가닥수 산정시 최소가닥수를 적용한다)

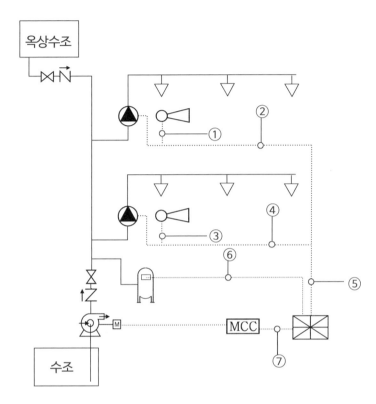

정답   ① 2가닥   ② 4가닥   ③ 2가닥   ④ 4가닥   ⑤ 7가닥   ⑥ 2가닥   ⑦ 5가닥

해설

기호	가닥수	배선 내용
①	2	사이렌선 2(+, −)
②	4	사이렌 1, 압력스위치 1, 탬퍼스위치 1, 공통선 1
③	2	사이렌선 2(+, −)
④	4	사이렌 1, 압력스위치 1, 탬퍼스위치 1, 공통선 1
⑤	7	사이렌 2, 압력스위치 2, 탬퍼스위치 2, 공통선 1
⑥	2	펌프 압력스위치 2(+, −) 문제의 그림에는 충압펌프가 없다
⑦	5	기동 1, 정지 1, 공통 1, 전원표시등 1, 기동확인표시등 1

문제 2

다음 그림은 습식스프링클러설비의 전기적 계통도이다. 조건을 참조하여 ⓐ ~ ⓔ까지의 배선수와 배선의 용도를 빈칸의 ⓐ ~ ⓔ에 쓰시오.

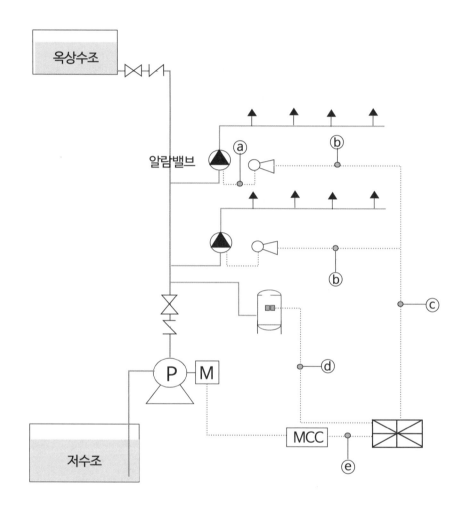

기호	구분	배선수	배선굵기	배선의 용도
ⓐ	알람밸브 ~ 사이렌		2.5㎟	
ⓑ	사이렌 ~ 수신기		2.5㎟	
ⓒ	2개 경계구역일 경우		2.5㎟	
ⓓ	압력챔버 ~ 수신기		2.5㎟	
ⓔ	MCC ~ 수신기		2.5㎟	

기호	구분	배선수	배선굵기	배선의 용도
ⓐ	알람밸브 ~ 사이렌	3	2.5㎟	탬퍼스위치1, 압력스위치1, 공통1
ⓑ	사이렌 ~ 수신기	4	2.5㎟	탬퍼스위치1, 압력스위치1, 사이렌1, 공통1
ⓒ	2개 경계구역일 경우	7	2.5㎟	탬퍼스위치2, 압력스위치2, 사이렌2, 공통1
ⓓ	압력챔버 ~ 수신기	2	2.5㎟	압력스위치2
ⓔ	MCC ~ 수신기	5	2.5㎟	기동1, 정지1, 공통1, 전원표시등1, 기동확인표시등1

해 설

기호	구분	선수	배선의 용도
ⓐ	알람밸브 ~ 사이렌	3	알람밸브 1차측 개폐밸브에 설치된 탬퍼스위치 (+, −) 2선, 알람밸브에 설치된 압력스위치 (+, −) 2선, 4선이 필요하지만 최소의 경제적인 배선수를 위하여, 탬퍼스위치 (+) 1선, 압력스위치 (+) 1선, 공통선 (−) 1선, 3선으로 한다
ⓑ	사이렌 ~ 수신기	4	알람밸브 1차측 개폐밸브에 설치된 탬퍼스위치 (+, −) 2선, 알람밸브에 설치된 압력스위치 (+, −) 2선, 사이렌 (+, −) 2선 6선이 필요하지만, 최소의 경제적인 배선수를 위하여, 탬퍼스위치(+)1선, 압력스위치(+)1선, 사이렌(+)1선, 공통선(−)1선, 4선으로 한다
ⓒ	2개 경계구역일 경우	7	2개 방호구역이므로 1, 2방호구역 탬퍼스위치 2개 2선, 1, 2방호구역 압력스위치 2개 2선, 1, 2방호구역 사이렌 2개 2선, 공통선 1선
ⓓ	압력챔버 ~ 수신기	2	압력스위치+, − 2선이다. 그러나 충압펌프를 설치하는 경우에는, 주펌프 1, 충압펌프 1, 공통선 1선으로 3선으로 한다
ⓔ	MCC ~ 수신기	5	기동스위치 (+, −) 2선, 정지스위치 (+, −) 2선, 전원표시등 (+, −) 2선, 기동확인 표시등 (+, −) 2선 총 8선이 필요하지만, 최소의 경제적인 배선수를 위하여, 기동(+)1선, 정지(+)1선, 공통(−)1선, 전원표시등(+)1선, 기동확인표시등(+)1선, 5선으로 한다

1동, 2동 구분된 공장의 습식스프링클러설비 및 자동화재탐지설비의 도면이다.
경보 각각의 동에서 발할 수 있도록 하고 다음 물음에 답하시오.

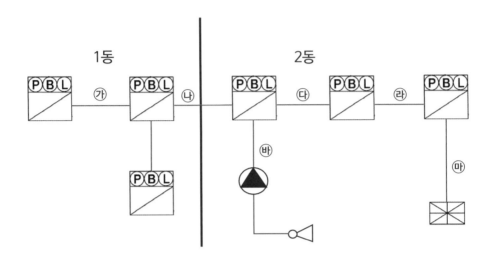

【물 음】

1. 빈칸을 채우시오.

	가닥수	자동화재탐지설비							기동확인표시등	스프링클러설비			
		회로선	공통선	경종선	경종표시등공통	표시등선	응답선		기동확인표시등	탬퍼스위치	압력스위치	사이렌	공통
㉮	8가닥	회로선	공통선	경종선	경종표시등공통	표시등선	응답선		기동확인표시등2				
㉯													
㉰													
㉱													
㉲													
㉳	4가닥									탬퍼스위치	압력스위치	사이렌	공통

2. 폐쇄형스프링클러설비의 경보는 어느 때에 경보가 울리는가?
3. 스프링클러설비의 음향경보는 몇(m) 이내마다 설치해야 하는가?

문제 3 정 답

	가닥수	자동화재탐지설비								스프링클러설비			
		회로선	공통선	경종선	경종 표시등 공통	표시 등선	응답선		기동 확인 표시등	탬퍼 스위치	압력 스위치	사이렌	공통
㉮	8가닥	회로선	공통선	경종선	경종 표시등 공통	표시 등선	응답선		기동 확인 표시등2				
㉯	10 가닥	회로선3	공통선	경종선	경종 표시등 공통	표시 등선	응답선		기동 확인 표시등2				
㉰	17 가닥	회로선4	공통선	경종선2	경종 표시등 공통2	표시 등선	응답선		기동 확인 표시등2	탬퍼 스위치	압력 스위치	사이렌	공통
㉱	18 · 가닥	회로선5	공통선	경종선2	경종 표시등 공통2	표시 등선	응답선		기동 확인 표시등2	탬퍼 스위치	압력 스위치	사이렌	공통
㉲	19 가닥	회로선6	공통선	경종선2	경종 표시등 공통2	표시 등선	응답선		기동 확인 표시등2	탬퍼 스위치	압력 스위치	사이렌	공통
㉳	4가닥									탬퍼 스위치	압력 스위치	사이렌	공통

2. 화재가 발생하여 폐쇄형 스프링클러헤드가 개방되거나, 시험밸브가 개방되면 알람밸브 클래퍼가 개방되며 배관의 가압수가 2차측 배관으로 이동하여 압력스위치를 작동했을 때 경보(유수경보)

3. 25m

 해 설

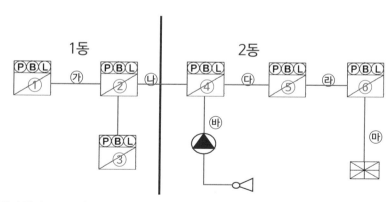

㉮ 8선 : 자동화재탐지설비 6선, 옥내소화전함(기동확인표시등+,−) 2선

㉯ 10선 : 자동화재탐지설비 8선(1동 3회로), 옥내소화전함(기동확인표시등+,−) 2선

㉰ 17선 : 자동화재탐지설비 11선(1동 3회로, 경종 1동 2선(+,−), 경종 2동 2선(+,−)),
　　　　　옥내소화전함(기동확인표시등+,−) 2선, 스프링클러 4선

㉱ 18선 : 자동화재탐지설비 11선【1동 3회로, 2동 2회로, 경종 1동 2선(+,−),
　　　　　경종 2동 2선(+,−) 옥내소화전함(기동확인표시등+,−) 2선, 스프링클러 4선】

7. 준비작동식 스프링클러(P형)

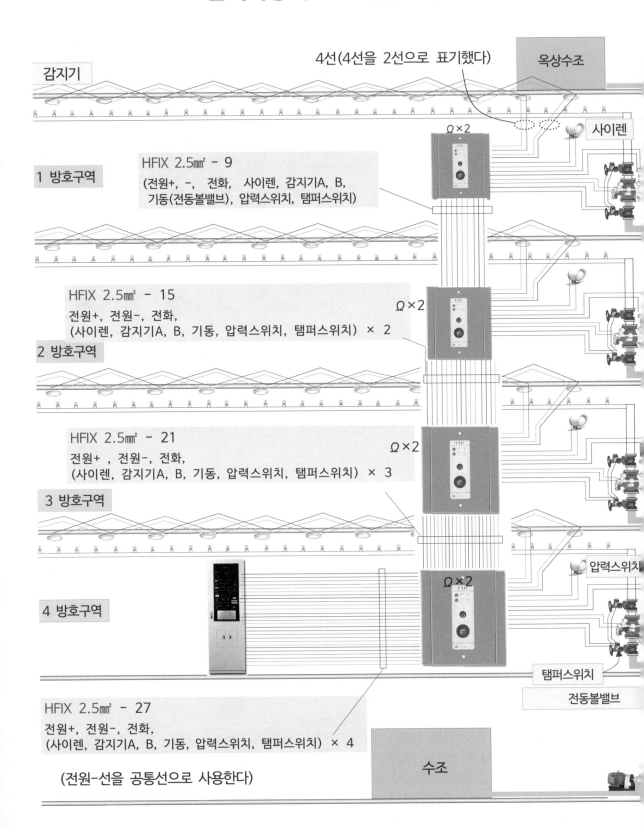

4선(4선을 2선으로 표기했다)

옥상수조

감지기

사이렌

Ω×2

1 방호구역

HFIX 2.5㎟ - 9

(전원+, -, 전화, 사이렌, 감지기A, B,
기동(전동볼밸브), 압력스위치, 탬퍼스위치)

HFIX 2.5㎟ - 15

전원+, 전원-, 전화,
(사이렌, 감지기A, B, 기동, 압력스위치, 탬퍼스위치) × 2

Ω×2

2 방호구역

HFIX 2.5㎟ - 21

전원+ , 전원-, 전화,
(사이렌, 감지기A, B, 기동, 압력스위치, 탬퍼스위치) × 3

Ω×2

3 방호구역

압력스위치

Ω×2

4 방호구역

탬퍼스위치

전동볼밸브

HFIX 2.5㎟ - 27

전원+, 전원-, 전화,
(사이렌, 감지기A, B, 기동, 압력스위치, 탬퍼스위치) × 4

(전원-선을 공통선으로 사용한다)

수조

7-2. 준비작동식(P형)

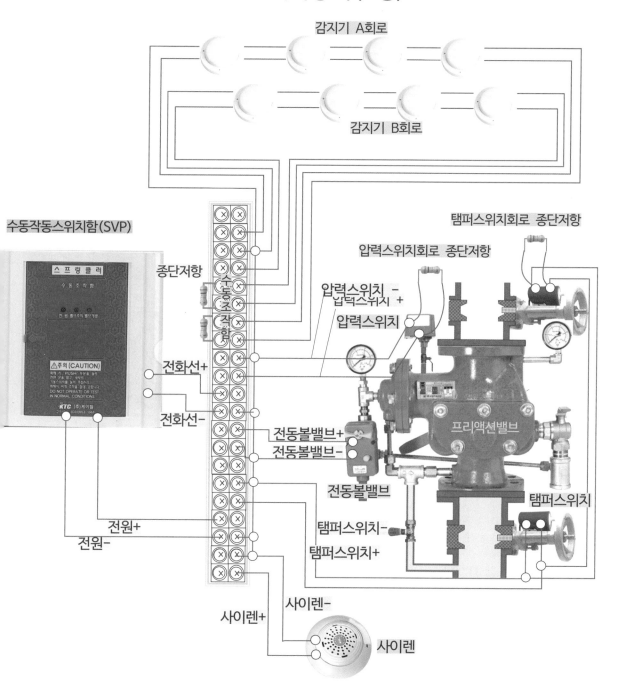

감지기 A회로

감지기 B회로

탬퍼스위치회로 종단저항

압력스위치회로 종단저항

수동작동스위치함(SVP)

스프링클러
수동조작함

전 원 밸브주의 밸브 경보

⚠주의 (CAUTION)
화재 시 「PUSH」 부분을 눌러
전선 갈을 열고 내부의
기동스위치를 눌러 주십시오
화재시 시험 전자를 하지 마십시오
DO NOT OPERATE OR TEST
IN NORMAL CONDITIONS

KTC (주)케이털

종단저항

종단저항

압력스위치 -
압력스위치 +
압력스위치

프리액션밸브

탬퍼스위치

전화선+

전화선-

전동볼밸브+
전동볼밸브-

전동볼밸브

탬퍼스위치-

탬퍼스위치+

전원+

전원-

사이렌-

사이렌+

사이렌

.전원 +, 2.전원 -, 3.전화 +, 4.전화 -, 5.사이렌 +, 6.사이렌 -, 7.압력스위치 +,
.압력스위치 -, 9.탬퍼스위치 +, 10.탬퍼스위치 -, 11.감지기 A회로 +, 12.감지기 A회로 -,
3.감지기 B회로 +, 14.감지기 B회로 -, 15.기동(전동볼밸브) +, 16.기동(전동볼밸브) -

는
전원 +, 2.전원-, 3.전화, 4.사이렌, 5.압력스위치, 6.탬퍼스위치, 7.감지기 A회로,
감지기 B회로, 9.기동(전동볼밸브)선

7-3. 준비작동식 스프링클러설비 전기흐름 내용 -부품별 2선 사용

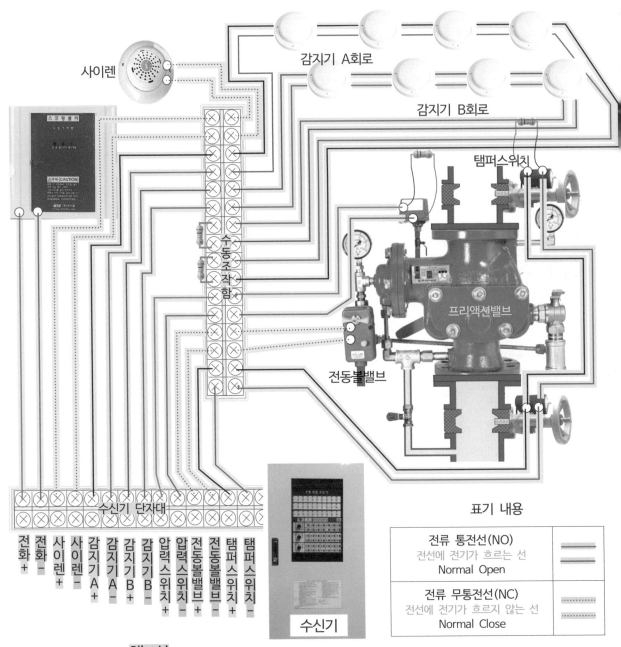

사이렌

감지기 A회로

감지기 B회로

탬퍼스위치

수동조작함

프리액션밸브

전동볼밸브

수신기 단자대

전화+ 전화- 사이렌+ 사이렌- 감지기A+ 감지기A- 감지기B+ 감지기B- 압력스위치+ 압력스위치- 전동볼밸브+ 전동볼밸브- 탬퍼스위치+ 탬퍼스위치-

수신기

표기 내용

전류 통전선(NO) 전선에 전기가 흐르는 선 Normal Open	━━━
전류 무통전선(NC) 전선에 전기가 흐르지 않는 선 Normal Close	‧‧‧‧‧‧

해 설

전화선, 감지기A회로, 감지기B회로, 압력스위치, 탬퍼스위치선은
수신기와 현장의 수동조작함 단자대 및 부품과 항상 전기가 흐르고 있다.
감지기의 작동으로 접점이 붙어 회로가 연결되면 수신기에 작동신호가 전달된다.
압력스위치, 탬퍼스위치의 작동으로 접점이 붙어 회로가 연결되면 수신기에 작동신호가 전달된다.

사이렌선, 전동볼밸브선,은 평소에 전선에 전기가 흐르지 않는다.
수신기에서 감지기 작동신호를 인식하면 수신기에서 사이렌회로에 전류를 보내어 사이렌이 울리게 한다.
감지기 교차회로 작동되면 수신기에서는 전동볼밸브 회로에 전류를 보내어 전동볼밸브가 작동한다.

7-3-1. 준비작동식 스프링클러설비 전기흐름 내용 -최소의 전선 사용

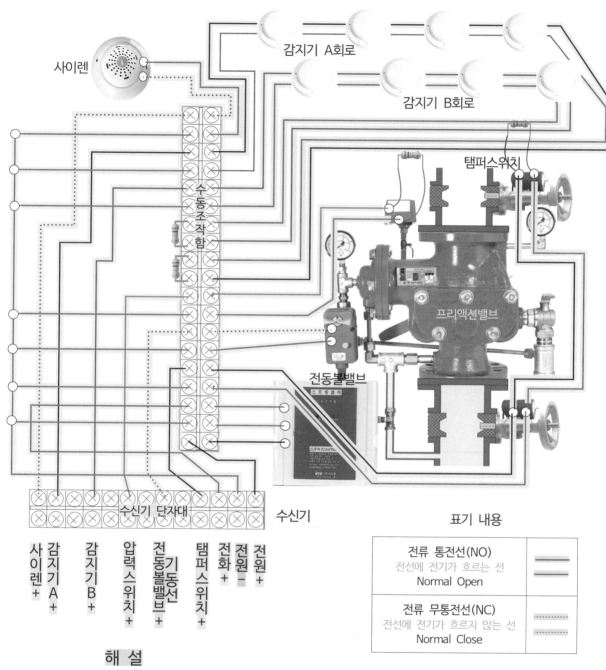

사이렌

감지기 A회로

감지기 B회로

탬퍼스위치

수동조작함

프리액션밸브

전동볼밸브

수신기 단자대

수신기

사이렌 +
감지기 A +
감지기 B +
압력스위치 +
전동기기동볼밸브선 +
탬퍼스위치 +
전화 +
전원 -
전원 +

표기 내용

전류 통전선(NO) 전선에 전기가 흐르는 선 Normal Open	── ──
전류 무통전선(NC) 전선에 전기가 흐르지 않는 선 Normal Close	········ ········

해 설

전선의 수를 절약하기 위해서 공통선은 전원(-)선을 사용한다.
사이렌, 감지기A, 감지기B, 압력스위치, 기동(전동볼밸브), 탬퍼스위치는 전원(-)선를 공통선으로 사용한다.

평소 전선에 전류가 흐르는 통전선은,
공통선(전원-선), 감지기A선, 감지기B선, 압력스위치선, 탬퍼스위치선, 전화선, 전원(+)선이다.

평소 전선에 전류가 흐르지 않는 선은,
사이렌선, 기동선(전동볼밸브선)이다.

7-4. 준비작동식 스프링클러 전기 계통도(P형)

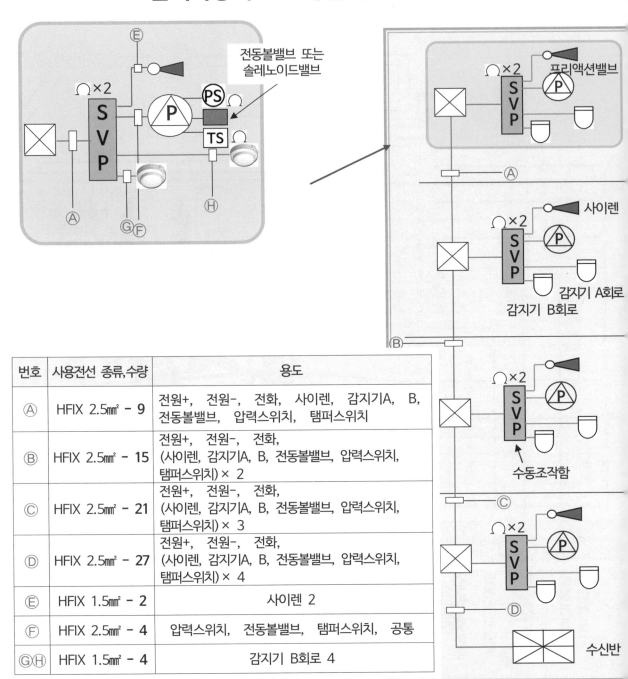

번호	사용전선 종류,수량	용도
Ⓐ	HFIX 2.5㎟ - 9	전원+, 전원-, 전화, 사이렌, 감지기A, B, 전동볼밸브, 압력스위치, 탬퍼스위치
Ⓑ	HFIX 2.5㎟ - 15	전원+, 전원-, 전화, (사이렌, 감지기A, B, 전동볼밸브, 압력스위치, 탬퍼스위치) × 2
Ⓒ	HFIX 2.5㎟ - 21	전원+, 전원-, 전화, (사이렌, 감지기A, B, 전동볼밸브, 압력스위치, 탬퍼스위치) × 3
Ⓓ	HFIX 2.5㎟ - 27	전원+, 전원-, 전화, (사이렌, 감지기A, B, 전동볼밸브, 압력스위치, 탬퍼스위치) × 4
Ⓔ	HFIX 1.5㎟ - 2	사이렌 2
Ⓕ	HFIX 2.5㎟ - 4	압력스위치, 전동볼밸브, 탬퍼스위치, 공통
ⒼⒽ	HFIX 1.5㎟ - 4	감지기 B회로 4

번호	전원+	전원-	전화	사이렌	감지기A	감지기B	전동볼밸브	P.S	T.S	계
Ⓐ	1	1	1	1	1	1	1	1	1	9
Ⓑ	1	1	1	2	2	2	2	2	2	15
Ⓒ	1	1	1	3	3	3	3	3	3	21
Ⓓ	1	1	1	4	4	4	4	4	4	27

7-5. 준비작동식 수동조작함(SVP) 전기배선(P형)

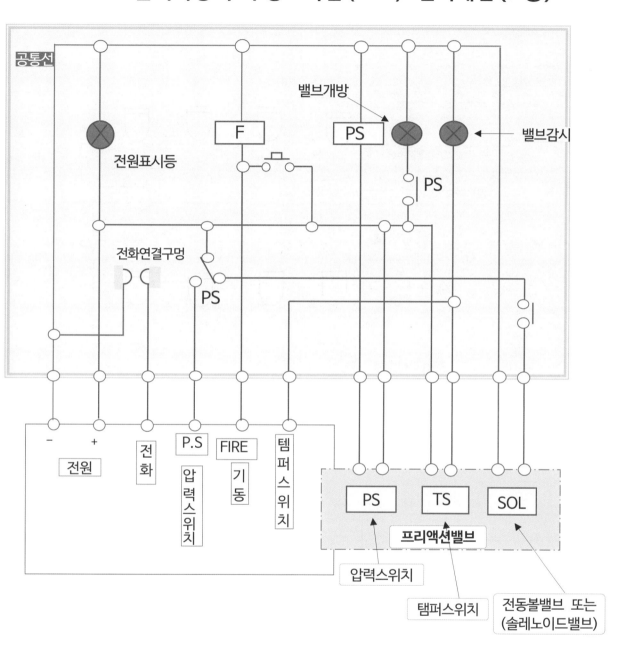

수동조작함
(슈퍼비죠리판넬)

현재 생산되는 프리액션밸브 및 일제개방밸브(딜류즈밸브)의 개방장치
는 전동볼밸브를 설치하고 있다.

예전(20여년 전)에는 솔레노이드밸브를 설치한 때도 있었다.
시중의 서적이나 학원에서도 아직 솔레노이드밸브라는 용어를 사용
하지만 전동볼밸브라는 용어를 사용해야 한다.

7-6. 준비작동식스프링클러 전기 계통도(P형)

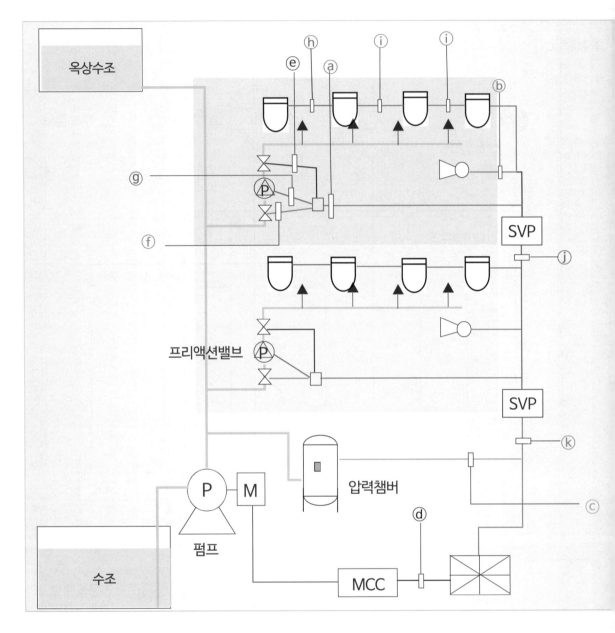

슈퍼비조리판넬(수동조작함)	SVP
프리액션밸브	ⓟ
차동식스폿트형 감지기	
사이렌	
수신기	

7-6. 계통도의 **전선종류, 용도**

번호	전선 종류 및 수량	용도
ⓐ	HFIX 2.5㎟ -4	탬퍼스위치 1, 전동볼밸브 1, 압력스위치 1, 공통 1
ⓑ	HFIX 2.5㎟ -2	사이렌 2(+, -)
ⓒ	HFIX 2.5㎟ -2	압력스위치 2(+, -) 충압펌프를 설치한 경우 (주펌프1, 충압펌프1, 공통1)
ⓓ	HFIX 2.5㎟ -5	기동1, 정지1, 공통1, 전원표시등1, 기동확인표시등1
ⓔ	HFIX 2.5㎟ -2	탬퍼스위치 2(+, -)
ⓕ	HFIX 2.5㎟ -2	탬퍼스위치 2(+, -)
ⓖ	HFIX 2.5㎟ -3	전동볼밸브 1, 압력스위치 1, 공통 1
ⓗ	HFIX 1.5㎟ -4	감지기선 4(+ 2, - 2)
ⓘ	HFIX 1.5㎟ -8	감지기선 A회로 4(+ 2, - 2), 감지기선 B회로 4(+ 2, - 2)
ⓙ	HFIX 2.5㎟ -9	전원+, 전원-, 전화, 사이렌, 감지기A, B, 전동볼밸브, 압력스위치, 탬퍼스위치
ⓚ	HFIX 2.5㎟ -15	전원+, 전원-, 전화, (사이렌, 감지기A, B, 전동볼밸브, 압력스위치, 탬퍼스위치) × 2

① ~ ⑨에 해당되는 전선의 용도에 관한 명칭과 결선도를 완성하시오.

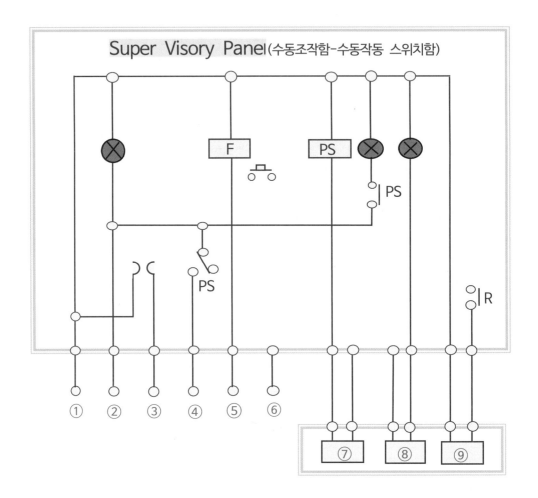

전선 용도에 관한 명칭

① 전원선 −(공통선)   ② 전원선 +   ③ 전화선   ④ 밸브개방(압력스위치) 확인선
⑤ 밸브기동(전동볼밸브)선   ⑥ 밸브주의(탬퍼스위치)선   ⑦ 압력스위치   ⑧ 탬퍼스위치
⑨ 전동볼밸브(또는 솔레노이드밸브)

결선도

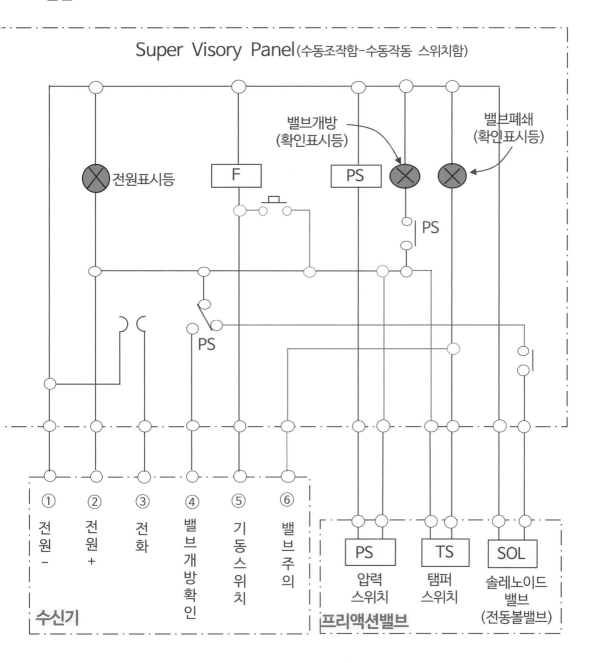

문제 2

준비작동식 스프링클러설비 간선계통도이다.

각 물음에 답하시오.

(단, 감지기공통선과 전원공통선은 분리해서 사용하고, 프리액션밸브용 압력스위치, 탬퍼스위치, 전동볼밸브용 공통선은 1선(가닥)을 사용하는 조건이다)

가. ①~⑧까지의 배선 수(가닥)를 쓰시오

나. ②에 소요되는 배선의 용도를 쓰시오

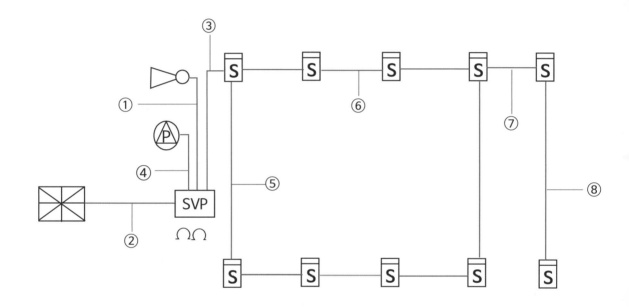

정 답

가. 배선 수(가닥)

①	②	③	④	⑤	⑥	⑦	⑧
2	11	8	4	4	4	8	4

나. 배선 용도

전원+선, 전원−선(공통선), 전화선, 감지기공통선, 감지기A회로선, 감지기B회로선, 압력스위치선, 탬퍼스위치선, 전동볼밸브선, 사이렌선, 공통선(압력스위치, 탬퍼스위치, 전동볼밸브)

◎ 압력수위치 : 밸브개방확인(유수검지)　　　◎ 탬퍼스위치 : 밸브주의

◎ 전동볼밸브 : 밸브기동(예전에는 솔레노이드밸브라고 했었지만,

　　　　　　　지금은 전동볼밸브를 사용하므로 용어사용에 신중해야 함)

NO	배선수	배선 용도
①	2	사이렌+선, 사이렌-선
②	11	전원+선, 전원-선(공통선), 전화선, 감지기공통선, 감지기A회로선, 감지기B회로선, 압력스위치선, 탬프스위치선, 전동볼밸브선, 사이렌선, 공통선(압력스위치, 탬퍼스위치, 전동볼밸브)
③	8	감지기A회로+선 2선, 감지기A회로-선 2선, 감지기B회로+선 2선, 감지기B회로-선 2선
④	4	압력스위치선, 전동밸브선 1선, 탬퍼스위치선 1선, 공통선 1선
⑤	4	감지기A회로+선 1선, 감지기A회로-선 1선, 감지기B회로+선 1선, 감지기B회로-선 1선
⑥	4	감지기A회로+선 1선, 감지기A회로-선 1선, 감지기B회로+선 1선, 감지기B회로-선 1선
⑦	8	감지기A회로+선 2선, 감지기A회로-선 2선, 감지기B회로+선 2선, 감지기B회로-선 2선
⑧	4	감지기A회로+선 1선, 감지기A회로-선 1선, 감지기B회로+선 1선, 감지기B회로-선 1선

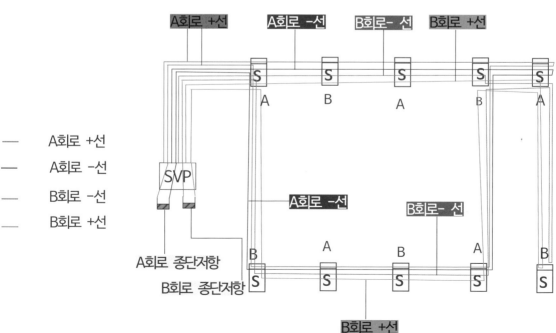

그림은 준비작동식 스프링클러설비의 전기 계통도이다. ①~⑦까지에 대한 답안지 표의 배선수와 배선의 용도를 작성하시오.
(단, 배선수는 운전조작상 필요한 최소전선수를 사용한다)

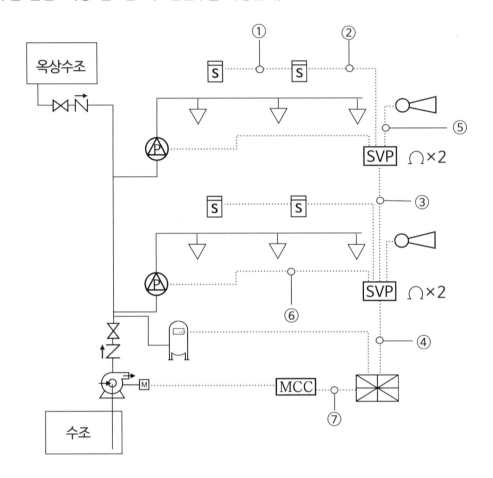

기호	구분	배선수	배선굵기	배선 용도
①	감지기 ↔ 감지기		1.5㎟	
②	감지기 ↔ SVP		1.5㎟	
③	SVP ↔ SVP		2.5㎟	
④	2 ZONE일 경우		2.5㎟	
⑤	사이렌 ↔ SVP		2.5㎟	
⑥	프리액션밸브 ↔ SVP		2.5㎟	
⑦	MCC ↔ 수신기		2.5㎟	

정 답

기호	구분	선수	배선굵기	배선 용도
①	감지기 ↔ 감지기	4	1.5㎟	감지기 A회로 + 2선, - 2선(회로 2선, 공통 2선)
②	감지기 ↔ SVP	8	1.5㎟	감지기 A회로 + 2선, - 2선(회로 2선, 공통 2선) 감지기 B회로 + 2선, - 2선(회로 2선, 공통 2선)
③	SVP ↔ SVP	9	2.5㎟	전원 +, 전원 -(공통), 전화, 감지기 A, 감지기 B, 밸브기동, 밸브개방확인, 밸브주의, 사이렌
④	2 ZONE(구역)일 경우	15	2.5㎟	전원 +, 전원 -(공통), 전화, (감지기 A, 감지기 B, 밸브기동, 밸브개방확인, 밸브주의, 사이렌) × 2
⑤	사이렌 ↔ SVP	2	2.5㎟	사이렌 2
⑥	프리액션밸브 ↔ SVP	4	2.5㎟	밸브기동(전동볼밸브 또는 솔레노이드밸브) 1, 밸브개방확인(압력스위치) 1, 밸브주의(탬퍼스위치) 1, 공통 1
⑦	MCC ↔ 수신기	5	2.5㎟	기동1, 정지1, 공통1, 전원표시등1, 기동확인표시등1

해 설

기호	구분	선수	배선 용도
①	감지기 ↔ 감지기	4	A회로의 감지기선 +, -선이 SVP(수동조작함)에서 시작되어 A감지기까지 연결하여 SVP에 되돌아와 감지기선 끝에 종단저항을 설치한다. 그러므로 4선이 된다.
②	감지기 ↔ SVP	8	A회로와 B회로 감지기선이, +, -선이 SVP(수동조작함)에서 시작되어 A감지기와 B감지기까지 연결하여 SVP에 되돌아와 감지기선 끝에 종단저항을 설치한다. 그러므로 A회로 4선, B회로 4선이 된다.
③	SVP ↔ SVP	9	전원 +, 전원 -(공통선), 전화, 감지기 A, 감지기 B, 밸브기동, 밸브개방확인, 밸브주의, 사이렌
④	2 ZONE(구역)일 경우	15	전원 +, 전원 -, 전화선은 방호구역 전체에 공통으로 사용하며, 1방호구역에 필요한 배선은 (감지기 A, 감지기 B, 밸브기동, 밸브개방확인, 밸브주의, 사이렌)이다.
⑤	사이렌 ↔ SVP	2	사이렌 2
⑥	프리액션밸브 ↔ SVP	4	문제에서 가장 최소전선수를 하는 조건이므로, 밸브기동(전동볼밸브 또는 솔레노이드밸브) 1, 밸브개방확인(압력스위치) 1, 밸브주의(탬퍼스위치) 1, 공통선 1이 된다.
⑦	MCC ↔ 수신기	5	기동스위치 (+, -) 2선, 정지스위치 (+, -) 2선, 전원표시등 (+, -) 2선, 기동확인표시등 (+, -) 2선, 총 8선이 필요하지만, 경제적인 배선수를 위하여, 기동(+)1선, 정지(+)1선, 공통(-)1선, 전원표시등(+)1선, 기동확인표시등(+)1선

문 제 4

지하 1층, 지하 2층, 지하 3층의 준비작동식 스프링클러설비의 평면도이다. 다음 물음에 답하시오.
(감지기는 정온식스포트형 1종, 내화구조, 층고는 3.6m, 수신기는 1층)

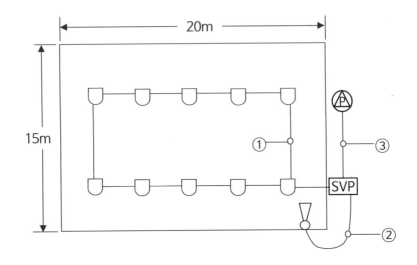

【물 음】

1. 다음 기호의 명칭을 쓰시오.

   ①   ②   ③

2. 본 설비의 감지기 개수를 산정하시오.

3. ①, ②, ③의 배선 가닥수를 산정하고 내역을 쓰시오.

기호	가닥수	배선의 용도
①		
②		
③		

4. 스프링클러의 계통도를 그리고 각 층의 배선수를 산정하시오.

1. ① 프리액션밸브   ② 사이렌   ③ 정온식스포트형감지기

2. 감지기 개수 계산 $= \dfrac{\text{바닥면적}}{\text{감지기 1개 해당면적}} \times 2\text{회로} \times 3\text{층} = \dfrac{15 \times 20}{60} \times 2\text{회로} \times 3\text{층}$

   $= 5 \times 2 \times 3 = 30$개

부착높이 및 특정소방대상물의 구분		정온식스포트형감지기		
		특종	1종	2종
4m 미만	주요구조부를 내화구조로 한 특정소방대상물 또는 그 부분	70	60	20
	기타 구조의 특정소방대상물 또는 그 부분	40	30	15

3. 배선 가닥수 및 산정 내역

기호	가닥수	배선의 용도
①	4	지구선 2, 공통선 2(A회로 +, −, B회로 +, −)
②	2	사이렌선 2(+, −)
③	6(4)	유수검지 압력스위치선 2(+, −), 전동볼(솔레노이드)밸브선 2(+, −), 탬퍼스위치선 2(+, −) 또는 유수검지 압력스위치선 1, 전동볼(솔레노이드)밸브선 1, 탬퍼스위치선 1, 공통선1 참고 : 가장 최소한의 배선수(가닥수)를 원할 경우에는 4선으로 계산한다.

4. 계통도

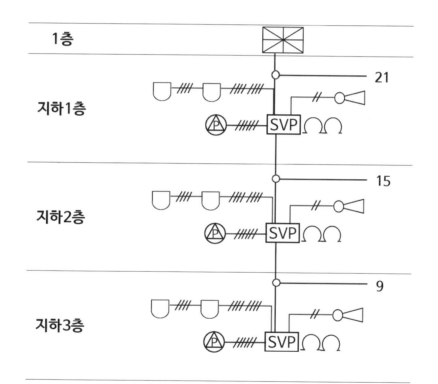

문제 4 해 설

층별	선수	배선 내용
지하3층 ↔ 지하2층	9	전원 +, 전원 −(공통선), 전화, 감지기 A, 감지기 B, 밸브기동(전동볼밸브), 밸브개방확인(압력스위치), 밸브주의(탬퍼스위치), 사이렌
지하2층 ↔ 지하1층	15	전원 +, 전원 −, 전화선(감지기 A, 감지기 B, 밸브기동, 밸브개방확인, 밸브주의, 사이렌) × 2
지하1층 ↔ 수신기	21	전원 +, 전원 −, 전화선(감지기 A, 감지기 B, 밸브기동, 밸브개방확인, 밸브주의, 사이렌) × 3

문 제 5

도면과 조건의 내용을 보고 다음의 각 물음에 답하시오?

지하1, 2, 3층이 모두 동일한 구조의 주차장에 준비작동식 스프링클러설비를 설치했다.

1. 도면의 그림기호 M◁ 의 명칭은?
2. 필요한 전선관 굵기, 전선의 종류 및 전선의 가닥수를 기재한 계통도를 완성하시오?
3. 도면의 ㉮ ~ ㉯에 해당하는 전선의 최소 가닥수는?
4. 필요한 개수는?
   ① 4각 박스 :   ② 8각 박스 :   ③ 로크너트 :   ④ 부싱 :

(조 건)
◎ 대상물은 지하주차장이며 내화구조이다.
◎ 천장 높이는 3m이다.
◎ 감지기는 HFIX 1.5㎟, 기타배선은 HFIX 2.5㎟를 사용한다.
◎ 전선관은 후강전선관을 사용한다.

계통도

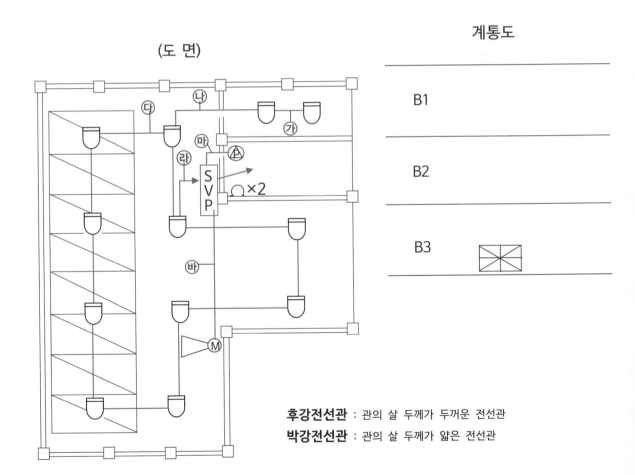

후강전선관 : 관의 살 두께가 두꺼운 전선관
박강전선관 : 관의 살 두께가 얇은 전선관

1. 도면의 그림기호 ⓜ◁ 의 명칭은?　　　　　　　답 : 모터사이렌

2. 필요한 전선관 굵기, 전선의 종류 및 전선의 가닥수를 기재한 계통도를 완성하시오?

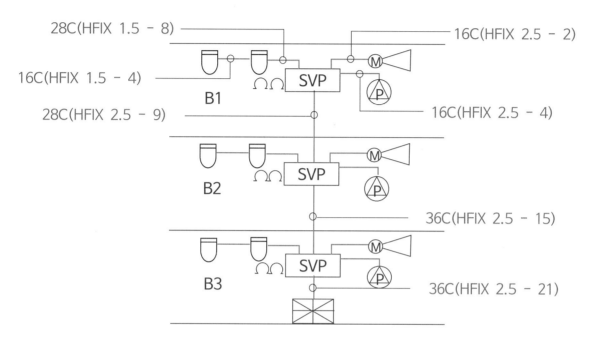

3. 도면의 ㉮~㉯에 해당하는 전선의 최소 가닥수는?

답 : ㉮ 4가닥　　㉯ 8가닥　　㉰ 4가닥　　㉱ 8가닥　　㉲ 4가닥　　㉯ 2가닥

전선 상세내용

기호	내용	상세 내용
㉮	16C(HFIX 1.5 -4)	감지기 + 2선,　감지기 - 2선　(감지기 A회로)
㉯	28C(HFIX 1.5 -8)	감지기 + 4선,　감지기 - 4선　(감지기 A, B회로)
㉰	16C(HFIX 1.5 -4)	감지기 + 2선,　감지기 - 2선　(감지기 A회로)
㉱	28C(HFIX 1.5 -8)	감지기 + 4선,　감지기 - 4선　(감지기 A, B회로)
㉲	16C(HFIX 2.5 -4)	밸브기동(전동볼밸브 또는 솔레노이드밸브선) 1선, 밸브개방확인(압력스위치선) 1선, 밸브주의(탬퍼스위치선) 1선, 공통선 1선 문제에서 최소 가닥수를 물었다. 그렇지 않으면 밸브기동선 2(+, -), 밸브개방확인선 2(+, -), 밸부주의선 2(+, -)으로 할 수 있다
㉯	16C(HFIX 2.5 -2)	사이렌 +선 1선,　사이렌 -선 1선

4. 필요한 개수는?

① 8각 박스 : 13개소　　② 4각　박스 : 2개소　　③ 로크너트 : 62개　　④ 부싱 : 31개

8각 박스 사용장소 ⬭ : 13개소

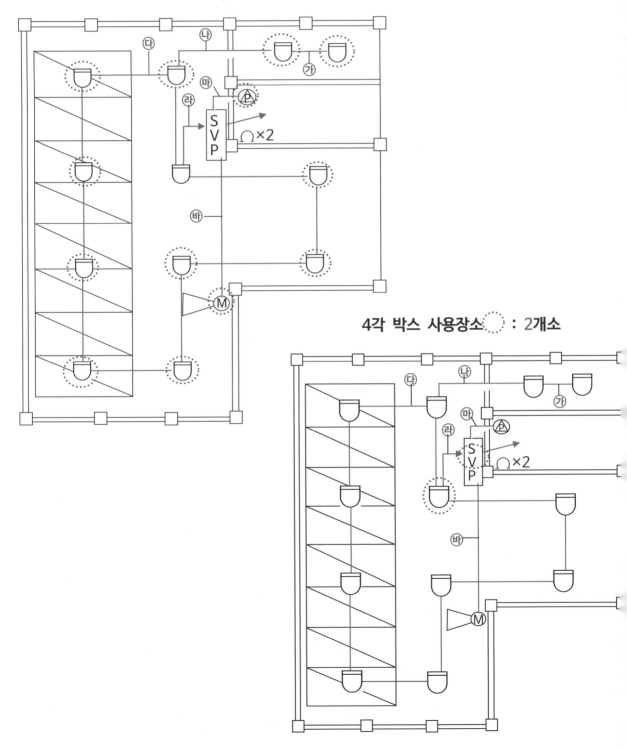

4각 박스 사용장소 ⬭ : 2개소

부싱 사용장소 ◯ : 31개소

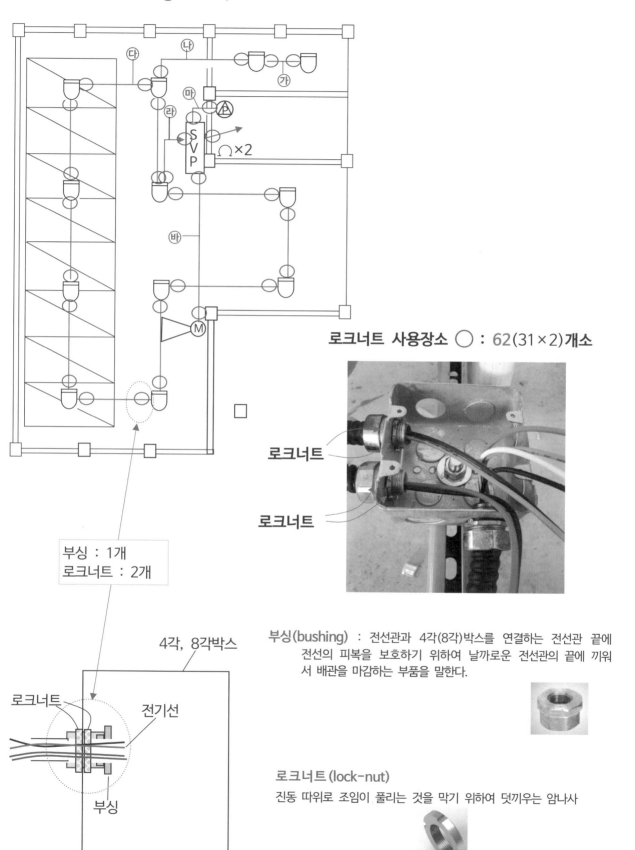

로크너트 사용장소 ◯ : 62(31×2)개소

로크너트

로크너트

부싱 : 1개
로크너트 : 2개

4각, 8각박스

로크너트

전기선

부싱

부싱(bushing) : 전선관과 4각(8각)박스를 연결하는 전선관 끝에 전선의 피복을 보호하기 위하여 날까로운 전선관의 끝에 끼워서 배관을 마감하는 부품을 말한다.

로크너트(lock-nut)
진동 따위로 조임이 풀리는 것을 막기 위하여 덧끼우는 암나사

245

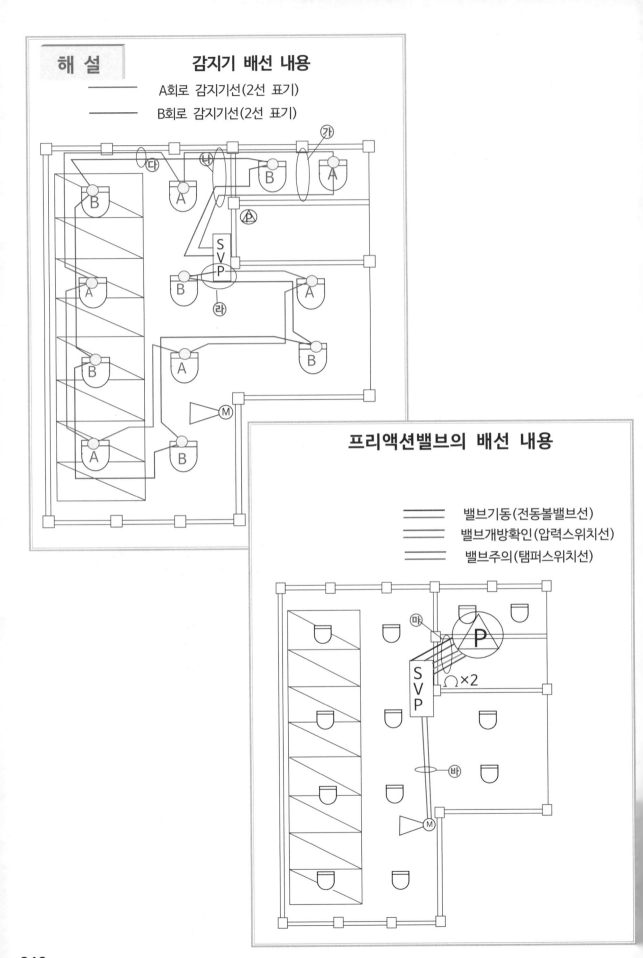

해설

감지기 배선 내용

───── A회로 감지기선(2선 표기)

───── B회로 감지기선(2선 표기)

프리액션밸브의 배선 내용

═════ 밸브기동(전동볼밸브선)

═════ 밸브개방확인(압력스위치선)

═════ 밸브주의(탬퍼스위치선)

감지기와 팔각박스 연결 내용(교차회로 아닌 장소)

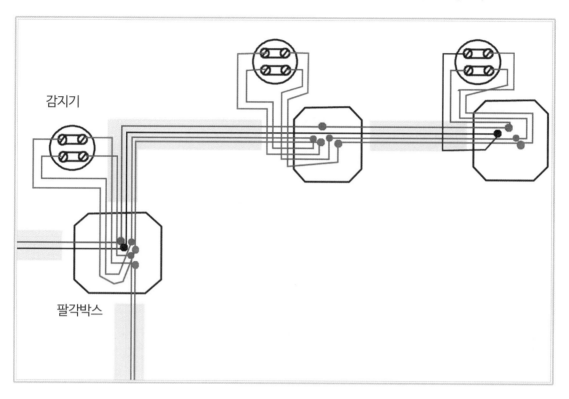

감지기

팔각박스

전선관과 팔각박스 연결의 부싱, 로크너트

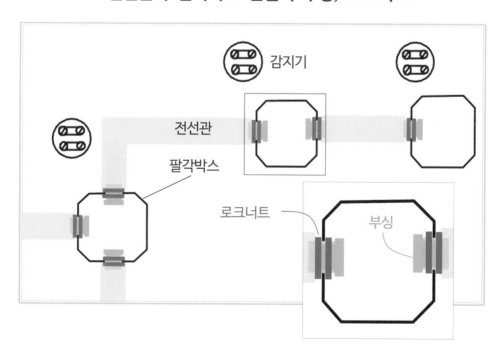

감지기

전선관

팔각박스

로크너트

부싱

그림은 준비작동식 스프링클러설비 계통도이다. 다음 각 물음에 답하시오?
(단, 배선수는 운전조작상 필요한 최소의 전선수를 사용하도록 한다)

1. ①~⑦의 배선 수를 쓰시오?
2. 어떠한 경우에 음향장치가 작동하는지 쓰시오?
3. 준비작동밸브가 전기적으로 작동되는 경우를 3가지 쓰시오?
4. 감지기를 A, B회로로 구분하여 설치하는 이유와 회로방식의 명칭을 쓰시오?
5. 4와 같은 감지기회로방식을 사용하지 않아도 되는 감지기를 4가지 쓰시오?

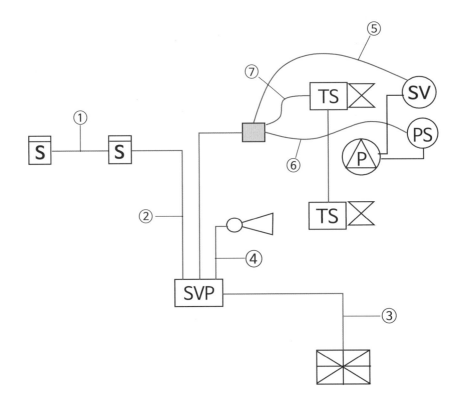

정 답

1. ① 4   ② 8   ③ 9   ④ 2   ⑤ 2   ⑥ 2   ⑦ 2

2. 감지기 1개가 작동했을 때

3. 가. 방호구역내에 감지기가 교차회로 작동했을 때
   나. 수동조작함(슈퍼비죠리판넬)의 작동스위치 작동했을 때
   다. 수신기(제어반)에서 동작시험으로 방호구역의 감지기를 교차회로 작동했을 때.
      (그 밖에, 수신기에서 준비작동밸브 기동스위치를 작동했을 때)

4. 이유 : 설비의 오동작을 방지하기 위하여,   명칭 : 교차회로방식

5. 불꽃감지기, 정온식감지선형감지기, 분포형감지기, 복합형감지기(광전식분리형감지기,
   아날로그방식의 감지기, 다신호방식의 감지기, 축적방식의 감지기)
   - 교차회로를 하지 않아도 되는 감지기 근거 법규
   (스프링클러설비의 화재안전성능기준 9조 3항 2)
     자동화재탐지설비의 화재안전성능기준 제7조제1항 단서의 각 호의 감지기 :
   불꽃감지기, 정온식감지선형감지기, 분포형감지기, 복합형감지기, 광전식분리형감지기,
   아날로그방식의 감지기, 다신호방식의 감지기, 축적방식의 감지기)

해 설

계통도 회로배선 내용

번호	가닥수	배선 이름
①	4	감지기A회로 + 2선, 감지기A회로 - 2선
②	8	감지기A회로 + 2선, 감지기A회로 - 2선, 감지기B회로 + 2선, 감지기B회로 - 2선
③	9	전원 +선, 전원 -선(공통선), 전화선, 감지기A회로선, 감지기B회로선, 압력스위치선, 탬퍼스위치선, 전동볼밸브선, 사이렌선
④	2	사이렌 +선, 사이렌 -선
⑤	2	전동밸브 +선, 전동밸브 -선(현재 생산되고 있는 프리액션밸브는 솔레노이드밸브는 설치 하지 않고 전동볼밸브를 설치한다)
⑥	2	압력스위치 +선, 압력스위치 -선
⑦	2	탬퍼스위치 +선, 탬퍼스위치 -선

문 제 7

자동화재탐지설비와 준비작동식 스프링클러설비의 계통도이다. 그림을 보고 각 물음의 가닥수를 쓰시오〔단, 감지기 공통선과 전원 공통선은 분리해서 사용하고, 준비작동식밸브용 압력스위치, 탬퍼스위치 및 전동볼밸브(솔레노이드 밸브)의 공통선은 1가닥을 사용한다〕

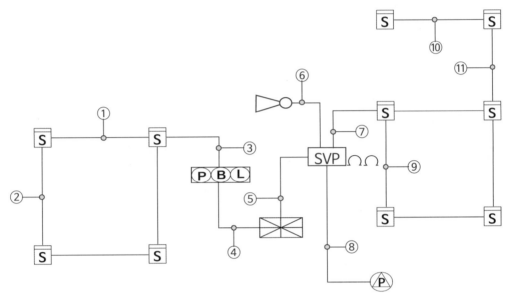

【물 음】

1. ① ~ ⑪까지 배선 수(가닥수)를 기입하시오.

번호	①	②	③	④	⑤	⑥	⑦	⑧	⑨	⑩	⑪
배선 수											

2. ⑤의 배선 수와 배선별 용도를 쓰시오.

	배선수	내용
⑤		

정 답

번호	①	②	③	④	⑤	⑥	⑦	⑧	⑨	⑩	⑪
배선 수	2	2	4	6	10	2	8	4	4	4	8

	배선수	내용
⑤	10	전원+, 전원-, 전화, 사이렌, 감지기A, 감지기B, 전동볼밸브(솔레노이드밸브), 압력스위치, 탬퍼스위치, 감지기 공통

해 설

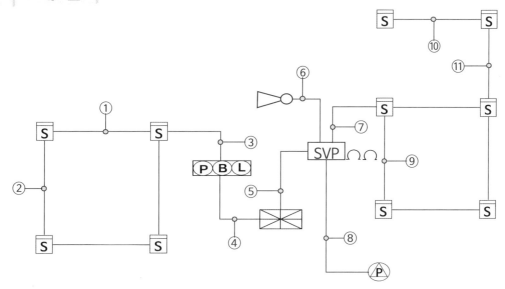

배선수 및 내용

번호	선수	내용
①	2	감지기+, 감지기-선
②	2	감지기+, 감지기-선
③	4	감지기+ 2선, 감지기- 2선(감지기+,- 2선은 발신기에 되돌아가므로 4선이 되며, 감지기선 끝에 종단저항을 설치한다)
④	6	벨(경종)선, 경종표시등공통선, 표시등선, 응답선. 회로(지구)선, 공통선
⑤	10	전원+, 전원-, 전화, 사이렌, 감지기A, 감지기B, 전동볼밸브(솔레노이드밸브), 압력스위치, 탬퍼스위치, 감지기 공통 (감지기 공통선외에, 전원 -선은 공통선으로 사용한다. 전화, 사이렌, 전동볼밸브(솔레노이드밸브), 압력스위치, 탬퍼스위치에 전원공통선으로 사용한다)
⑥	2	사이렌+, 사이렌-
⑦	8	감지기 A회로+선 2선, 감지기 A회로-선 2선, 감지기 B회로+선 2선, 감지기 B회로-선 2선
⑧	4	전동볼밸브(솔레노이드밸브)선, 탬퍼스위치선, 압력스위치선, 공통선
⑨	4	감지기 A회로+선, 감지기 A회로-선, 감지기 B회로+선, 감지기 B회로-선
⑩	4	감지기 A회로+선 2선, 감지기 A회로-선 2선
⑪	8	감지기 A회로+선 2선, 감지기 A회로-선 2선, 감지기 B회로+선 2선, 감지기 B회로-선 2선

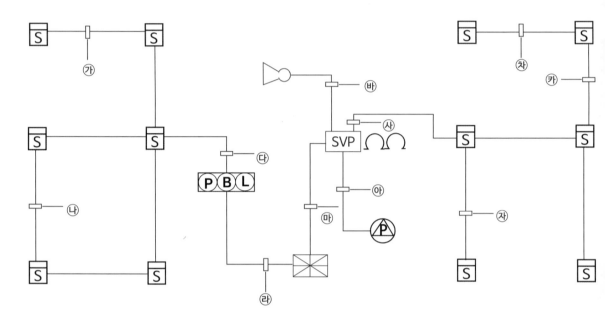

문제 8

다음 도면은 자동화재탐지설비와 준비작동식 스프링클러설비가 함께 설치된 계통도이다. 도면을 참조하여 각 물음에 답하시오. (단, 전원공통선과 감지기공통선은 분리하여 사용하고 프리액션밸브에 설치하는 압력스위치, 탬퍼스위치, 솔레노이드밸브의 공통선은 1가닥을 사용하였으며, 경종단락 보호장치를 설치하였음. 또한, SVP의 전화선은 제외한다)

가. 도면을 보고 아래 빈칸에 ㉮~㉹까지의 배선 가닥 수를 쓰시오.

번호	㉮	㉯	㉰	㉱	㉲	㉳	㉴	㉵	㉶	㉷	㉸
가닥수											

나. 기호 ㉲의 배선별 용도를 쓰시오.

정답

가.

번호	㉮	㉯	㉰	㉱	㉲	㉳	㉴	㉵	㉶	㉷	㉸
가닥수	4	2	4	6	9	2	8	4	4	4	8

나. 전원 +, 전원 −, 감지기A, 감지기B, 감지기 공통 1, 솔레노이드밸브 1, 압력스위치 1, 탬퍼스위치 1, 사이렌 1

252

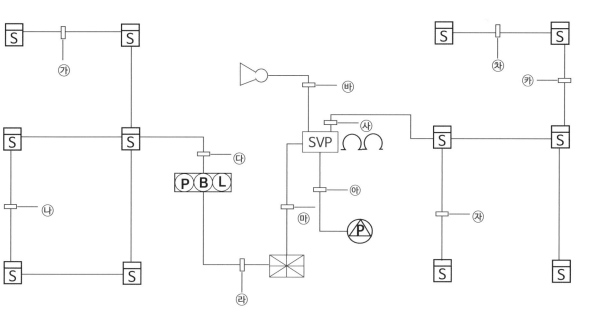

번호	㉮	㉯	㉰	㉱	㉲	㉳	㉴	㉵	㉶	㉷	㉸
가닥수	4	2	4	6	9	2	8	4	4	4	8

기호	가닥수	내역
㉮	4	회로선 2(+), 공통선 2(−)
㉯	2	회로선 1(+), 공통선 1(−)
㉰	4	회로선 2(+), 공통선 2(−)
㉱	6	회로선 1, 회로 공통선 1, 경종선 1, 표시등선 1, 경종표시등공통선 1, 응답선1
㉲	9	전원 +, 전원 −, 사이렌, 전동볼밸브선(솔레노이드밸브선), 압력스위치선, 탬퍼스위치선, 감지기A회로선, 감지기B회로선, 감지기 공통선
㉳	2	사이렌 2(+,−)
㉴	8	회로선 4(+), 공통선 4(−)
㉵	4	전동볼밸브선(솔레노이드밸브선), 압력스위치선, 탬퍼스위치선, 공통선 1
㉶	4	회로선 2(+), 공통선 2(−)
㉷	4	회로선 2(+), 공통선 2(−)
㉸	8	회로선 4(+), 공통선 4(−)

8. 건식 스프링클러설비(P형)

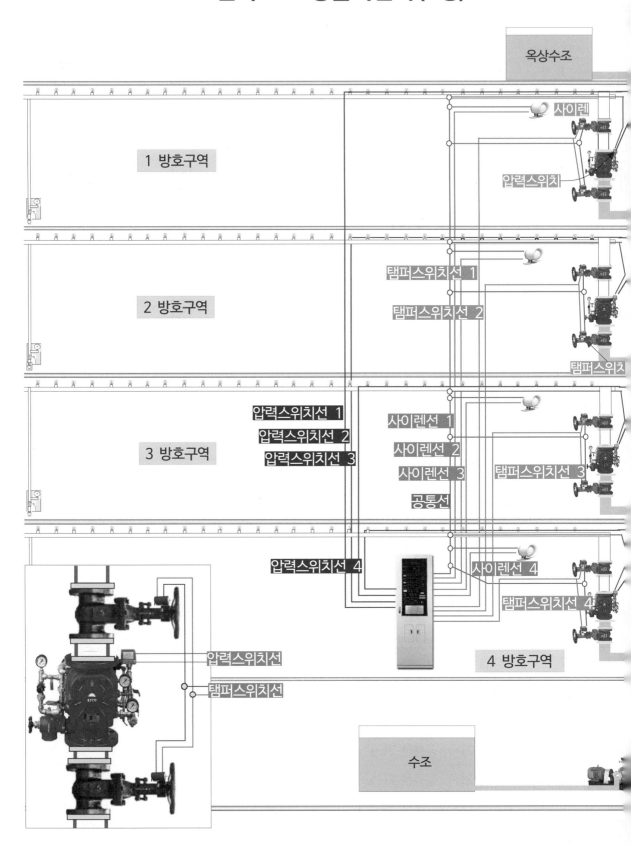

8-2. 건식 스프링클러(P형)

수신기 ⇔ 스프링클러 단자대 ⇔ 드라이밸브, 사이렌

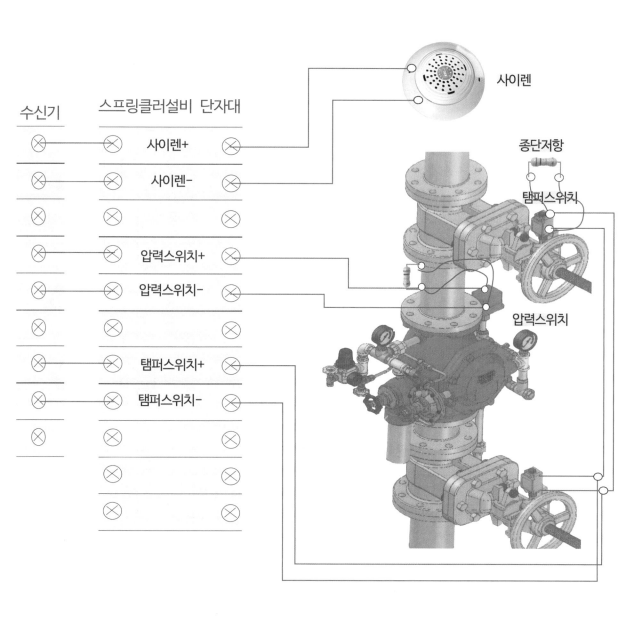

1.사이렌 +,   2.사이렌 −,   3.압력스위치 +,   4.압력스위치 −,   5.탬퍼스위치 +,   6.탬퍼스위치 −

또는

1.사이렌,   3.압력스위치,   4.압력스위치,   6.공통선

8-3. 건식 스프링클러 전기 계통도(P형)

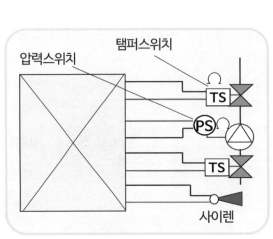

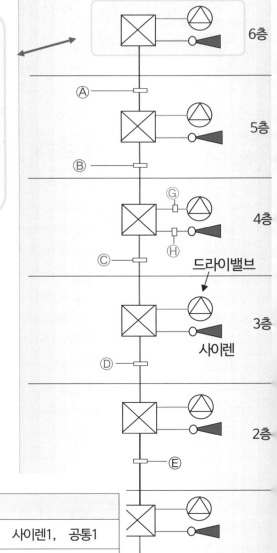

번호	P.S	T.S	사이렌	공통	계
Ⓐ	1	1	1	1	4
Ⓑ	2	2	2	1	7
Ⓒ	3	3	3	1	10
Ⓓ	4	4	4	1	13
Ⓔ	5	5	5	1	16
Ⓕ	6	6	6	1	19

번호	전선 종류 및 수량	용도
Ⓐ	HFIX 2.5㎟ - 4	압력스위치1, 탬퍼스위치1, 사이렌1, 공통1
Ⓑ	HFIX 2.5㎟ - 7	압력스위치2, 탬퍼스위치2, 사이렌2, 공통1
Ⓒ	HFIX 2.5㎟ - 10	압력스위치3, 탬퍼스위치3, 사이렌3, 공통1
Ⓓ	HFIX 2.5㎟ - 13	압력스위치4(6, 5, 4, 3층), 탬퍼스위치4(6, 5, 4, 3층), 사이렌4,(6, 5, 4, 3층), 공통1
Ⓔ	HFIX 2.5㎟ - 16	압력스위치5, 탬퍼스위치5, 사이렌5, 공통1
Ⓕ	HFIX 2.5㎟ - 19	압력스위치6, 탬퍼스위치6, 사이렌6, 공통1
Ⓖ	HFIX 2.5㎟ - 3	압력스위치1, 탬퍼스위치1, 공통1
Ⓗ	HFIX 2.5㎟ - 2	사이렌+, -

8-4. 건식 스프링클러 전기 계통도(P형)

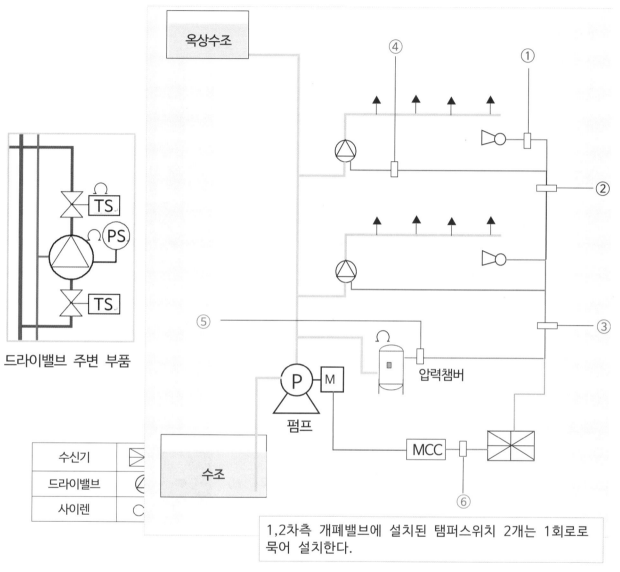

드라이밸브 주변 부품

수신기	
드라이밸브	
사이렌	

1,2차측 개폐밸브에 설치된 탬퍼스위치 2개는 1회로로 묶어 설치한다.

번호	배선 종류	배선 이름
①	16C(HFIX 2.5㎟ -2)	사이렌2
②	16C(HFIX 2.5㎟ -4)	압력스위치1, 탬퍼스위치1, 사이렌1, 공통 1
③	22C(HFIX 2.5㎟ -7)	압력스위치2, 탬퍼스위치2, 사이렌2, 공통 1
④	16C(HFIX 2.5㎟ -3)	압력스위치1, 탬퍼스위치1, 공통1
⑤	16C(HFIX 2.5㎟ -2)	압력스위치 , 충압펌프를 설치한 경우(주펌프1, 충압펌프1, 공통1)
⑥	22C(HFIX 2.5㎟ -5)	기동1, 정지1, 공통1, 전원표시등1, 기동확인표시등1

9. 일제살수식 스프링클러(P형)

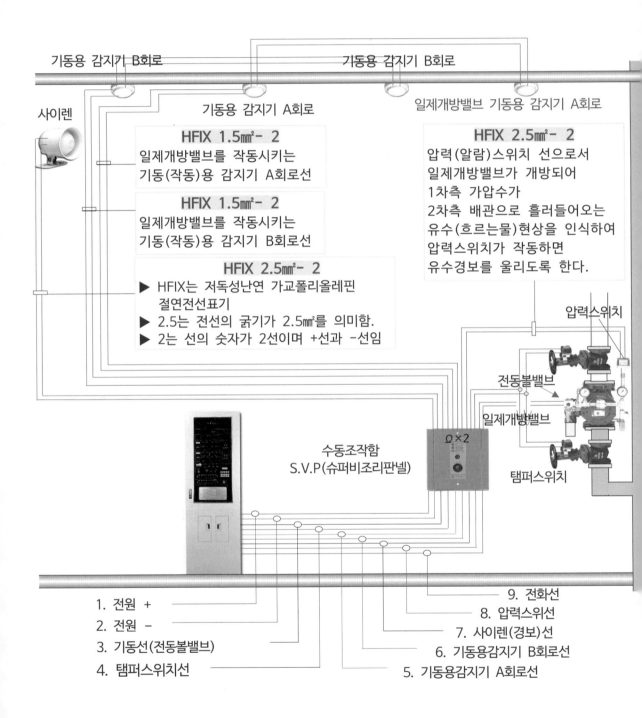

기동용 감지기 B회로   기동용 감지기 B회로

기동용 감지기 A회로   일제개방밸브 기동용 감지기 A회로

사이렌

HFIX 1.5㎟- 2
일제개방밸브를 작동시키는
기동(작동)용 감지기 A회로선

HFIX 1.5㎟- 2
일제개방밸브를 작동시키는
기동(작동)용 감지기 B회로선

HFIX 2.5㎟- 2
▶ HFIX는 저독성난연 가교폴리올레핀
  절연전선표기
▶ 2.5는 전선의 굵기가 2.5㎟를 의미함.
▶ 2는 선의 숫자가 2선이며 +선과 −선임

HFIX 2.5㎟- 2
압력(알람)스위치 선으로서
일제개방밸브가 개방되어
1차측 가압수가
2차측 배관으로 흘러들어오는
유수(흐르는물)현상을 인식하여
압력스위치가 작동하면
유수경보를 울리도록 한다.

압력스위치

전동볼밸브

일제개방밸브

탬퍼스위치

수동조작함
S.V.P(슈퍼비조리판넬)

Ω×2

1. 전원 +
2. 전원 −
3. 기동선(전동볼밸브)
4. 탬퍼스위치선

5. 기동용감지기 A회로선
6. 기동용감지기 B회로선
7. 사이렌(경보)선
8. 압력스위선
9. 전화선

각 부품마다 +선 1선과 전원선 −선을 공통(공용)선을 사용하게 된다

10. 부압식 스프링클러(P형)

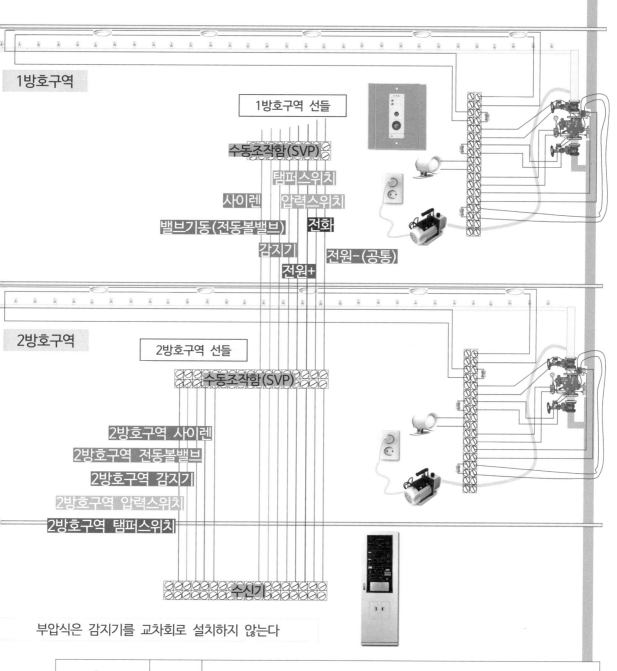

1방호구역

1방호구역 선들

수동조작함(SVP)

탬퍼스위치

사이렌 압력스위치

밸브기동(전동볼밸브) 전화

감지기

전원-(공통)

전원+

2방호구역

2방호구역 선들

수동조작함(SVP)

2방호구역 사이렌

2방호구역 전동볼밸브

2방호구역 감지기

2방호구역 압력스위치

2방호구역 탬퍼스위치

수신기

부압식은 감지기를 교차회로 설치하지 않는다

층별	전선수	배선 내용
1방호구역 ↔ 2방호구역	8	전원 +, 전원 -(공통선), 전화, 감지기, 밸브기동(전동볼밸브), 밸브개방확인(압력스위치), 밸브주의(탬퍼스위치), 사이렌
2방호구역 ↔ 수신기	13	전원 +, 전원 -, 전화선(감지기, 밸브기동, 밸브개방확인, 밸브주의, 사이렌) × 2

11. 부압식 스프링클러(P형)-상세 내용

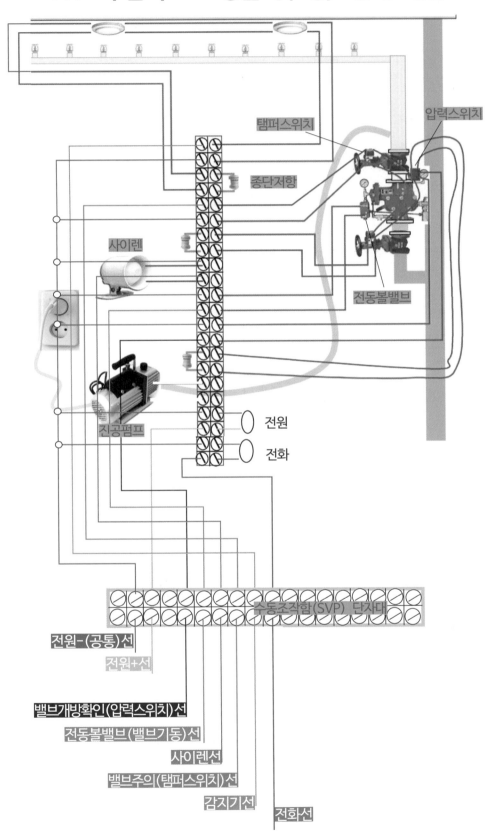

탬퍼스위치

압력스위치

종단저항

사이렌

전동볼밸브

진공펌프

전원

전화

수동조작함(SVP) 단자대

전원-(공통)선

전원+선

밸브개방확인(압력스위치)선

전동볼밸브(밸브기동)선

사이렌선

밸브주의(탬퍼스위치)선

감지기선

전화선

Ⅵ. 가스계소화설비

CO₂ (이산화탄소)소화설비, 할론소화설비, 할로겐화합물 및 불활성기체소화설비)

차 례

1. 가스계소화설비(가스압력식) 전기흐름 내용(P형)
-부품별 2선 연결방식

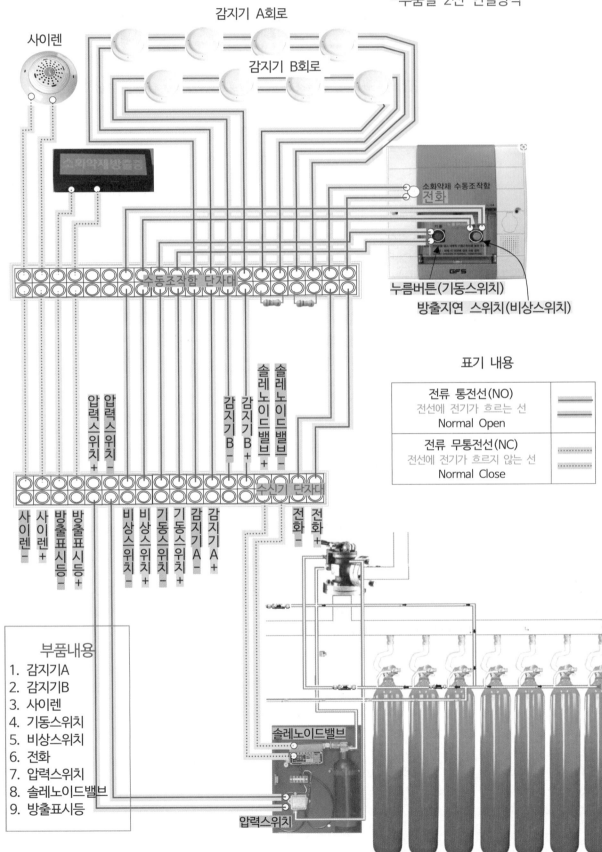

감지기 A회로

감지기 B회로

사이렌

소화약제방출중

소화약제 수동조작함
전화

GFS

누름버튼(기동스위치)

방출지연 스위치(비상스위치)

수동조작함 단자대

표기 내용

전류 통전선(NO)	
전선에 전기가 흐르는 선 Normal Open	━━━
전류 무통전선(NC)	
전선에 전기가 흐르지 않는 선 Normal Close	·········

수신기 단자대

솔레노이드밸브 -
솔레노이드밸브 +
감지기 B +
감지기 B -
감지기 A +
감지기 A -
기동스위치 +
기동스위치 -
비상스위치 +
비상스위치 -
압력스위치 -
압력스위치 +
방출표시등 -
방출표시등 +
사이렌 +
사이렌 -
전화 -
전화 +

부품내용
1. 감지기A
2. 감지기B
3. 사이렌
4. 기동스위치
5. 비상스위치
6. 전화
7. 압력스위치
8. 솔레노이드밸브
9. 방출표시등

솔레노이드밸브

압력스위치

가스계소화설비(가스압력식) 전기흐름 내용(P형)
-부품별 2선 연결방식

그림과 같이 부품별 +, -선 2선을 연결하는 것이 가장 바람직하다.

그러나 공사비용을 줄이기 위해, 다음페이지의 그림과 같이 공통선(-선)을 사용하는 사례가 많으며, 특히 시험문제에서 주어진 조건(공통선 등)의 내용대로 선의 내용을 써야 한다.

공통선을 전원선(-선)과, 감지기 공통선을 별도로 하는 방법 등, 문제에서 최소의 배선을 설계하라는 조건의 문제는 공통선을 사용하여 배선 내용을 결정해야 한다.

그림에서는 이해를 쉽게하기 위해서 1방호구역의 부품만 그려서 배선을 설명하고 있다.
방호구역내에 설치되는 부품은,
1. 감지기A회로,   2. 감지기 B회로,   3. 사이렌,   4. 방출표시등,   5. 수동조작함에 있는
   기동(작동)스위치,   6. 비상스위치(방출지연스위치),   7. 전화(전화의 기능이 있고 없고는
   제작회사의 선택사양이며, 시험문제에서는 필수 내용은 아니다)가 있다.

그리고 소화약제저장용기실에 1. 압력스위치,   2. 솔레노이드밸브(기동용기)가 있다.

소화약제저장용기실에 있는 압력스위치, 솔레노이드밸브는 방호구역의 수동조작함 단자대에 연결하지 않고 소화약제저장용기실의 수신기에 직접 연결한다.
소화약제 저장용기실에 방호구역별 설치되어 있는 압력스위치, 솔레노이드밸브 부품의 선을 먼 곳에 있는 해당 방호구역의 수동조작함 단자대까지 연결하여 다시 수신기로 연결하는 공사를 하지 않는다.

전류가 통전되는 선(NO)은 감지기A회로 +, -선,   감지기B회로 +, -선,   수동조작함에 있는
기동(작동)스위치 +, -선,   비상스위치(방출지연스위치) +, -선,   전화 +, -선,
   압력스위치선이다.

전기가 공급되지 않는 선(NC)은 사이렌 +, -선, 솔레노이드밸브 +, -선, 방출표시등 +, -선이다.

전기공학 또는 실무에서는 아래와 같은 용어를 사용한다
   COM : Common, 공통
   NC : Normal Close, 평소에 닫힘(평소에 전류가 통하지 않음)
   NO : Normal Open, 평소에 열림(평소에 전류가 통함)

1-1. 가스계소화설비(가스압력식) 전기흐름 내용(P형)
-최소의 전선 사용방식

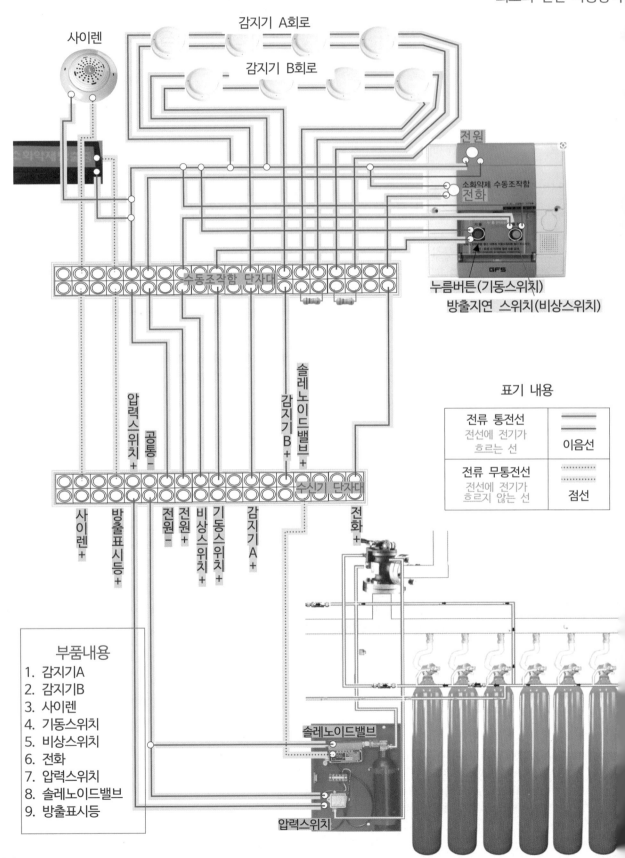

사이렌

감지기 A회로

감지기 B회로

전원

소화약제 수동조작함
전화

누름버튼(기동스위치)
방출지연 스위치(비상스위치)

수동조작함 단자대

압력스위치 +
공통 -
감지기 B +
솔레노이드밸브 +

표기 내용

전류 통전선 전선에 전기가 흐르는 선	——— 이음선
전류 무통전선 전선에 전기가 흐르지 않는 선	········· 점선

수신기 단자대

사이렌 +
방출표시등 +
전원 -
전원 +
비상스위치 +
기동스위치 +
감지기 A +
전화 +

솔레노이드밸브

부품내용
1. 감지기A
2. 감지기B
3. 사이렌
4. 기동스위치
5. 비상스위치
6. 전화
7. 압력스위치
8. 솔레노이드밸브
9. 방출표시등

압력스위치

가스계소화설비(가스압력식) 전기흐름 내용(P형)

-최소의 전선 사용방식

전선수를 최소로 하여 공사비용을 최소로 하기 위하여 경제적인 설계를 많이 하고 있다.

공통선을 전원선(-선)과, 감지기 공통선을 별도로 하는 방법 또는 전원선(-선)을 공통선으로 사용하기도 한다.

그림에서는 전원선(-선)에 사이렌, 감지기 A회로, 감지기 B회로, 방출표시등, 수동조작함에 있는 기동(작동)스위치, 비상스위치(방출지연스위치), 전화를 공통(공용)으로 사용한다.

그리고 소화약제저장용기실에 공통선(-선)에 압력스위치와 솔레노이드밸브를 공통(공용)으로 사용한다.

전류가 통전되는 선은 감지기A회로 +선, 감지기 B회로 +선, 수동조작함에 있는 기동(작동)스위치 +선, 비상스위치(방출지연스위치) +선, 전화 +선, 공통선(-선), 압력스위치선이다.

전기가 공급되지 않는 선은 사이렌 +선, 솔레노이드밸브 +선, 방출표시등 +선이다.

전기공학 또는 실무에서는 아래와 같은 용어를 사용한다
COM : Common, 공통
NC : Normal Close, 평소에 닫힘(평소에 전류가 통하지 않음)
NO : Normal Open, 평소에 열림(평소에 전류가 통함)

이 책에서는 전기식과 가스압력식만 설명한다.
국내에서는 가스압력식만 생산하며, 현장에는 외국설비 중 전기식이 있다.
기계식은 소수의 장소에 외국설비가 있다.
패키지 설비는 케비닛형 자동소화장치로서 전기식이지만, 가스계소화설비로 분류하지는 않는다.

2. 가스계소화설비(가스압력식) 전기 계통도(P형)

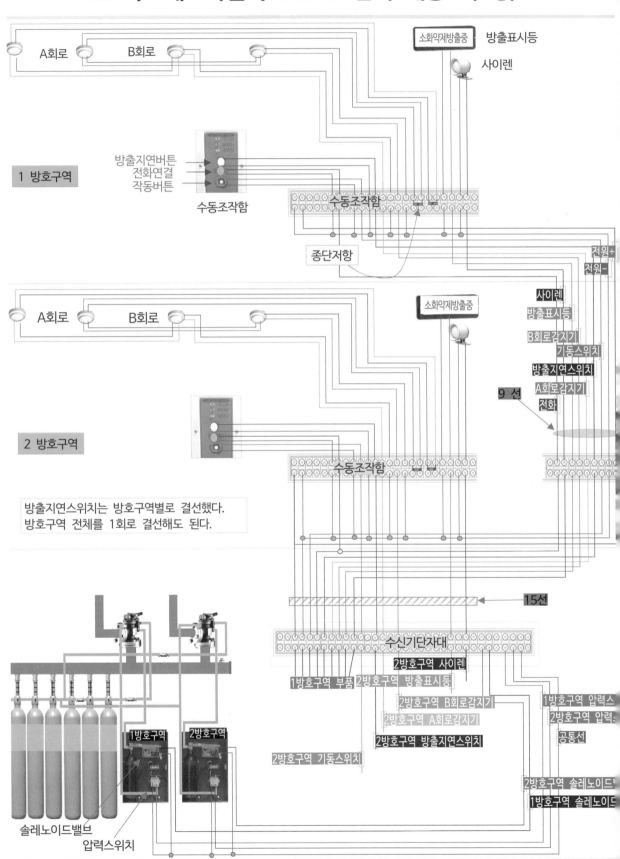

1 방호구역

방출지연버튼
전화연결
작동버튼

수동조작함

수동조작함

종단저항

소화약제방출중
방출표시등
사이렌

2 방호구역

A회로   B회로

소화약제방출중

전원+
전원−

사이렌
방출표시등
B회로감지기
기동스위치
방출지연스위치
A회로감지기
전화

9 선

수동조작함

방출지연스위치는 방호구역별로 결선했다.
방호구역 전체를 1회로 결선해도 된다.

15선

수신기단자대

2방호구역 사이렌
1방호구역 부품   2방호구역 방출표시등

2방호구역 B회로감지기
2방호구역 A회로감지기

1방호구역 압력스
2방호구역 압력스

2방호구역 방출지연스위치   공통선

2방호구역 기동스위치

2방호구역 솔레노이드
1방호구역 솔레노이드

1방호구역   2방호구역

솔레노이드밸브
압력스위치

266

2-1. 가스계소화설비(가스압력식) 전기 계통도(P형)

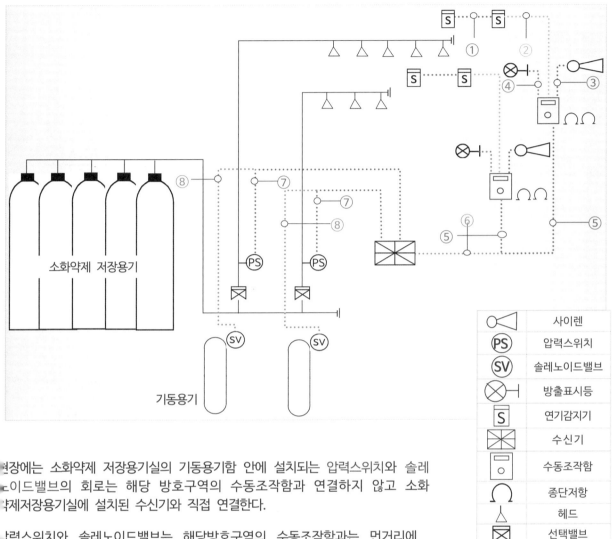

⊳⊂○		사이렌
(PS)		압력스위치
(SV)		솔레노이드밸브
⊗⊣		방출표시등
S		연기감지기
⊠		수신기
▣		수동조작함
⋒		종단저항
△		헤드
⊠		선택밸브

현장에는 소화약제 저장용기실의 기동용기함 안에 설치되는 압력스위치와 솔레노이드밸브의 회로는 해당 방호구역의 수동조작함과 연결하지 않고 소화약제저장용기실에 설치된 수신기와 직접 연결한다.

압력스위치와 솔레노이드밸브는 해당방호구역의 수동조작함과는 먼거리에 있으므로 현장에서는 수동조작함과 연결하지 않는다.

번호	배선 종류	배선 이름
①	HFIX 1.5㎟ - 4	감지기 A회로 4(+ 2, - 2선)
②	HFIX 1.5㎟ - 8	감지기 A회로 4, 감지기 B회로 4
③④	HFIX 2.5㎟ - 2	③ 사이렌선 2(+, -) ④ 방출표시등선 2(+, -)
⑤	HFIX 2.5㎟ - 9	전원+, -, 전화, 방출지연(비상스위치), 기동, 사이렌, 감지기A, B, 방출표시등
⑥	HFIX 2.5㎟ - 14	전원+, -, 전화, 비상스위치,【기동, 사이렌, 감지기A, B, 방출표시등】× 2
⑦⑧	HFIX 2.5㎟ - 2	압력스위치선 2(+, -), 솔레노이드밸브선 2(+, -)

※ 참고 : 방출지연(비상)스위치선은 방호구역별로 각각 설치할 수도 있다.

3. 가스계소화설비 전기계통도(P형)
(가스압력식)

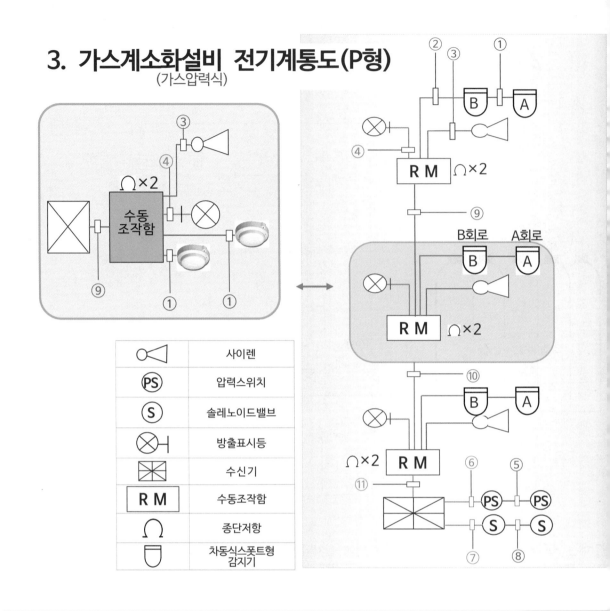

⊶	사이렌
Ⓟ⒮	압력스위치
Ⓢ	솔레노이드밸브
⊗	방출표시등
⊠	수신기
R M	수동조작함
∩	종단저항
⊟	차동식스폿트형 감지기

번호	배선 종류	배선 이름	번호	배선 종류	배선 이름
①	HFIX 1.5㎟-4	감지기 A회로 4(+ 2, - 2선)	⑤	HFIX 1.5㎟-2	압력스위치 2(+, -)
②	HFIX 1.5㎟-8	감지기 A회로 4, 감지기 B회로 4	⑥	HFIX 1.5㎟-3	압력스위치 2, 공통선(-) 1
③	HFIX 2.5㎟-2	사이렌 2	⑦	HFIX 1.5㎟-2	솔레노이드밸브 2(+, -)
④	HFIX 2.5㎟-2	방출표시등 2	⑧	HFIX 1.5㎟-3	솔레노이드밸브 2, 공통선(-) 1
⑨	HFIX 2.5㎟-9	전원+, -, 전화, 방출지연(비상스위치), 기동, 사이렌, 감지기A, B, 방출표시등 **솔레노이드밸브, 압력스위치**를 수신기와 직접 연결하지 않고 수동조작함에 연결하면 2선이 추가되어 1방호구역에 11선이 된다.			
⑩	HFIX 2.5㎟-14	전원+,-, 전화, 방출지연(비상스위치),【기동, 사이렌, 감지기A, B, 방출표시등】×2			
⑪	HFIX 2.5㎟-19	전원+,-, 전화,방출지연(비상스위치),【기동, 사이렌, 감지기A, B, 방출표시등】×3			

4. 가스계소화설비(수동조작함 ⇔ 수신기) 전선 내용(P형)

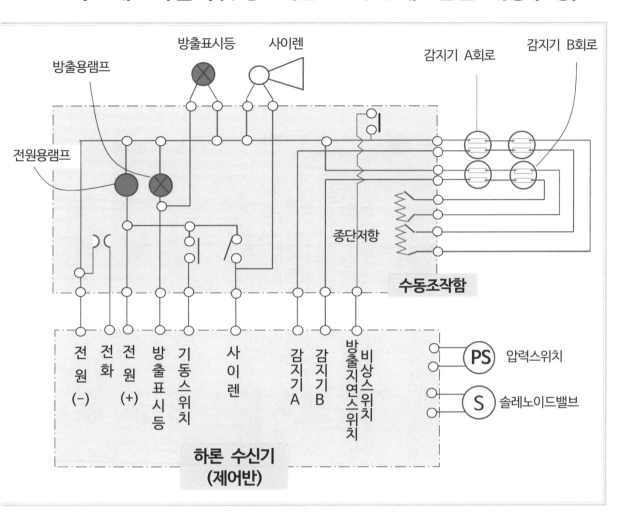

현장에는 소화약제 저장용기실의 기동용기함 안에 설치되는 **압력스위치**와 **솔레노이드밸브**의 회로는 해당 방호구역의 수동조작함과 연결하지 않고 소화약제 저장용기실에 설치된 수신기와 직접 연결한다.

소화약제 저장용기실에 있는 방호구역 별 압력스위치와 솔레노이드밸브는 해당 방호구역의 수동조작함과는 먼거리에 있으므로 현장에서는 수동조작함과 연결하지 않는다. 만약 압력스위치와 솔레노이드밸브선을 해당 방호구역의 수동조작함과 연결한다면 회로배선 내용은 아래와 같다.

방호 구역	배선 종류	배선 이름
1	HFIX 2.5㎟ - 11	전원+, -, 전화, 방출지연(비상스위치), 기동, 사이렌, 감지기A, B, 방출표시등, 솔레노이드밸브, 압력스위치
2	HFIX 2.5㎟ - 18	전원+, -, 전화, 방출지연(비상스위치) 【기동, 사이렌, 감지기A, B, 방출표시등, 솔레노이드밸브, 압력스위치】 × 2
3	HFIX 2.5㎟ - 25	전원+, -, 전화, 방출지연(비상스위치) 【기동, 사이렌, 감지기A, B, 방출표시등, 솔레노이드밸브, 압력스위치】 × 3

가스계 소화설비(이산화탄소, 할론, 할로겐화합물 및 불활성기체)

수동조작함 ⇔ 할론 수신반 ⇔ P형 수신반 배선도

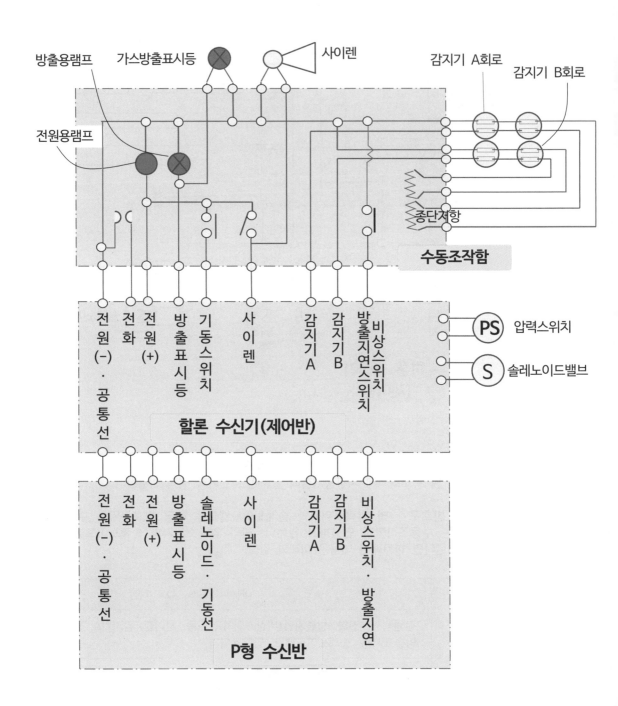

5. 가스계소화설비 전기 계통도(P형)

비상(복구,방출지연)스위치를 3방호구역을 1회로 하는 경우

전원 +	전원 −	전화	방출지연 (비상스위치)	기동	사이렌	감지기 A	감지기 B	방출 표시등	계
1	1	1	1	1	1	1	1	1	9
1	1	1	1	2	2	2	2	2	14
1	1	1	1	3	3	3	3	3	19

비상(복구,방출지연)스위치를 각 방호구역별로 1회로 하는 경우

전원 +	전원 −	전화	방출지연 (비상스위치)	기동	사이렌	감지기 A	감지기 B	방출 표시등	계
1	1	1	1	1	1	1	1	1	9
1	1	1	2	2	2	2	2	2	15
1	1	1	3	3	3	3	3	3	21

력스위치와 솔레노이드밸브를 각 방호구역 수동조작함에 연결하는 경우

전원 +	전원 −	전화	방출지연 (비상 스위치)	기동	사이렌	압력 스위치	솔레노 이드밸 브	감지기 A	감지기 B	방출 표시 등	계
1	1	1	1	1	1	1	1	1	1	1	11
1	1	1	1	2	2	2	2	2	2	2	18
1	1	1	1	3	3	3	3	3	3	3	25

번호	배선 종류	배선 이름
①	HFIX 1.5㎟ − 4	감지기 A회로 4선(+2, −2선)
②	HFIX 1.5㎟ − 8	감지기 A회로 4선, 감지기 B회로 4선
③④	HFIX 2.5㎟ − 2	③ 사이렌 2선(+1, −1선) ④ 방출표시등 2선(+1, −1선)
⑤	HFIX 2.5㎟ − 9	전원+, −, 방출지연(비상스위치), 전화, 기동, 사이렌, 감지기A, B, 방출표시등
⑥	HFIX 2.5㎟ − 14	전원+, −, 방출지연(비상스위치), 전화,【기동, 사이렌, 감지기A, B, 방출표시등】× 2
⑦	HFIX 2.5㎟ − 19	전원+, −, 방출지연(비상스위치), 전화,【기동, 사이렌, 감지기A, B, 방출표시등】× 3
⑧	HFIX 2.5㎟ − 2	압력스위치(방출표시등 작동용) 2선(+ 1, − 1선)
⑨	HFIX 2.5㎟ − 3	압력스위치(방출표시등 작동용) 3선(회로선 2, 공통선 1선)
⑩	HFIX 2.5㎟ − 4	압력스위치(방출표시등 작동용) 4선(회로선 3, 공통선 1선)
⑪	HFIX 2.5㎟ − 2	솔레노이드밸브(기동용기 작동용) 2선(+ 1, − 1선)
⑫	HFIX 2.5㎟ − 3	솔레노이드밸브(기동용기 작동용) 3선(회로선 2, 공통선 1선)
⑬	HFIX 2.5㎟ − 4	솔레노이드밸브(기동용기 작동용) 4선(회로선 3, 공통선 1선)

6. 가스계소화설비(가스압력식) 전기설비 계통도(P형)

번호	전선 내용	회로 내용
①	HFIX 1.5㎟ - 4	감지기선+, -, +, -
②	HFIX 1.5㎟ - 8	**(감지기선+, -, +, -) × 2**
③④	HFIX 2.5㎟ - 2	③ 사이렌선 +, -, ④ 방출표시등 +, -
⑤	HFIX 2.5㎟ - 11	사이렌선, (감지기 A회로선+,-)×2, (감지기 B회로선+,-)×2, 방출표시등선, 공통선
⑥	HFIX 2.5㎟ - 3	기동(솔레노이드밸브)선, 방출표시등 작동용 압력스위치선, 공통선
⑦	HFIX 2.5㎟ - 2	기동(솔레노이드밸브)선 +, -
⑧	HFIX 2.5㎟ - 2	방출표시등 작동용 압력스위치선 +, -
⑨	HFIX 2.5㎟ - 8	전원선+, -, 기동(솔레노이드밸브)선, 사이렌선, 감지기 A회로, 감지기 B회로, 방출표시등 작동용 압력스위치, 방출지연 스위치 (전화선을 넣으면 9선이 된다)
⑩	HFIX 2.5㎟ - 14	전원선+, -, 【기동(솔레노이드밸브)선, 사이렌선, 감지기 A회로, 감지기 B회로, 방출표시등작동용 압력스위치, 방출지연 스위치】×2 (전화선을 넣으면 15선이 된다)

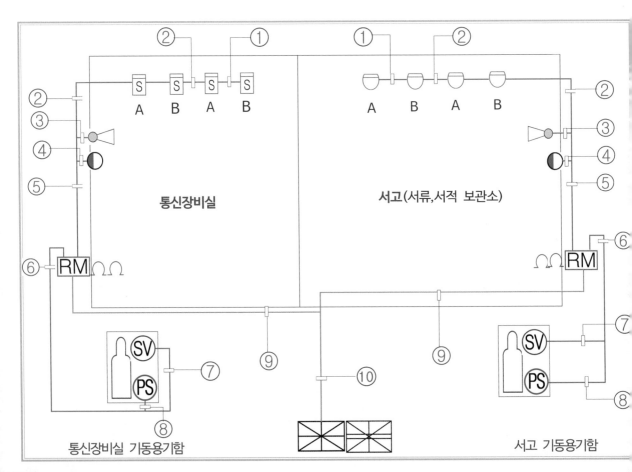

통신장비실 기동용기함   서고 기동용기함

7. 가스계소화설비(가스압력식) 전기설비 평면도(P형)

번호	전선 내용	회로 내용
①	HFIX 1.5㎟ - 4	감지기선4
②	HFIX 1.5㎟ - 8	감지기선8
③④	HFIX 2.5㎟ - 2	③ 사이렌선+, -, ④ 방출표시등+, -
⑥	HFIX 2.5㎟ - 3	기동(솔레노이드밸브)선, 방출표시등 작동용 압력스위치선, 공통선
⑦	HFIX 2.5㎟ - 2	기동(솔레노이드밸브)선 +, -
⑧	HFIX 2.5㎟ - 2	방출표시등 작동 압력스위치선 +, -
⑨	HFIX 2.5㎟ - 8	전원선+, -, 기동(솔레노이드밸브)선, 사이렌선, 감지기 A회로, 감지기 B회로, 방출표시등 작동용 압력스위치, 방출지연 스위치 (전화선을 넣으면 9선이 된다)
⑩	HFIX 2.5㎟ - 14	전원선+, -,【기동(솔레노이드밸브)선, 사이렌선, 감지기 A회로, 감지기 B회로, 방출표시등작동용 압력스위치, 방출지연 스위치】×2 (전화선을 넣으면 15선이 된다)

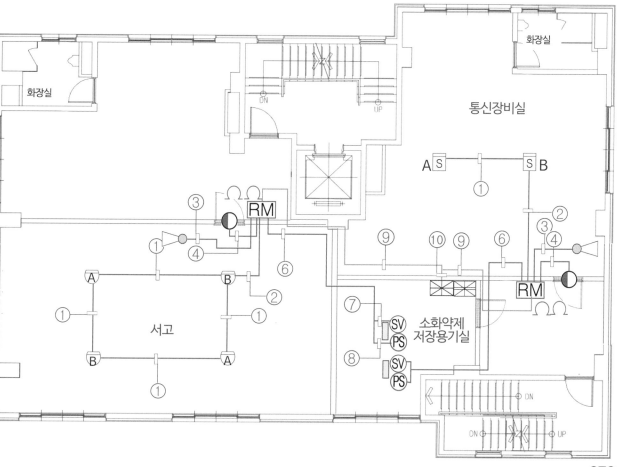

8. 가스계소화설비 평면도 배선(P형)

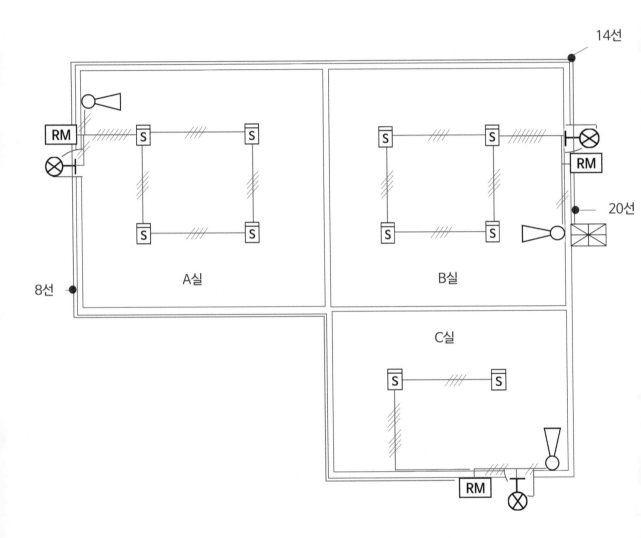

9. 중계기 연결 내용(R형)

형식	IN(입력, 감시)	OUT(출력, 제어)
가스압력식	1. 감지기 A 2. 감지기 B 3. 수동작동스위치 4. 방출표시등 작동 압력스위치 5. 방출지연 스위치(비상스위치)	1. 사이렌(스피커) 2. 기동용기 솔레노이드밸브 3. 방출표시등 4. 개구부 자동폐쇄장치(모터식 댐퍼릴리즈)

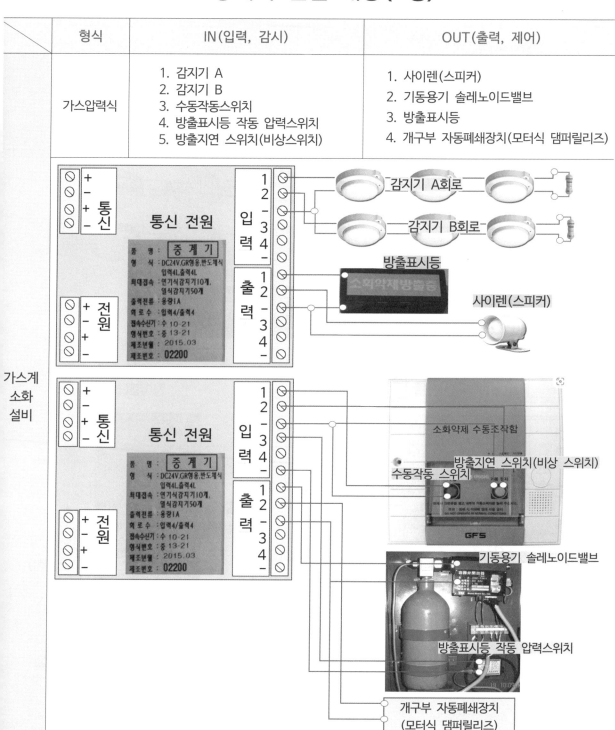

중계기의 IN(입력, 감시)과 OUT(출력, 제어)에 연결하는 부품의 구별방법

가스계소화설비의 감지기, 수동작동스위치, 방출표시등 작동 압력스위치, 방출지연 스위치(비상스위치)가 작동하면 수신기에 신호가 전달되어야 하므로 IN에 연결한다.

먼저 작동한 현장 부품의 작동신호에 따라 수신기가 2차적으로 작동하게 신호를 보내야 하는 사이렌, 기동용기 솔레노이드밸브, 방출표시등, 개구부 자동폐쇄장치(모터식 댐퍼릴리즈)는 OUT에 연결한다.

형식	IN(입력, 감시)	OUT(출력, 제어)
전기식	1. 감지기 A 2. 감지기 B 3. 수동작동스위치 4. 방출표시등 작동 압력스위치 5. 방출지연 스위치(비상스위치)	1. 사이렌(스피커) 2. 저장용기밸브 개방장치 1 3. 저장용기밸브 개방장치 2 4. 선택밸브 개방장치 5. 방출표시등 6. 개구부 자동폐쇄장치(모터식 댐퍼릴리즈)

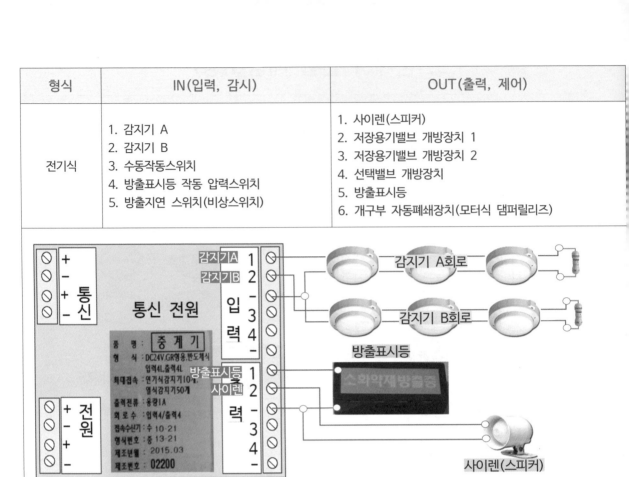

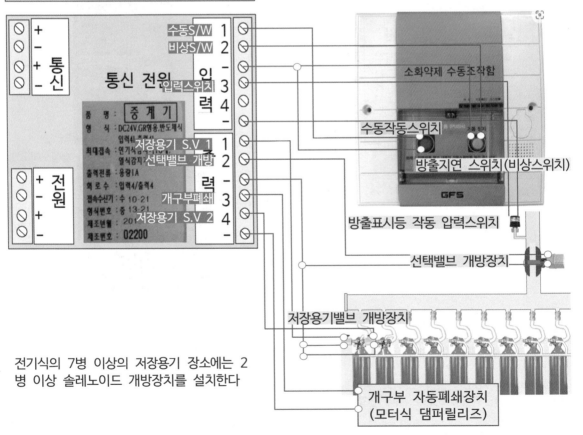

전기식의 7병 이상의 저장용기 장소에는 2병 이상 솔레노이드 개방장치를 설치한다

10. 가스계소화설비(가스압력식) 전기 계통도(R형)

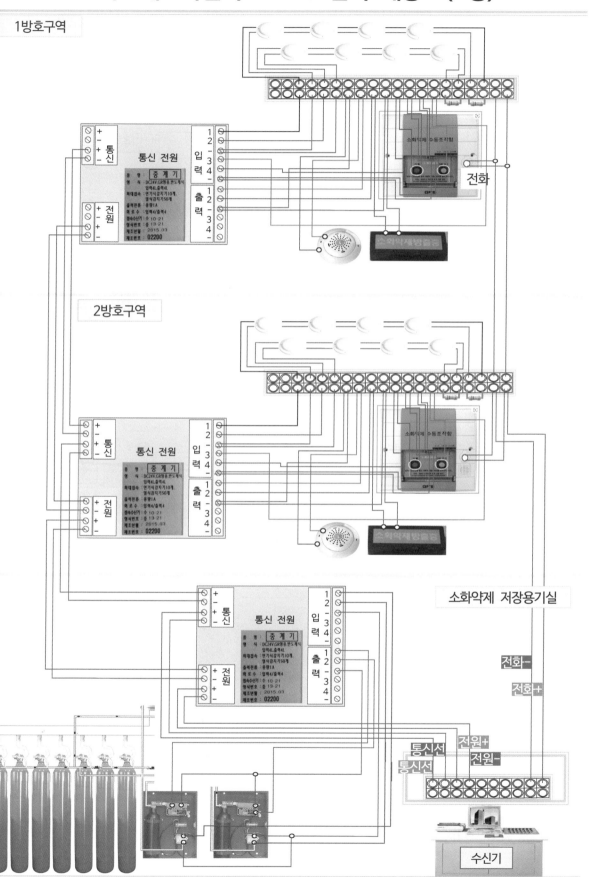

11. 가스계소화설비(가스압력식) 전기 계통도(R형)

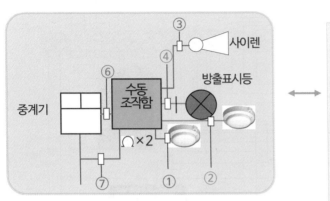

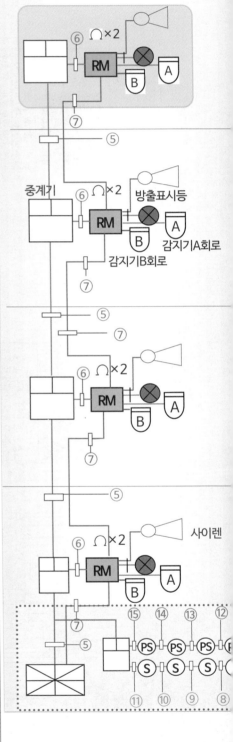

번호	사용전선 종류, 수량	전선 용도	
①	HFIX 1.5㎟ - 4	감지기 4	
②	HFIX 1.5㎟ - 4	감지기 4	
③	HFIX 2.5㎟ - 2	사이렌 2	
④	HFIX 2.5㎟ - 2	방출표시등 2	
⑤	F-CVV-SB CABLE 1.5㎟ 또는 (HCVV-SB TWIST CABLE 1.5㎟ 1pr) HFIX 2.5㎟ - 2	신호전송선 : 2	
		중계기전원 : 2	
⑥	HFIX 2.5㎟ - 16 부품↔중계기 연결	감지기A 2, 감지기B 2, 사이렌 2, 수동작동S.W 2, 압력스위치 2, 솔레노이드 2, 방출표시등 2, 방출지연S.W 2,	
⑦	HFIX 2.5㎟ - 2	전화선(+,-) 2	
⑧	HFIX 2.5㎟ - 2	솔레노이드 +, - 2선	
⑨	HFIX 2.5㎟ - 3	솔레노이드 (+ 2, - 2) 4선	
⑩	HFIX 2.5㎟ - 4	솔레노이드 (+ 3, - 3) 6선	
⑪	HFIX 2.5㎟ - 5	솔레노이드 (+ 4, - 4) 8선	
⑫	HFIX 2.5㎟ - 2	압력스위치 +, - 2선	
⑬	HFIX 2.5㎟ - 4	압력스위치 (+ 2, - 2) 4선	
⑭	HFIX 2.5㎟ - 6	압력스위치 (+ 3, - 3) 6선	
⑮	HFIX 2.5㎟ - 8	압력스위치 (+ 4, - 4) 8선	

11-1. (278p) 해설 가스계소화설비 전기 계통도(R형)

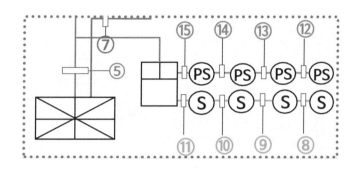

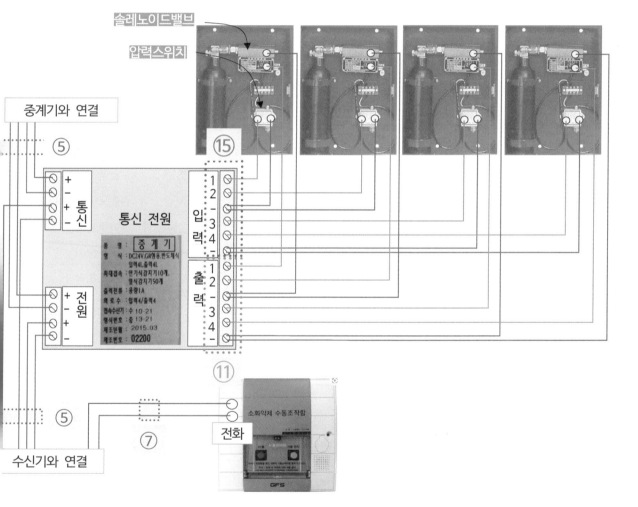

기동용기함은 수신기가 설치된 소화약제저장용기실에 설치하므로 솔레노이드밸브와 압력스위치는 수신기에 직접 연결한다.

솔레노이드밸브와 압력스위치를 해당방호구역의 수동조작함 단자대까지 연결해서 수신기로 다시 연결할 필요는 없다.

현장에는 모두 이렇게 공사를 하며, 시험문제에서나, 초보자의 설계도면에는 각 방호구역별로 수동조작함 단자대에 솔레노이드밸브와 압력스위치를 연결하는 사례도 있다.

12. 가스계소화설비(가스압력식) 전기 계통도(R형)

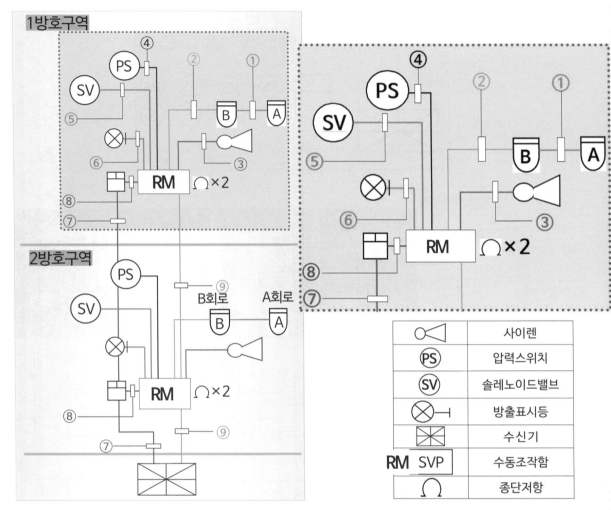

		사이렌
	(PS)	압력스위치
	(SV)	솔레노이드밸브
	⊗⊢	방출표시등
	▨	수신기
RM	SVP	수동조작함
	∩	종단저항

번호	배선 종류	배선 이름
①	HFIX 1.5㎟ - 4	감지기A회로 4(+2, -2선)
②	HFIX 1.5㎟ - 8	감지기 A회로 4, 감지기 B회로 4
③④	HFIX 2.5㎟ - 2	③ 사이렌(+,-) 2선, ④ 압력스위치(+,-) 2선
⑤⑥	HFIX 2.5㎟ - 2	⑤ 솔레노이드밸브(+,-) 2선, ⑥ 방출표시등(+,-) 2선
⑦	F-CVV-SB CABLE 1.5㎟ 또는 (HCVV-SB TWIST CABLE 1.5㎟ 1pr) HFIX 2.5㎟ - 2	신호전송선 : 2, 중계기전원 : 2
⑧	HFIX 2.5㎟ - 16 (부품과 중계기와 연결하는 선)	감지기 A회로(+,-) 2선, 감지기 B회로(+,-) 2선, 수동작동스위치(+,-) 2선, 방출표시등 작동 압력스위치(+,-) 2선, 방출지연 스위치(+,-) 2선, 사이렌(+,-) 2선, 방출표시등(+,-) 2선, 기동용기 솔레노이드밸브(+,-) 2선,
⑨	HFIX 2.5㎟ - 2	전화(+,-) 2선

12-1. (280p) 해설 가스계소화설비 전기 계통도(R형)

현장에서는 기동용기의 솔레노이드밸브와
압력스위치는 수동조작함에 연결하지 않고
수신기에 직접 연결하지만,
기사시험 등에서는 이렇게 출제될 수 있으므로 이
내용에도 익숙해야 한다.

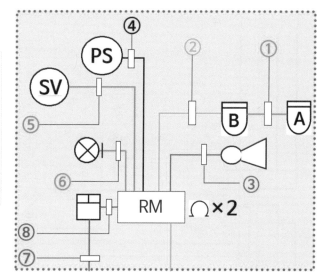

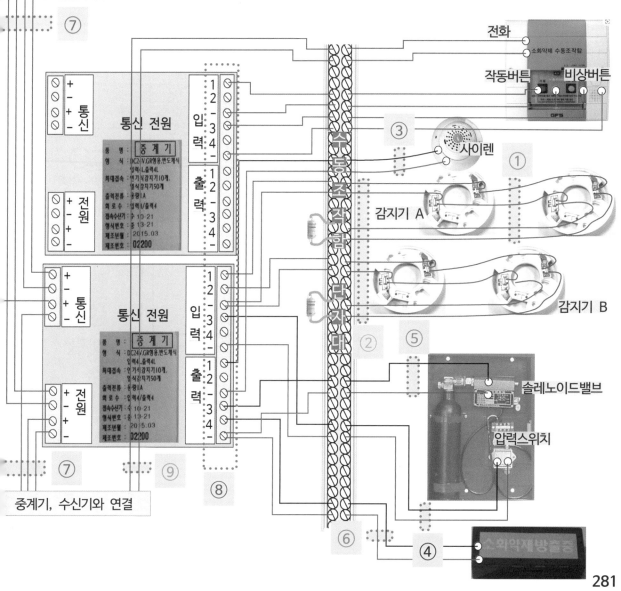

13. 가스계소화설비 (중계기⇔중계기) 결선 내용(R형)

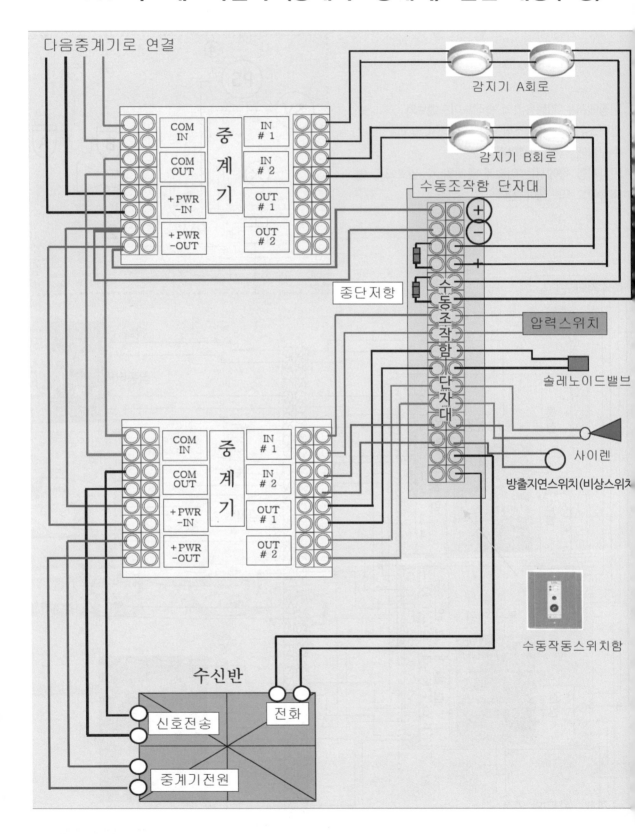

다음중계기로 연결

감지기 A회로

감지기 B회로

수동조작함 단자대

COM IN	중계기	IN #1
COM OUT		IN #2
+PWR -IN		OUT #1
+PWR -OUT		OUT #2

종단저항

압력스위치

솔레노이드밸브

수동조작함 단자대

COM IN	중계기	IN #1
COM OUT		IN #2
+PWR -IN		OUT #1
+PWR -OUT		OUT #2

사이렌

방출지연스위치(비상스위치)

수동작동스위치함

수신반

신호전송

전화

중계기전원

전화선을 설치한다면 전화선은 중계기를 거치지 않고 수신기와 수동작동스위치함과 연결한다

14. 가스계소화설비(중계기⇔ 부품연결) 결선 내용(R형)

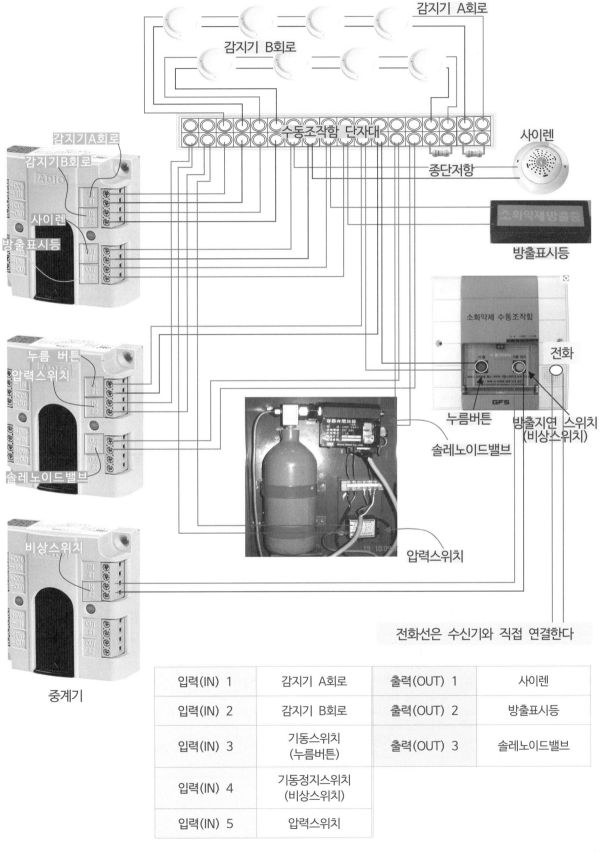

감지기 A회로
감지기 B회로
수동조작함 단자대
사이렌
종단저항
방출표시등
소화약제 수동조작함
전화
누름버튼
방출지연 스위치
(비상스위치)
솔레노이드밸브
압력스위치
전화선은 수신기와 직접 연결한다

감지기A회로
감지기B회로
사이렌
방출표시등

누름 버튼
압력스위치
솔레노이드밸브

비상스위치
중계기

입력(IN) 1	감지기 A회로	출력(OUT) 1	사이렌
입력(IN) 2	감지기 B회로	출력(OUT) 2	방출표시등
입력(IN) 3	기동스위치 (누름버튼)	출력(OUT) 3	솔레노이드밸브
입력(IN) 4	기동정지스위치 (비상스위치)		
입력(IN) 5	압력스위치		

15. 가스계소화설비 (중계기 ⇔ 부품연결) 결선 내용(R형)

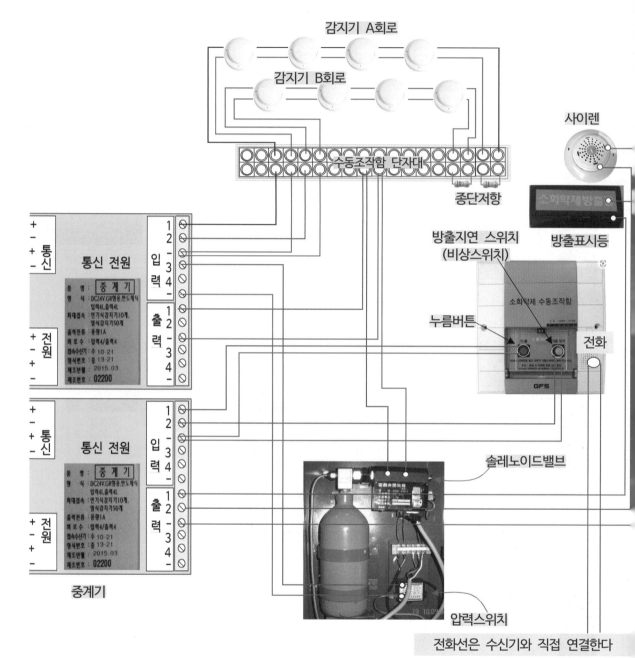

입력(IN) 1	감지기 A회로	출력(OUT) 1	사이렌
입력(IN) 2	감지기 B회로	출력(OUT) 2	방출표시등
입력(IN) 3	기동스위치 (누름버튼)	출력(OUT) 3	솔레노이드밸브
입력(IN) 4	기동정지스위치 (비상스위치)		
입력(IN) 5	압력스위치		

16. 가스계소화설비 소화약제저장용기실 결선내용(R형)
(가스압력식)

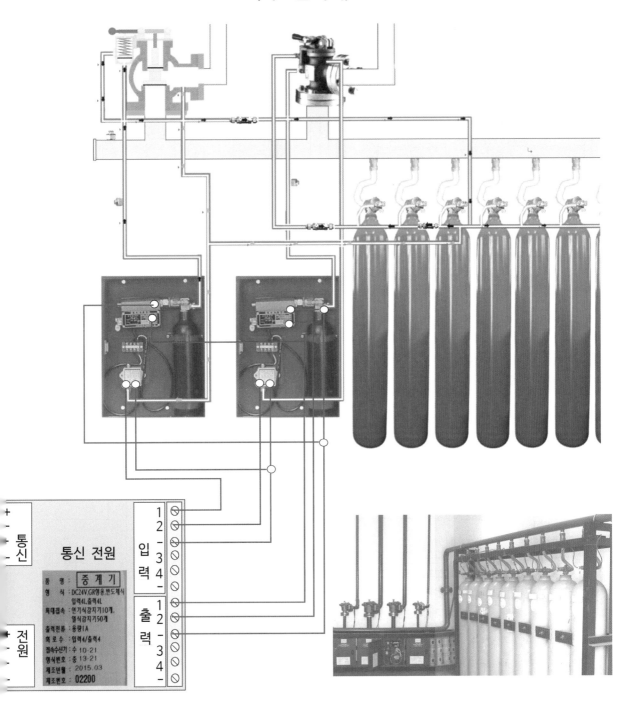

입력(IN) 1	1방호구역 압력스위치	출력(OUT) 1	1방호구역 솔레노이드밸브
입력(IN) 2	2방호구역 압력스위치	출력(OUT) 2	2방호구역 솔레노이드밸브

17. 가스계소화설비 결선내용(R형) (전기식)

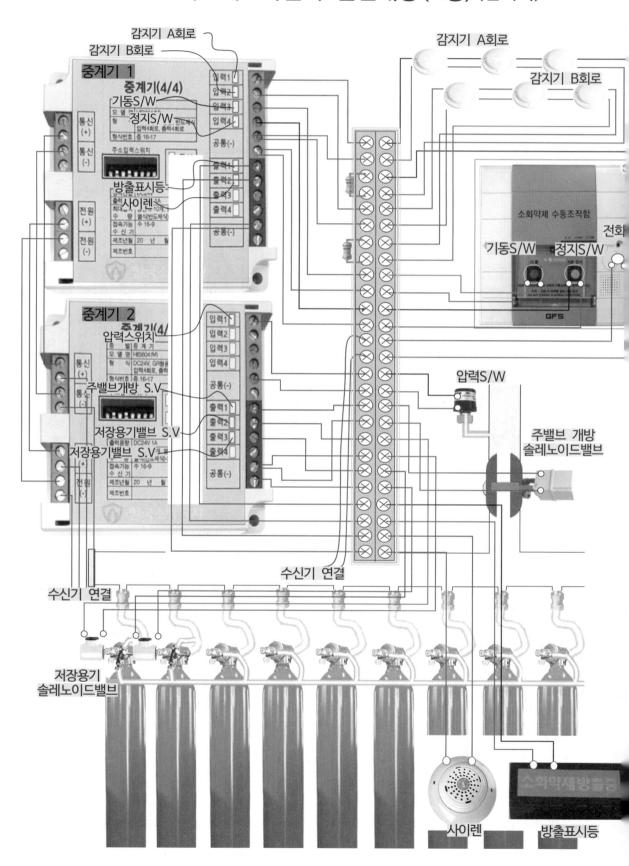

감지기 A회로
감지기 B회로

중계기 1
중계기(4/4)
기동S/W
정지S/W

통신(+)
통신(-)

전원(+)
전원(-)

주소입력스위치

방출표시등
사이렌

입력1
입력2
입력3
입력4
공통(-)
출력1
출력2
출력3
출력4
공통(-)

감지기 A회로
감지기 B회로

소화약제 수동조작함

기동S/W 정지S/W

전화

GFS

중계기 2
중계기(4/
압력스위치

통신(+)
통신(-)

주밸브개방 S.V

저장용기밸브 S.V

저장용기밸브 S.V
전원(+)
전원(-)

입력1
입력2
입력3
입력4
공통(-)
출력1
출력2
출력3
출력4
공통(-)

압력S/W

주밸브 개방
솔레노이드밸브

수신기 연결

수신기 연결

저장용기
솔레노이드밸브

사이렌

소화약제방출중

방출표시등

286

17. (286페이지) 가스계소화설비 결선내용(R형)(전기식) 작동흐름

1. 감지기 A회로 작동
감지기 A회로가 작동하면 작동신호는 중계기1 입력(IN)1에 신호가 전달된다.

중계기는 감지기 A회로 작동정보를 신호전송선을 통하여 수신기에 작동신호를 전달한다.

수신기에서는 감지기 작동신호가 입력되면 수신기에서는 해당방호구역 감지기A회로 작동표시(표시창 등)가 되며, 중계기1 출력(OUT)2에 연결된 사이렌에 파상음 사이렌이 울리게 한다.

감지기 A회로 작동 ⇨ 중계기1 입력(IN)1에 신호 전달 ⇨ 중계기는 감지기 A회로 작동 정보 수신기에 작동신호 전달 ⇨ 수신기는 해당방호구역 감지기A회로 작동표시 ⇨ 중계기1 출력(OUT)2에 연결된 사이렌 울림

파상음 : 앵~앵~앵~
연속음 : 앵------

2. 감지기 B회로 작동
감지기 B회로가 작동하면 작동신호는 중계기1 입력(IN)2에 신호가 전달된다.

중계기는 감지기 B회로 작동정보를 신호전송선을 통하여 수신기에 작동신호를 전달한다.

수신기에서는 감지기 작동신호가 입력되면 수신기에서는 해당방호구역 감지기B회로 작동표시(표시창 등)가 되며, 중계기1 출력(OUT)2에 연결된 사이렌에 연속음 사이렌이 울리게 한다.
지연타이머를 작동하게 하고, 지연시간이 종료되면 중계기2 출력(OUT)1에 연결된 주밸브의 개방장치 솔레노이드밸브가 작동한다. 중계기2 출력(OUT)2,3에 연결된 저장용기의 솔레노이드밸브가 작동한다.

감지기 B회로 작동 ⇨ 중계기1 입력(IN)2에 신호 전달 ⇨ 중계기는 감지기 B회로 작동 정보 수신기에 작동신호 전달 ⇨ 수신기는 해당방호구역 감지기B회로 작동표시 ⇨ 중계기1 출력(OUT)2에 연결된 사이렌 울린다. ⇨ 중계기2 출력(OUT)1에 연결된 주밸브 개방장치 솔레노이드밸브 작동하여 주밸브 개방 ⇨ 중계기2 출력(OUT)2,3에 연결된 저장용기 솔레노이드밸브 작동하여 저장용기밸브 개방

3. 수동작동스위치 작동
수동조작함(슈퍼비죠리판넬)의 수동작동스위치를 누르면 작동신호는
중계기1 입력(IN)3에 신호가 전달된다.

중계기는 수동작동스위치 작동 정보를 신호전송선을 통하여 수신기에 작동신호를 전달한다.
수신기에서는 수동작동스위치 작동신호가 입력되면
해당방호구역 수동작동스위치 작동표시(표시창 등)가 되며, 중계기1 출력(OUT)2에 연결된 사이렌에 연속음 사이렌이 울리게 한다.
지연타이머를 작동하게 하고, 지연시간이 종료되면 중계기2 출력(OUT)1에 연결된 주밸브의 개방장치 솔레노이드밸브가 작동한다. 중계기2 출력(OUT)2,3에 연결된 저장용기의 솔레노이드밸브가 작동한다.

수동작동스위치 작동 ⇨ 중계기1 입력(IN)3에 신호 전달 ⇨ 중계기는 감지기 수동작동스위치 작동 정보 수신기에 작동신호 전달 ⇨ 수신기는 지연타이머 작동 ⇨ 지연타이머 작동 종료 ⇨ 중계기2 출력(OUT)1에 연결된 주밸브 개방장치 솔레노이드밸브 작동하여 주밸브 개방 ⇨ 중계기2 출력(OUT)2,3에 연결된 저장용기 솔레노이드밸브 작동하여 저장용기밸브 개방

4. 압력스위치 작동

소화약제 저장용기밸브가 개방되어 소화약제가스가 배관으로 이동하여 압력스위치를 작동하면 압력스위치 작동신호는 중계기2 입력(IN)1에 신호가 전달된다.

중계기는 압력스위치 작동 정보를 신호전송선을 통하여 수신기에 작동신호를 전달한다.

수신기에서는 압력스위치 작동신호가 입력되면 수신기에서는 해당방호구역
중계기1 출력(OUT)1에 연결된 방출표시등에 신호가 전달되어 방출표시등이 점등한다.

압력스위치 작동
　　⇨ 중계기2 입력(IN)1에 신호 전달한다
　　⇨ 중계기는 압력스위치 작동 정보 수신기에 작동신호 전달한다
　　⇨ 중계기1 출력(OUT)1에 연결된 방출표시등 점등한다

5. 비상스위치(방출지연 스위치) 작동

감지기 A회로 작동, 감지기 B회로 작동 또는 수동작동스위치가 작동하여 지연타이머 작동시간　중에 비상스위치를 누르면,
중계기1 입력(IN)4에 신호가 전달된다.

중계기는 비상스위치 작동 정보를 신호전송선을 통하여 수신기에 작동신호를 전달한다.

수신기에서는 비상스위치 작동신호가 입력되면 수신기에서는 작동정보가 입력된 감지기(A회로, B회로, 수동작동스위치)의 작동신호를 복구하여 작동이 없는 것으로 한다.

비상스위치 작동
　　⇨ 중계기1 입력(IN)4에 신호 전달한다
　　⇨ 중계기는 비상스위치 작동 정보를 수신기에 작동신호 전달한다`
　　⇨ 수신기는 감지기등의 작동 정보를 원상 복구한다

6. 전화

전화선(청색선)과 공통선**(빨간선)**은 수동조작함(SVP)과 수신기간 항상 전기가 공급되고 있다.
전화연결 구멍에 전화폰 연결잭(jack)을 꽂고 수신기가 있는 방재센타의 근무자와 통화가 가능하다.
전화선은 중계기와 연결하지 않고 수신기와 직접연결한다.
전화선은 중계기를 통하여 통신선으로 신호를 수신기와 정보교류를 하지 않는 부품이다.
그러므로 P형수신기의 결선과 같은 방법으로 수신기와 연결한다.

18. 가스계소화설비 (중계기⇔부품연결) 결선내용(R형)

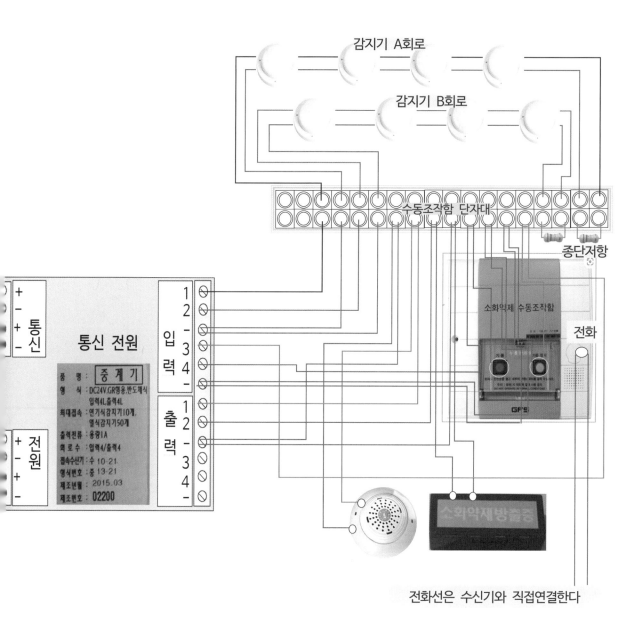

감지기 A회로

감지기 B회로

수동조작함 단자대

종단저항

소화약제 수동조작함

전화

통신

통신 전원

전원

입력

출력

종 명 : 중계기
형 식 : DC24V.GR형용.반도체식
         입력4L.출력4L
최대접속 : 연기식감지기10개,
           열식감지기50개
출력전류 : 용량1A
회 로 수 : 입력4/출력4
접속수신기 : 수 10-21
형식번호 : 중 13-21
제조년월 : 2015.03
제조번호 : 02200

전화선은 수신기와 직접연결한다

입력 1	감지기 A회로	출력 1	사이렌
입력 2	감지기 B회로	출력 2	방출표시등
입력 3	기동(작동)스위치		
입력 4	기동정지스위치		

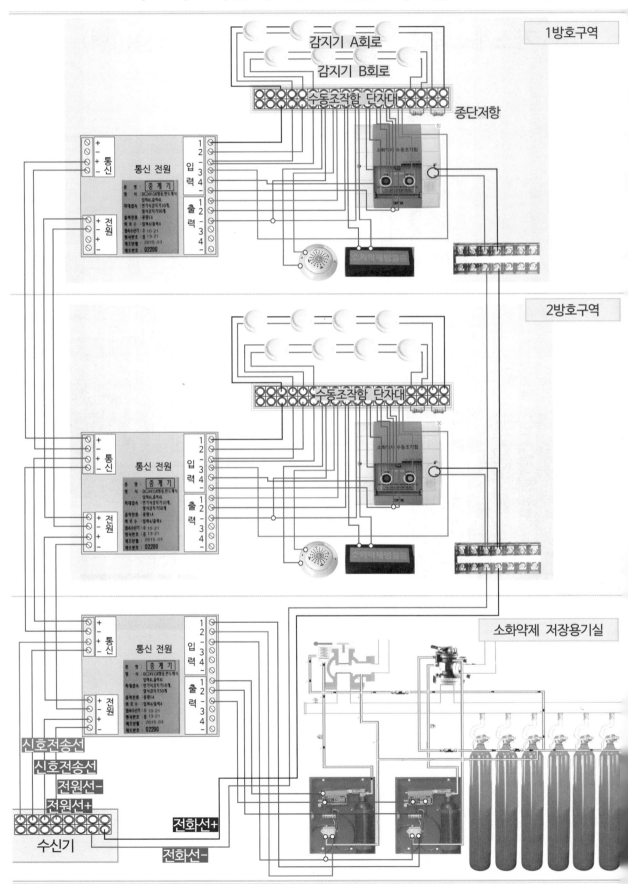

19-1. 가스계소화설비 전기 계통도(R형)(가스압력식) 작동흐름

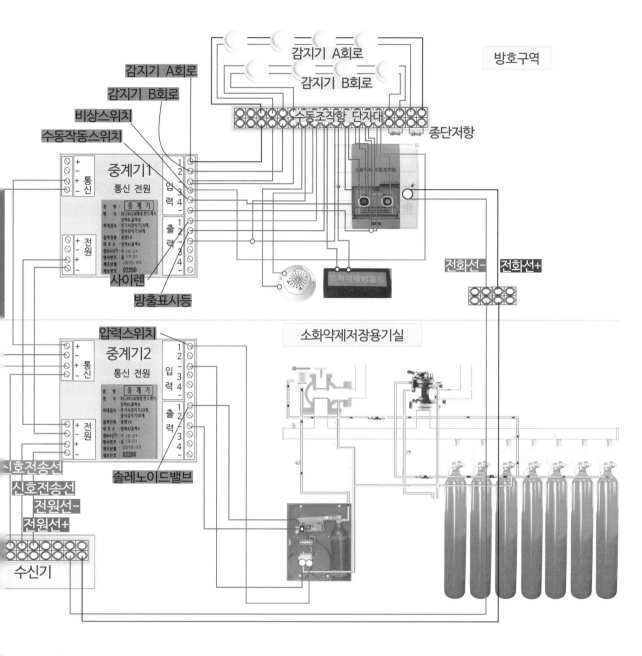

1. 감지기 A회로 작동

감지기 A회로가 작동하면 작동신호는 중계기1 입력(IN)1에 신호가 전달된다.
중계기는 감지기 A회로 작동 정보를 신호전송선을 통하여 수신기에 작동신호를 전달한다.
수신기에서는 감지기 작동신호가 입력되면 수신기에서는 해당방호구역 감지기A회로 작동표시
(표시창 등)가 되며, 중계기1 출력(OUT)1에 연결된 사이렌에서 파상음 사이렌이 울리게 한다.

감지기 A회로 작동 ⇨ 중계기1 입력(IN)1에 신호 전달 ⇨ 중계기는 감지기 A회로 작동
정보 수신기에 작동신호 전달 ⇨ 수신기에는 해당방호구역 감지기A회로 작동표시창 점등
⇨ 중계기1 출력(OUT)1에 연결된 사이렌 울림

파상음 : 일정한 간격을 두고 되풀이되는 소리

2. 감지기 B회로 작동

감지기 B회로가 작동하면 작동신호는 중계기1 입력(IN)2에 신호가 전달된다.
중계기는 감지기 B회로 작동 정보를 신호전송선을 통하여 수신기에 작동신호를 전달한다.
수신기에서는 감지기 작동신호가 입력되면 수신기에서는 해당방호구역 감지기B회로 작동표시(표시창 등)가 되며, 사이렌이 울리고, 지연타이머가 작동하며, 지연타이머 작동시간 종료 후, 중계기2 출력(OUT)1에 연결된 기동용기의 솔레노이드벨브가 작동한다.

감지기 B회로 작동 ⇨ 중계기1 입력(IN)2에 신호 전달 ⇨ 중계기는 감지기 B회로 작동 정보 수신기에 작동신호 전달 ⇨ 수신기는 해당방호구역 감지기B회로 작동표시 ⇨ 수신기는 지연타이머 작동 ⇨ 지연타이머 작동 종료 ⇨ 중계기2 출력(OUT)1에 연결된 기동용기 솔레노이드밸브 작동하여 기동용기밸브 개방

3. 수동작동스위치 작동

수동작동스위치 작동 ⇨ 중계기1 입력(IN)4에 신호 전달 ⇨ 중계기는 수동작동스위치 작동 정보를 수신기에 작동신호 전달 ⇨ 수신기는 사이렌 울림, 지연타이머 작동 ⇨ 지연타이머 작동 종료 후 ⇨ 중계기2 출력(OUT)1에 연결된 기동용기 솔레노이드밸브 작동하여 기동용기밸브 개방

4. 압력스위치 작동

압력스위치 작동 ⇨ 중계기2 입력(IN)2에 신호 전달
    ⇨ 중계기는 압력스위치 작동 정보 수신기에 작동신호 전달
    ⇨ 중계기1 출력(OUT)2에 연결된 방출표시등 점등

5. 비상스위치(방출지연 스위치) 작동

감지기 A회로 작동, 감지기 B회로 작동 또는 수동작동스위치가 작동하여 지연타이머 작동시간 중에 비상스위치를 누르면, 중계기1 입력(IN)3에 신호가 전달된다.
중계기는 비상스위치 작동 정보를 신호전송선을 통하여 수신기에 작동신호를 전달한다.
수신기에서는 비상스위치 작동신호가 입력되면 수신기에서는 해당방호구역 감지기 등의 작동신호를 복구하여 작동이 없는 것으로 한다.

비상스위치 작동 ⇨ 중계기1 입력(IN)3에 신호 전달
    ⇨ 중계기는 비상스위치 작동 정보 수신기에 작동신호 전달
    ⇨ 수신기는 감지기등의 작동 정보를 복구한다

20. 가스계소화설비 전기 계통도(R형) (가스압력식)

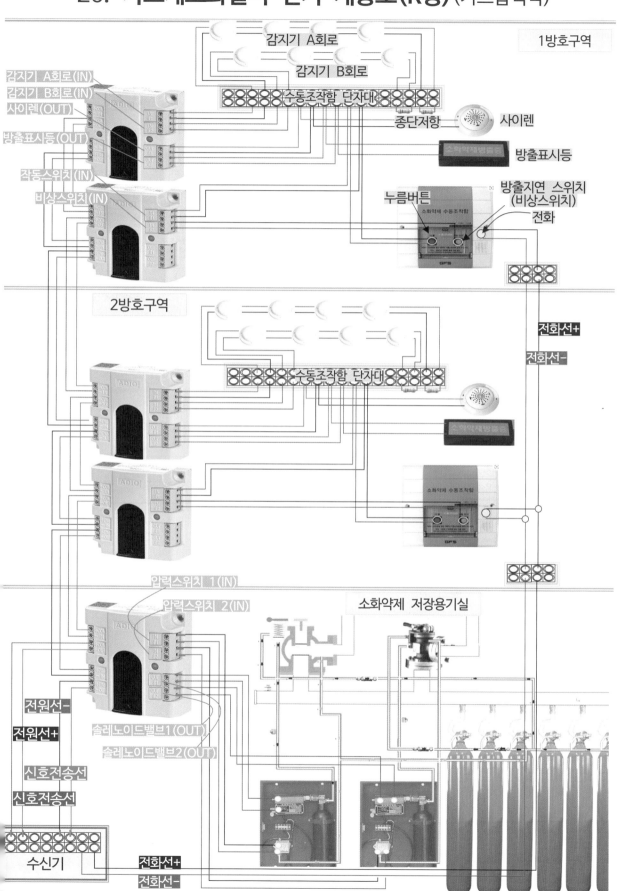

감지기 A회로

감지기 B회로

1방호구역

감지기 A회로(IN)

감지기 B회로(IN)

사이렌(OUT)

수동조작함 단자대

종단저항

사이렌

방출표시등(OUT)

방출표시등

작동스위치(IN)

누름버튼

방출지연 스위치
(비상스위치)

전화

비상스위치(IN)

소화약제 수동조작함

2방호구역

수동조작함 단자대

전화선+

전화선−

소화약제 수동조작함

압력스위치 1(IN)

압력스위치 2(IN)

소화약제 저장용기실

전원선−

전원선+

솔레노이드밸브1(OUT)

솔레노이드밸브2(OUT)

신호전송선

신호전송선

수신기

전화선+

전화선−

21. 가스계소화설비 전기 계통도(R형)

번호	전선 내용	회로 내용	
①	HFIX 1.5㎟ - 4(16C)	감지기선 +, -, +, -	
②	HFIX 1.5㎟ - 8(28C)	**(감지기선 +, -, +, -) × 2**	
③④	HFIX 2.5㎟ - 2(16C)	③ 사이렌선 +, - 2선, ④ 방출표시등 +, - 2선	
⑤	HFIX 2.5㎟ - 2(16C)	기동(솔레노이드밸브)선 +, - 2선	
⑥	HFIX 2.5㎟ - 2(16C)	방출표시등 작동 압력스위치선 +, - 2선	
⑦	F-CVV-SB CABLE 1.5㎟ 또는 (HCVV-SB TWIST CABLE 1.5㎟ 1pr)- 다른 종류의 신호전송선도 있다	통신선	
⑧	HFIX 2.5㎟ - 2(16C)	중계기 전원선 +, -	
⑨	HFIX 2.5㎟ - 12(28C) 부품 중계기 연결 내용	감지기 A회로(+,-), 감지기 B회로(+,-), 기동(작동)스위치(+,-), 방출지연(비상)스위치(+,-), 사이렌(+,-), 방출표시등(+,-)	
⑩	HFIX 2.5㎟ - 10(28C) 부품 중계기 연결 내용	서고 : 압력스위치(방출표시등작동)(+,-), 기동(솔레노이드밸브)(+,-) 통신장비실 : 압력스위치(+,-), 기동(솔레노이드밸브)(+,-) 소화약제저장용기실 : 사이렌(+,-)	
⑪	HFIX 2.5㎟ - 2	전화선 +, - 2선	

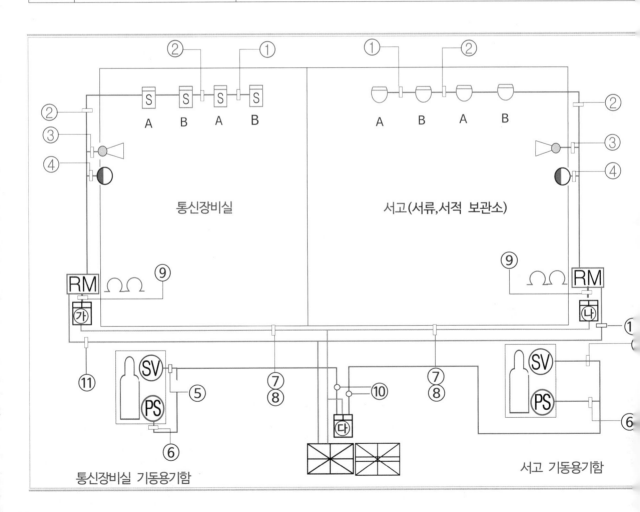

통신장비실 기동용기함   서고 기동용기함

22. 가스계소화설비 전기 평면도(R형)

번호	전선 내용	회로 내용
①	HFIX 1.5㎟ - 4(16C)	감지기선 +, -, +, -
②	HFIX 1.5㎟ - 8(28C)	**(감지기선 +, -, +, -) × 2**
③④	HFIX 2.5㎟ - 2(16C)	③ 사이렌선 +, - 2선, ④ 방출표시등 +, - 2선
⑤	HFIX 2.5㎟ - 2(16C)	기동(솔레노이드밸브)선 +, - 2선
⑥	HFIX 2.5㎟ - 2(16C)	방출표시등 작동 압력스위치선 +, - 2선
⑦	F-CVV-SB CABLE 1.5㎟ 또는 (HCVV-SB TWIST CABLE 1.5㎟ 1pr) 다른 종류의 신호전송선도 있다	통신선
⑧	HFIX 2.5㎟ - 2(16C)	중계기 전원선 +, -
⑨	HFIX 2.5㎟ - 12(28C) 부품 중계기 연결 내용	감지기 A회로(+,-), 감지기 B회로(+,-), 기동(작동)스위치(+,-), 방출지연(비상)스위치(+,-), 사이렌(+,-), 방출표시등(+,-)
⑩	HFIX 2.5㎟ - 10(28C) 부품 중계기 연결 내용	서고 : 압력스위치(방출표시등작동)(+,-), 기동(솔레노이드밸브)(+,-) 통신장비실 : 압력스위치(+,-), 기동(솔레노이드밸브)(+,-) 소화약제저장용기실 : 사이렌(+,-)
⑪	HFIX 2.5㎟ - 2	전화선 +, - 2선

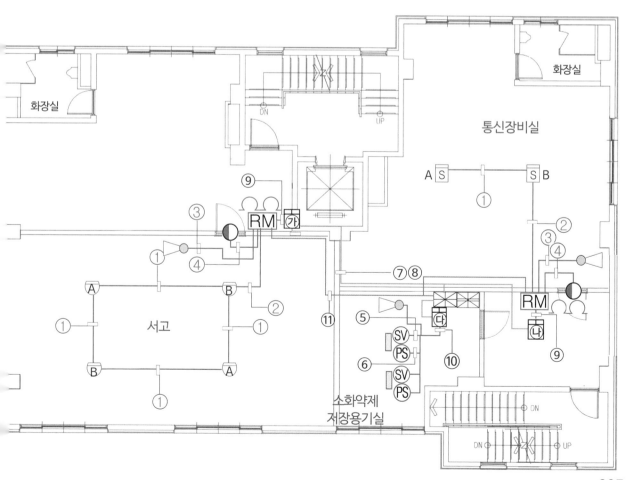

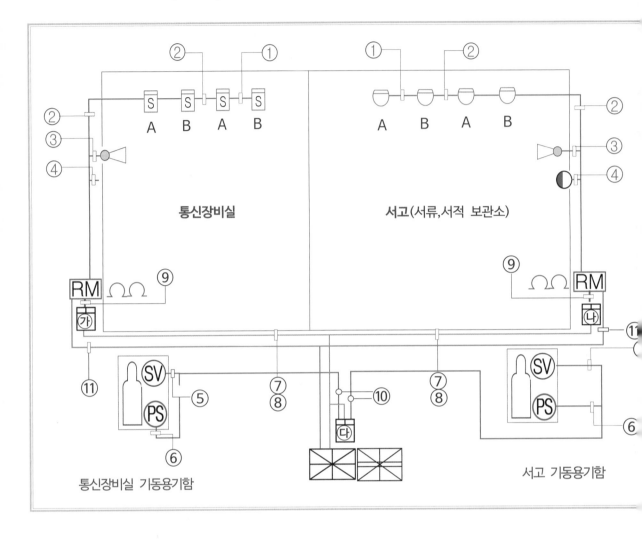

가스계 소화설비의 R형 계통도에서 설계도면에 표현되어야 하는 내용

1. 하나의 방호구역의 부품들이 수동조작함(RM)과 연결되는 내용이 설계되어야 한다.

- ○ 감지기(S ⬭) A회로, 감지기 B회로 ↔ 수동조작함(RM)
- ○ 경보장치(사이렌 ◖◗) ↔ 수동조작함(RM)
- ○ 방출표시등(◖) ↔ 수동조작함(RM)
- ○ 감지기 A, B회로 종단저항(⌒) 수동조작함(RM)에 설치
- ○ 개구부 폐쇄장치 ↔ 수동조작함(RM) - 폐쇄장치가 있다면 설계한다.

2. 수동조작함(RM) ↔ 중계기(⬚) 연결 내용

- ○ 중계기의 종류
- ○ 수동조작함과 중계기의 IN(입력), OUT(출력)의 구체적인 내용
- ○ 신호전송선의 종류

3. 소화약제 저장용기실의 부품 ↔ 중계기(⬚) 연결 내용

○ 중계기의 종류
○ 압력스위치, 솔레노이드밸브와 중계기의 IN(입력), OUT(출력)의 구체적인 내용
○ 신호전송선의 종류

참고

소화약제 저장용기실에는 각 방호구역의 기동용기함이 설치되어 있다.

기동용기함에는 기동용기 작동용 솔레노이드밸브와, 방출표시등 작동용 압력스위치가 설치되어 있다.

솔레노이드밸브, 압력스위치는 해당 방호구역의 수동조작함(RM)에 연결할 수도 있지만,

소화약제 저장용기실과 각 방호구역의 수동조작함과는 먼 거리에 있다.

번거롭고 어렵게 수동조작함에 연결하여 수신기로 연결하는 방법보다는

소화약제 저장용기실에 있는 수신기에 직접연결하는 것이 바람직한다.

초보의 설계자가 솔레노이드밸브, 압력스위치를 해당 방호구역의 수동조작함(RM)에 연결하는 설계를 해도, 실제 공사를 하는 시공자는 설계변경을 요구해서 수신기와 직접 연결한다.

시험문제에서도 현장감이 부족한 출제자는 솔레노이드밸브, 압력스위치를 해당 방호구역의 수동조작함(RM)에 연결하는 문제를 출제할 수 있지만 시험문제이므로 출제자의 요구하는 내용으로 답을 쓰야 한다.

---

4. 수동조작함(RM) ↔ 중계기(⬚) 수신기(⊠) 연결 내용

○ 중계기의 종류
○ 수동조작함(RM)과 중계기(⬚)의 IN(입력), OUT(출력)의 구체적인 내용
○ 신호전송선의 종류

부품과 수동조작함, 중계기와 연결 내용

1. 감지기(⬚S ⬚)

통신장비실과 서고에는 감지기를 A, B 교차회로 설계를 했다.

감지기선 ①은 HFIX 1.5㎟ - 4(16C) 이다. 수동조작함(RM)에서 감지기선 2선이 출발하여 B회로 감지기를 차례로 연결하여 마직막 감지기의 감지기선이 수동조작함으로 되돌아와 감지기선의 끝에 종단저항을 설치한다.

감지기선 ②는 HFIX 1.5㎟ - 8(28C) 이다. 수동조작함(RM)에서 감지기선 2선이 출발하여 감지기 A회로를 차례로 연결하여 마직막 감지기의 감지기선이 수동조작함으로 되돌아와 감지기선의 끝에 종단저항을 설치한다. 감지기선 B회로 4선과 A회로 4선을 합하여 8선이다.

2. 사이렌(◯◁)

③은 사이렌선 +, -선 2선으로 HFIX 2.5㎟ - 2(16C) 이다.

3. 방출표시등(◖)

④는 방출표시등 +, -선 2선으로 HFIX 2.5㎟ - 2(16C) 이다.

4. 솔레노이드밸브(SV)

⑤는 기동용기의 솔레노이드밸브로서 +, -선 2선으로 HFIX 2.5㎟ - 2(16C) 이다.

5. 압력스위치(PS)

⑥은 기동용기함에 설치된 압력스위치로서 +, -선 2선으로 HFIX 2.5㎟ - 2(16C) 이다.

중계기(⬚)와 과 수신기(⊠)의 연결 내용

1. 각 중계기 마다 중계기의 종류와 IN(입력), OUT(출력)의 구체적인 내용
【예 시】

기호	중계기 기종 및 입, 출력 내용
①	중계기(4×4) 2개, 입력(IN) 5, 출력(OUT) 3 　입력 : 감지기 A회로선, 감지기 B회로선, 방출지연 스위치선 　　　방출표시등 작동용 압력스위치선, 수동작동 스위치, 　출력 : 기동(솔레노이드밸브)선, 사이렌선, 방출표시등선

24. 가스계소화설비 전기 평면도(R형)(295P) 해설

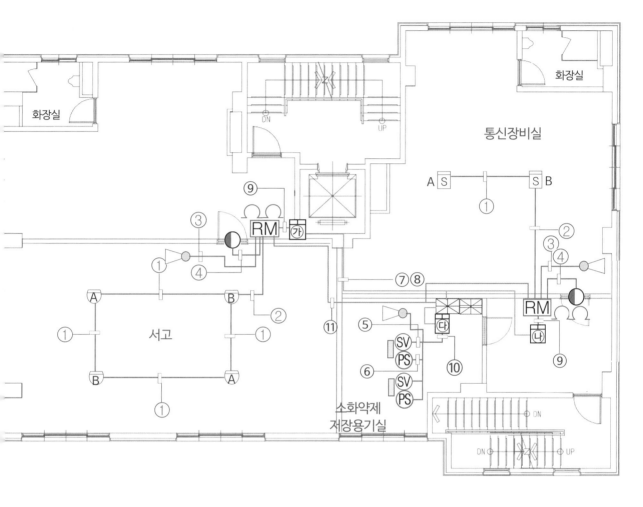

가스계 소화설비의 R형 평면도에서 설계도면에 표현되어야 하는 내용

1. 하나의 방호구역의 부품들이 수동조작함(RM)과 연결되는 내용이 설계되어야 한다.

- 감지기(S ▭) A회로, 감지기 B회로 ↔ 수동조작함(RM)
- 경보장치(사이렌 ◐◁) ↔ 수동조작함(RM)
- 방출표시등(◐) ↔ 수동조작함(RM)
- 감지기 A, B회로 종단저항(◠) 수동조작함(RM)에 설치
- 개구부 폐쇄장치 ↔ 수동조작함(RM) - 개구부 폐쇄장치가 있다면 설계한다.

2. 수동조작함(RM) ↔ 중계기(▭) 연결 내용

- 중계기의 종류
- 수동조작함과 중계기의 IN(입력), OUT(출력)의 구체적인 내용
- 신호전송선의 종류

3. 소화약제 저장용기실의 부품 ↔ 중계기(▭) 연결 내용
○ 중계기의 종류　　○ 신호전송선의 종류
○ 압력스위치, 솔레노이드밸브와 중계기의 IN(입력), OUT(출력)의 구체적인 내용

4. 수동조작함(RM) ↔ 중계기(▭) 수신기(⊠) 연결 내용
○ 중계기의 종류　　○ 신호전송선의 종류
○ 수동조작함(RM)과 중계기(▭)의 IN(입력), OUT(출력)의 구체적인 내용

부품과 수동조작함, 중계기와 연결 내용

1. 감지기(S ▢)

통신장비실과 서고에는 감지기를 A, B 교차회로 설계를 했다.
서고에는 차동식스폿트형 감지기, 통신장비실에는 연기감지기를 바닥면적에 필요한 감지기 개수의 2배틀 설계한다.

감지기선 ①은 　HFIX 1.5㎟ - 4(16C)　 이다.　수동조작함(RM)에서 감지기선 2선이 출발하여 B회도 감지기를 차례로 연결하여 감지기선이 수동조작함으로 되돌아와 감지기선의 끝에 종단저항을 설치한다.

감지기선 ②는 　HFIX 1.5㎟ - 8(28C)　 이다.　수동조작함(RM)에서 감지기선 2선이 출발하여 감지기 A회로를 차례로 연결하여 감지기선이 수동조작함으로 되돌아와 감지기선의 끝에 종단저항을 설치한다. 감지기선 B회로 4선과 A회로 4선을 합하여 8선이다.

2. 사이렌(◖)

③은 사이렌선 +, -선 2선으로 　HFIX 2.5㎟ - 2(16C)　 이다.

3. 방출표시등(◑)

④는 방출표시등 +, -선 2선으로 　HFIX 2.5㎟ - 2(16C)　 이다.

4. 솔레노이드밸브(SV)

⑤는 기동용기의 솔레노이드밸브로서 +, -선 2선으로 　HFIX 2.5㎟ - 2(16C)　 이다.

5. 압력스위치(PS)

⑥은 기동용기함에 설치된 압력스위치로서 +, -선 2선으로 　HFIX 2.5㎟ - 2(16C)　 이다.

⑪은 `HFIX 2.5㎟ - 2(16C)` 이며, 전화(+, -)선 이다.

⑨는 `HFIX 2.5㎟ - 12(28C)` 이다.

중계기와 부품마다 연결하는 선으로, 구체적인 회선 내용은
감지기 A회로(+,-), 감지기 B회로(+,-), 기동(작동)스위치(+,-), 방출지연(비상)스위치(+,-),
사이렌(+,-), 방출표시등(+,-)

⑩은 `HFIX 2.5㎟ - 4(16C)` 이다.

압력스위치(방출표시등작동)(+,-), 기동(솔레노이드밸브)(+,-)

⑦은 통신선 `F-CVV-SB CABLE 1.5㎟ 또는 (HCVV-SB TWIST CABLE 1.5㎟ 1pr)` 이다.

⑧은 중계기 전원(+, -)선 이다.

중계기(⬜)와 수신기(⊠)의 연결 내용

1. 각 중계기 마다 중계기의 종류와 IN(입력), OUT(출력)의 구체적인 내용

기호	중계기 기종 및 입, 출력 내용
㉮ ㉯	중계기(4×4) 1개 중계기(4×4) 입력(IN) 4, 출력(OUT) 2 　　　**입력** : 감지기 A회로선, 감지기 B회로선, 기동스위치선 　　　　　　　방출지연 스위치선 　　　**출력** : 사이렌선, 방출표시등선
㉰	중계기(4×4) 1개, 중계기(4×4) 입력(IN) 4, 출력(OUT) 1 　　　**입력** : 방출표시등 작동용 압력스위치선(서고) 　　　　　　　방출표시등 작동용 압력스위치선(통신장비실) 　　　**출력** : 사이렌선(소화약제 저장용기실 내 사이렌) 　　　　　　　솔레노이드밸브(서고) 　　　　　　　솔레노이드밸브(통신장비실)

㉮ ㉯ ㉰ 중계기 결선 내용

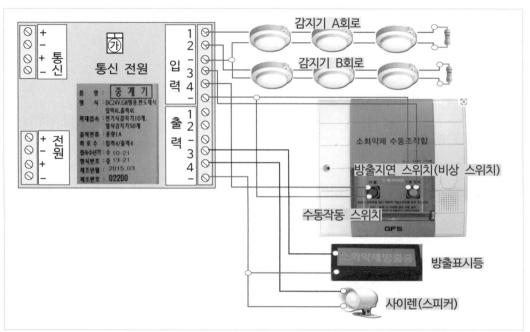

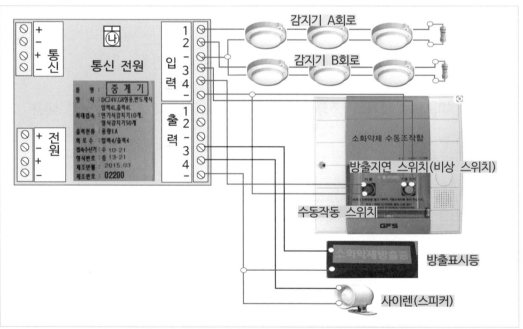

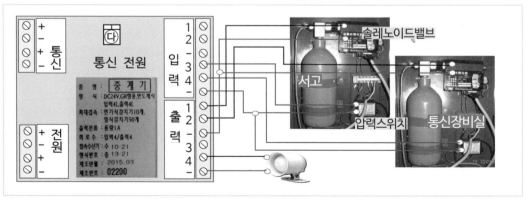

문 제 1

아래 도면은 이산화탄소 소화설비를 설계한 도면이다. 아래의 묻는 답을 쓰시오.

1. 잘못 설계한 내용을 7가지 지적하여 그 지적 내용을 설명하시오.
2. 계통도를 그리고 부품과 부품간의 설계내용과 그 설계내용을 설명하시오.

(설계내용 사례 : 16C(HFIX 2.5 -6),

설계내용 설명 사례 : 전원 +선, 전원 -, 감지기 A회로선, 방출표시등선,

사이렌선, 수동조작 스위치선)

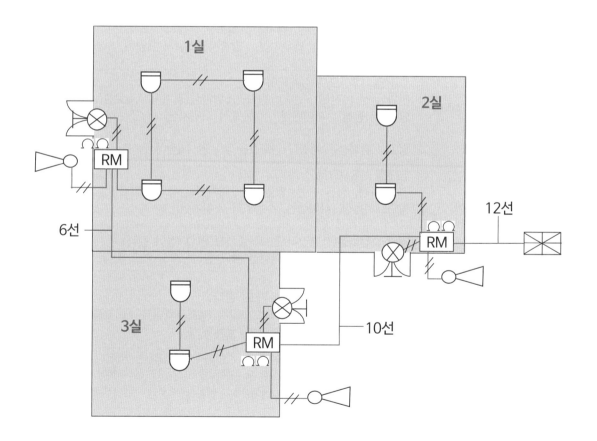

번호	내용	설명
1	감지기 선 숫자 잘못	교차회로 설계해야 하므로 2선을 4선으로 해야한다.
2	사이렌 설치위치 잘못	실외에 설치된 사이렌은 방호구역 안에 설치해야 한다. (방호구역 안에 근무자가 사이렌 경보소리를 듣고 대피하기 위하여 설치한다)
3	수동조작함 설치위치 잘못	방호구역 안에 설치된 수동조작함은 방호구역 밖의 출입문 부근 벽에 설치해야 한다. (화재발생 장소에서 화재로부터 안전하게 조작 할 수 있도록 해야 한다)
4	방출표시등 설치위치 잘못	방호구역 안에 설치된 방출표시등은 방호구역 밖의 출입문 위에 설치해야 한다. (방호구역 밖에 있는 사람들이 화재 및 소화약제가 방출된 위험장소임을 방출표시등으로 알려 방호구역 안으로 들어가지 못하도록 하는 경고 표시등의 기능을 한다)
5	1실과 3실의 수동조작함 선 숫자 잘못	6선을 8선으로 설계해야 한다. 전원 +선, 전원 −선, 감지기 A회로선, 감지기 B회로선, 방출표시등선, 사이렌선, 수동조작 스위치선, 방출지연스위치선(전원 −선은 공통선이다)
6	3실과 2실의 수동조작함 선 숫자 잘못	10선을 13선으로 설계해야 한다. 전원 +선, 전원 −선, 방출지연스위치선(감지기 A회로선, 감지기 B회로선, 방출표시등선, 사이렌선, 수동조작 스위치선) × 2 참고 : 전화선은 빠졌다(전화선을 넣은면 14선이 된다)
7	2실과 수신기의 선 숫자 잘못	12선을 18선으로 설계해야 한다. 전원 +선, 전원 −선, 방출지연스위치선(감지기 A회로선, 감지기 B회로선, 방출표시등선, 사이렌선, 수동조작 스위치선) × 3 참고 : 전화선은 빠졌다(전화선을 넣은면 19선이 된다) 　　　시중의 책들은 전화선을 빼고 정답으로도 하고 있다.

참고
- 방출지연스위치 : 비상스위치, 복구스위치(S/W)라 부르기도 한다.
- 방출지연스위치 회로 : 2이상의 방호구역 전체를 1회로로 해도 되며, 방호구역별로 1회로를 설치해도 된다.
  위에 정답은 3실의 방호구역을 1회로로 설계했다.

사례	구간	전원 +	전원 −	감지기 A	감지기 B	방출 표시등	사이렌	수동 S/W	복구 S/W	전화	계
전화선 없고, 복구S/W를 3방호구역을 1회로 한 경우	1실→3실	1	1	1	1	1	1	1	1		8
	3실→2실	1	1	2	2	2	2	2	1		13
	2실→수신기	1	1	3	3	3	3	3	1		18
전화선 있고, 복구S/W를 방호구역별 1회로 한 경우	1실→3실	1	1	1	1	1	1	1	1	1	9
	3실→2실	1	1	2	2	2	2	2	2	1	15
	2실→수신기	1	1	3	3	3	3	3	3	1	21

정 답

부품과 부품간의 설계내용 및 설명

번호	설계 표기내용	상세내용
①	16C(HFIX 1.5 -4)	감지기 A회로선(+선 2선, -선 2선)
②	28C(HFIX 1.5 -8)	감지기 A, B회로선(+선 4선, -선 4선)
③	28C(HFIX 1.5 -8)	감지기 A, B회로선(+선 4선, -선 4선)
④	28C(HFIX 1.5 -8)	감지기 A, B회로선(+선 4선, -선 4선)
⑤⑥	16C(HFIX 2.5 -2)	⑤ 방출표시등 +선, -선　　⑥ 사이렌 +선, -선
⑦	28C(HFIX 2.5 -8)	전원 +선, 전원 -선, 방출지연(비상)스위치선, 감지기 A회로선, 감지기 B회로선, 방출표시등선, 사이렌선, 수동조작 스위치선,
⑧	36C(HFIX 2.5 -13)	전원 +선, 전원 -, 방출지연(비상)스위치선, (감지기 A회로선, 감지기 B회로선, 방출표시등선, 사이렌선, 수동조작 스위치선) × 2
⑨	36C(HFIX 2.5 -18)	전원 +선, 전원 -, 방출지연(비상)스위치선, (감지기 A회로선, 감지기 B회로선, 방출표시등선, 사이렌선, 수동조작 스위치선) × 3

계통도

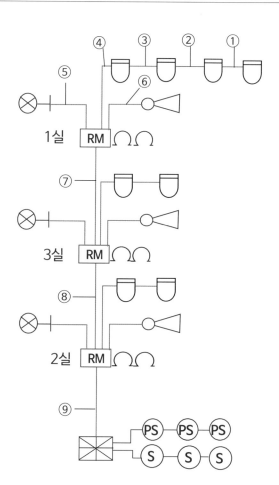

참고

정답에서,
전화선은 넣어도 되고, 빼도 된다.

방출지연(복구,비상)스위치는 1~3실을 1회로로 해도
되고, 각 실별 1회로로 해도 된다.

문제의 내용에서 전화선, 복구복구,비상)스위치선
내용에 대하여 별도로 있으면 문제의 내용되로
정답을 쓰면 된다.

해 설 정상도면으로 수정한 내용

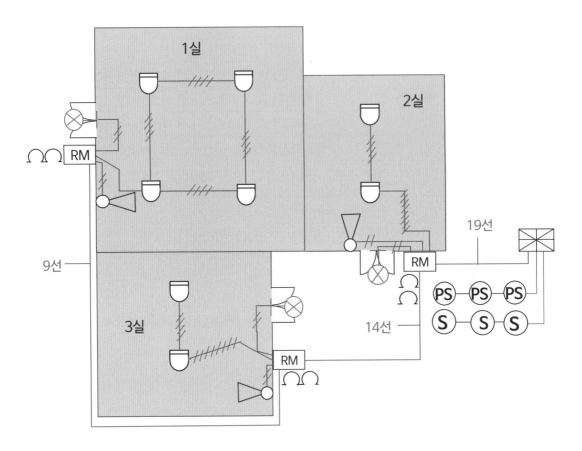

도시기호

도시기호	이름
⊠	수신기
RM	수동조작함
⊔	차동식스폿트형 감지기
⊗⊢	방출표시등
◁	사이렌
∩	종단저항
ⓟⓢ	압력스위치
ⓢ	솔레노이드밸브

문제 2

그림은 할론 1301 소화설비 계통도이다.
각 물음에 답하시오. (단, 감지기는 별도의 공통선을 사용한다)

　　1. 배선 가닥수를 쓰시오.
　　2. 배선의 용도(이름)를 쓰시오.

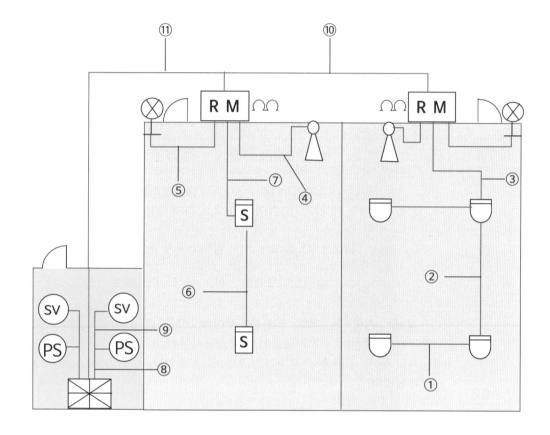

이름	도시기호
⊠	수신반
⊗⊣	방출표시등
(PS)	압력스위치
S	연기감지기
◁	사이렌
∩	종단저항
RM	수동작동 스위치함
(SV)	솔레노이드밸브

번호	배선 가닥수	배선 용도(이름)
①	4	감지기A회로 +선 2,　감지기A회로 −선 2
②	8	감지기A회로 +선 2,　감지기A회로 −선 2, 감지기B회로 +선 2,　감지기B회로 −선 2
③	8	감지기A회로 +선 2,　감지기A회로 −선 2, 감지기B회로 +선 2,　감지기B회로 −선 2
④	2	사이렌 +선,　사이렌 −선
⑤	2	방출표시등 +선,　방출표시등 −선
⑥	4	감지기A회로 +선 2,　감지기A회로 −선 2
⑦	8	감지기A회로 +선 2,　감지기A회로 −선 2, 감지기B회로 +선 2,　감지기B회로 −선 2
⑧	3	솔레노이드밸브 +선,　압력스위치 +선,　공통선 −선
⑨	2	솔레노이드밸브 +선,　솔레노이드밸브 −선
⑩	10	전원+선, 전원−선, 전화, 기동선, 사이렌, 방출지연스위치선, 감지기A회로선, 감지기B회로선,　감지기공통선,　방출표시등선 문제의 단서 조건에서 감지기는 별도의 공통선을 사용하므로 감지기공통선이 추가되었다. **참고** 전화선은 수동조작함(S.V.P) 제작회사의 선택 사양이며, 시험문제에서 전화기능을 포함한다면, 전화선을 포함하여 계산하면 된다.
⑪	15	전원+선, 전원−선, 전화, 감지기공통선, 방출지연스위치선(기동선, 사이렌선, 감지기A회로선, 감지기B회로선, 방출표시등선) × 2

참고

정답에서, 전화선은 넣어도 되고, 빼도 된다.
방출지연(복구,비상)스위치는 1~3실을 1회로로 해도 되고, 각 실별 1회로로 해도 된다.

문제의 내용에서 전화선, 복구(비상)스위치선 내용에 대하여 별도로 있으면 문제의 내용대로
정답을 쓰면 된다.

문 제 3

그림은 할론소화설비 계통도이다.
지하1층, 지하2층, 지하3층 방호구역은 그림과 동일하다.
조건을 참조하여 각 물음에 답하시오?

【조건】
　가. 감지기 공통선은 별도로 사용한다.
　나. 수신기는 지상1층에 설치한다.
　다. 각층의 층고는 3.5m이다.
　라. 전선의 가닥수는 최소로 한다.

1. 그림의 ①~⑤의 배선 수를 쓰시오.
2. ⑥, ⑦의 명칭과 설치목적을 쓰시오.
3. 계통도를 그리고 계통도에 배선수를 표시하시오.

1층
_____
지하1층
_____
지하2층
_____
지하3층
_____

할론소화설비
소화약제 저장용기실

계통도

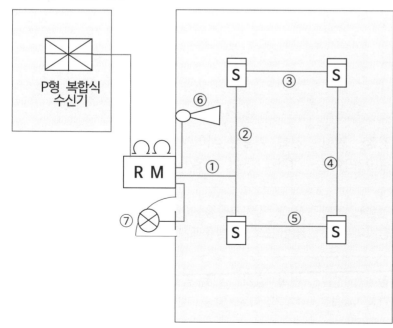

309

정 답

1. ① 8   ② 4   ③ 4   ④ 4   ⑤ 4
2. 명칭 : ⑥ 사이렌   ⑦ 방출표시등
   설치목적 :
   ⑥ 방호구역 내에 화재경보를 하여 인명대피 및 관계자에게 긴급대처를 하도록 한다.
   ⑦ 방호구역 안에 소화약제가 방사되었다는 방출표시등을 점등하여 방사된 위험지역인 방호구역 밖에서
      출입을 하지 않도록 한다.

3. 계통도

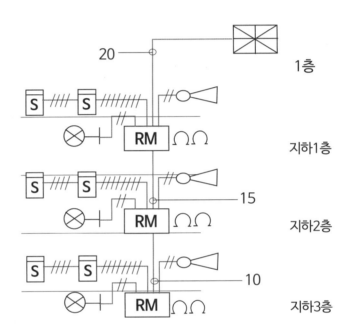

해 설

층	배선수	내용
지하3층 ↔ 지하2층	10	전원+, 전원-, 전화, 기동선, 사이렌, 방출지연, 감지기A회로, 감지기B회로, 감지기 공통, 방출표시등
지하2층 ↔ 지하1층	15	전원+, 전원-, 전화, 감지기공통, 방출지연(기동선, 사이렌, 감지기A회로, 감지기B회로, 방출표시등) × 2
지하1층 ↔ 수신기	20	전원+, 전원-, 전화, 감지기공통, 방출지연(기동선, 사이렌, 감지기A회로, 감지기B회로, 방출표시등) × 3

문 제 4

도면은 할론 소화설비의 수동조작함에서 할론 제어반까지의 결선도 및 계통도(3 ZONE)이다.
주어진 도면과 조건을 이용하여 다음 각 물음에 답하시오.

  (가) ① ~ ⑦의 전선 명칭은?

  (나) ⓐ ~ ⓗ의 전선 가닥수는?

【조건】

○ 전선의 가닥수는 최소 가닥수로 한다.

○ 복구스위치 및 도어스위치는 없는 것으로 한다.

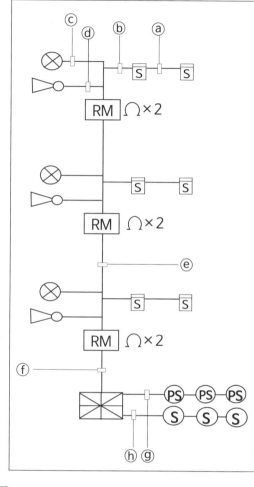

【도면】

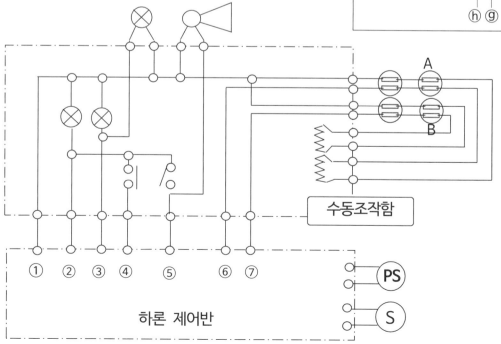

(가) ① 전원 -   ② 전원 +   ③ 방출표시등   ④ 기동스위치   ⑤ 사이렌   ⑥ 감지기 A회로
⑦ 감지기 B회로

(나) ⓐ 4가닥   ⓑ 8가닥   ⓒ 2가닥   ⓓ 2가닥   ⓔ 14가닥   ⓕ 19가닥
ⓖ 4가닥   ⓗ 4가닥

※ 참고 : 전화연결구와 방출지연(비상)스위치는 없는 그림이다.

해 설

번호	배선의 종류	배선 이름
ⓐ	HFIX 1.5㎟ - 4	감지기A 회로 4선(+ 2, - 2선)
ⓑ	HFIX 1.5㎟ - 8	감지기A 회로 4선, 감지기B 회로 4선
ⓒ	HFIX 2.5㎟ - 2	방출표시등 2선(+ 1, - 1선)
ⓓ	HFIX 2.5㎟ - 2	사이렌 2선(+ 1, - 1선)
ⓔ	HFIX 2.5㎟ - 14	전원+, 전원-, 전화, 방출지연,(기동선, 사이렌, 감지기A회로, 감지기B회로, 방출표시등) × 2
ⓕ	HFIX 2.5㎟ - 19	전원+, 전원-, 전화, 방출지연,(기동선, 사이렌, 감지기A회로, 감지기B회로, 방출표시등) × 3
ⓖ	HFIX 2.5㎟ - 4	압력스위치(방출표시등 작동용) 4선(회로선 3, 공통선 1선)
ⓗ	HFIX 2.5㎟ - 4	솔레노이드밸브(기동용기 작동용) 4선(회로선 3, 공통선 1선)

※ 참고 : 방출지연(비상,복구)스위치 회로는 없는 설비이며, 전선수를 최소의 가닥수로 하는
조건이었으므로, 감지기 공통선은 전원 -선을 사용해도 된다.

문 제 5

다음 도면과 같은 컴퓨터실에 독립적으로 할론소화설비를 하려고 한다.
이 설비를 자동적으로 동작시키기 위한 전기설계를 하시오.(단, 건물은 주요구조부는 내화구조이다)

【조건】

1. 평면도 및 제어계통도만 작성할 것
2. 감지기의 종류를 명시할 것
3. 배선 상호간에 사용되는 전선류와 전선 가닥수를 표시할 것
4. 심벌은 임의로 사용하고 심벌 부근에 심벌명을 기재할 것
5. 실의 높이는 4m이며 지상 2층에 컴퓨터실이 있음

【물음】

1. 평면도를 작성하시오
2. 제어계통도를 그리시오
3. 감지기의 종류를 쓰시오

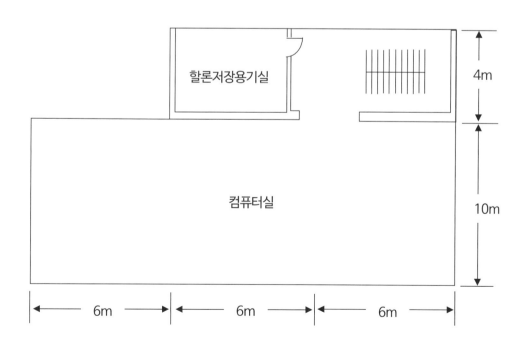

1. 평면도

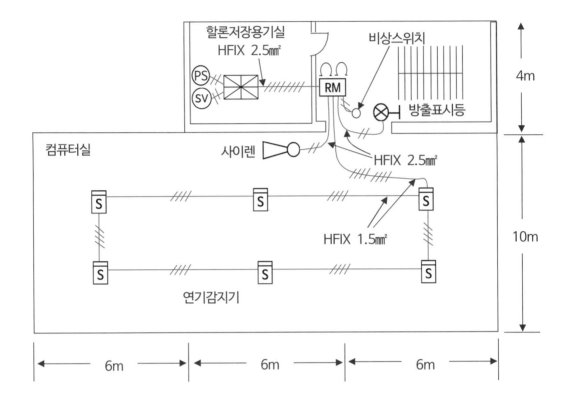

2. 제어계통도

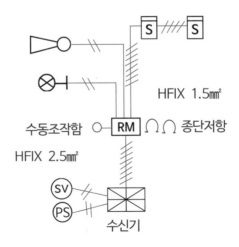

3. 감지기의 종류 : 연기감지기 1종 또는 2종

컴퓨터실 감지기 설계

. 감지기 종류 선정 : 실의 높이는 4m이므로 감지기 부착높이 4m이상의 높이에 부착할 수 있는
    감지기를 선정한다. 아래표의 감지기를 설치하면 된다.
    여기서는 연기감지기(광전식) 1종 또는 2종을 선정한다.

4m이상 8m미만	차동식(스포트형, 분포형) 보상식 스포트형 정온식(스포트형, 감지선형) 특종 또는 1종 이온화식 1종 또는 2종 광전식(스포트형, 분리형, 공기흡입형) 1종 또는 2종 열복합형 연기복합형 열연기복합형 불꽃감지기

. 감지기 설치개수 계산

감지기 부착높이가 4m이므로 75㎡ 마다 1개씩 계산한다,   컴퓨터실 면적 : 10 × 18 = 180㎡

가. 연기감지기를 설치한다면.

연기감지기 1종 감지기 설치개수 $= \dfrac{180}{75}$ = 2.4 = 3개,   교차회로를 설치해야 하므로,

3개 × 2회로 = 6개

부착높이	감지기 종류	
	1종 및 2종	3종
4m 미만	150	50
4m 이상 20m 미만	75	

나. 차동식스포트형 1종 감지기를 설치한다면.

차동식스포트형 1종 감지기 설치개수 $= \dfrac{180}{45}$ = 4개,

교차회로를 설치해야 하므로,   4개 × 2회로 = 8개

부착높이 및 특정소방대상물의 구분		감지기 종류						
		차동식 스포트형		보상식 스포트형		정온식 스포트형		
		1종	2종	1종	2종	특종	1종	2종
4m 미만	주요구조부를 내화구조로 한 특정소방대상물 또는 그 부분	90	70	90	70	70	60	20
	기타 구조의 특정소방대상물 또는 그 부분	50	40	50	40	40	30	15
4m 이상 20m 미만	주요구조부를 내화구조로 한 특정소방대상물 또는 그 부분	45	35	45	35	35	30	
	기타 구조의 특정소방대상물 또는 그 부분	30	25	30	25	25	15	

그림은 이산화탄소소화설비 기동용 감지기의 회로를 잘못 결선한 내용이다. 잘못된 부분을 바로잡아 옳은 결선도를 그리고 잘못된 이유를 쓰시오 ? (단, 감지기회로 종단저항은 제어반 내에 설치하는 것으로 한다)

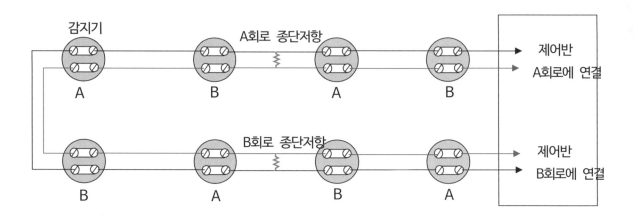

정 답

1. 수정한 결선도

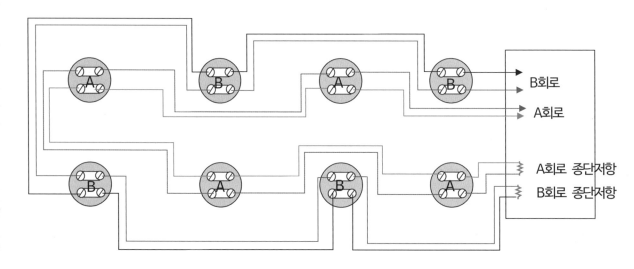

2. 잘못 결선한 이유

① 감지기 결선을 교차회로로 결선해야 하나 1회로 결선했다.
② 감지기회로의 종단저항은 감지기회로의 끝인 제어반 내에 설치해야 하나, 감지기 회로 중간에 설치했다.

종단저항 기준

자동화재탐지설비의 화재안전성능기준 11조
3. 감지기회로의 도통시험을 위한 종단저항은 다음의 기준에 따를 것
　가. 점검 및 관리가 쉬운 장소에 설치할 것
　나. 전용함을 설치하는 경우 그 설치 높이는 바닥으로부터 1.5m 이내로 할 것
　다. 감지기 회로의 끝부분에 설치하며, 종단감지기에 설치할 경우에는 구별이 쉽도록 해당
　　　감지기의 기판 및 감지기 외부 등에 별도의 표시를 할 것

종단저항 및 감지기회로 참고 자료

1. 종단저항을 설치하는 목적
　　: 수신기에서 감지기 회로의 도통시험을 원활히 하기 위해 설치한다

2. 종단저항의 설치위치 : 감지기 회로의 끝부분에 설치한다.

3. 교차회로 설치하는 이유 : 설비의 오동작을 방지하기 위해 설치한다.

4. 감지기 교차회로를 설치해야하는 설비에 교차회로를 설치하지 않아도 되는 감지기 종류
　　: 불꽃감지기, 정온식감지선형감지기, 분포형감지기, 복합형감지기, 광전식분리형감지기,
　　　아날로그방식의 감지기, 다신호방식의 감지기, 축적방식의 감지기
　　　　(이유 : 감지기의 성능이 좋아 신뢰성이 높은 감지기이다)

문 제 7

그림은 할론 1301 소화설비 계통도이다. 각 물음에 답하시오.

1. ① ~ ⑦에 필요한 전선의 최소 굵기, 전선의 최소 가닥수, 후강전선관의 크기를 답하시오.
   【예 : 16C(2.5㎟ - 5)】

2. ⑧에 필요한 종단저항의 수는 몇 개인가.

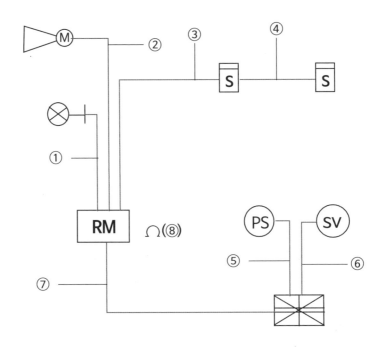

이름	도시기호
⊞	제어반
⊗⊢	방출표시등
PS	압력스위치
S	연기감지기
M	모터사이렌
∩	종단저항
RM	수동작동스위치함
SV	솔레노이드밸브

정 답

1. ① 16C(2.5㎟ - 2) ② 16C(2.5㎟ - 2) ③ 28C(1.5㎟ - 8)
   ④ 16C(1.5㎟ - 4) ⑤ 16C(2.5㎟ - 2) ⑥ 16C(2.5㎟ - 2)
   ⑦ 28C(2.5㎟ - 9)

2. 2개

해 설

번호	내용	전선의 내용
①	16C(HFIX 2.5㎟ - 2)	방출표시등 +선, 방출표시등 -선
②	16C(HFIX 2.5㎟ - 2)	사이렌 +선, 사이렌 -선
③	28C(HFIX 1.5㎟ - 8)	감지기A회로 +선 2, 감지기A회로 -선 2 감지기B회로 +선 2, 감지기B회로 -선 2
④	16C(HFIX 1.5㎟ - 4)	감지기A회로 +선 2, 감지기A회로 -선 2
⑤	16C(HFIX 2.5㎟ - 2)	압력스위치 +선, 압력스위치 -선
⑥	16C(HFIX 2.5㎟ - 2)	솔레노이드밸브 +선, 솔레노이드밸브 -선
⑦	28C(HFIX 2.5㎟ - 9)	전원+, 전원-, 전화, 기동선, 사이렌, 방출지연(비상스위치), 감지기A회로, 감지기B회로, 방출표시등,

후강전선관 규격표

전선 규격	전선관 규격					
	16 [mm]	22 [mm]	28 [mm]	36 [mm]	42 [mm]	54 [mm]
1.5 [m㎡]	1 ~ 6 가닥	7 가닥	8 ~ 18 가닥	-	-	-
2.5 [m㎡]	1 ~ 4 가닥	5 ~ 7 가닥	8 ~ 12 가닥	13 ~ 21 가닥	22 ~ 28 가닥	29 ~ 45 가닥

이산화탄소소화설비의 간선계통도이다.
물음에 답하시오(단, 감지기공통선과 전원공통선은 분리해서 사용한다)

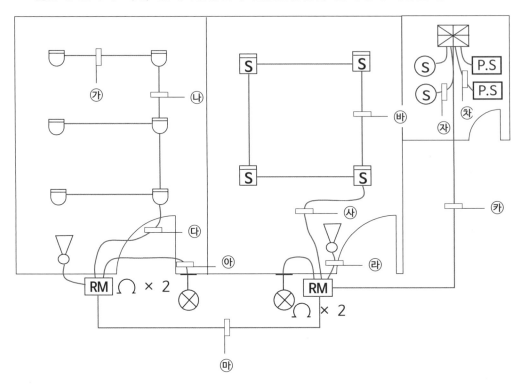

물 음

1. ㉮ ~ ㉻까지의 배선 가닥수를 쓰시오.

㉮	㉯	㉰	㉱	㉲	㉳	㉴	㉵	㉶	㉷	㉻

2. ㉲의 배선별 용도를 쓰시오(단, 해당 배선 가닥수까지만 기록)

번호	배선의 용도	번호	배선의 용도
1		6	
2		7	
3		8	
4		9	
5		10	

3. ㉻의 배선 중 ㉲의 배선과 병렬로 접속하지 않고 추가해야 하는 배선의 명칭은?

번호	배선의 용도
1	
2	
3	
4	
5	

1. 정답

㉮	㉯	㉰	㉱	㉲	㉳	㉴	㉵	㉶	㉷	㉸
4	8	8	2	9	4	8	2	2	2	15

해 설

㉰의 8선 내용 : 감지기 A회로 +선 2선, 감지기A회로 −선 2선

　　　　　　　　감지기 B회로 +선 2선, 감지기B회로 −선 2선

　　　　　　　　(감지기 선이 말단감지기에서 되돌아와 수동조작함에서 종단저항을 설치한다)

㉲의 9선 내용 : 전원+, −, 방출지연(비상스위치), 기동, 사이렌, 감지기A, B, 방출표시등, 감지기 공통(전화선을 포함하면 10선이 되며, 넣어도 된다)

㉸의 15선 내용 : (전화선을 포함하면 16선이 되며, 넣어도 된다)

　전원+, −,【방출지연(비상스위치), 기동, 사이렌, 감지기A, B, 방출표시등】×2 , 감지기 공통

2. 정답

번호	배선의 용도	번호	배선의 용도
1	전원 +	6	감지기 A
2	전원 −	7	감지기 B
3	기동스위치	8	비상스위치
4	방출표시등	9	감지기 공통
5	사이렌		

해 설

1. 전화선을 설치한다는 조건이 있으면 전화선 1선도 추가 설치한다.

2. 감지기 공통선을 별도로 사용하지 않는다면 전원 −선을 공통선으로 하며, 8선이 된다.

3. 비상스위치선은 방호구역별로 설치하기도 하고, 2이상의 방호구역에 비상스위치선 1선을 사용하기도 한다.

3. 정답

번호	배선의 용도
1	기동스위치
2	방출표시등
3	사이렌
4	감지기 A
5	감지기 B

할론소화설비의 수동조작함에서 제어반(수신기)까지의 결선도 및 계통도에 대한 것이다.
주어진 조건을 참조하여 각 물음에 답하시오.

(조 건)
    1. 전선의 가닥수는 최소한으로 한다.
    2. 복구스위치 및 도어스위치는 없는 것으로 한다.

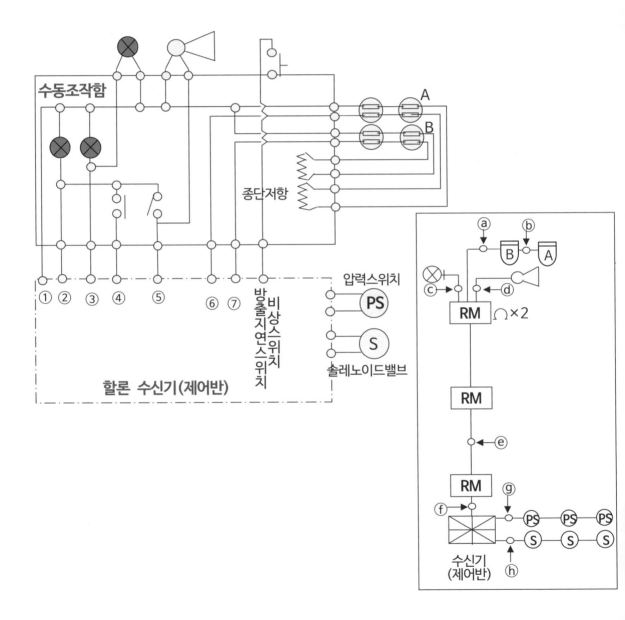

(물 음)
    1. ①~⑦의 전선 명칭은?
    2. ⓐ~ⓗ의 전선 가닥수는?

1. ① 전원 −,   ② 전원 +,   ③ 방출표시등,   ④ 기동스위치,   ⑤ 사이렌
    ⑥ 감지기 A,   ⑦ 감지기 B

2. ⓐ 4가닥,   ⓑ 8가닥,   ⓒ 2가닥,   ⓓ 2가닥,   ⓔ 13가닥,   ⓕ 18가닥,   ⓖ 4가닥,   ⓗ 4가닥

해 설

선 종류, 가닥수, 선명칭

번호	선 종류, 가닥수	선 이름	번호	선 종류, 가닥수	선 이름
ⓐ	HFIX 1.5 − 4	지구(회로)선 2, 공통선 2	ⓒ	HFIX 2.5 − 2	방출표시등선 2
ⓑ	HFIX 1.5 − 8	지구(회로)선 4, 공통선 4	ⓓ	HFIX 2.5 − 2	사이렌선 2
ⓔ	HFIX 2.5 − 13	전원+, 전원−,【방출표시등, 기동(스위치), 사이렌, 감지기A, 감지기B)×2】, 비상스위치 참고 : 비상스위치를 방호구역별로 별도 1회로를 설치할 수 있다.			
ⓕ	HFIX 2.5 − 18	전원+, 전원−,【방출표시등, 기동(스위치), 사이렌, 감지기A, 감지기B)×3】, 비상스위치			
ⓖ	HFIX 2.5 − 4	압력스위치선 3, 공통선 1			
ⓗ	HFIX 2.5 − 4	솔레노이드밸브선 3, 공통선 1			

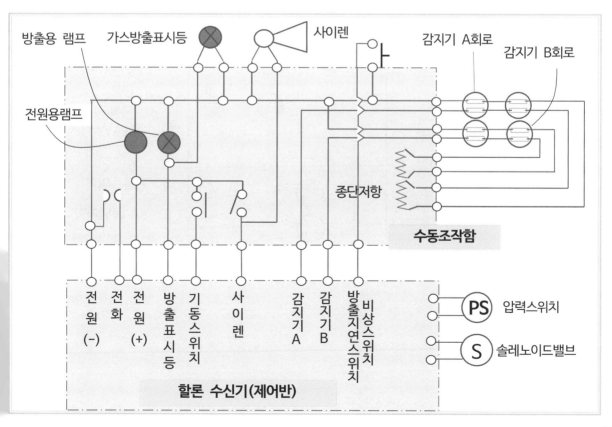

문 제 10

할론수신기의 방출표시등, 사이렌, 감지기 등과 수동조작함을 연결하시오.

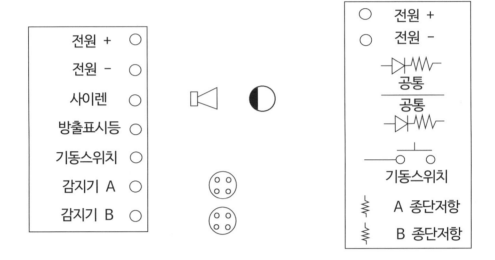

정 답

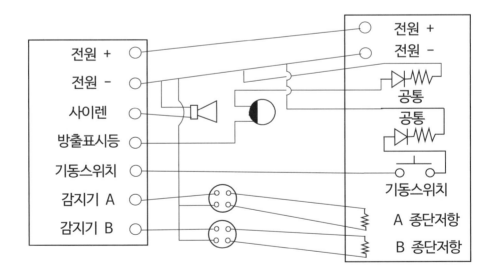

324

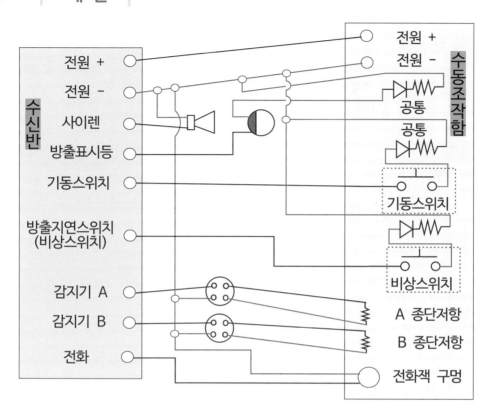

전원 -(공통선)에는,
사이렌, 방출표시등, 기동스위치, 비상스위치(방출지연스위치), 감지기 A, 감지기 B회로, 전화를 공통선으로
사용한다.

다음 물음에 답하시오.

가. 할론소화설비 평면도를 그리고 가닥수를 표시하시오.
   1) 차동식 스포트형 감지기 4개
   2) 사이렌
   3) 방출표시등
   4) 수동조작함

나. 수동조작함과 수신반 사이의 배선에 대한 전선 명칭을 쓰시오.

정 답

가.

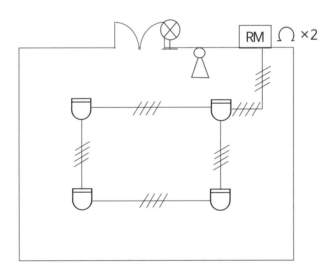

나. 전원+, -, 방출지연스위치, 기동스위치 방출표시등, 사이렌, 감지기 A, B

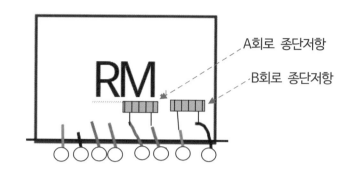

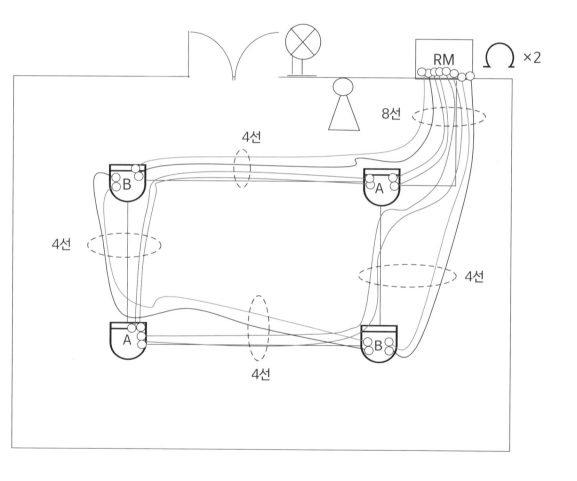

문 제 12

할론 1301 소화설비를 나타낸 것이다. 다음 각 물음에 답하시오.

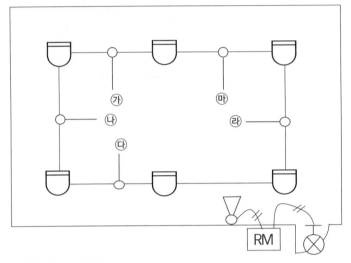

가. 사이렌의 설치목적과 설치위치 기준을 쓰시오.
　　1) 설치목적 :
　　2) 설치위치 :

나. 방출표시등의 설치목적과 설치위치 기준을 쓰시오.
　　1) 설치목적 :
　　2) 설치위치 :

정 답

가.
　　1) 설치목적 : 방호구역 내의 인원대피를 위해 설치한다.
　　2) 설치위치 : 방호구역 내에 설치한다.

나.
　　1) 설치목적 : 약제가 방출되고 있다는 표시등을 켜 실내에 진입금지하도록 한다.
　　2) 설치위치 : 실외 출입구 상부설치(실 밖의 출입문 상부에 설치)한다.

㉮	4선(A회로 +,- 선,　B회로　+,- 선)
㉯	4선(A회로 +,- 선,　B회로　+,- 선)
㉰	4선(A회로 +,- 선,　B회로　+,- 선)
㉱	4선(A회로 +,- 선,　B회로　+,- 선)
㉲	4선(A회로 +,- 선,　B회로　+,- 선)

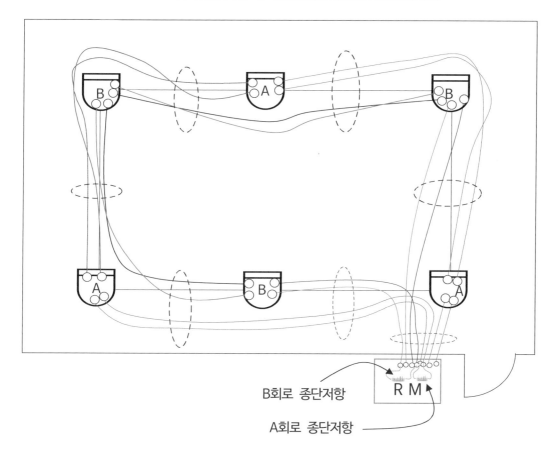

B회로 종단저항

A회로 종단저항

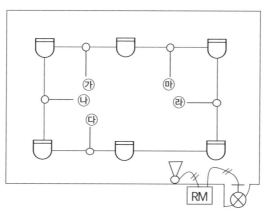

도면은 어느 방호대상물의 할론설비 부대전기설비를 설계한 도면이다. 잘못 설계된 내용 4가지만 지적하여 그 이유를 설명하시오.

【조건】

1. 심벌 범례

   $\overset{\frown\frown}{\boxed{\text{RM}}}$: 할론 수동조작함(종단저항 2개 내장)

   $\vdash\!\!\otimes$: 할론 방출표시등

2. 전선관의 규격은 표기하지 않았으므로 지적대상에서 제외한다.

3. 할론 수동조작함과 할론 컨트롤패널의 연결수는 한 방호구역당 전원(+,−) 2선, 수동조작 1선, 감지기선로 2선, 사이렌 1선, 할론방출표시등 1선, 비상스위치 1선, 공통선은 전원선 2선 중 1선을 공통으로 연결 사용한다.

4. 기술적으로 동작 불능 또는 오동작이 되거나 관련 기준에 맞지 않거나 잘 못 설계되어 인명 피해가 우려되는 것들을 지적하도록 한다.

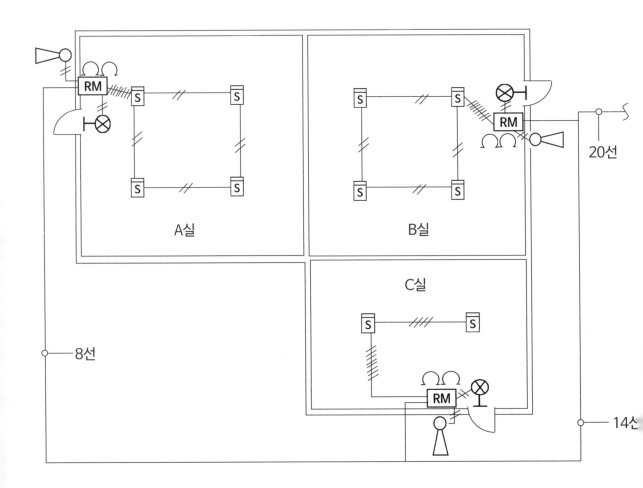

. A, B실의 감지기와 감지기 간 가닥수 2가닥 : 4가닥으로 정정이 필요하다.

. A, B, C실의 수동조작함이 실내에 설치됨 : 수동조작함은 방호구역의 출입구 밖에 설치하여 화재로
부터 안전하게 조작할 수 있도록 해야 한다.

. A, B, C실의 방출표시등이 실내에 설치됨 : 방출표시등은 방호구역의 출입구 밖에 설치하여 방호
구역에 소화약제가 방사되었다는 위험 안내표시이며, 출입구 밖에 설치해야 한다.

. A, B, C실의 사이렌이 실외에 설치됨 : 사이렌은 방호구역 내에 설치하여 방호구역에 화재경보를
울려 긴급대피 및 응급조치를 할 수 있도록 방호구역 안에 설치해야 한다.

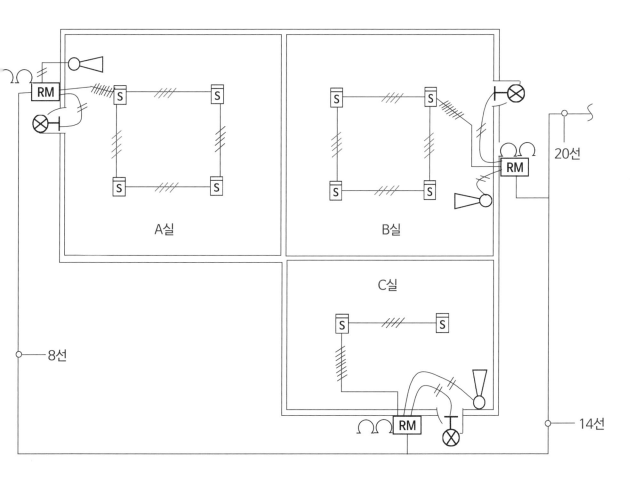

번호	배선의 종류	배선 이름
A실 ↔ C실 수동조작함	HFIX 2.5㎟ - 8	전원+, -, 수동조작, 감지기A, B, 사이렌, 방출표시등, 비상스위치
C실 ↔ B실 수동조작함	HFIX 2.5㎟ - 14	전원+,-(수동조작, 감지기A, B, 사이렌, 방출표시등, 비상스위치) × 2
B실 수동조작함 ↔ 수신기	HFIX 2.5㎟ - 20	전원+,-(수동조작, 감지기A, B, 사이렌, 방출표시등, 비상스위치) × 3

수동조작함과 수신기간의 배선내용

문제의 조건에서 전화선은 사용을 하지 않으며, 비상스위치는 방호구역별로 설치하는 조건이므로 위 표의 내용과 같은 배선 내용이 된다.

참고자료

문제의 조건에서 하나의 방호구역에 비상스위치를 별도로 설치하는 조건이었으므로 C실 ↔ B실 수동조작함의 배선수는 14선, B실 수동조작함 ↔ 수신기배선수는 20선이 된다.

그러나 일반적으로 비상스위치(방출지연)는 여러개의 방호구역 전체를 1개의 스위치로 배선하기도 한다.

그렇게 하면, C실 ↔ B실 수동조작함의 배선수는 13선, B실 수동조작함 ↔ 수신기배선수는 18선이 된다.

VII. 유도등

차례

중계기

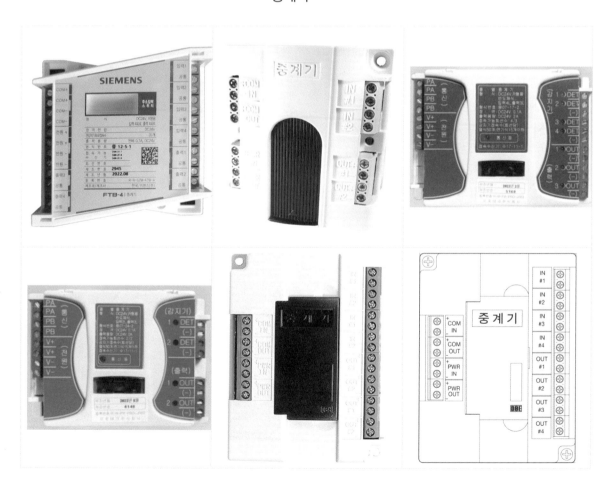

1. 2선식, 3선식 배선 연결 내용

2선식 연결

흰색선 1선은 전기 1선에 연결하고,
검정색선 과 녹색선을 합하여 전기 1선에 연결한다.

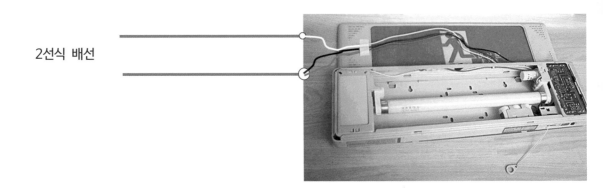

2선식 배선

3선식 연결

흰색선 1선은 전기 1선에 연결하고,
검정색 1선은 전기 1선에 연결한다.
녹색선은 원격스위치선에 연결한다.

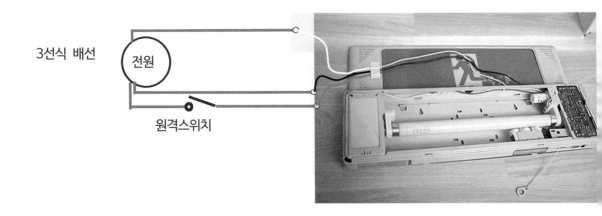

3선식 배선

전원

원격스위치

2선식 배선

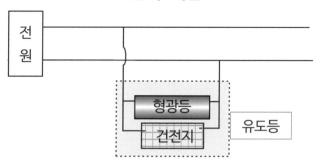

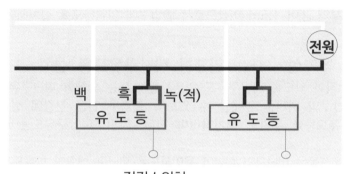

점검스위치

3선식 배선

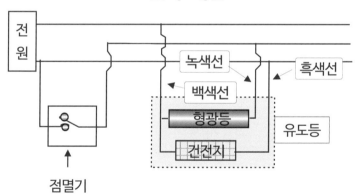

점멸기

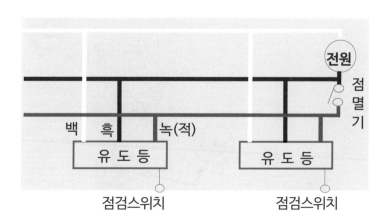

점검스위치   점검스위치

2. 피난구유도등
유도등 및 유도표지의 화재안전기술기준 2.2

가. 설치해야 하는 장소
1. 옥내로부터 직접 지상으로 통하는 출입구 및 그 부속실의 출입구
2. 직통계단 · 직통계단의 계단실 및 그 부속실의 출입구
3. 1 및 2에 따른 출입구에 이르는 복도 또는 통로로 통하는 출입구
4. 안전구획된 거실로 통하는 출입구

나. 설치 높이
피난구의 바닥으로부터 높이 1.5m 이상으로서 출입구에 인접하도록 설치해야 한다.

다. 피난구유도등 추가설치 또는 입체형 피난구유도등 설치
피난구유도등의 면과 수직이 되도록 피난구유도등 추가설치 또는 입체형 피난구유도등 설치
피난층으로 향하는 피난구의 위치를 안내할 수 있도록 출입구 인근 천장에 설치된 피난구유도등의 면
수직이 되도록 피난구유도등을 추가로 설치하여야 한다. 다만, 피난구유도등이 입체형인 경우에는 그
하지 아니하다.
추가로 설치하는 피난구유도등은 피난구의 식별이 용이하도록 피난구 방향의 화살표가 함께 표시된 것으로 설
해야 한다

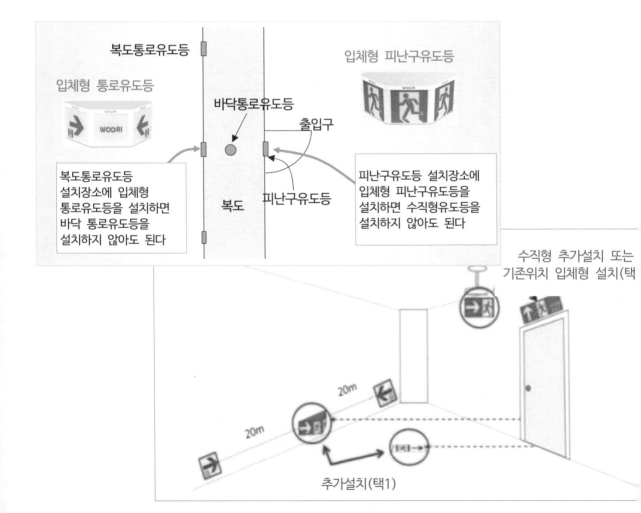

3. 통로유도등

유도등 및 유도표지의 화재안전기술기준 2.3

특정소방대상물의 각 거실과 그로부터 지상에 이르는 복도 또는 계단의 통로에 설치한다.

가. 복도통로유도등

㉮ 복도에 설치하되 피난구유도등이 설치된 출입구의 맞은편 복도에는 입체형으로 설치하거나, 바닥에 설치할 것
㉯ 구부러진 모퉁이 및 ㉮에 따라 설치된 통로유도등을 기점으로 보행거리 20 m 마다 설치할 것
㉰ 바닥으로부터 높이 1m 이하의 위치에 설치할 것. 다만, 지하층 또는 무창층의 용도가 도매시장·소매시장·여객자동차터미널·지하역사 또는 지하상가인 경우에는 복도·통로 중앙부분의 바닥에 설치해야 한다.
㉱ 바닥에 설치하는 통로유도등은 하중에 따라 파괴되지 아니하는 강도의 것으로 할 것

나. 거실통로유도등

㉮ 거실 통로에 설치한다. 다만 거실 통로가 벽체 등으로 구획된 경우에는 복도통로유도등을 설치해야 한다.
㉯ 구부러진 모퉁이 및 보행거리 20m마다 설치한다.
㉰ 바닥으로부터 높이 1.5m 이상의 위치에 설치한다.
　　다만 거실 통로에 기둥이 설치된 경우에는 기둥부분의 바닥으로부터 높이 1.5m 이하의 위치에 설치할 수 있다.

다. 계단통로유도등

㉮ 각층의 경사로참 또는 계단참마다(1개층에 경사로참 또는 계단참이 2 이상 있는 경우에는 2개의 계단참 마다)설치한다.
㉯ 바닥으로부터 높이 1m 이하의 위치에 설치한다.

라. 통로유도등 공통기준

㉮ 통행에 지장이 없도록 설치할 것
㉯ 주위에 이와 유사한 등화광고물·게시물 등을 설치하지 아니할 것

그림과 같은 사무실에 통로유도등을 설치하려고 한다.
각 물음에 답하시오.(단, 출입구의 위치는 무시하되, 복도에만 통로유도등을 설치하는 것으로 한다)

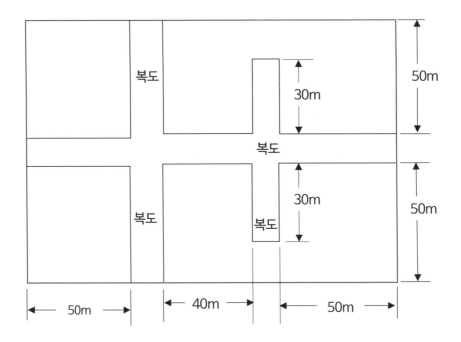

1. 복도에 설치 할 통로유도등의 개수를 계산하시오.

2. 통로유도등을 설치할 곳에 작은 점(○)으로 표시하여 그리시오.

1. 개수 계산

    가. 50m 폭 부분 계산

        $N = \dfrac{50}{20} - 1 = 1.5 = 2$ ∴ 2개 × 4개소 = 8개

        폭이 50m 장소의 구부러진 모퉁이 2개소 각 1개씩 설치(정답 그림 참조) ∴ 2개

    나. 40m 폭 부분 계산

        $N = \dfrac{40}{20} - 1 = 1$ ∴ 1개소 × 1개 = 1개

    다. 30m 폭 부분 계산

        $N = \dfrac{30}{20} - 1 = 0.5 = 1$ ∴ 2개소 × 1개 = 2개

    총 설치개수 = 8 + 2 + 1 + 2 = 13개

2. 통로유도등 설치할 곳 표기

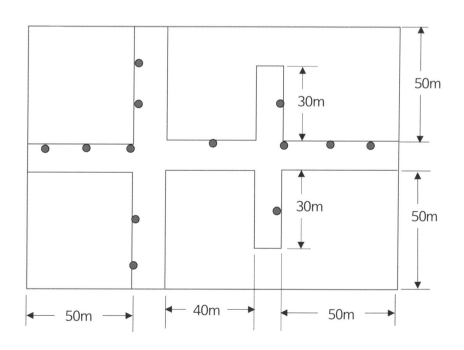

문제 1 **해 설**

1. 개수 계산

복도통로유도등은 모퉁이 및 보행거리 20M 마다 설치한다.

- 폭이 50m 장소에는, N = $\frac{50}{20}$ −1 = 1.5 = 2 ∴ 2개 × 4개소 = 8개

- 폭이 50m 장소의 구부러진 모퉁이 2개소 각 1개씩 설치(정답 그림 참조) ∴ 2개

- 폭이 40m 장소에는, N = $\frac{40}{20}$ −1 = 1 ∴ 1개소 × 1개 = 1개

- 폭이 30m 장소에는, N = $\frac{30}{20}$ −1 = 0.5 = 1 ∴ 2개소 × 1개 = 2개

총 설치개수 = 8 + 2 + 1 + 2 = 13개

2. 통로유도등 설치할 곳 표기

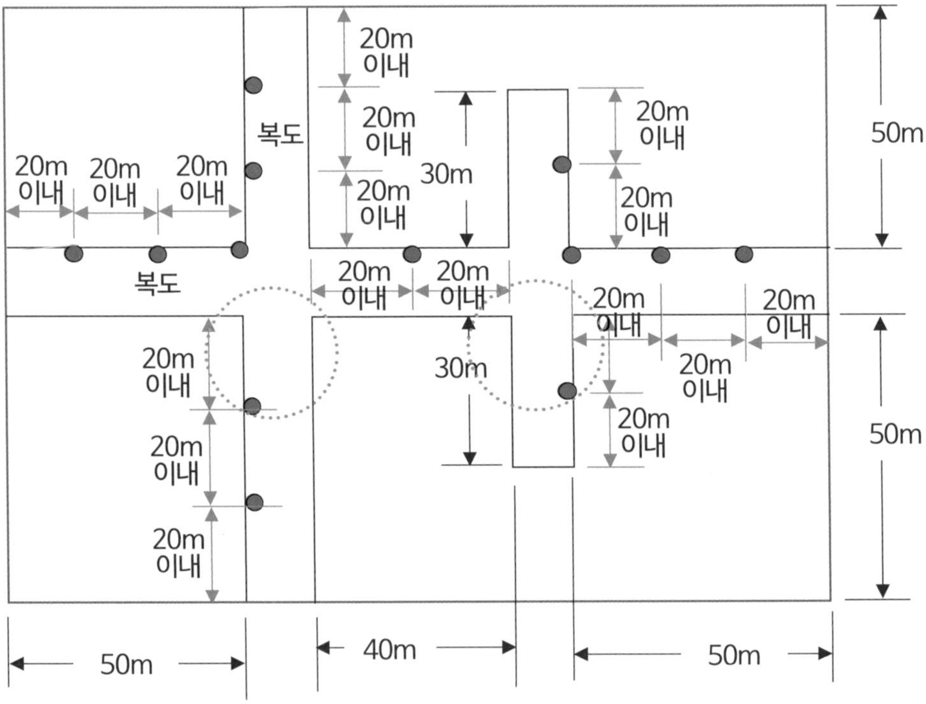

참고

네 모퉁이(⬚) 중 1모퉁이에만 설치하면 된다.

다음의 전선관 부속품에 대한 명칭을 쓰시오.

가. 가요전선관과 박스의 연결에 사용되는 부품
나. 가요전선관과 스틸(금속)전선관 연결에 사용되는 부품
다. 가요전선관과 가요전선관 연결에 사용되는 부품

정 답

가. 스트레이트 커넥터
나. 콤비네이션 커플링
다. 스플리트 커플링

해 설

번호	명칭	그림	용도
1	커플링 coupling		금속전선관 상호 간을 접속하는 데 사용되는 부품
2	새들 Saddle		관을 지지하는 데 사용하는 부품
3	노멀 밴드 Normal Band		매입 배관공사를 할 때 직각으로 굽히는 곳에 사용되는 부품
4	부싱 Bushing		전선의 절연피복을 보호하기 위해 금속관 끝에 끼우는 부품
5	로크 너트 Lock Nut		금속관과 박스를 접속할 때 사용되는 부품으로 최소 2개를 사용한다
6	니플 nipple		금속관과 금속관을 연결하기 위해 직선축의 양단에 숫나사가 내어져 있는 관이음 부품
7	이경 니플		구경이 각각 다른 금속관과 금속관을 연결하기 위해 직선축의 양단에 숫나사가 내어져 있는 관이음 부품
8	유니버설 엘보		노출배관공사를 할 때 관을 직각으로 굽히는 곳에 사용하는 부품
9	링 리듀서 Ring reducer		금속관을 아웃렛 박스 등에 설치할 때 지름이 관의 지름보다 커 로크너트 만으로는 고정할 수 없을 때 보조적으로 녹아웃 지름을 작게 하기 위해 사 용된다.
10	파이프 밴더 Pipe Bender		금속관을 구부릴 때 사용하는 공구
11	스트레이트 커넥터		가요전선관과 박스 연결에 사용되는 부품
12	콤비네이션 커플링		가요전선관과 금속전선관 연결에 사용되는 부품
13	스플리트 커플링		가요전선관과 가요전선관 연결에 사용되는 부품

유도등의 2선식 배선과 3선식 배선의 미완성 결선도이다.
결선을 완성하고 두 결선방식을 비교하여 차이점을 2가지 쓰시오.

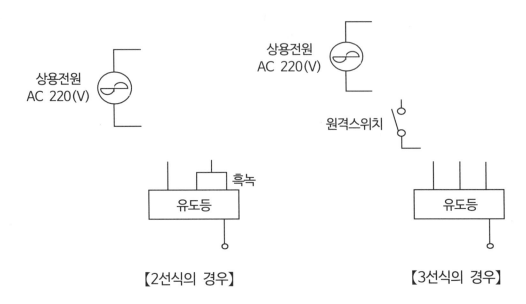

【2선식의 경우】　　　　　　　　【3선식의 경우】

정 답

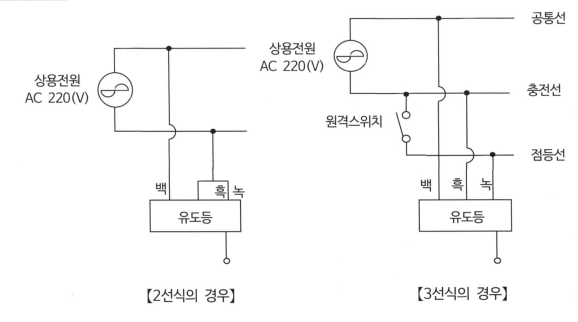

【2선식의 경우】　　　　　　　　【3선식의 경우】

● 2선식과 3선식 비교

	2선식	3선식
원격점멸	불가능	가능
램프 꺼진 상태 충전	유도등이 꺼진 상태에서는 충전이 안됨	유도등이 꺼진 상태에서도 충전이 됨

유도등 2선식과 3선식 배선

2선식	3선식
상시전원에 의해 점등된다 상시전원 : 평소에 사용하는 전기	상시전원에 의해 점등된다
정전이 되거나, 원격 S/W 설치되어 스위치 OFF 시 전원이 공급중단되고 유도등은 비상전원으로 절환되어 규정된 시간(20분, 60분) 점등한 후 소등(불이 꺼짐)된다.	정전 시 유도등은 비상전원으로 절환되어 규정된 시간(20분, 60분) 점등한 후 소등된다. 원격 S/W 설치되어 스위치 OFF 시 유도등이 소등되어도 비상전원에 의해 충전은 계속된다.

 3선식 배선으로 상시 충전되는 유도등의 전기회로에 점멸기를 설치하는 경우에는 다음 각 호의
 어느 하나에 해당되는 경우에 점등되도록 하여야 한다.
 1. 자동화재탐지설비의 감지기 또는 발신기가 작동되는 때
 2. 비상경보설비의 발신기가 작동되는 때
 3. 상용전원이 정전되거나 전원선이 단선되는 때
 4. 방재업무를 통제하는 곳 또는 전기실의 배전반에서 수동으로 점등하는 때
 5. 자동소화설비가 작동되는 때

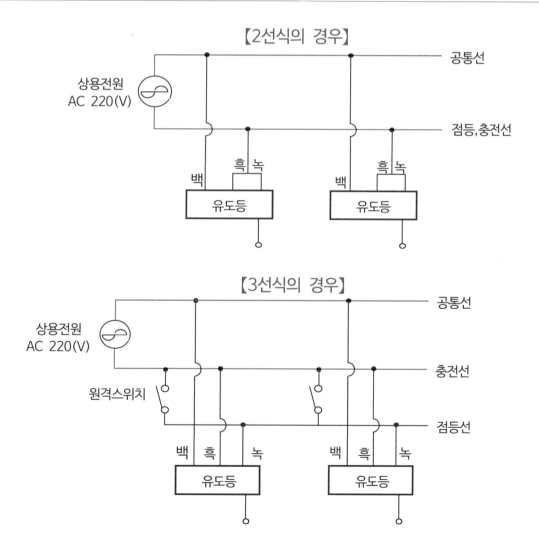

Ⅷ. 분말소화설비

1. 분말소화설비 중계기 결선 내용

IN(입력, 감시)	OUT(출력, 제어)
1. 감지기 A 2. 감지기 B 3. 수동작동스위치 4. 방출표시등 작동 압력스위치 5. 방출지연 스위치(비상,복구스위치) 6. 정압작동장치(압력스위치 방식)	1. 사이렌(스피커, 확성기) 2. 기동용기 솔레노이드밸브(전자밸브) 3. 저장용기밸브 개방장치(전기식) 4. 가압용기밸브 개방장치(전기식) 5. 선택밸브 개방장치(전기식) 6. 방출표시등 7. 개구부 자동폐쇄장치(모터식 댐퍼릴리즈) 8. 정압작동장치 신호에 의한 개폐밸브 개방장치

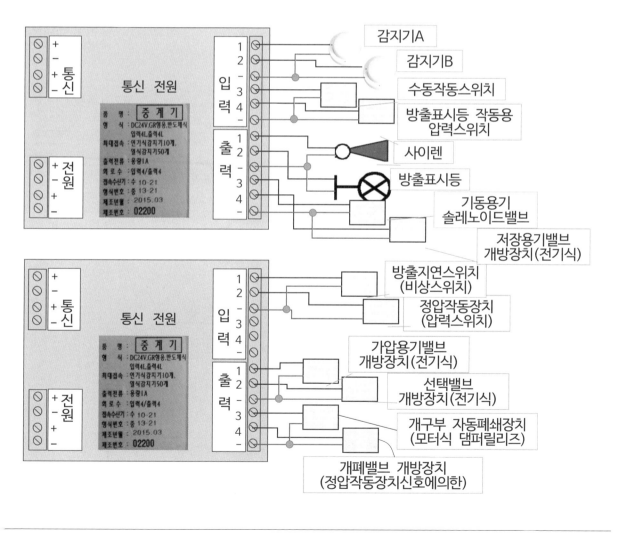

2. 분말소화설비설비(가압식-전기식) 전기흐름 내용(P형)
-부품별 2선 연결방식

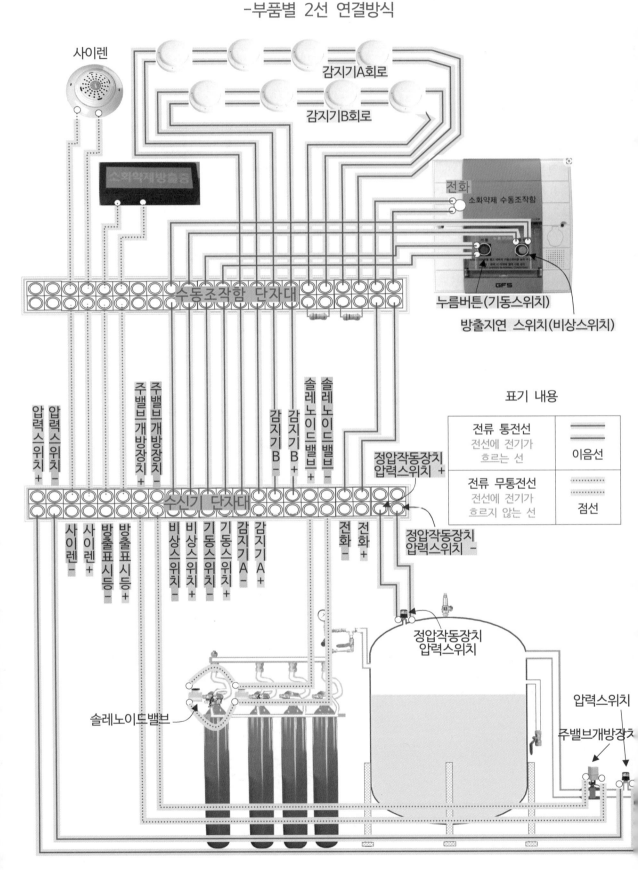

사이렌

감지기A회로

감지기B회로

소화약재방출중

전화

소화약제 수동조작함

GFS

수동조작함 단자대

누름버튼(기동스위치)

방출지연 스위치(비상스위치)

압력스위치 +
압력스위치 -
주밸브개방장치 +
주밸브개방장치 -
감지기 B -
감지기 B +
솔레노이드밸브 +
솔레노이드밸브 -
정압작동장치 압력스위치 +

표기 내용

전류 통전선 전선에 전기가 흐르는 선	——— 이음선
전류 무통전선 전선에 전기가 흐르지 않는 선	········· 점선

수신기 단자대

사이렌 -
사이렌 +
방출표시등 -
방출표시등 +
비상스위치 -
비상스위치 +
기동스위치 -
기동스위치 +
감지기 A -
감지기 A +
전화 -
전화 +

정압작동장치 압력스위치 -

정압작동장치 압력스위치

압력스위치

솔레노이드밸브

주밸브개방장치

2. (346페이지) <mark>해 설</mark>

분말소화설비설비(가압식-전기식) 전기흐름 내용(P형)
-부품별 2선 연결방식

분말소화설비는 가압식과 축압식설비가 있다.
가압식설비에는 가스압력식과 전기식으로 분류된다.

이 그림은 가압식 설비중 전기식설비의 내용이다.

설비의 부품으로는,
1. 감지기 A회로,   2. 감지기 B회로,   3. 사이렌,   4. 방출표시등,   5. 기동S/W(버튼),
6. 비상스위치(방출지연,복구스위치),   7. 전화,   8. 정압작동장치 압력스위치,
9. 가압용기 개방 솔레노이드밸브,   10. 방출표시등 작동용 압력스위치,
11. 주밸브 개방장치 (솔레노이드밸브 또는 전동볼밸브)

위의 각 부품마다 +, -선을 연결하는 것이 바람직하다.

<mark>평소에 전선에 통전 전선(전류가 통하는 선)</mark>은,

1. 감지기 A회로,   2. 감지기 B회로,   3. 기동S/W(버튼),   4. 비상스위치(방출지연스위치),   5. 전화,   6. 정압작동장치 압력스위치,   7. 방출표시등 작동용 압력스위치선이다.

<mark>평소에 전선에 통전되지 않는 전선</mark>은,

1. 사이렌,   2. 방출표시등,   3. 가압용기 개방 솔레노이드밸브,
4. 주밸브 개방장치 (솔레노이드밸브 또는 전동볼밸브)

3. 분말소화설비설비(가압식-전기식) 전기흐름 내용(P형)
-최소의 전선 사용방식

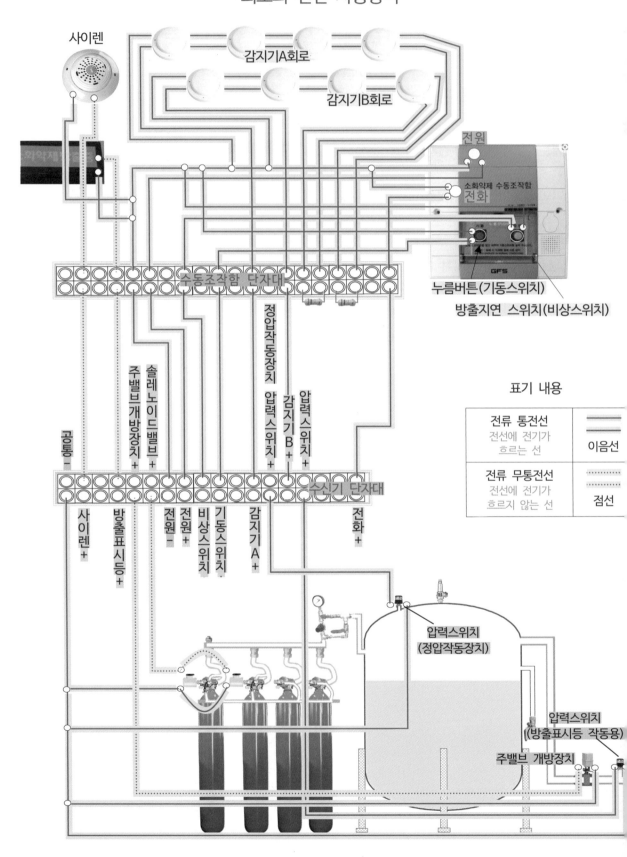

사이렌

감지기A회로

감지기B회로

전원

소화약제 수동조작함
전화

누름버튼(기동스위치)

방출지연 스위치(비상스위치)

수동조작함 단자대

정압작동장치
압력스위치
감지기B +
압력스위치 +

주밸브개방장치 +
솔레노이드밸브 +

공통 -

표기 내용

전류 통전선	
전선에 전기가 흐르는 선	이음선
전류 무통전선	··········
전선에 전기가 흐르지 않는 선	점선

수신기 단자대

사이렌 +

방출표시등 +

전원 -
전원 +
비상스위치 -
기동스위치 -
감지기A +
전화 +

압력스위치
(정압작동장치)

압력스위치
((방출표시등 작동용)

주밸브 개방장치

분말소화설비설비(가압식-전기식) 전기흐름 내용(P형)
-최소의 전선 사용방식

부품별 +, -선 2선을 연결하는 것이 가장 바람직하다.

그러나 공사비용을 줄이기 위해, 공통선(-선)을 사용하는 사례가 많으며,
특히 시험문제에서 주어진 조건(공통선에 관한 내용)의 내용으로 선의 내용을 써야 한다.

공통선을 전원선(-선)과, 감지기 공통선을 별도로 하는 방법 또는 문제에서 최소의 배선을 설계하라는
조건의 문제는 조건의 내용과 같이 공통선을 사용하여 배선 내용을 결정해야 한다.

그림에서는 이해를 쉽게하기 위해서 1방호구역의 부품(7개)만 그려서 배선을 설명하고 있다.
방호구역내에 설치되는 부품은 1. 감지기A회로, 2. 감지기 B회로, 3. 사이렌,
4. 방출표시등, 5. 수동조작함에 있는 기동(작동)스위치, 6. 비상스위치(방출지연스위치),
7. 전화가 있다.

그리고 **소화약제저장용기실에 부품(4개)** 1. 방출표시등 작동용 압력스위치,
2. 정압작동장치 압력스위치, 3. 주밸브 개방장치(솔레노이드밸브 또는 전동볼밸브)
4. 가압용기밸브 작동용 솔레노이드밸브가 있다.

소화약제저장용기실에 있는 방출표시등 작동용 압력스위치, 정압작동장치 압력스위치, 주밸브 개방장치(솔레노이드밸브 또는 전동볼밸브), 가압용기밸브 작동용 솔레노이드밸브는 방호구역의 수동조작함 단자대에 연결하지 않고 소화약제저장용기실의 수신기에 직접연결한다.

평소 전선에 통전 전선(전류가 통하는 선)은,

1. 감지기 A회로, 2. 감지기 B회로, 3. 기동S/W(버튼), 4. 비상스위치(방출지연스위치),
5. 전화, 6. 정압작동장치 압력스위치, 7. 방출표시등 작동용 압력스위치선, 8. 공통선이다.

평소 전선에 통전되지 않는 전선은,

1. 사이렌, 2. 방출표시등, 3. 가압용기 개방 솔레노이드밸브,
4. 주밸브 개방장치(솔레노이드밸브 또는 전동볼밸브)

참고   **가스계, 분말소화설비의 참고내용**

소화약제 저장용기실에는 가스압력식과 전기식에 따라 부품이 다르지만, 소화약제와 기동용기, 가압용기 및 그 부품, 수신기가 있다. 기동용기의 부품에는 솔레노이드밸브, 압력스위치가 있다.
가압용기에는 가압용기 개방 솔레노이드밸브가 있다.
소화약제 저장용기에는 주밸브에는 밸브 개방장치, 압력스위치(정압작동장치)가 있다. 소화약제 저장용기실의 부품들은 수신기와 직접연결한다. 해당방호구역의 수동조작함(S.V.P)에 까지 연결해서 수신기로 되돌아오는 공사를 하지 않는다. 시험 문제에서는 또 다른 내용의 문제가 될 수 있다.

4. 분말소화설비설비(가압식-가스압력식) 전기흐름 내용(P형)
-부품별 2선 연결방식

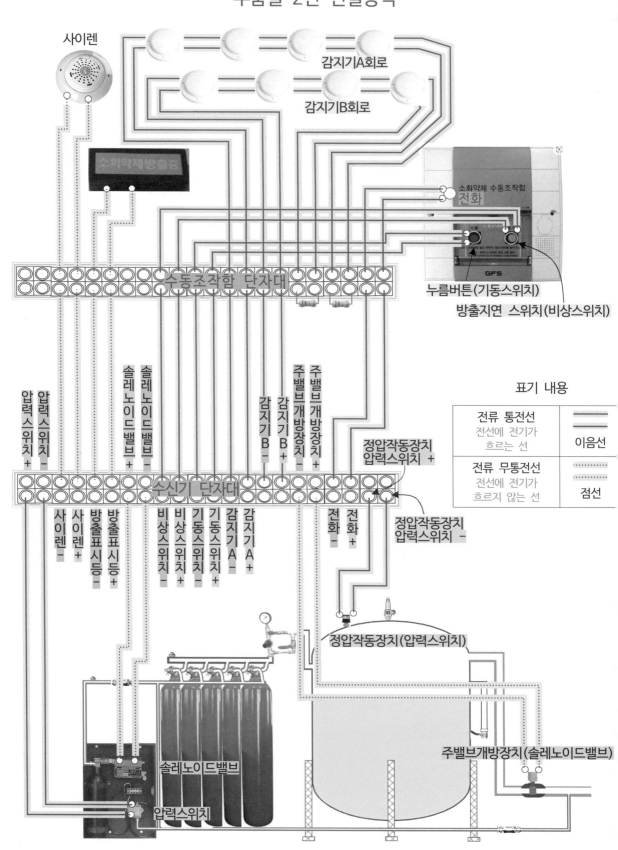

사이렌

감지기A회로

감지기B회로

소화약제방출중

소화약제 수동조작함
전화

수동조작함 단자대

누름버튼(기동스위치)

방출지연 스위치(비상스위치)

GFS

압력스위치 +
압력스위치 -
솔레노이드밸브 +
솔레노이드밸브 -
감지기 B -
감지기 B +
주밸브개방장치 +
주밸브개방장치 -
정압작동장치 압력스위치 +

표기 내용

전류 통전선 전선에 전기가 흐르는 선	이음선
전류 무통전선 전선에 전기가 흐르지 않는 선	점선

수신기 단자대

사이렌 -
사이렌 +
방출표시등 -
방출표시등 +
비상스위치 -
비상스위치 +
기동스위치 -
기동스위치 +
감지기 A -
감지기 A +
전화 -
전화 +
정압작동장치 압력스위치 -

정압작동장치(압력스위치)

솔레노이드밸브

압력스위치

주밸브개방장치(솔레노이드밸브)

350

4. (350페이지) 해 설
분말소화설비설비(가압식-가스압력식) 전기흐름 내용(P형)
-부품별 2선 연결방식

분말소화설비는 가압식과 축압식설비가 있다.
가압식설비에는 가스압력식과 전기식으로 분류된다.

이 그림은 가압식 설비중 가스압력식설비의 내용이다.

설비의 부품으로는,
1. 감지기 A회로,   2. 감지기 B회로,   3. 사이렌,   4. 방출표시등,   5. 기동S/W(버튼),
6. 비상스위치(방출지연스위치),   7. 전화,   8. 정압작동장치 압력스위치,
9. 기동용기 개방 솔레노이드밸브,   10. 방출표시등 작동용 압력스위치,
11. 주밸브 개방장치(솔레노이드밸브 또는 전동볼밸브)

위의 각 부품마다 +, -선을 연결하는 것이 바람직하다.

평소 전선에 통전 전선(전류가 통하는 선)은,

1. 감지기 A회로,   2. 감지기 B회로,   3. 기동S/W(버튼),   4. 비상스위치(방출지연스위치),
5. 전화,   6. 정압작동장치 압력스위치,   7. 방출표시등 작동용 압력스위치선이다.

평소 전선에 통전되지 않는 전선은,

1. 사이렌,   2. 방출표시등,   3. 기동용기 개방 솔레노이드밸브,
4. 주밸브 개방장치(솔레노이드밸브 또는 전동볼밸브)

참고
소화약제 저장용기실의 부품들은 수신기와 직접연결한다.
소화약제 저장용기실의 부품(기동용기함의 솔레노이드밸브, 압력스위치, 가압용기밸브의 솔레노이드밸브, 정압 압력스위치, 주밸브 개방장치 등)은 소화약제 저장용기실에 있는 수신기에 직접 연결한다.

해당방호구역의 수동조작함(S.V.P)에 까지 연결해서 수신기로 되돌아오는 공사를 하지 않는다.

현장에는 소화약제 저장용기실과 방호구역이 가까운 장소도 있고, 먼거리에 있는 장소도 있다.
먼곳이나 가까운 곳이나 수신기와 직접연결하며, 공사가 어렵게 수동조작함(S.V.P)까지 연결해서
수신기에 되돌아와 연결하는 공사를 하지 않는다.

시험문제에서는 위의 내용과는 또 다른 내용의 문제가 될 수도 있다. 출제자가 소화약제 저장용기실
부품을 수동조작함과 연결하는 문제를 출제할 수 있다.

5. 분말소화설비설비(가압식-가스압력식) 전기흐름 내용(P형)

-최소의 전선 사용방식

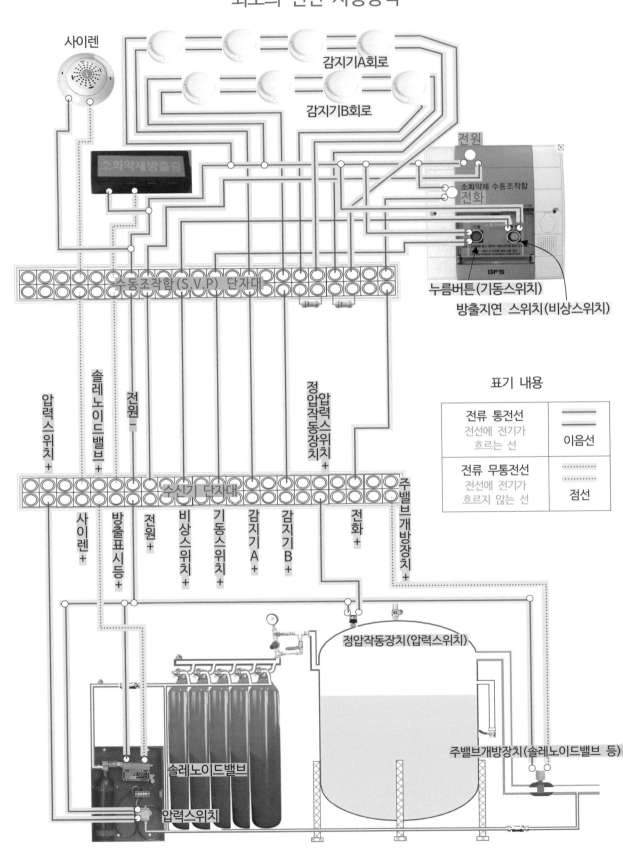

사이렌

감지기A회로

감지기B회로

전원

소화약재방출중

소화약제 수동조작함

전화

누름버튼(기동스위치)

방출지연 스위치(비상스위치)

수동조작함(S.V.P) 단자대

압력스위치 +

솔레노이드밸브 +

전원 -

정압작동장치 +

압력스위치 +

표기 내용

전류 통전선 전선에 전기가 흐르는 선	——— 이음선
전류 무통전선 전선에 전기가 흐르지 않는 선	.... 점선

수신기 단자대

사이렌 +

방출표시등 +

전원 +

비상스위치 +

기동스위치 +

감지기 A +

감지기 B +

전화 +

주밸브개방장치 +

정압작동장치(압력스위치)

솔레노이드밸브

주밸브개방장치(솔레노이드밸브 등)

압력스위치

5. (352페이지) 해 설

분말소화설비설비(가압식-가스압력식) 전기흐름 내용(P형)
-최소의 전선 사용방식

부품별 +, -선 2선을 연결하는 것이 가장 바람직하다.

그러나 공사비용을 줄이기 위해, 공통선(-선)을 사용하는 사례가 많으며,
특히 시험문제에서 주어진 조건의 내용되로 선의 내용을 쓰야 한다.

공통선을 전원선(-선)과, 감지기 공통선을 별도로 한다던지, 문제에서 최소의 배선을 설계하라는
조건의 문제는 공통선을 사용하여 배선 내용을 결정해야 한다.

그림에서는 이해를 쉽게하기 위해서 1방호구역의 부품만 그려서 배선을 설명하고 있다.
방호구역내에 설치되는 부품은 1. 감지기 A회로,   2. 감지기 B회로,   3. 사이렌,
4. 방출표시등,   5. 수동조작함에 있는 기동(작동)스위치,   6. 비상스위치(방출지연스위치),
7. 전화가 있으며,   8. 전원선을 설치한다.

그리고 소화약제저장용기실에 1. 방출표시등 작동용 압력스위치,   2. 기동용기 솔레노이드밸브,
3. 정압작동장치 압력스위치,   4. 주밸브 개방장치(솔레노이드밸브 또는 전동볼밸브)
5. 가압용기밸브 작동용 솔레노이드밸브가 있다.

소화약제저장용기실에 있는 방출표시등 작동용 압력스위치,   기동용기 솔레노이드밸브, 정압작동장치
압력스위치,   주밸브 개방장치(솔레노이드밸브 또는 전동볼밸브)는 방호구역의 수동조작함 단자대에
연결하지 않고 소화약제저장용기실의 수신기에 직접연결한다.

평소 전선에 통전 전선(전류가 통하는 선)은,

1. 감지기 A회로,   2. 감지기 B회로,   3. 기동S/W(버튼),   4. 비상스위치(방출지연스위치),   5. 전화,
 6. 정압작동장치 압력스위치,   7. 방출표시등 작동용 압력스위치선,   8. 공통선이다.

평소 전선에 통전되지 않는 전선은,

1. 사이렌,   2. 방출표시등,   3. 기동용기 개방 솔레노이드밸브,
4. 주밸브 개방장치(솔레노이드밸브 또는 전동볼밸브)

6. 분말소화설비 계통도【가압식-가스압력식】(P형)

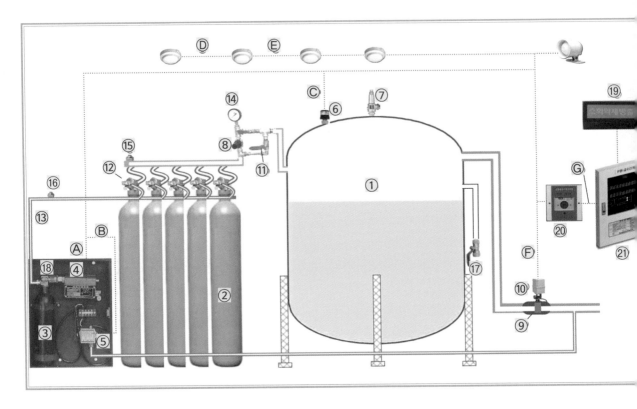

①	소화약제 저장용기	⑫	가압용 가스용기밸브
②	가압용 가스용기	⑬	기동배관
③	기동용 가스용기	⑭	압력계
④	솔레노이드밸브	⑮	안전밸브
⑤	압력스위치(방출표시등)	⑯	릴리프밸브
⑥	압력스위치(정압작동)	⑰	크리닝(청소)밸브
⑦	안전밸브	⑱	기동용기 밸브
⑧	압력조정기	⑲	방출표시등
⑨	주밸브	⑳	수동작동스위치함
⑩	밸브개방장치	㉑	수신기
⑪	바이패스밸브		

6. (354페이지) 【가압식-가스압력식】

번호	배선종류	배선이름
Ⓐ	HFIX 2.5㎟ - 2	솔레노이드밸브선 2(+, -)
Ⓑ	HFIX 2.5㎟ - 2	방출표시등 작동용 압력스위치선 2(+, -)
Ⓒ	HFIX 2.5㎟ - 2	정압작동장치 압력스위치선 2(+, -)
Ⓓ	HFIX 1.5㎟ - 4	감지기 A회로선 4(+2, -2)
Ⓔ	HFIX 1.5㎟ - 8	감지기 A회로선 4, B회로 4(+4, -4)
Ⓕ	HFIX 2.5㎟ - 2	주밸브 개방장치선 2(솔레노이드 또는 전동볼밸브)
Ⓖ	HFIX 2.5㎟ - 11	전원+, 전원-, 전화, 감지기A, 감지기B, 기동선(솔레노이드밸브), 방출표시등 압력스위치, 방출지연스위치, 정압작동장치 압력스위치, 사이렌선, 주밸브 개방장치선

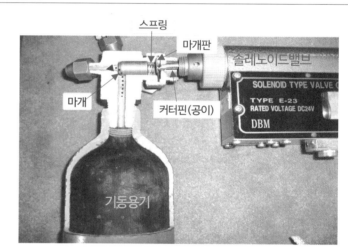

작동순서

1. 화재 발생
2. 감지기 1회로(Ⓓ) 작동하여 수신기에 작동신호가 전달되어 화재경보가 울린다.
3. 감지기 2회로 이상(교차회로)(Ⓔ) 작동하여 수신기에 작동신호가 전달된다.
4. 화재경보, 수신기(㉑)에 화재표시등과 지구표시등이 점등한다.
5. 수신기의 지연타이머가 작동한다.
6. 지연시간이 끝난 후 수신기에서 기동용기밸브 솔레노이드밸브(④)에 작동신호(Ⓐ)가 전달되어, 솔레노이드 밸브(④) 작동한다.
7. 기동용기밸브(⑱) 봉판(마개판)이 뚫리며, 기동배관(⑬)으로 기동용기가스 방출한다.
8. 기동용기 가스가 가압용 가스용기밸브(⑫)를 개방한다.
9. 가압용가스는 소화약제 저장용기(①) 안으로 들어간다.
10. 정압작동장치 압력스위치(⑥)가 작동하여 작동신호(Ⓒ)가 수신기에 전달된다. 수신기에서는 주밸브 개방장치(⑩)에 개방신호(Ⓕ)가 전달되어 소화약제 저장용기 주밸브(⑨)를 개방한다.
11. 방출되는 소화약제의 가스가 압력스위치(⑤)를 작동하여 압력스위치 작동신호(Ⓑ)가 수신기에 전달되어 방출표시등(⑲)이 점등한다.
12. 헤드로 소화약제 방사한다.

7. 분말소화설비 계통도【가압식-전기식】(P형)

①	소화약제 저장용기	⑩	밸브개방장치
②	가압용 가스용기	⑪	크리닝밸브
③	압력스위치(정압작동장치)	⑫	압력스위치(방출표시등 작동용)
④	안전밸브	⑬	솔레노이드밸브
⑤	압력조정기	⑭	가압용기밸브
⑥	압력계	⑮	방출표시등
⑦	바이패스 밸브	⑯	수동작동 스위치함
⑧	안전밸브	⑰	수신기
⑨	주밸브	⑱	감지기

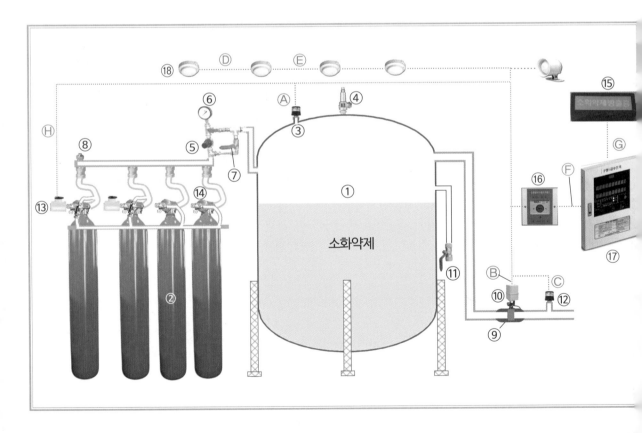

7. (356페이지) 【가압식-전기식】

번호	배선종류	배선이름
Ⓐ	HFIX 2.5㎟ - 2	정압작동장치 압력스위치선 2(+, -)
Ⓑ	HFIX 2.5㎟ - 2	주밸브 개방장치선 2(솔레노이드 또는 전동밸브선)
Ⓒ	HFIX 2.5㎟ - 2	방출표시등 작동용 압력스위치선 2(+, -)
Ⓓ	HFIX 1.5㎟ - 4	감지기 A회로선 4(+2, -2)
Ⓔ	HFIX 1.5㎟ - 8	감지기A회로선 4, B회로선 4(+4, -4)
Ⓕ	HFIX 2.5㎟ - 11	전원+, 전원-, 전화, 감지기A, 감지기B, 기동선(솔레노이드밸브선), 방출표시등 작동 압력스위치선, 방출지연스위치선, 정압작동장치 압력스위치선, 사이렌선, 주밸브개방장치선
Ⓖ	HFIX 2.5㎟ - 2	방출표시선 2(+, -)
Ⓗ	HFIX 2.5㎟ - 2	가압용기밸브 솔레노이드밸브선 2(+, -)

가압용기밸브

 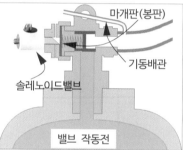 

작동순서

1. 화재 발생
2. 감지기 1회로(Ⓓ) 작동하여 수신기(⑰)에 작동신호가 전달되어 화재경보가 울린다.
3. 감지기 2회로 이상(교차회로)(Ⓔ) 작동하여 수신기에 작동신호가 전달된다.
4. 화재경보, 수신기에 화재표시등과 지구표시등이 점등한다.
5. 수신기의 지연타이머가 작동한다.
6. 지연시간이 끝난 후 수신기에서 가압용기밸브 솔레노이드밸브(⑬)에 작동신호(Ⓗ)가 전달되어, 솔레노이드밸브 작동한다.
7. 가압용기밸브(⑭) 봉판(마개판)이 뚫리며, 가압용기 가스가 방출한다.
8. 가압용가스는 압력조정기(⑤)를 거쳐 소화약제 저장용기(①) 안으로 들어간다.
9. 정압작동장치 압력스위치(③)가 작동하여 작동신호(Ⓐ)가 수신기에 전달된다. 수신기에서는 주밸브 개방장치(⑩)에 개방신호(Ⓑ)가 전달되어 소화약제 저장용기 주밸브(⑨)를 개방한다.
10. 방출되는 소화약제의 가스가 압력스위치(⑫)를 작동하여 압력스위치 작동신호(Ⓒ)가 수신기에 전달되어 방출표시등(⑮)이 점등한다.
11. 헤드로 소화약제 방사한다.

8. 분말소화설비 계통도【축압식】(P형)

①	소화약제 저장용기	④	밸브 개방장치(솔레노이드밸브 등)	⑦	안전밸브
②	수신기(제어반)	⑤	압력스위치(방출표시등 작동용)	⑧	방출표시등
③	주밸브	⑥	크리닝(청소)밸브	⑨	수동작동스위치함

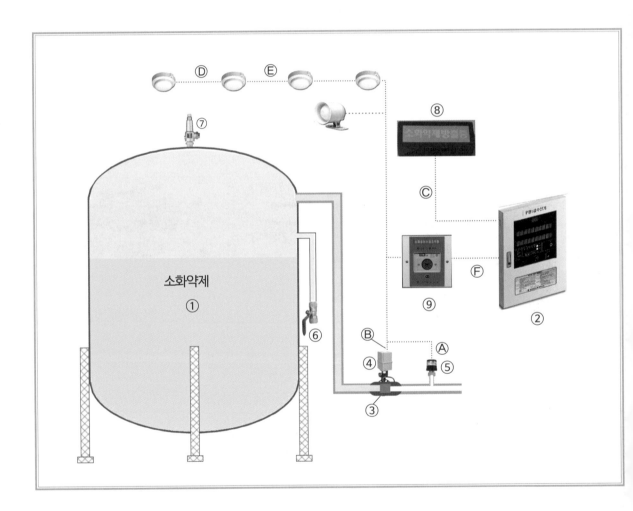

8. (358페이지)【축압식】

번호	배선종류	배선이름
Ⓐ	16C(HFIX 2.5㎟ - 2)	방출표시등 작동용 압력스위치선 2(+, -)
Ⓑ	16C(HFIX 2.5㎟ - 2)	주밸브 개방장치선 2(솔레노이드 또는 전동볼밸브)
Ⓒ	16C(HFIX 2.5㎟ - 2)	방출표시등선 2(+, -)
Ⓓ	16C(HFIX 1.5㎟ - 4)	감지기 A회로선 4(+2, -2)
Ⓔ	28C(HFIX 1.5㎟ - 8)	감지기 A회로선 4(+2, -2), 감지기 B회로선 4(+2, -2)
Ⓕ	28C(HFIX 2.5㎟ - 9)	전원+, 전원-, 전화, 감지기A, 감지기B, 주밸브 개방장치선(솔레노이드밸브 또는 전동볼밸브), 방출표시등 압력스위치, 방출지연스위치, 사이렌선

전선관 규격표

전선 규격	전선관 규격					
	16 [mm]	22 [mm]	28 [mm]	36 [mm]	42 [mm]	54 [mm]
1.5 [m㎡]	1～6 가닥	7 가닥	8～18 가닥	-	-	-
2.5 [m㎡]	1～4 가닥	5～7 가닥	8～12 가닥	13～21 가닥	22～28 가닥	29～45 가닥

작동순서

1. 화재 발생
2. 감지기 1회로(Ⓓ) 작동하여 수신기(②)에 작동신호가 전달되어 화재경보가 울린다.
3. 감지기 2회로 이상(교차회로)(Ⓔ) 작동하여 수신기에 작동신호가 전달된다.
4. 화재경보, 수신기에 화재표시등과 지구표시등이 점등한다.
5. 수신기의 지연타이머가 작동한다.
6. 지연시간이 끝난 후 수신기에서는 주밸브 개방장치(④)에 개방신호(Ⓑ)가 전달되어 소화약제 저장용기 주밸브(③)를 개방한다.
7. 소화약제 저장용기의 소화약제는 열려진 주밸브로 방출된다.
8. 방출되는 소화약제의 가스가 압력스위치(⑤)를 작동하여 압력스위치 작동신호(Ⓐ)가 수신기에 전달되어 방출표시등(⑧)이 점등한다.
9. 헤드로 소화약제 방사한다.

9. 분말소화설비(R형)

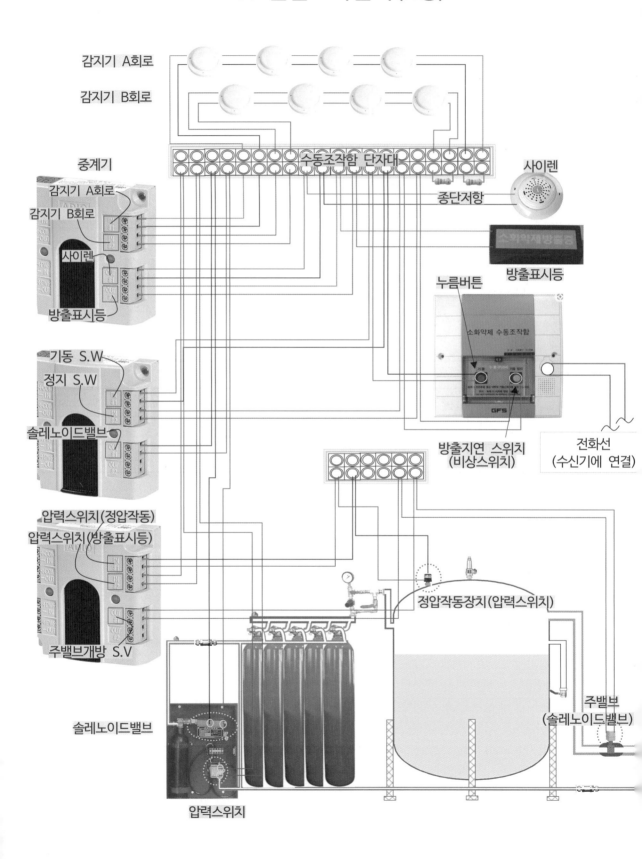

감지기 A회로

감지기 B회로

중계기

감지기 A회로

감지기 B회로

사이렌

방출표시등

기동 S.W

정지 S.W

솔레노이드밸브

압력스위치(정압작동)

압력스위치(방출표시등)

주밸브개방 S.V

솔레노이드밸브

압력스위치

수동조작함 단자대

종단저항

사이렌

방출표시등

누름버튼

소화약제 수동조작함

방출지연 스위치
(비상스위치)

전화선
(수신기에 연결)

정압작동장치(압력스위치)

주밸브
(솔레노이드밸브)

10. 분말소화설비 (중계기⇔부품연결) 결선내용(R형)

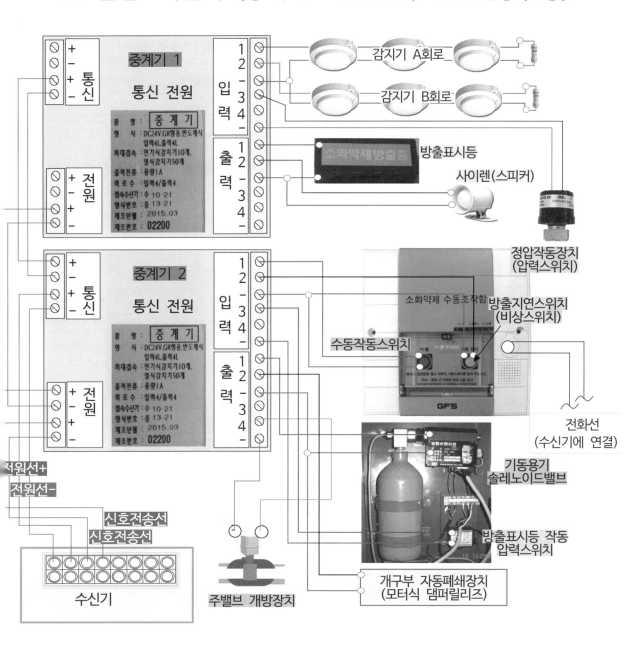

입력 1	감지기 A회로	출력 1	사이렌
입력 2	감지기 B회로	출력 2	방출표시등
입력 3	기동(작동)스위치	출력 3	솔레노이드밸브
입력 4	기동정지스위치(비상스위치)	출력 4	개구부 자동폐쇄장치 (모터식 댐퍼릴리즈)
입력 5	정압작동장치(압력스위치)		
입력 6	압력스위치(방출표시등 작동용)		

10-1. 분말소화설비(가스압력식) 결선내용(R형) 작동흐름

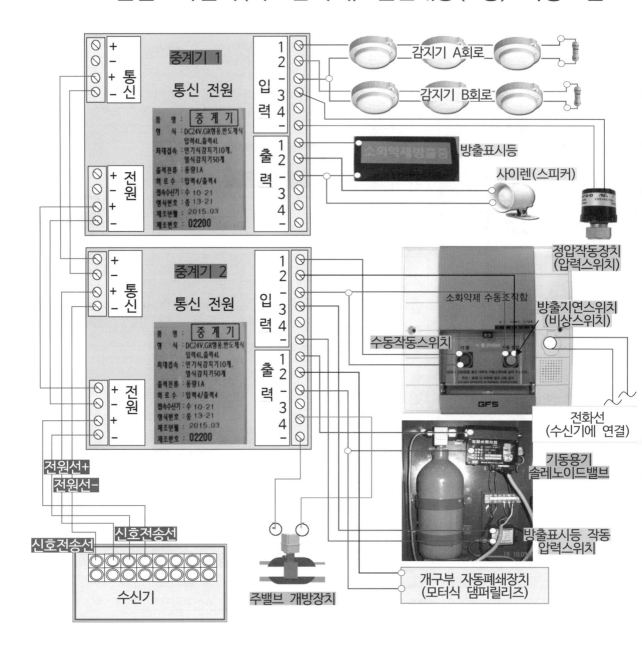

1. 감지기 A회로 작동

감지기 A회로가 작동하면 작동신호는 중계기1 입력(IN)1에 신호가 전달된다.
중계기는 감지기 A회로 작동 정보를 신호전송선을 통하여 수신기에 작동신호를 전달한다.
수신기에서는 감지기 작동신호가 입력되면 수신기에서는 해당방호구역 감지기A회로 작동표시(표시창 등)가
되며, 중계기1 출력(OUT)2에 연결된 사이렌에서 파상음 사이렌이 울리게 한다.

감지기 A회로 작동 ⇨ 중계기1 입력(IN)1에 신호 전달
⇨ 중계기는 감지기 A회로 작동 정보를 신호전송선으로 수신기에 작동신호 전달
⇨ 수신기는 해당방호구역 감지기A회로 작동표시
⇨ 중계기1 출력(OUT)2에 연결된 사이렌 울림

2. 감지기 B회로 작동

감지기 B회로가 작동하면 작동신호는 중계기1 입력(IN)2에 신호가 전달된다.
중계기는 감지기 B회로 작동 정보를 신호전송선을 통하여 수신기에 작동신호를 전달한다.
수신기는 해당방호구역 감지기B회로 작동표시하며, 수신기에서는 지연타이머가 작동한다.

지연타이머 작동시간 종료하면, 중계기2 출력(OUT)1에 연결된 기동용기의 솔레노이드밸브가 작동하여 기동가스 방출한다.

기동가스가 기동배관으로 이동하여 가압용기밸브를 개방한다.

가압가스가 소화약제 저장용기 안으로 들어간다.
소화약제 저장용기 안에 들어간 가압가스의 압력이 설정된 압력이 되면 정압작동장치가 작동한다.
중계기1 입력(IN)3에 정압작동장치(압력스위치) 신호 전달된다.

중계기는 정압작동장치 작동 정보를 신호전송선으로 수신기에 작동신호를 전달한다.
수신기는 중계기 중계기2 출력(OUT)4에 연결된 주밸브 개방장치 작동하여 주밸브를 개방한다.
소화약제는 개방된 주밸브를 거쳐 배관 및 헤드로 소화약제 방사한다.

감지기 B회로 작동
⇨ 중계기1 입력(IN)2에 신호 전달
⇨ 중계기는 감지기 B회로 작동 정보를 신호전송선으로 수신기에 작동신호 전달
⇨ 수신기는 해당방호구역 감지기B회로 작동표시
⇨ 수신기에서는 지연타이머 작동
⇨ 지연타이머 작동시간 종료
⇨ 중계기2 출력(OUT)1에 연결된 기동용기의 솔레노이드밸브 작동하여 기동가스 방출
⇨ 기동가스가 기동배관으로 이동하여 가압용기밸브를 개방
⇨ 가압가스가 소화약제 저장용기 안으로 들어간다
⇨ 소화약제 저장용기 안에 가압가스의 압력이 설정된 압력이 되면 정압작동장치가 작동한다.
⇨ 중계기1 입력(IN)3에 정압작동장치 신호 전달
⇨ 중계기는 정압작동장치 작동 정보를 신호전송선으로 수신기에 작동신호 전달
⇨ 수신기는 중계기 중계기2 출력(OUT)4에 연결된 주밸브 개방장치 작동하여 주밸브 개방한다
⇨ 소화약제 방사

3. 수동작동스위치 작동

수동조작함(슈퍼비죠리판넬)의 수동작동스위치를 누르면 작동신호는,
중계기2 입력(IN)1에 신호가 전달된다.

중계기는 수동작동스위치 작동 정보를 신호전송선을 통하여 수신기에 작동신호를 전달한다.
수신기에서는 수동작동스위치 작동신호가 입력되면,
중계기1 출력(OUT)2에 연결된 사이렌이 울리게 한다.
해당방호구역 수동작동스위치 작동표시(표시창 등)가 되며, 지연타이머를 작동하게 하고,
지연시간이 종료되면,

중계기2 출력(OUT)1에 연결된 기동용기의 솔레노이드밸브 작동하여 기동가스 방출한다.
기동가스가 기동배관으로 이동하여 가압용기밸브를 개방한다.
가압가스가 소화약제 저장용기 안으로 들어간다.
소화약제 저장용기 안에 가압가스의 압력이 설정된 압력이 되면 정압작동장치를 작동한다.

중계기1 입력(IN)3에 정압작동장치 신호를 전달한다.
중계기는 정압작동장치 작동 정보를 신호전송선으로 수신기에 작동신호 전달한다.

수신기는 중계기 중계기2 출력(OUT)4에 연결된 주밸브 개방장치 작동하여 주밸브를 개방한다.
소화약제는 개방된 주밸브를 거쳐 배관 및 헤드로 소화약제 방사한다.

수동작동스위치 작동
➩ 중계기2 입력(IN)1에 신호 전달
➩ 중계기는 수동작동스위치 작동 정보를 신호전송선으로 수신기에 작동신호 전달
➩ 수신기는 중계기1 출력(OUT)2에 연결된 사이렌이 경보를 울린다.
➩ 수신기는 해당방호구역 수동작동스위치 작동표시
➩ 수신기에서는 지연타이머 작동
➩ 지연타이머 작동시간 종료
➩ 중계기2 출력(OUT)1에 연결된 기동용기의 솔레노이드밸브 작동하여 기동가스 방출
➩ 기동가스가 기동배관으로 이동하여 가압용기밸브를 개방
➩ 가압가스가 소화약제 저장용기 안으로 들어간다
➩ 소화약제 저장용기 안에 가압가스의 압력이 설정된 압력이 되면 정압작동장치를 작동한다.
➩ 중계기1 입력(IN)3에 정압작동장치 신호 전달
➩ 중계기는 정압작동장치 작동 정보를 신호전송선으로 수신기에 작동신호 전달
➩ 수신기는 중계기 중계기2 출력(OUT)4에 연결된 주밸브 개방장치 작동하여 주밸브 개방한다
➩ 소화약제 방사

4. 압력스위치 작동

화약제가 배관으로 이동하면서 압력스위치를 작동하면 압력스위치 작동신호는 중계기2 입력(IN)3에 신호
- 전달된다.

계기는 압력스위치 작동 정보를 신호전송선을 통하여 수신기에 작동신호를 전달한다.

신기에서는 압력스위치 작동신호가 입력되면 수신기에서는
계기1 출력(OUT)1에 연결된 방출표시등에 신호가 전달되어 방출표시등이 점등한다.

력스위치 작동
- 중계기2 입력(IN)3에 신호 전달
- 중계기는 압력스위치 작동 정보 수신기에 작동신호 전달
- 중계기1 출력(OUT)1에 연결된 방출표시등 점등

5. 비상스위치(방출지연 스위치) 작동

지기 A회로 작동, 감지기 B회로 작동 또는 수동작동스위치가 작동하여 지연타이머 작동시간 중에 비상
방출지연,복구)스위치를 누르면,
계기2 입력(IN)2에 신호가 전달된다.

계기는 비상(방출지연,복구)스위치 작동 정보를 신호전송선을 통하여 수신기에 작동신호를 전달한다.

신기에서는 비상(방출지연,복구)스위치 작동신호가 입력되면 수신기에서는 작동정보가 입력된 감지
(A회로, B회로, 수동작동스위치)의 작동신호를 복구하여 작동이 없는 것으로 한다.

상스위치 작동
중계기2 입력(IN)2에 신호 전달
중계기는 비상스위치 작동정보 수신기에 작동신호 전달
수신기는 감지기(A회로, B회로, 수동작동스위치) 작동 정보를 원상 복구한다.

11. 분말소화설비 계통도 결선내용(R형)

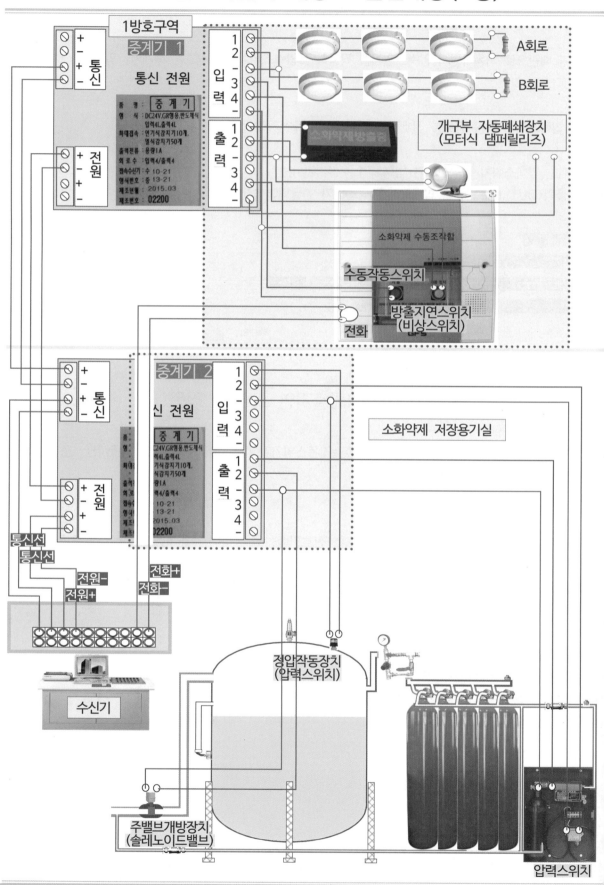

366

11-1. 366p 해설(분말소화설비 계통도 결선내용(R형))

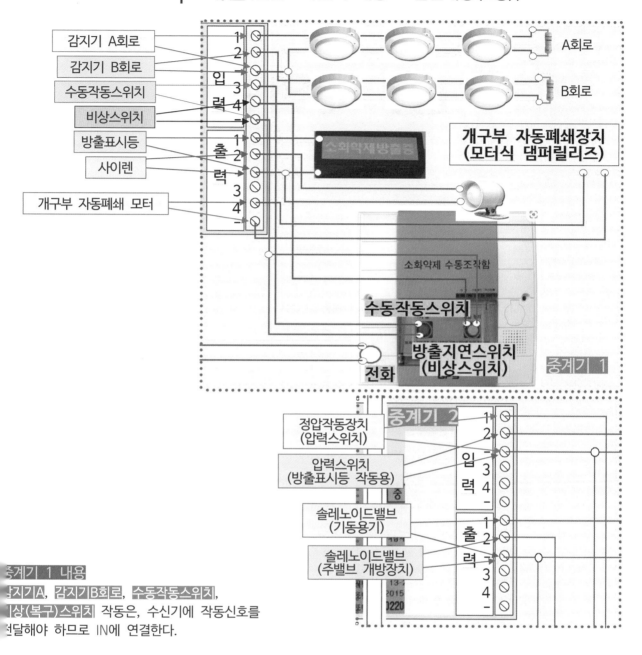

중계기 1 내용

감지기A, 감지기B회로, 수동작동스위치, 비상(복구)스위치 작동은, 수신기에 작동신호를 전달해야 하므로 IN에 연결한다.

압력스위치 작동신호를 받은 수신기는 방출표시등을 점등케 하며, 감지기 작동신호를 받은 수신기는 사이렌을 울리게 해야 한다. 화재신호를 받은 수신기는 개구부에 설치된 자동폐쇄 모터를 작동해야 하므로 OUT에 연결한다.

중계기 2 내용

정압작동장치(압력스위치) 작동, 압력스위치(방출표시등 작동용) 작동은 수신기에 작동신호를 전달해야 하므로 IN에 연결한다.

화재신호에 대하여 수신기는 그 후속조치로서 솔레노이드밸브(기동용기), 솔레노이드밸브(주밸브 개방장치)를 작동해야 하므로 OUT에 연결한다.

Ⅸ. 제연설비

차례

1. 제연설비(거실제연설비) 전기 계통도(R형)

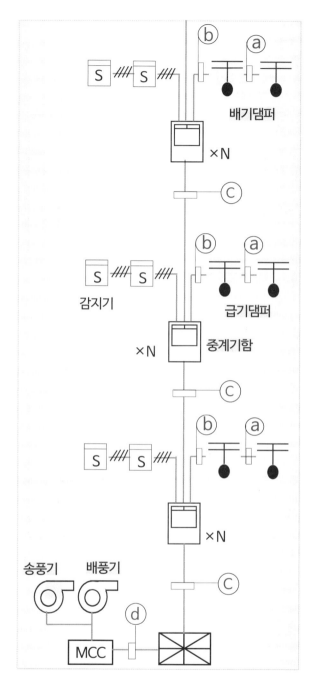

결선내용 종류		IN(입력, 감시)
급기댐퍼		1. 수동작동(기동) 스위치 2. 작동(동작)확인
급기, 배기 댐퍼	급기 댐퍼	1. 수동작동(기동) 스위치 2. 작동(동작)확인
	배기 댐퍼	작동(동작)확인
결선내용 종류		OUT(출력, 제어)
급기댐퍼		기동출력
급기, 배기 댐퍼	급기 댐퍼	기동출력
	배기 댐퍼	기동출력

심벌	사용전선 종류 및 수량	용도
ⓐ	HFIX 2.5㎟ ×4 (전원 +, -, 기동, 확인)	
ⓑ	HFIX 2.5㎟ ×6 《전원 +, -, (기동,확인)×2》	
ⓒ	F-CVV-SB CABLE 1.5㎟ 또는 (HCVV-SB TWIST CABLE 1.5㎟ 1pr)	신호전송선 : 2
	HFIX 2.5㎟ - 2	중계기전원 : 2
ⓓ	HFIX 4.0㎟ - 8	Fan 기동 : 4, 기동확인 : 4

2. 제연설비(거실제연설비) 중계기 결선(R형)

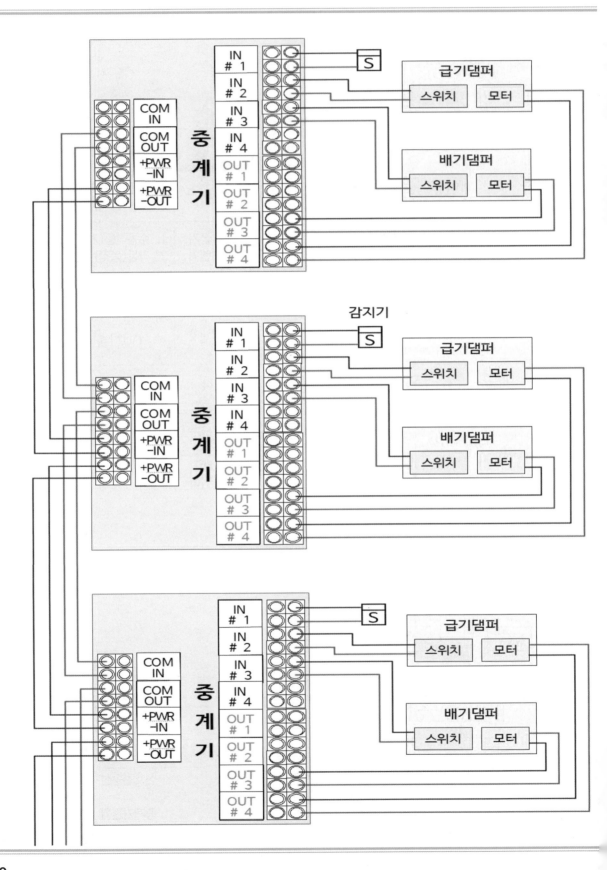

3. 제연설비(거실제연설비) 중계기 결선(R형)

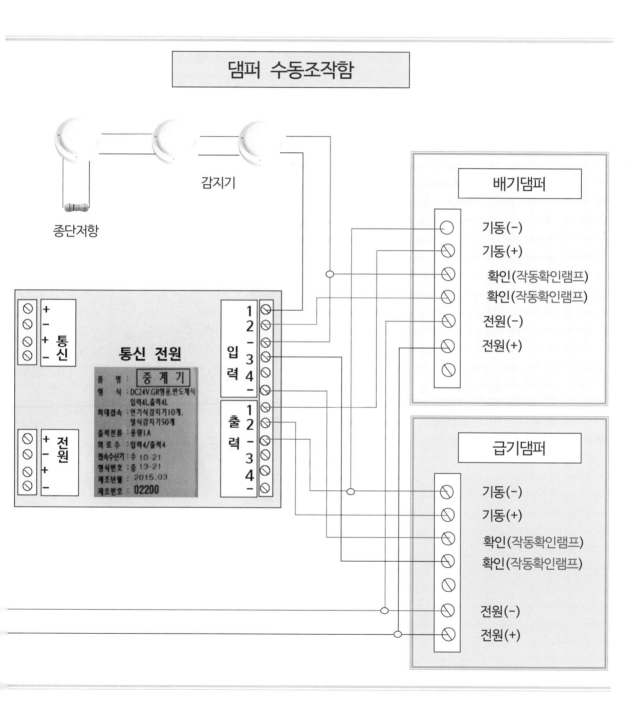

댐퍼 수동조작함

감지기

종단저항

통신 전원

통신
+ - + -

전원
+ + -

통신 전원

품 명 : 중계기
형 식 : DC24V,GR형용,반도체식
         입력4L,출력4L
최대접속 : 연기식감지기10개,
          열식감지기50개
출력전류 : 용량1A
회 로 수 : 입력4/출력4
접속수신기 : 수 10-21
형식번호 : 중 13-21
제조년월 : 2015.03
제조번호 : 02200

입력 1 2 - 3 4 -

출력 1 2 - 3 4 -

배기댐퍼

기동(-)
기동(+)
확인(작동확인램프)
확인(작동확인램프)
전원(-)
전원(+)

급기댐퍼

기동(-)
기동(+)
확인(작동확인램프)
확인(작동확인램프)

전원(-)
전원(+)

4. 제연설비(전실제연설비) 전기 계통도(R형)

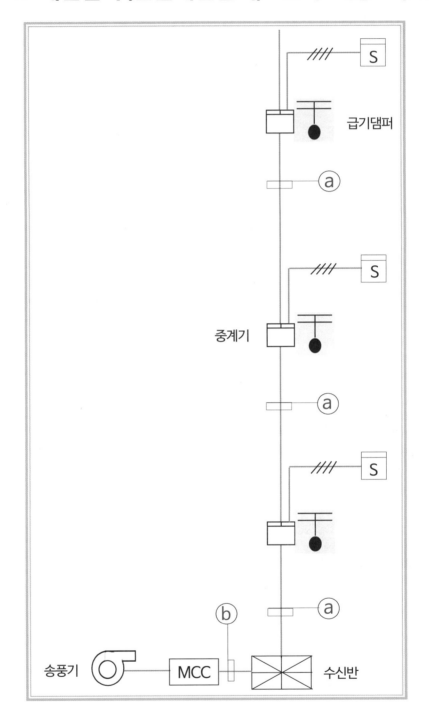

심벌	사용전선 종류 및 수량	용도	
ⓐ	F-CVV-SB CABLE 1.5㎟ 또는 (HCVV-SB TWIST CABLE 1.5㎟ 1pr) HFIX 2.5㎟ - 2 HFIX 4.0㎟ - 2	신호전송선 : 2 중계기전원 : 2 댐퍼전원 : 2	
ⓑ	HFIX 4.0㎟ - 4	Fan 기동 : 2, 기동확인 : 2	Fan 1대당 기준

5. 제연설비(전실제연설비) 중계기 결선(R형)
급기댐퍼 설치장소

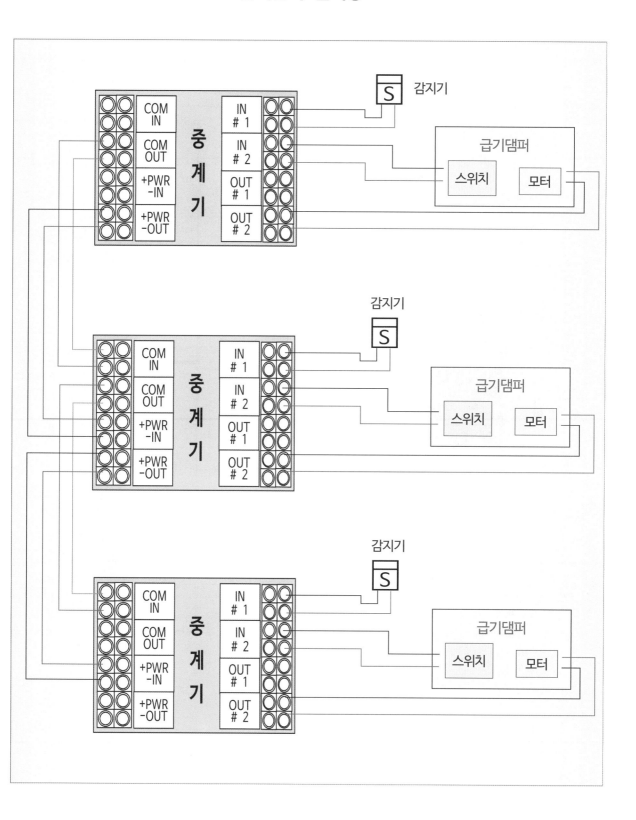

6. 제연설비(전실제연설비) 중계기 결선(R형)
급, 배기댐퍼 설치장소

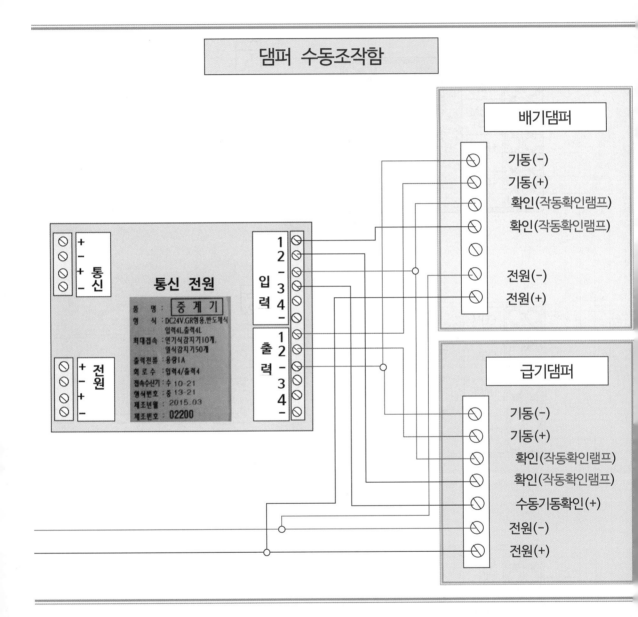

7. 제연설비(전실제연설비) 급기댐퍼 중계기 결선(R형)

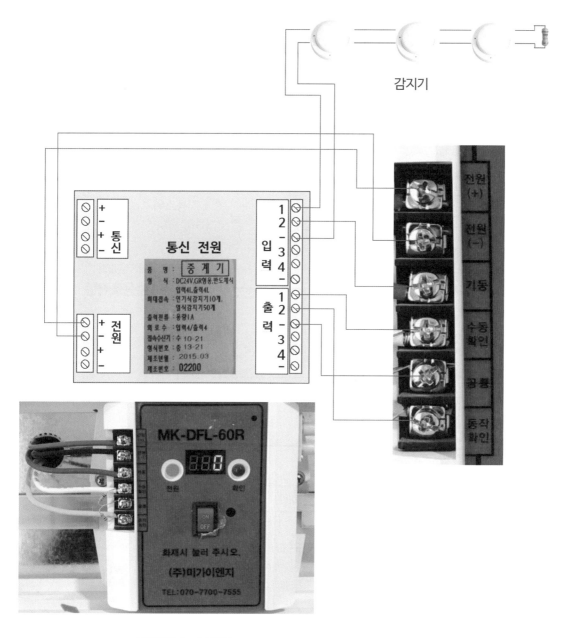

감지기

통 신 전 원

통신

전원

품 명 : 중계기
형 식 : DC24V.GR형용.반도체식
입력4L출력4L
최대접속 : 연기식감지기10개,
열식감지기50개
출력전류 : 용량1A
회 로 수 : 입력4/출력4
접속수신기 : 수 10-21
형식번호 : 총 13-21
제조년월 : 2015.03
제조번호 : 02200

입력
1
2
-
3
4
-

출력
1
2
-
3
4
-

전원(+)

전원(-)

기동

수동확인

공통

동작확인

MK-DFL-60R

전원   확인

ON
OFF

화재시 눌러 주시오,

(주)미가이엔지

TEL:070-7700-7555

급기댐퍼 스위치

급기댐퍼 중계기 입, 출력 내용

입력(IN) 1	감지기	출력(OUT) 1	모터작동(동작확인)
입력(IN) 2	기동스위치	출력(OUT) 2	수동확인

8. 제연설비(거실제연설비) 전기 회로도(P형)

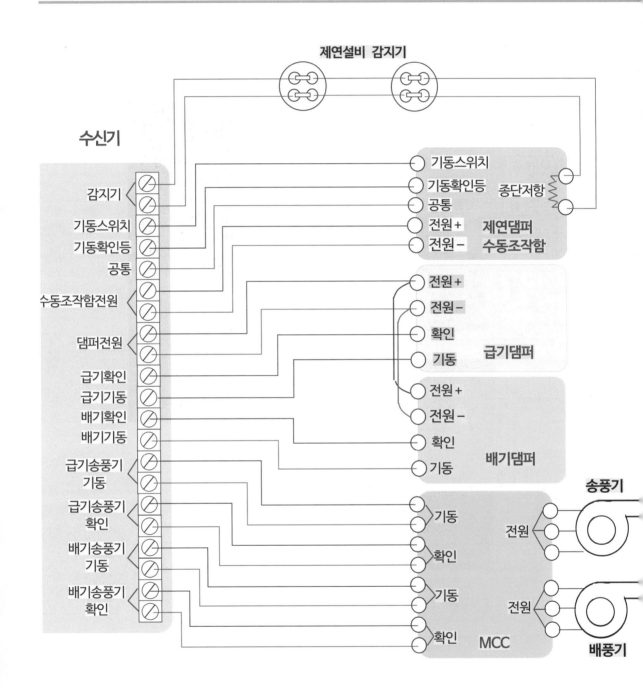

9. 제연설비(전실제연설비) 전기 회로도(P형)

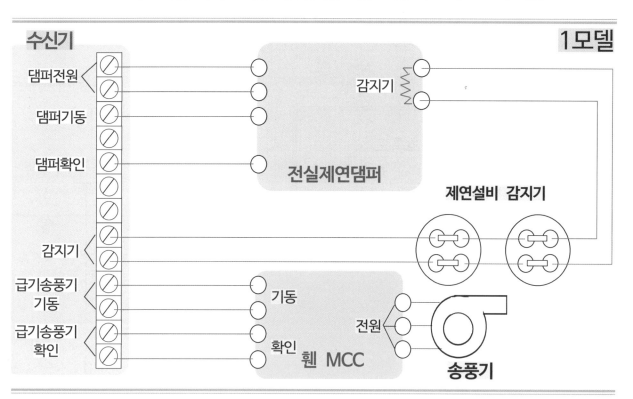

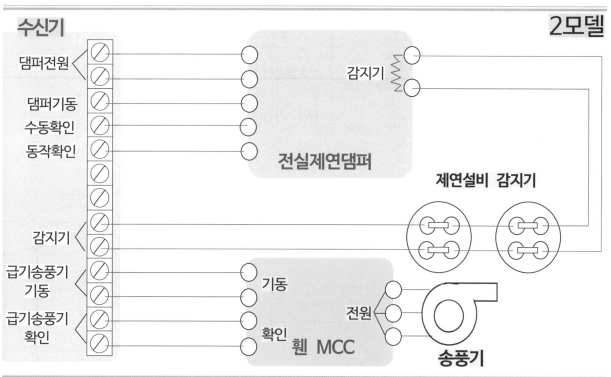

댐퍼기동(댐퍼 기동스위치 +선), 수동확인(댐퍼 수동확인 램프 +선),
동작확인(댐퍼 동작(작동)확인 램프 +선),
댐퍼전원 -선은 댐퍼기동, 수동확인, 동작확인에 공통선으로 공용 사용한다

10. 배연창 전기 계통도(R형)

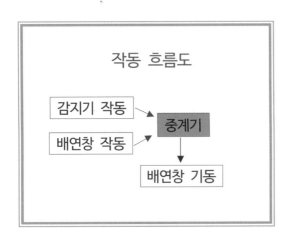

작동 흐름도

감지기 작동 → 중계기
배연창 작동 → 중계기
중계기 → 배연창 기동

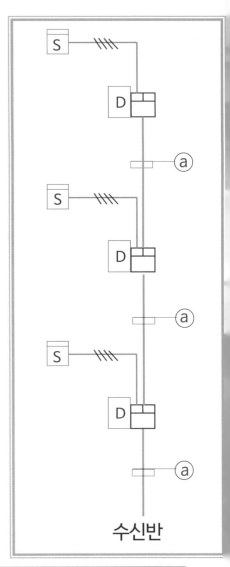

수신반

배연창 설비

심벌	사용전선 종류 및 수량	용도
ⓐ	F-CVV-SB CABLE 1.5㎟ 또는 (HCVV-SB TWIST CABLE 1.5㎟ 1pr) HFIX 2.5㎟ - 2	신호전송선 : 2 중계기전원 : 2

배연창설비 중계기 결선내용

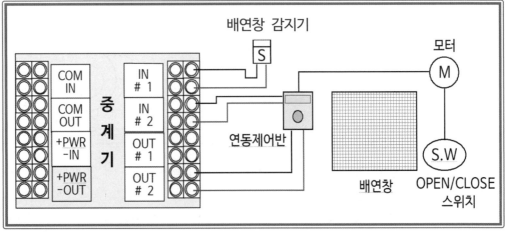

11. 배연창 중계기 결선도(R형)

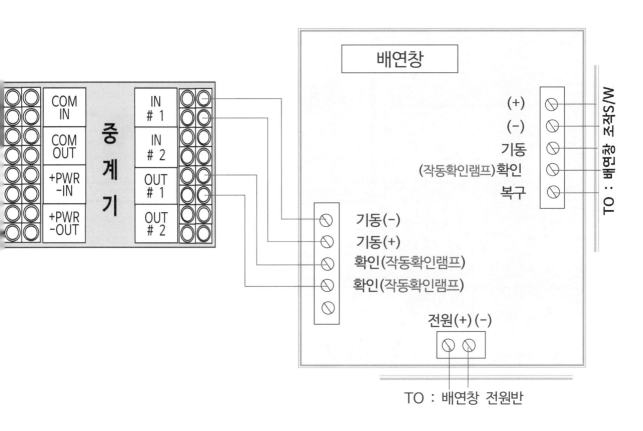

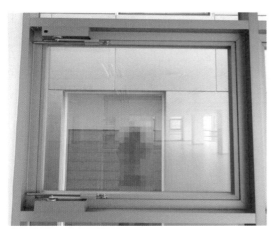

배연창 닫힌상태

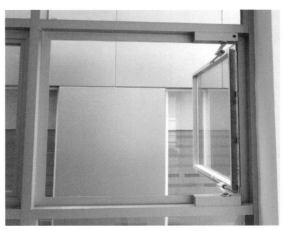

배연창 열린상태

NOTE

확인 입력의 말단(끝)에는 종단저항을 설치한다

12. 방화셔터 전기 계통도(R형)

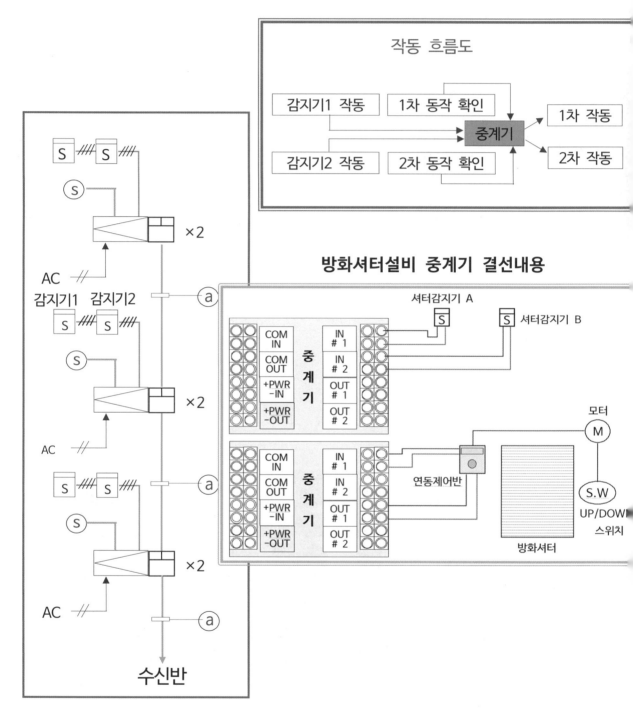

작동 흐름도

감지기1 작동 — 1차 동작 확인 → 중계기 → 1차 작동

감지기2 작동 — 2차 동작 확인 → 중계기 → 2차 작동

방화셔터설비 중계기 결선내용

셔터감지기 A
셔터감지기 B

COM IN	IN #1
COM OUT	IN #2
+PWR -IN	OUT #1
+PWR -OUT	OUT #2

중계기

모터
M
S.W
UP/DOWN
스위치

연동제어반

방화셔터

감지기1 감지기2

×2

AC

수신반

방화셔터 설비

심벌	사용전선 종류 및 수량	용도
ⓐ	F-CVV-SB CABLE 1.5㎟ 또는 (HCVV-SB TWIST CABLE 1.5㎟ 1pr) HFIX 2.5㎟ - 2	신호전송선 : 2 중계기전원 : 2

13. 방화셔터 shutter 중계기 결선도(R형)

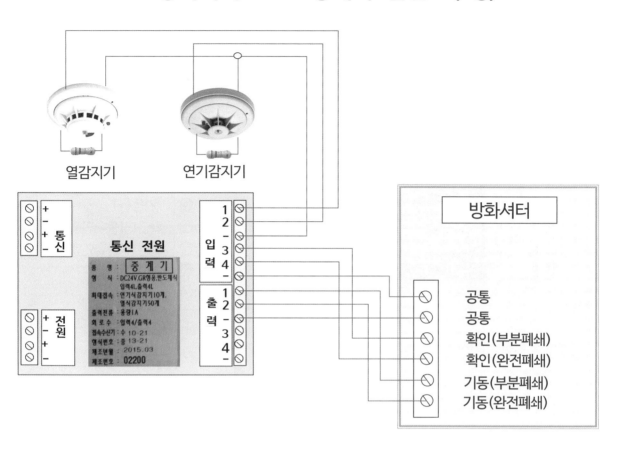

14. 자동폐쇄장치 결선도(창문형 자동폐쇄장치)(R형)

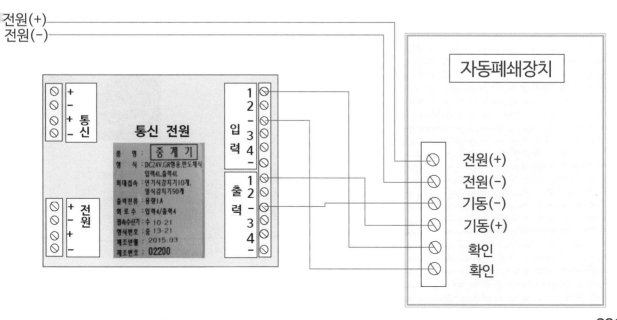

15. 도아릴리즈 중계기 결선도(R형)

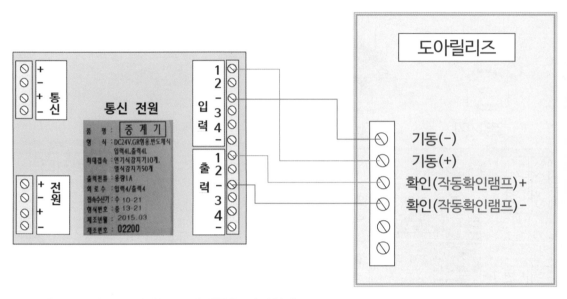

NOTE : 확인 입력의 말단에는 종단저항을 설치한다

도어릴리즈

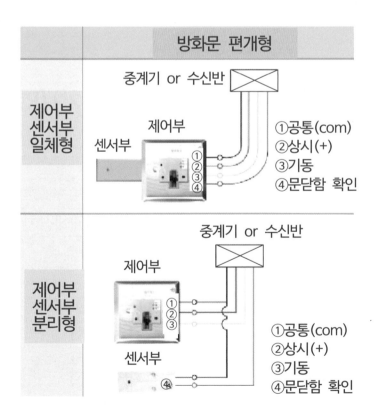

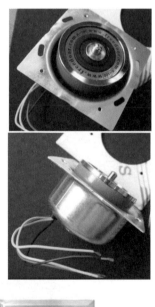

16. 배연창설비 계통도(P형)
(1) 솔레노이드 방식

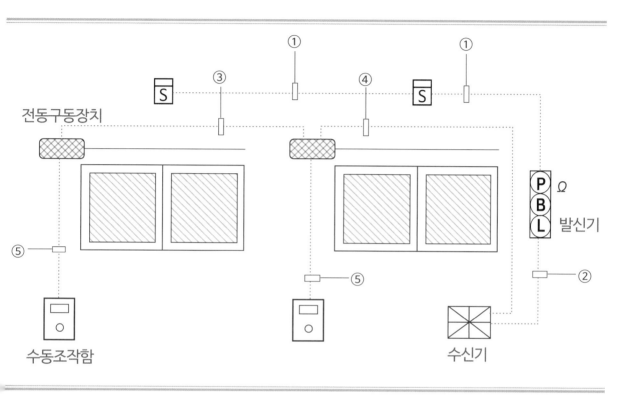

번호	배선 종류	배선 이름
①	16C(HFIX 1.5 - 4)	회로(지구)선(+) 2, 공통선(-) 2
②	22C(HFIX 2.5 - 7)	벨선, 표시등선, 벨·표시등 공통선, 전화선, 응답선, 회로(지구)선, 회로 공통선
③	16C(HFIX 2.5 - 3)	기동선 1, 확인선 1, 공통선 1
④	22C(HFIX 2.5 - 5)	기동선 2, 확인선 2, 공통선 1
⑤	16C(HFIX 2.5 - 3)	기동선 1, 확인선 1, 공통선 1

17. 배연창설비 계통도(P형)
(2) 모터 방식

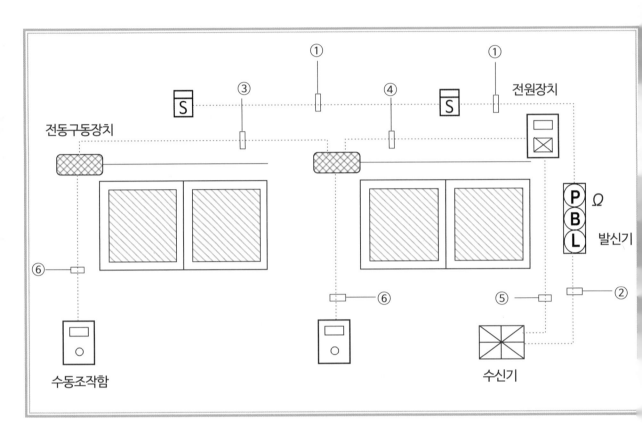

번호	배선 종류	배선 이름
①	16C(HFIX 1.5 - 4)	회로(지구)선(+) 2, 공통선(-) 2
②	22C(HFIX 2.5 - 7)	벨+선, 벨-선, 표시등선, 전화선, 응답선, 회로(지구)선, 공통선
③	22C(HFIX 2.5 - 5)	전원 +, 전원 -, 기동 1, 복구 1, 동작확인 1 (또는 기동선 1, 확인선 1, 공통선 1)
④	22C(HFIX 2.5 - 6)	전원 +, 전원 -, 기동 1, 복구 1, 동작확인 2 (또는 기동선 2, 확인선 2, 공통선 1)
⑤	28C(HFIX 2.5 - 8)	전원 +, 전원 -, 교류전원 2, 기동 1, 복구 1, 동작확인 2
⑥	22C(HFIX 2.5 - 5)	전원 +, 전원 -, 기동 1, 복구 1, 정지 1

문제 1

그림의 배연창설비 계통도 및 조건을 참고하여 배선수와 각 배선의 용도를 표기하시오.

(조 건)
1. 전동구동장치는 솔레노이드식이다.
2. 화재감지기가 작동하거나 수동조작함의 스위치를 ON하면 배연창이 동작되어 수신기에 동작상태를 표시되게 한다.
3. 화재감지기는 자동화재탐지설비용 감지기를 겸용으로 사용한다.

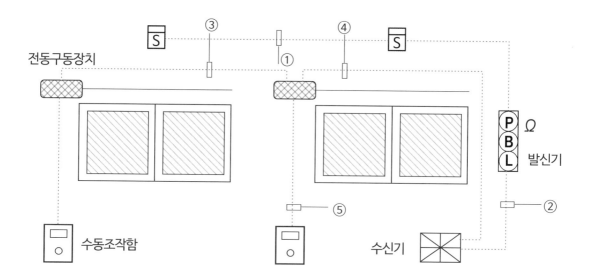

번호	구분	배선수	배선 용도
①	감지기 ↔ 감지기		
②	발신기 ↔ 수신기		
③	전동구동장치 ↔ 전동구동장치		
④	전동구동장치 ↔ 수신기		
⑤	전동구동장치 ↔ 수동조작함		

정 답

번호	구분	배선수	배선 용도
①	감지기 ↔ 감지기	4	지구선 2, 공통선 2
②	발신기 ↔ 수신기	7	응답선, 지구선, 전화선, 경종+선, 경종-선 표시등선, 공통선
③	전동구동장치 ↔ 전동구동장치	3	기동선 1, 확인선 1, 공통선 1
④	전동구동장치 ↔ 수신기	5	기동선 2, 확인선 2, 공통선 1
⑤	전동구동장치 ↔ 수동조작함	3	기동선 1, 확인선 1, 공통선 1

자동방화문설비의 자동방화문에서 R형 중계기까지 결선도 및 계통도에 대한 것이다.
다음 조건을 참조하여 물음에 답하시오.

【조 건】
1. 전선은 최소 가닥수로 한다.
2. 방화문 감지기회로는 제외한다.
3. 자동방화문설비는 층별로 구획되어 설치되었다.

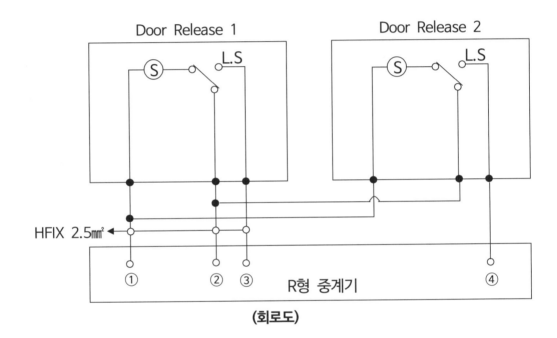

(회로도)

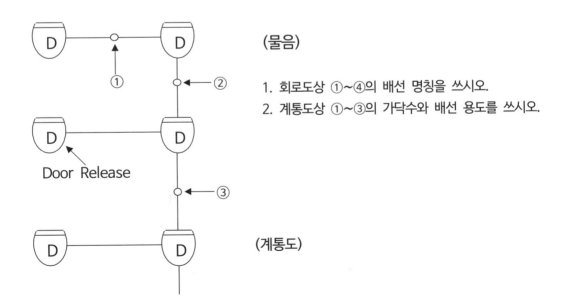

Door Release

(계통도)

(물음)

1. 회로도상 ①~④의 배선 명칭을 쓰시오.
2. 계통도상 ①~③의 가닥수와 배선 용도를 쓰시오.

1. ① 기동,　　② 공통,　　③ 확인,　　④ 확인

2.

번호	가닥수	배선용도
①	3	공통 1,　기동 1,　확인 1
②	4	공통 1,　기동 1,　확인 2
③	7	공통 1,　기동 2,　확인 4

해 설

자동방화문(Door Release-풀다) 작동

피난계단의 전실 등에 설치하는 방화문은 평상시에는 개방되어 있으며, 화재발생으로 감지기의 작동 또는 수동 기동스위치의 작동으로 방화문이 닫혀 연기나 화염이 유입되는 것을 막는다.

번호	가닥수	배선용도
①	3	공통 1,　기동 1,　확인 1
‘②	4	공통 1,　기동 1,　확인 2
③	7	공통 1,　기동 2,　확인 4 계산방법 : (기동 1,　확인 2) × 2, 공통 1

X. 소방시설 도시기호

근거 : 소방시설 자체점검사항등에 관한 고시

분류	명칭		도시기호
배관	일반배관		————
	옥내·외소화전		—— H ——
	스프링클러		—— SP ——
	물분무		—— WS ——
	포소화		—— F ——
	배수관		—— D ——
	전선관	입상	
		입하	
		통과	
관이음쇠	후렌지		
	유니온		
	플러그		
	90°엘보		
	45°엘보		
	티		
	크로스		
	맹후렌지		
	캡		
헤드류	스프링클러헤드 폐쇄형 상향식(평면도)		
	스프링클러헤드 폐쇄형 하향식(평면도)		
	스프링클러헤드 개방형 상향식(평면도)		
	스프링클러헤드 개방형 하향식(평면도)		

분류	명칭	도시기호
헤드류	스프링클러헤드 폐쇄형 상향식(계통도)	
	스프링클러헤드 폐쇄형 하향식(입면도)	
	스프링클러헤드 폐쇄형 상·하향식(입면도)	
	스프링클러 헤드 상향형(입면도)	
	스프링클러 헤드 하향형(입면도)	
	분말·탄산가스· 할로겐헤드	
	연결살수 헤드	
	물분무헤드(평면도)	
	물분무헤드(입면도)	
	드랜쳐헤드(평면도)	
	드랜쳐헤드(입면도)	
	포헤드(평면도)	
	포헤드(입면도)	
	감지헤드(평면도)	
	감지헤드(입면도)	
	청정소화약제방출 헤드 (평면도)	
	청정소화약제방출 헤드 (입면도)	
밸브류	체크밸브	
	가스체크밸브	
	게이트밸브(상시개방)	
	게이트밸브(상시폐쇄)	
	선택밸브	

분 류	명 칭	도시기호	분 류	명 칭	도시기호
밸브류	조작밸브(일반)		밸브류	감압밸브	
	조작밸브(전자식)			공기조절밸브	
	조작밸브(가스식)		계기류	압력계	
	경보밸브(습식)			연성계	
	경보밸브(건식)			유량계	
	프리액션밸브		소화전	옥내소화전함	
	경보델류지밸브			옥내소화전 방수용기구병설	
	프리액션밸브 수동조작함	SVP		옥외소화전	
	플렉시블조인트			포말소화전	
	솔레노이드밸브			송수구	
	모터밸브			방수구	
	릴리프밸브 (이산화탄소용)		스트레이너	Y형	
	릴리프밸브 (일반)			U형	
	동체크밸브		저장탱크류	고가수조 (물올림장치)	
	앵글밸브			압력챔버	
	FOOT밸브			포말원액탱크	(수직) (수평)
	볼밸브		레듀셔	편심레듀셔	
	배수밸브			원심레듀셔	
	자동배수밸브		혼합장치류	프레져푸로포셔너	
	여과망			라인푸로포셔너	
	자동밸브			프레져사이드 푸로포셔너	
				기 타	

분 류	명 칭	도시기호	분 류	명 칭	도시기호
펌프류	일반펌프		경 보 설 비 기 기 류	모터싸이렌	
	펌프모터(수평)			전자싸이렌	
	펌프모터(수직)			조작장치	E P
저 장 용 기 류	분말약제 저장용기	P.D		증폭기	AMP
	저장용기			기동누름 버튼	E
경 보 설 비 기 기 류	차동식스포트형감지기			이온화식 감지기 (스포트형)	S I
	보상식스포트형감지기			광전식연기 감지기 (아나로그)	S A
	정온식스포트형감지기			광전식연기 감지기 (스포트형)	S P
	연기감지기	S		감지기 간선, HIV1.2mm×4(22C)	— F ⫽⫽
	감지선			감지기 간선, HIV1.2mm×8(22C)	— F ⫽⫽ ⫽⫽
	공기관			유도등 간선 HIV2.0mm×3(22C)	— EX —
	열전대			경보 부저	BZ
	열반도체			제어반	
	차동식분포형 감지기의검출기			표시반	
	발신기셋트 단독형	P B L		회로 시험기	
	발신기셋트 옥내소화전내장형	P B L		화재경보 벨	B
	경계구역번호			시각 경보기 (스트로브)	
	비상용누름버튼	F		수신기	
	비상전화기	ET		부수신기	
	비상벨	B		중계기	
	사이렌			표시등	
				피난구 유도등	
				통로 유도등	→
				표시판	

분류	명칭		도시기호
경보설비 기기류	보조전원		T R
	종단저항		∩
제연설비	수동식 제어		□
	천장용 배풍기		(그림)
	벽부착용 배풍기		(그림)
	배풍기	일반배풍기	(그림)
		관로배풍기	(그림)
	댐퍼	화재댐퍼	(그림)
		연기댐퍼	(그림)
		화재/연기 댐퍼	(그림)
스위치류	압력스위치		PS
	탬퍼스위치		TS
방연 · 방화문	연기감지기(전용)		S
	열감지기(전용)		(그림)
	자동폐쇄장치		ER
	연동제어기		(그림)
	배연창기동 모터		M
	배연창 수동조작함		(그림)
피뢰침	피뢰부(평면도)		(그림)
	피뢰부(입면도)		(그림)
	피뢰도선 및 지붕위 도체		──

분류	명칭	도시기호
제연 설비	접 지	(그림)
	접지저항 측정용단자	⊗
소 화 기 기 류	ABC 소화기	(소)
	자동확산 소화기	(자)
	자동식소화기	◀ 소 ▶
	이산화탄소 소화기	C
	할로겐화합물 소화기	△
기 타	안테나	(그림)
	스피커	(그림)
	연기 방연벽	(그림)
	화재방화벽	──
	화재 및 연기방벽	(그림)
	비상콘센트	(그림)
	비상분전반	(그림)
	가스계소화설비의 수동조작함	RM
	전동기구동	M
	엔진구동	E
	배관행거	(그림)
	기압계	(그림)
	배기구	─1─
	바닥은폐선	─────
	노출배선	──
	소화가스 패키지	PAC

XI(11). 설계 도면

1. 설계도면(R형) 1

범 례

기 호	명 칭	기 호	명 칭
⊠	화재 수신반(P형 1급)	Ω	종단저항
ⓅⒷⓁ	발신기 세트	◪	동력분전함
◫	시각경보장치	W.H	전기 계량기함
S	연기감지기(2종)	□	4각박스
⬭	차동식스포트형 감지기(2종)	⊠	풀박스
⬭	정온식스포트형 감지기(1종)	→	천장스라브 매입배관 배선
⊗	피난구유도등(소형)	—— ——	바닥스라브 매입배관 배선
⊗L	피난구유도등(대형)	—— – ——	천장 노출배관 배선
◁⊗▷	통로유도등	—— ——	지중 매설 배관 배선
⓼	분말소화기(A3, B5, C 3.3㎏)	완	완강기
휴	휴대용 비상조명등	⤸⤓⤴	전선관 입하, 통과, 입상 입하 : 아래층으로 내려감 입상 : 윗층으로 올라감
⊟	중계기		

배관, 배선중 표기 없는 것은 아래에 준함

1) 감지기 설비

—— F —— HFIX 1.5㎟ × 2(16C)
—⫫— F —— HFIX 1.5㎟ × 4(16C)
—⫴⫴— F —— HFIX 1.5㎟ × 8(28C)

2) 유도등 설비

—— EX —— HFIX 2.5㎟ × 2(16C)

【 N O T E 】

R형 수신기

⟨①⟩ 16C (HFIX 2.5㎟ - 3)

⟨②⟩ 22C (FR CVV-SB 1.5㎟ 1pr)
      16C (HFIX 2.5㎟ - 2)

⟨③⟩ 16C (HFIX 2.5㎟ - 2)

중계기 결선 내용

번호	중계기 종류 (입력/출력)	입력(IN)	출력(OUT)
Ⓐ	4/4 1개	3(발신기 누름S.W(스위치) 3층 감지기, 계단실 감지기)	2(벨-경종, 시각경보등)
Ⓑ	2/2 1개	2(발신기 누름S.W, 2층 감지기)	2(벨-경종, 시각경보등)
Ⓒ	2/2 1개	2(발신기 누름S.W, 1층감지기)	2(벨-경종, 시각경보등)

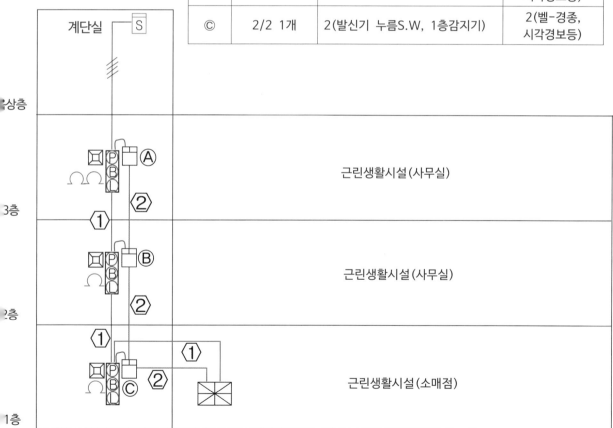

가. 소방시설 전기회로 계통도(R형)

중계기 결선 내용

번호	중계기 종류 (입력/출력)	입력(IN)	출력(OUT)
ⓒ	2/2 1개	2(발신기 누름S.W, 1층 감지기)	2(벨-경종, 시각경보등)

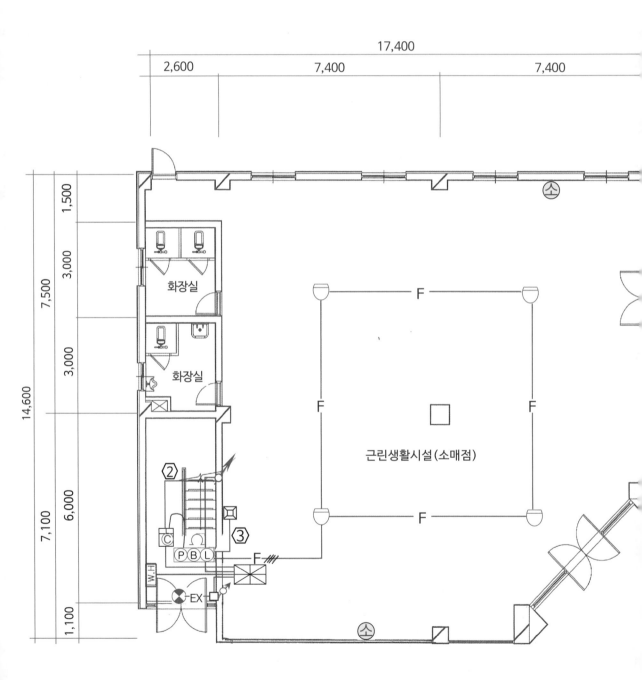

나. 1층 소방설비 평면도(R형)

중계기 결선 내용

번호	중계기 종류 (입력/출력)	입력(IN)	출력(OUT)
⑧	2/2 1개	2(발신기 누름S.W, 2층 감지기)	2(벨-경종, 시각경보등)

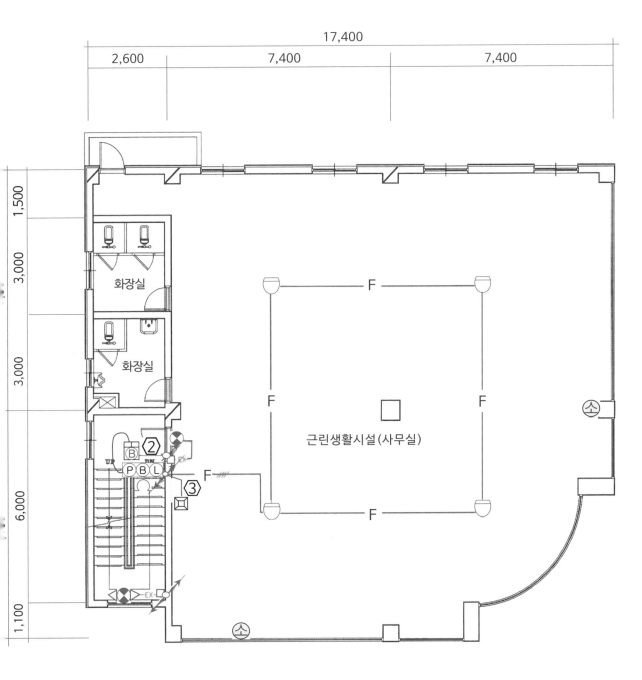

다. 2층 소방설비 평면도(R형)

중계기 결선 내용

번호	중계기 종류 (입력/출력)	입력(IN)	출력(OUT)
Ⓐ	4/4 1개	3(발신기 누름S.W(스위치), 3층 감지기, 계단실 감지기)	2(벨-경종, 시각경보등)

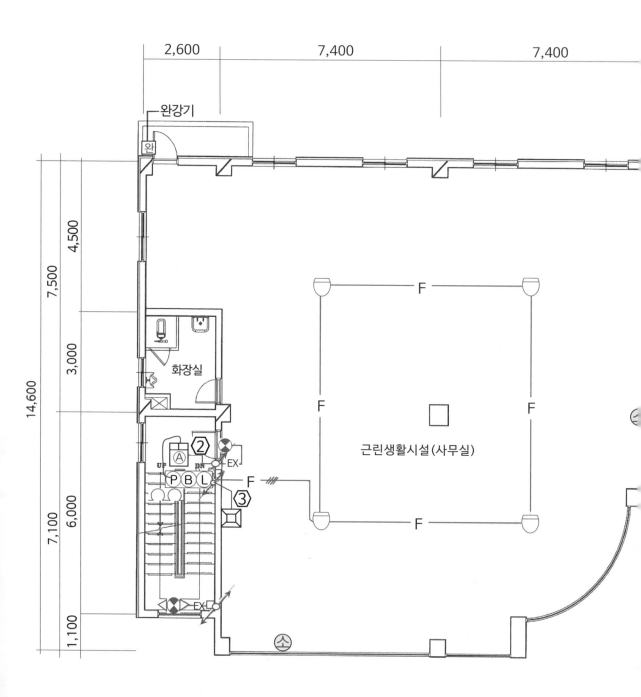

라. 3층 소방설비 평면도(R형)

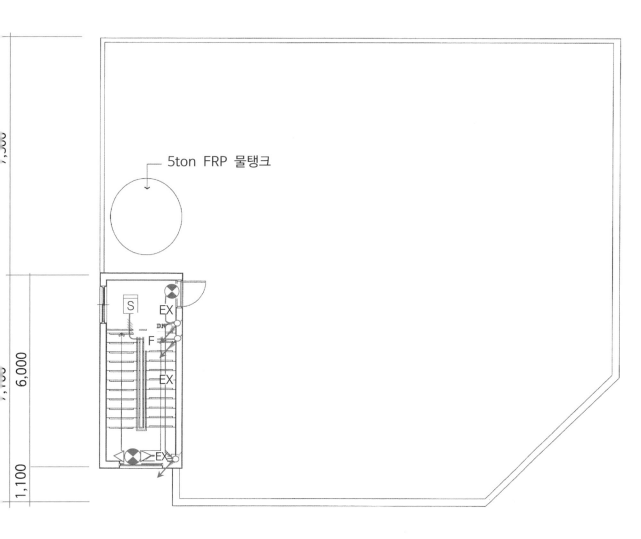

17,400

| 2,600 | 7,400 | 7,400 |

5ton FRP 물탱크

S

EX

DN

F

EX

EX

6,000

1,100

마. 옥상층 소방설비 평면도(R형)

2. 설계도면(R형)1 해설

가. 소방시설 전기회로 계통도 해설

소방시설의 전기회로 계통도는

건물의 수직적인 소방시설 전기배선을 표기한 것으로서 옥탑 ↔ 3층 ↔ 2층 ↔ 1층 ↔ 수신기간의 소방 전기배선에 대하여 상세한 내용을 표기한 것이다.

중계기 결선 내용

번호	중계기 종류 (입력/출력)	입력(IN)	출력(OUT)
Ⓐ	4/4 1개	3(발신기 누름S.W(스위치) 3층 감지기회로, 계단실 감지기회로)	2(벨-경종, 시각경보등)

〈1〉 16C (HFIX 2.5㎟ - 3)

〈2〉 22C (FR CVV-SB 1.5㎟ 1pr (HFIX 2.5㎟ - 2)

〈3〉 16C (HFIX 2.5㎟ - 2)

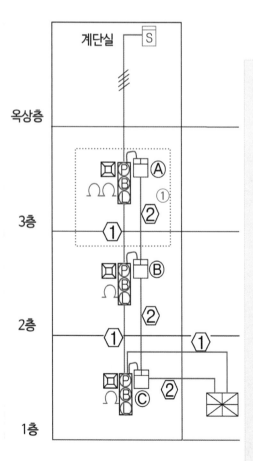

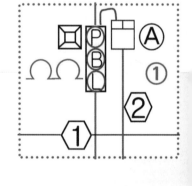

①의 결선 내용

Ⓐ 중계기 종류는
4/4(입력4, 출력4) 중계기이다.

발신기 단자대와 중계기의 결선 내용은,
입력(IN) 3(발신기 누름S.W, 3층 감지기, 계단실 감지기),
출력(OUT) 2(벨-경종, 시각경보등)

〈1〉 3층발신기와 2층발신기 결선내용은 16C(HFIX 2.5㎟-3)
3선의 내용은, 표시등선, 응답선, 공통선이다.
이 선들은 중계기와 연결하지 않고 발신기 ↔ 발신기 ↔
수신기와 연결한다.

〈2〉의 선 내용은 신호전송선 22C(FR CVV-SB 1.5㎟ 1pr),
중계기 전원선 16C(HFIX 2.5㎟-2)이다.

Ω (종단저항) 2개는 2경계구역이며, 계단 감지기회로,
3층 감지기회로의 종단저항이다.

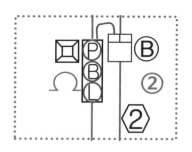

번호	중계기 종류 (입력/출력)	입력(IN)	출력(OUT)
Ⓑ	2/2 1개	2(발신기 누름S.W-스위치) 2층 감지기회로)	2(벨-경종, 시각경보등)

중계기 결선 내용

① 16C (HFIX 2.5㎟ - 3)

② 22C (FR CVV-SB 1.5㎟ 1pr)

   (HFIX 2.5㎟ - 2)

③ 16C (HFIX 2.5㎟ - 2)

②의 결선 내용

Ⓑ **중계기 종류**는 2/2(입력2, 출력2) 중계기이다.

발신기와 중계기의 결선 내용은, 입력(IN) 2(발신기 누름S.W, 2층 감지기회로), 출력(OUT) 2(벨-경종, 시각경보등)

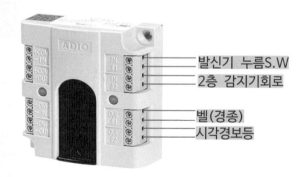

②의 선 내용은 신호전송선 22C(FR CVV-SB 1.5㎟ 1pr), 중계기 전원선 16C(HFIX 2.5㎟ - 2)이다.

∩(종단저항) 1개는 1경계구역이며, 2층 감지기회로의 종단저항이다.

⊠ 는 시각경보등이며, 2층에 시각경보기가 설치된다. 상세한 내용은 2층 평면도에 있다.

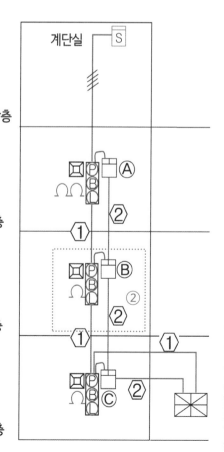

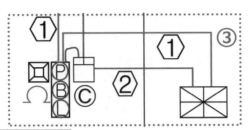

중계기 결선 내용

번호	중계기 종류 (입력/출력)	입력(IN)	출력(OUT)
ⓒ	2/2 1개	2(발신기 누름S.W, 1층 감지기회로)	2(벨-경종, 시각경보등)

⟨1⟩ 16C (HFIX 2.5㎟ - 3)

⟨2⟩ 22C (FR CVV-SB 1.5㎟ 1pr)
(HFIX 2.5㎟ - 2)

⟨3⟩ 16C (HFIX 2.5㎟ - 2)

③의 결선 내용

ⓒ **중계기 종류**는 2/2(입력2, 출력2) 중계기이다.

발신기와 중계기의 결선 내용은, 입력(IN) 2(발신기 누름S.W, 1층 감지기회로), 출력(OUT) 2(벨-경종, 시각경보등)

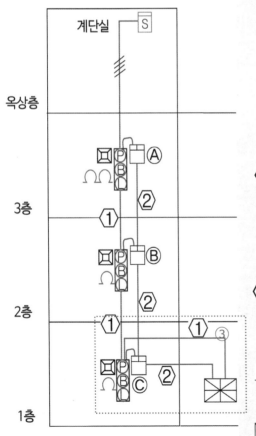

⟨1⟩ 2층 발신기와 ↔ 1층발신기 ↔ 수신기의 결선내용은 16C(HFIX 2.5㎟ - 3)
3선의 내용은, 표시등선, 응답선, 공통선이다.
이 선들은 중계기와 연결하지 않고
발신기 ↔ 발신기 ↔ 수신기와 연결한다.

⟨2⟩의 선 내용은,
신호전송선 22C(FR CVV-SB 1.5㎟ 1pr),
중계기 전원선 16C(HFIX 2.5㎟ - 2)이다.

Ω(종단저항) 1개는 1경계구역이며,
1층 감지기회로의 종단저항이다.

⊠ 는 시각경보등이며, 1층에 시각경보기가 설치된다.
상세한 내용은 1층 평면도에 있다.

나. 소방시설 전기회로 평면도 설계 해설

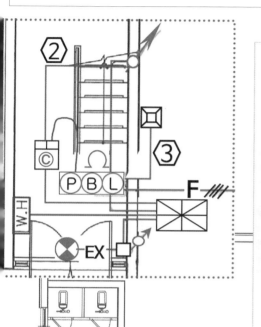

① 16C (HFIX 2.5㎟ - 3)

② 22C (FR CVV-SB 1.5㎟ 1pr)

    (HFIX 2.5㎟ - 2)

③ 16C (HFIX 2.5㎟ - 2)

중계기 결선 내용

번호	중계기 종류 (입력/출력)	입력(IN)	출력(OUT)
ⓒ	2/2 1개	2(발신기 누름S.W, 1층 감지기회로)	2(벨-경종, 시각경보등)

⊠ 는 시각경보등이며, 1층 발신기 단자대에 연결한다.

③선의 내용은, 16C (HFIX 2.5㎟ - 2)이며,
    시각경보등 +, -선이다.

시각경보등 설계에서 참고할 내용은 발신기는 수평거리 기준을 적용하지만 시각경보등은 청각장애인이 눈으로 볼 수 없는 사각지대(死角地帶)가 없게 설계를 해야 한다.

②의 선 내용은,
    신호전송선 22C(FR CVV-SB 1.5㎟ 1pr),
    중계기 전원선 16C(HFIX 2.5㎟ - 2)이다.

ⓒ 중계기 종류는 2/2(입력2, 출력2) 중계기이다.
    중계기와 발신기 단자대와의 결선 내용은,
        입력(IN) 2(발신기 누름S.W, 1층 감지기회로),
        출력(OUT) 2(벨-경종, 시각경보등)이다.

근린생활시설(소매점)

1층 소방설비 평면도

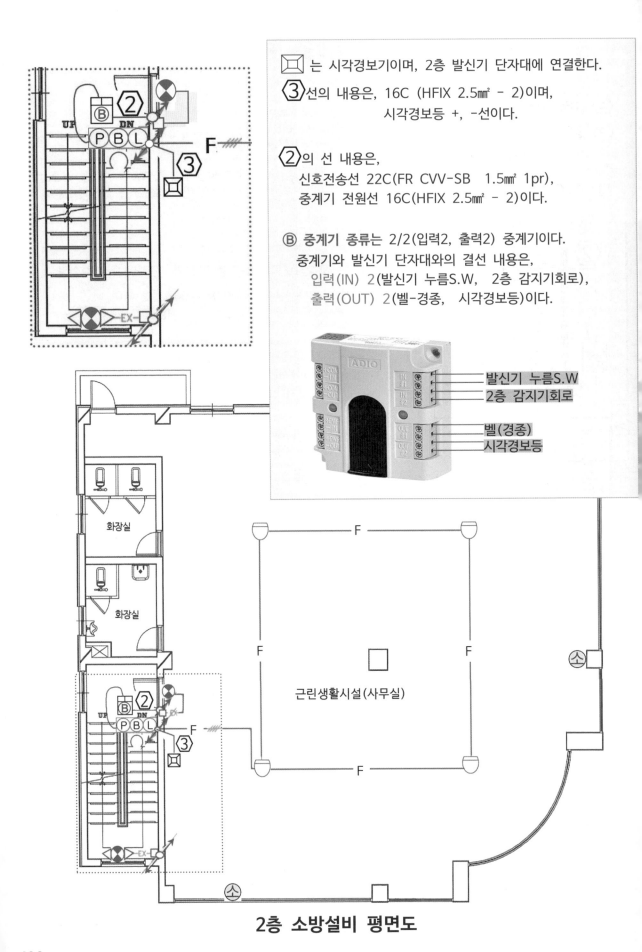

□ 는 시각경보기이며, 2층 발신기 단자대에 연결한다.

③선의 내용은, 16C (HFIX 2.5㎟ - 2)이며,
시각경보등 +, -선이다.

②의 선 내용은,
신호전송선 22C(FR CVV-SB 1.5㎟ 1pr),
중계기 전원선 16C(HFIX 2.5㎟ - 2)이다.

Ⓑ 중계기 종류는 2/2(입력2, 출력2) 중계기이다.
중계기와 발신기 단자대와의 결선 내용은,
입력(IN) 2(발신기 누름S.W, 2층 감지기회로),
출력(OUT) 2(벨-경종, 시각경보등)이다.

발신기 누름S.W
2층 감지기회로

벨(경종)
시각경보등

화장실

화장실

근린생활시설(사무실)

2층 소방설비 평면도

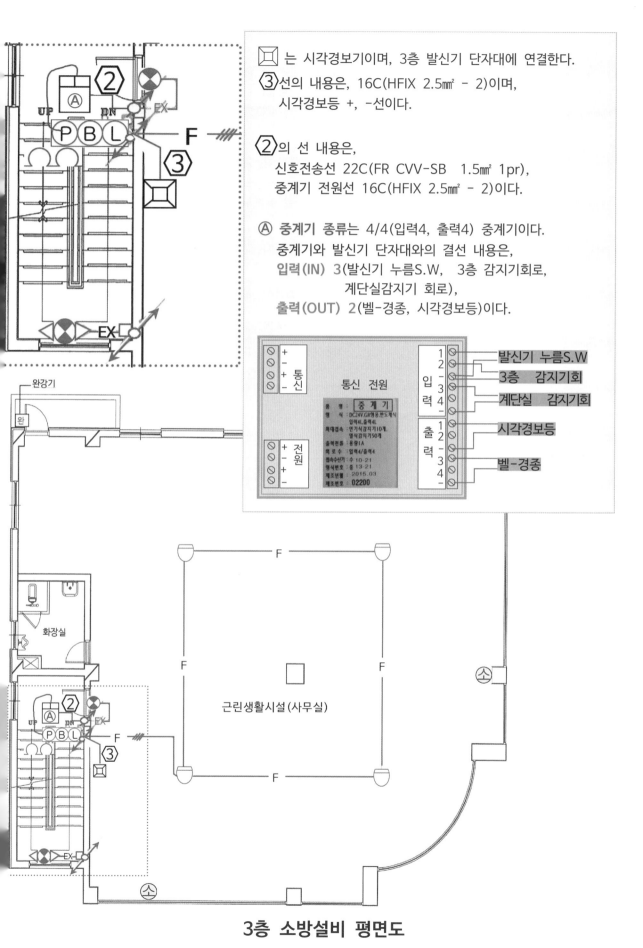

□ 는 시각경보기이며, 3층 발신기 단자대에 연결한다.

③선의 내용은, 16C(HFIX 2.5㎟ - 2)이며,
　시각경보등 +, -선이다.

②의 선 내용은,
　신호전송선 22C(FR CVV-SB　1.5㎟ 1pr),
　중계기 전원선 16C(HFIX 2.5㎟ - 2)이다.

Ⓐ 중계기 종류는 4/4(입력4, 출력4) 중계기이다.
　중계기와 발신기 단자대와의 결선 내용은,
　입력(IN) 3(발신기 누름S.W,　3층 감지기회로,
　　　　　　　　계단실감지기 회로),
　출력(OUT) 2(벨-경종, 시각경보등)이다.

통신 전원

품　명 : 중계기
형　식 : DC24V.GR형공.반도체식
　　　　입력4L.출력4L
최대접속 : 연기식감지기10개,
　　　　열식감지기50개
출력전류 : 용량1A
회　로　수 : 입력4/출력4
접속수선기 : 수 10-21
형식번호 : 종 13-21
제조년월 : 2015.03
제조번호 : 02200

1　발신기 누름S.W
2
-　3층　감지기회
3
4　계단실　감지기회

1　시각경보등
2
-
3　벨-경종
4

3층 소방설비 평면도

완강기
완

화장실

근린생활시설(사무실)

F
F
F
F
F
F

UP
DN
EX
P B L
②
③
Ⓐ
EX

소
소

3. 설계도면(R형) 2

소방시설의 중계기의 입·출력(감시, 제어) 연결 내용

소방시설 종류	입력, 감시(IN)	출력, 제어(OUT)
자동화재탐지설비	1. 감지기 2. 발신기 누름스위치	1. 벨(경종) 2. 시각경보기

도시기호

S	연기 감지기(2종)
	차동식스포트형 감지기(2종)
	정온식 감지기(2종)
P B L	발신기
	중계기
	수신기
	종단저항
	시각경보기

중계기 결선 내용

중계기 번호	중계기 기종	IN(입력)	OUT(출력)
1	2/2	6층 감지기회로, 발신기 누름 S/W	벨(경종), 시각경보기
2	2/2	5층 감지기회로, 발신기 누름 S/W	벨(경종), 시각경보기
3	2/2	4층 감지기회로, 발신기 누름 S/W	벨(경종), 시각경보기
4	4/4	3층 감지기회로, 발신기 누름 S/W 엘리베이터 권상기실 감지기회로, 계단실 감지기회로	벨(경종), 시각경보기
5	2/2	2층 감지기회로, 발신기 누름 S/W	벨(경종), 시각경보기
6	2/2	1층 감지기회로, 발신기 누름 S/W	벨(경종), 시각경보기

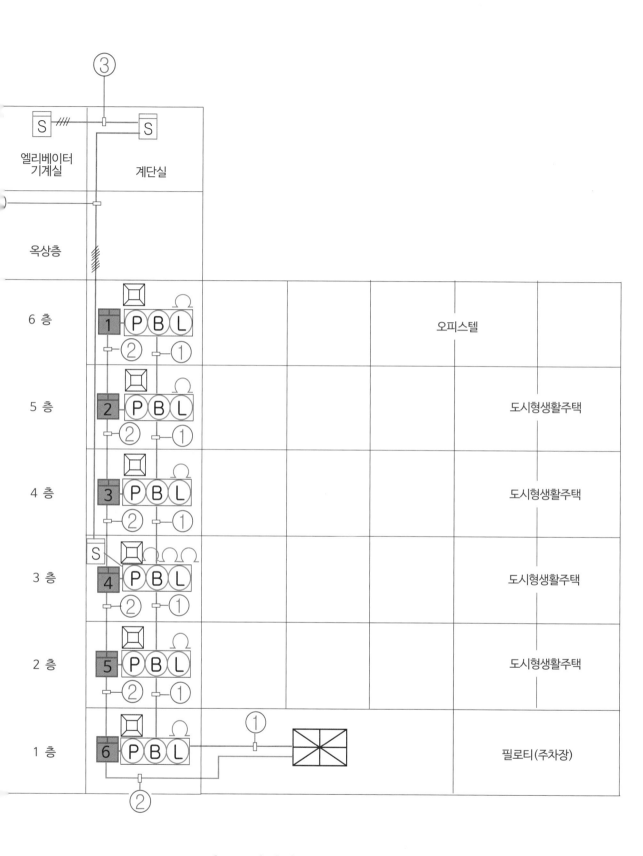

가. 소방시설 전기 계통도

R형 수신기 및 필요부품

항 목	필요 내용	선정(제작)
수신기(자동화재탐지설비 회로)	8회로	15회로
중계기(2 × 2)	5개	
중계기(4 × 4)	1개	
차동식스포트형 감지기(2종)	35개	
정온식스포트형 감지기(2종)	24개	
광전식연기 감지기(2종)	12개	
발신기 속보셀	6개	
시각경보기	6개	

전선 상세 내용

기호	전선 내용	세부 내용
①	16C(HFIX 2.5㎟ - 3)	발신기 응답선1, 위치표시등선1, 공통선1
②	22C(FR CVV-SB 1.5㎟ 1Pr) 16C(HFIX 2.5㎟ - 2)	신호전송선 , 중계기 전원선 2(+,-)
③	16C(HFIX 1.5㎟ - 4)	감지기선 4(엘리베이터기계실 감지기)
④	28C(HFIX 1.5㎟ - 8)	감지기선 8(엘리베이터기계실 감지기, 계단실 감지기)

R형 수신기 및 필요부품

항목	필요내용
중계기(2×2)	1개
차동식스포트형 감지기(2종)	4개
발신기 속보셀	1개
수신기(15회로)	1개
시각경보기	1개
사이렌	1개

중계기 기종 및 입,출력 내용

기호	중계기 기종 및 입, 출력
6	2×2 중계기 1개 입력(IN) 2 : 감지기, 발신기 누름 S/W 출력(OUT) 2 : 벨(경종), 시각경보기

전선 상세 내용

기호	전선 내용	세부 내용
①	16C(HFIX 2.5㎟ - 3)	발신기 응답선1, 위치표시등선1, 공통선1
②	22C(FR CVV-SB 1.5㎟ 1Pr) 16C(HFIX 2.5㎟ - 2)	신호전송선 , 중계기 전원선 2(+,-)
③	16C(HFIX 1.5㎟ - 4)	감지기선 4

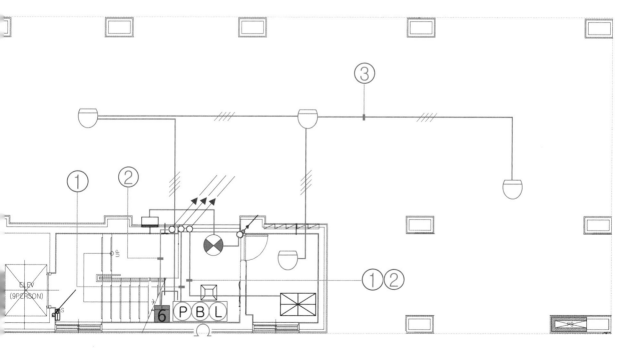

나. 1층 소방시설 전기 평면도

R형 수신기 및 필요부품

항 목	필요내용
중계기(2×2)	1개
차동식스포트형 감지기(2종)	6개
정온식스포트형 감지기(2종)	5개
광전식연기 감지기(2종)	2개
발신기 속보셀	1개
시각경보기	1개
사이렌	1개

중계기 기종 및 입,출력 내용

기호	중계기 기종 및 입, 출력
5	2×2 중계기 1개 **입력(IN) 2** : 감지기, 발신기 누름 S/W **출력(OUT) 2** : 벨(경종), 시각경보기

전선 상세 내용

기호	전선 내용	세부 내용
①	16C(HFIX 2.5㎟ - 3)	발신기 응답선1, 위치 표시등선1, 공통선1
②	22C(FR CVV-SB 1.5㎟ 1Pr) 16C(HFIX 2.5㎟ - 2)	신호전송선 , 중계기 전원선 2(+,-)
③	16C(HFIX 1.5㎟ - 2)	감지기선 2
④	16C(HFIX 1.5㎟ - 4)	감지기선 4

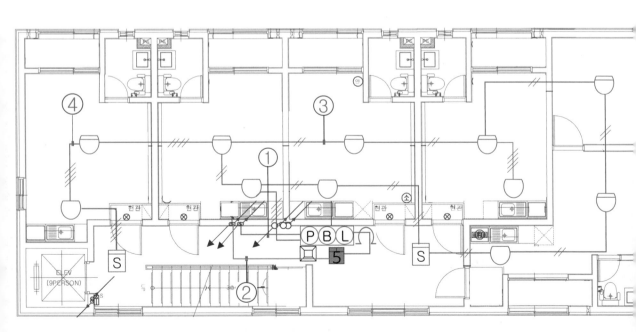

다. 2층 소방시설 전기 평면도

R형 수신기 및 필요부품

항 목	필요내용
중계기(4 × 4)	1개
차동식스포트형 감지기(2종)	6개
정온식스포트형 감지기(2종)	5개
광전식연기 감지기(2종)	3개
발신기 속보셀	1개
시각경보기	1개
사이렌	1개

중계기 기종 및 입, 출력 내용

기호	중계기 기종 및 입, 출력
4	4×4 중계기 1개 　　입력(IN) 4 : 옥내 감지기, 계단실 감지기, 　　　　　　　　　　　엘리베이터기계실 감지기, 　　　　　　　　　　　발신기 누름 S/W 　　출력(OUT) 2 : 벨(경종), 시각경보기

전선 상세 내용

기호	전선 내용	세부 내용
①	16C(HFIX 2.5㎟ – 3)	발신기 응답선1, 위치표시등선1, 공통선1
②	22C(FR CVV-SB 1.5㎟ 1Pr) 16C(HFIX 2.5㎟ – 2)	신호전송선 , 중계기 전원선 2(+,-)
③	16C(HFIX 1.5㎟ – 2)	감지기선 2
④	16C(HFIX 1.5㎟ – 4)	감지기선 4

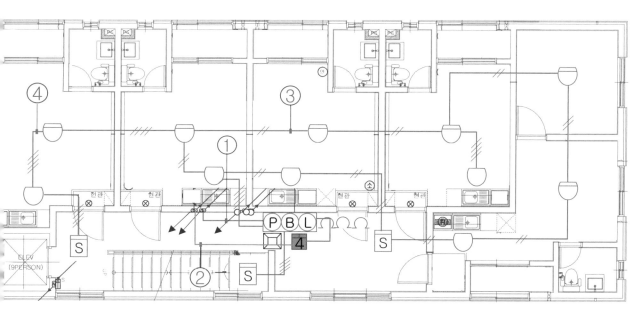

라. 3층 소방시설 전기 평면도

R형 수신기 및 필요부품

항 목	필요내용
중계기(2 × 2)	1개
차동식스포트형 감지기(2종)	6개
정온식스포트형 감지기(2종)	5개
광전식연기 감지기(2종)	2개
발신기 속보셀	1개
시각경보기	1개
사이렌	1개

중계기 기종 및 입, 출력 내용

기호	중계기 기종 및 입, 출력
3	2×2 중계기　1개 **입력(IN)　2** : 감지기, 발신기 누름 S/W **출력(OUT)　2** : 벨(경종), 시각경보기

전선 상세 내용

기호	전선 내용	세부내용
①	16C(HFIX 2.5㎟ - 3)	발신기 응답선1, 위치표시등선1, 공통선1
②	22C(FR CVV-SB 1.5㎟ 1Pr) 16C(HFIX 2.5㎟ - 2)	신호전송선 , 중계기 전원선 2(+,-)
③	16C(HFIX 1.5㎟ - 2)	감지기선 2
④	16C(HFIX 1.5㎟ - 4)	감지기선 4

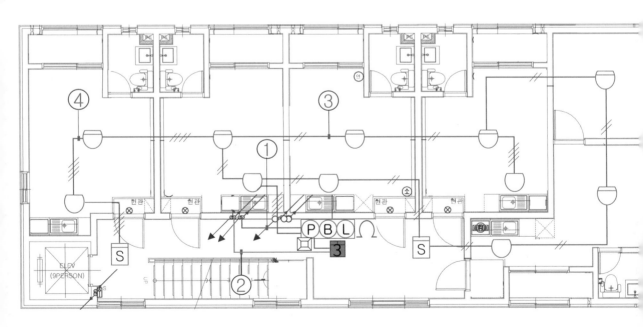

마. 4층 소방시설 전기 평면도

R형 수신기 및 필요부품

항 목	필요내용
중계기(2 × 2)	1개
차동식스포트형 감지기(2종)	6개
정온식스포트형 감지기(2종)	5개
광전식연기 감지기(2종)	2개
발신기 속보셀	1개
시각경보기	1개
사이렌	1개

중계기 기종 및 입, 출력 내용

기호	중계기 기종 및 입, 출력
2	2×2 중계기 1개 **입력(IN) 2** : 감지기, 발신기 누름 S/W **출력(OUT) 2** : 벨(경종), 시각경보기

전선 상세 내용

기호	전선 내용	세부 내용
①	16C(HFIX 2.5㎟ - 3)	발신기 응답선1, 위치표시등선1, 공통선1
②	22C(FR CVV-SB 1.5㎟ 1Pr) 16C(HFIX 2.5㎟ - 2)	신호전송선 , 중계기 전원선 2(+,-)
③	16C(HFIX 1.5㎟ - 2)	감지기선 2
④	16C(HFIX 1.5㎟ - 4)	감지기선 4

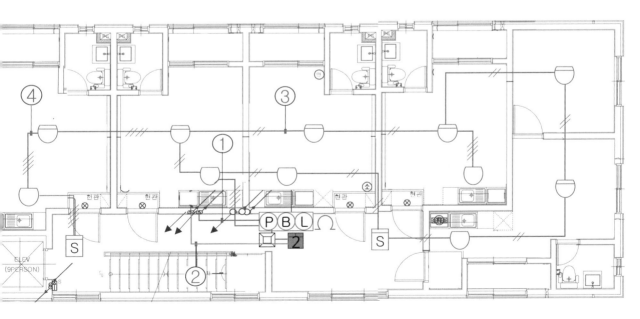

바. 5층 소방시설 전기 평면도

R형 수신기 및 필요부품

항 목	필요내용
중계기(2 × 2)	1개
차동식스포트형 감지기(2종)	7개
정온식스포트형 감지기(2종)	4개
광전식연기 감지기(2종)	1개
발신기 속보셀	1개
시각경보기	1개
사이렌	1개

중계기 기종 및 입, 출력 내용

기호	중계기 기종 및 입, 출력
1	2×2 중계기 1개 **입력(IN) 1** : 감지기, 발신기 누름 S/W **출력(OUT) 3** : 벨(경종), 시각경보기

전선 상세 내용

기호	전선 내용	세부 내용
①	16C(HFIX 2.5㎟ - 3)	발신기 응답선1, 위치표시등선1, 공통선1
②	22C(FR CVV-SB 1.5㎟ 1Pr) 16C(HFIX 2.5㎟ - 2)	신호전송선 , 중계기 전원선 2(+,-)
③	16C(HFIX 1.5㎟ - 2)	감지기선 2

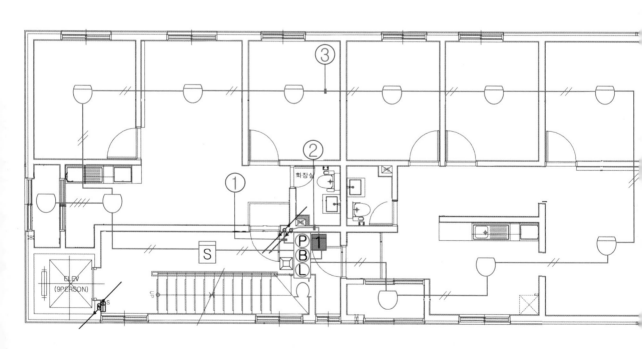

사. 6층 소방시설 전기 평면도

R형 수신기 및 필요부품

항 목	필요내용
광전식연기 감지기(2종)	2개

전선 상세 내용

기호	전선 내용	세부 내용
①	16C(HFIX 1.5㎟ - 4)	감지기선 4(엘리베이터 기계실 감지기)
②	28C(HFIX 1.5㎟ - 8)	감지기선 8(엘리베이터 기계실 감지기, 계단실 감지기)

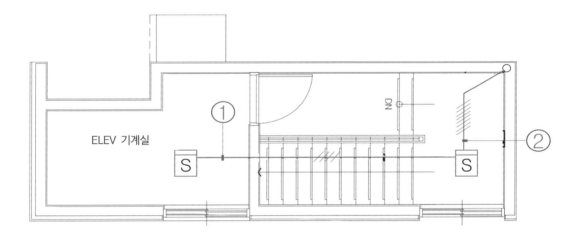

아. 옥탑층 소방시설 전기 평면도

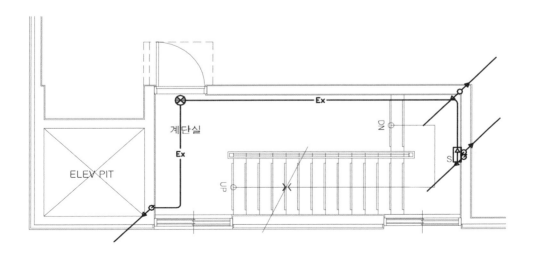

자. 옥상층 소방시설 전기 평면도

4. 설계도면(R형) 3

(자동화재탐지설비, 스프링클러설비)

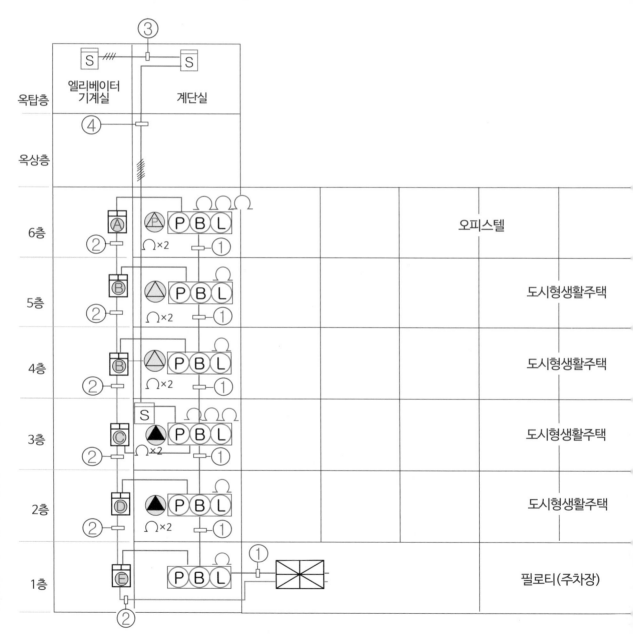

가. 소방시설 전기 계통도

414

R형 수신기 및 필요부품

항 목	필요내용	선정 (제작)
수신기(자동화재탐지설비 회로)	19회로	30회로
중계기(2 × 2)	3개	
중계기(4 × 4)	4개	
알람밸브	2개	
프리액션밸브	2개	
드라이밸브	1개	
차동식스포트형 감지기(2종)	35개	
정온식스포트형 감지기(2종)	24개	
광전식연기 감지기(2종)	15개	
발신기 속보셀	6개	

도시기호

S	연기 감지기(2종)
⌒	차동식스포트형 감지기(2종)
◡	정온식 감지기(2종)
Ⓟ Ⓑ Ⓛ	발신기
⊡	중계기
⊠	수신기
Ω	종단저항
▲	알람밸브
⒜	프리액션밸브
△	드라이밸브
SVP	수동작동 스위치함
⊗	유도등

중계기 기종 및 입, 출력 내용

기호	중계기 기종 및 입, 출력
Ⓐ	4×4 중계기 1개, 2×2 중계기 1개 **입력(IN) 6** : 프리액션밸브 기동용감지기(A,B회로) 2, 유수검지장치 압력스위치 1, 프리액션밸브 1, 2차측개폐밸브 탬퍼스위치 1, 발신기 누름S/W 1, 자탐감지기 회로 1, **출력(OUT) 3** : 프리액션밸브 전동볼밸브 1, 사이렌 1, 벨(경종) 1
Ⓑ	4×4 중계기 1개 **입력(IN) 4** : 옥내감지기 1, 발신기 누름S/W 1, 유수검지장치 압력스위치 1, 드라이밸브 1, 2차측개폐밸브 탬퍼스위치 1 **출력(OUT) 3** : 사이렌 1, 벨(경종) 1, 에어컴프레셔
Ⓒ	4×4 중계기 1개, 2×2 중계기 1개 **입력(IN) 6** : 계단실감지기 1, 엘리베이터기계실 감지기 1, 옥내감지기 1, 발신기 누름S/W 1 유수검지장치 압력스위치 1, 알람밸브 1차측개폐밸브 탬퍼스위치 1 **출력(OUT) 2** : 사이렌 1, 벨(경종) 1
Ⓓ	4×4 중계기 1개 **입력(IN) 4** : 옥내감지기1, 발신기 누름S/W 1, 유수검지장치 압력스위치1, 알람밸브 탬퍼스위치 1 **출력(OUT) 2** : 사이렌 1, 벨(경종) 1
Ⓔ	2×2 중계기 1개 **입력(IN) 2** : 옥내감지기, 발신기 누름S/W 1 **출력(OUT) 1** : 벨(경종)

전선 상세 내용

기호	전선 내용	세부 내용
①	16C(HFIX 2.5㎟ - 3)	발신기응답선1, 위치표시등선1, 공통선1
②	22C(FR CVV-SB 1.5㎟ 1Pr) 16C(HFIX 2.5㎟ - 2)	신호전송선 , 중계기 전원선 2(+,-)
③	16C(HFIX 1.5㎟ - 4)	감지기선 4(엘리베이터기계실 감지기)
④	28C(HFIX 1.5㎟ - 8)	감지기선 8(엘리베이터기계실 감지기, 계단실 감지기)

R형 수신기 및 필요부품

항 목	필요내용
중계기(2×2)	1개
차동식스포트형 감지기(2종)	4개
발신기 속보셀	1개

중계기 기종 및 입,출력 내용

기호	중계기 기종 및 입, 출력
Ⓔ	2×2 중계기 1개 **입력(IN)** 2 : 감지기, 발신기 누름스위치 **출력(OUT)** 1 : 벨(경종)

전선 상세 내용

기호	전선 내용	세부 내용
①	16C(HFIX 2.5㎟ - 3)	발신기 응답선1, 위치표시등선1, 공통선1
②	22C(FR CVV-SB 1.5㎟ 1Pr) 16C(HFIX 2.5㎟ - 2)	신호전송선 , 중계기 전원선 2(+,-)
③	16C(HFIX 1.5㎟ - 4)	감지기선 4

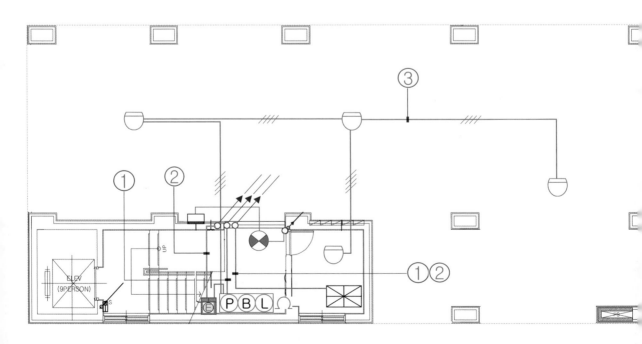

나. 1층 소방시설 전기 평면도

중계기 기종 및 입,출력 내용

기호	중계기 기종 및 입, 출력
Ⓓ	4×4 중계기 1개 **입력(IN) 4** : 감지기 1, 발신기 누름스위치 1, 유수검지장치 압력스위치 1, 알람밸브 1차측개폐밸브 탬퍼스위치 1 **출력(OUT) 2** : 사이렌 1, 벨(경종) 1
Ⓒ	4×4 중계기 1개, 2×2 중계기 1개 **입력(IN) 6** : 옥내감지기 1, 계단실 감지기 1, 발신기 누름스위치 1, 엘리베이터기계실 감지기 1, 　　　　　　　 유수검지장치 압력스위치 1, 알람밸브 1차측개폐밸브 탬퍼스위치 1 **출력(OUT) 2** : 사이렌 1, 벨(경종) 1

전선 상세 내용

기호	전선 내용	세부 내용
①	16C(HFIX 2.5㎟ - 3)	발신기 응답선1, 위치표시등선1, 공통선1
②	22C(FR CVV-SB 1.5㎟ 1Pr) 16C(HFIX 2.5㎟ - 2)	신호전송선 , 중계기 전원선 2(+,-)
③	16C(HFIX 1.5㎟ - 2)	감지기선 2
④	16C(HFIX 1.5㎟ - 4)	감지기선 4

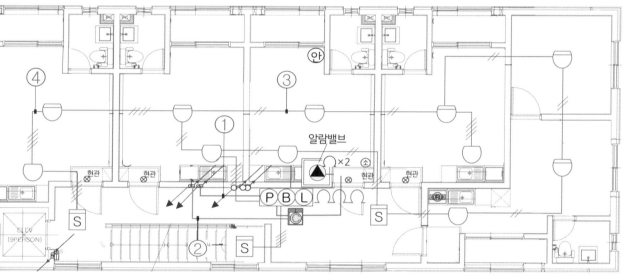

라. 3층 소방시설 전기 평면도

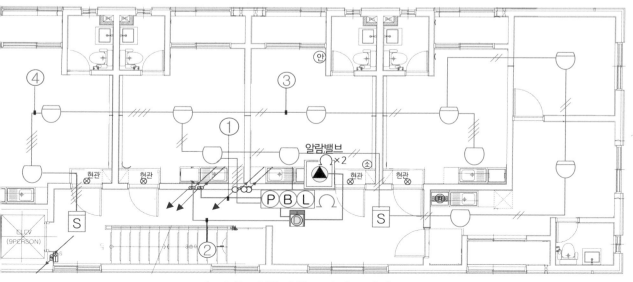

다. 2층 소방시설 전기 평면도

중계기 기종 및 입,출력 내용

기호	중계기 기종 및 입, 출력
Ⓑ	4×4 중계기 1개 **입력(IN)** 4 : 감지기 1, 발신기 누름스위치 1, 유수검지 압력스위치 1, 드라이밸브 탬퍼스위치 **출력(OUT)** 3 : 사이렌 1, 벨(경종) 1, 에어컴프레셔

전선 상세 내용

기호	전선 내용	세부 내용
①	16C(HFIX 2.5㎟ - 3)	발신기 응답선1, 위치표시등선1, 공통선1
②	22C(FR CVV-SB 1.5㎟ 1Pr) 16C(HFIX 2.5㎟ - 2)	신호전송선 , 중계기 전원선 2(+,-)
③	16C(HFIX 1.5㎟ - 2)	감지기선 2
④	16C(HFIX 1.5㎟ - 4)	감지기선 4

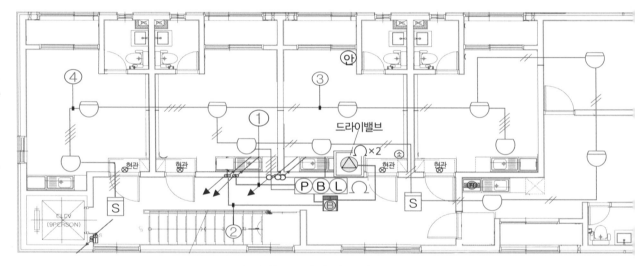

바. 5층 소방시설 전기 평면도

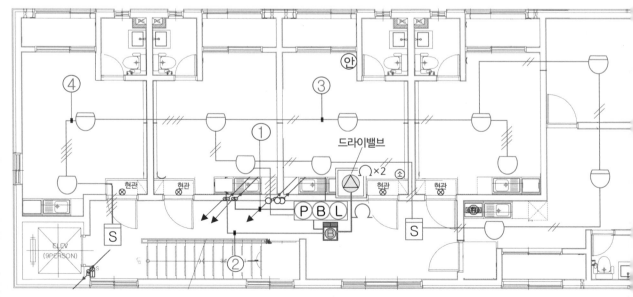

마. 4층 소방시설 전기 평면도

중계기 기종 및 입,출력 내용

기호	중계기 기종 및 입, 출력
Ⓐ	4×4 중계기 1개, 2×2 중계기 1개 　입력(IN) 6 : 프리액션밸브기동용 감지기 2(A,B회로), 발신기 누름스위치 1, 자탐 감지기 회로 1 　　　　　　　　 유수검지장치 압력스위치 1, 프리액션밸브 1,2차측 개폐밸브 탬퍼스위치 1 　출력(OUT) 3 : 프리액션밸브 전동볼밸브 1, 사이렌 1, 벨(경종) 1

전선 상세 내용

기호	전선 내용	세부 내용
①	16C(HFIX 2.5㎟ - 3)	발신기 응답선1, 위치표시등선1, 공통선1
②	22C(FR CVV-SB 1.5㎟ 1Pr) 16C(HFIX 2.5㎟ - 2)	신호전송선 , 중계기 전원선 2(+,-)
③	16C(HFIX 1.5㎟ - 4)	감지기선 4

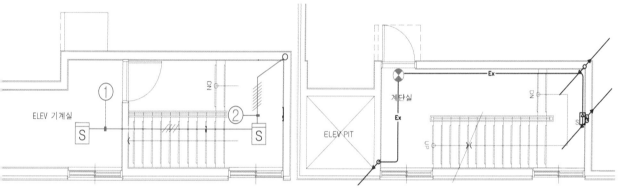

아. 옥탑층 소방시설 전기 평면도　　　　　자. 옥상층 소방시설 전기 평면도

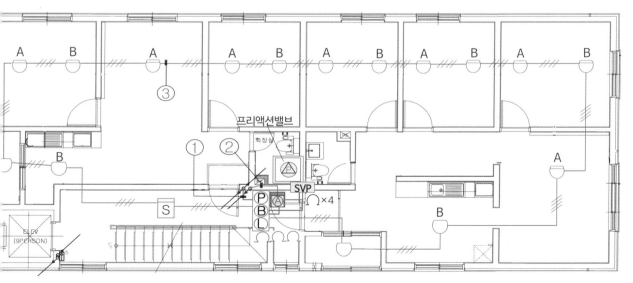

사. 6층 소방시설 전기 평면도

차. 설계도면 해설

계통도에서 설계도면에 표현(설계)되어야 하는 내용

1. 자동화재탐지설비 설계

○ 발신기(Ⓟ Ⓑ Ⓛ) ↔ 발신기 ↔ 발신기 ↔ · · · 수신기(✕)간의 연결 및 선의 내용
○ 발신기의 감지기 경계구역 수(종단저항 Ω 표기) 설계
○ 별도의 경계구역에 해당하는 감지기(Ⓢ) ↔ 발신기(Ⓟ Ⓑ Ⓛ) 설계
   - 엘리베이터 권상기실(기계실) 감지기, 계단실 감지기 설계 등
○ 발신기, 수신기, 감지기의 연결 및 선 상세내용 설계
   - 선의 종류, 선의 굵기, 전선관 규격 등【사례 : (22C HFIX 2.5㎟ - 5)】

2. 스프링클러설비 설계

○ 유수검지장치(일제개방밸브) (▲ ⟁ △) ↔ 유수검지장치(일제개방밸브) ↔ · · ·
   수신기(✕)간의 연결선의 내용 설계
○ 유수검지장치(일제개방밸브), 수신기의 연결 및 선 상세내용 설계
   - 선의 종류, 선의 굵기, 전선관 규격 등
   【사례 : (16)HFIX 1.5㎟ - 4, (22)HFIX 2.5㎟ - 5)】

3. 중계기 설계

○ 중계기(⬚) ↔ 중계기 ↔ 중계기 ↔ · · · 수신기(✕)간의 연결 및 선의 내용
   【사례 : 22C (FR CVV-SB 1.5㎟ 1pr), 16C(HFIX 2.5㎟ - 2)】
○ 경계구역, 방호구역별로 설치하는 중계기의 기종(종류)
○ 경계구역, 방호구역별로 설치하는 중계기의 결선 내용【입력(IN), 출력(OUT)】표 설계

4. 수신기, 발신기, 감지기 등의 필요부품 상세내역표 - 【사 례】

항 목	필요내용	선정(제작)
수신기(자동화재탐지설비 회로)	19회로	30회로
중계기(2 × 2)	3개	
중계기(4 × 4)	4개	
알람밸브	2개	
프리액션밸브	2개	
드라이밸브	1개	
차동식스포트형 감지기(2종)	35개	
정온식스포트형 감지기(2종)	24개	
광전식연기 감지기(2종)	15개	
발신기 속보셀	6개	

5. 도시기호

평면도에서 설계도면에 표현(설계)되어야 하는 내용

1. 자동화재탐지설비 설계

○ 발신기(ⓅⒷⓁ) ↔ 감지기 ↔ 감지기 ↔ ··· 발신기(ⓅⒷⓁ)간의 연결 및 선의 내용
○ 발신기의 감지기 경계구역 수(종단저항◯ 표기) 설계
○ 별도의 경계구역에 해당하는 감지기(Ⓢ) ↔ 발신기(ⓅⒷⓁ) 설계
  – 엘리베이터 권상기실(기계실) 감지기, 계단실 감지기 설계 등
○ 감지기의 종류 선택, 감지기 설치개수 계산, 평면도면상에 적정한 위치 설계
○ 감지기간의 배선 연결 표기(송배전식)

2. 스프링클러설비 설계

○ 유수검지장치(일제개방밸브)(▲ ⊿ ⊿)의 관련부품 표기 및 설계
○ 평면도상의 유수검지장치(일제개방밸브)와 부품간의 선의 종류, 굵기, 전선관 규격 등
  【사례 : (22)HFIX 2.5㎟ – 5)】

3. 중계기 설계

○ 발신기, 유수검지장치(일제개방밸브)와 중계기(▢)간의 연결 및 선의 내용
○ 중계기의 기종(종류), 개수
○ 중계기의 결선 내용(입력(IN), 출력(OUT))표

【사례】 중계기 기종 및 입, 출력 내용

기호	중계기 기종 및 입, 출력
▣	4×4 중계기 1개 　입력(IN) 3 : 유수검지 압력스위치, 드라이밸브 탬퍼스위치, 발신기 누름스위치 　출력(OUT) 1 : 벨(경종)

위의 내용 중계기 결선 내용

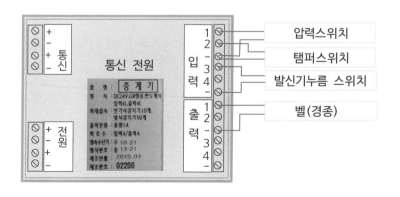

5. 설계 도면 4(P형)

범 례

기호	명칭	기호	명칭
⊠	화재 수신반(P형 1급)	∩	종단저항
ⓅⒷⓁ	발신기 세트	▷◁	동력분전함
⊠	시각경보장치	W.H	전기 계량기함
S	연기감지기(2종)	□	4각박스
▽	차동식스포트형 감지기(2종)	⊠	풀박스
▽	정온식스포트형 감지기(1종)	→	천장스라브 매입배관 배선
⊗	피난구유도등(소형)	— —	바닥스라브 매입배관 배선
⊗L	피난구유도등(대형)	— – —	천장 노출배관 배선
◁⊗▷	통로유도등	— —	지중 매설배관 배선
소	분말소화기(A3, B5, C 3.3kg)	완	완강기
휴	휴대용 비상조명등	↙ ● ↗	전선관 입하, 통과, 입상 입하 : 아래층으로 내려감 입상 : 윗층으로 올라감

배관, 배선중 표기 없는 것은 아래에 준함

1) 감지기 설비

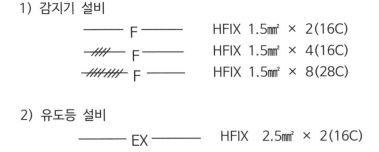

    —— F ——   HFIX 1.5㎟ × 2(16C)

    —///— F ——   HFIX 1.5㎟ × 4(16C)

    —/////// F ——   HFIX 1.5㎟ × 8(28C)

2) 유도등 설비

    —— EX ——   HFIX 2.5㎟ × 2(16C)

화재로 인하여 하나의 층의 지구음향장치 또는 배선이 단락되어도 다른 층의 화재통보에 지장이 없도록 각층 배선 상에 유효한 조치인 『단락보호 장치』를 설치한다.

번호	경종	시각경보기	경종표시등 공통	표시등	응답	회로	공통	계
①	1	1	1	1	1	2	1	8
②	1	1	1	1	1	3	1	9
③	1	1	1	1	1	4	1	10

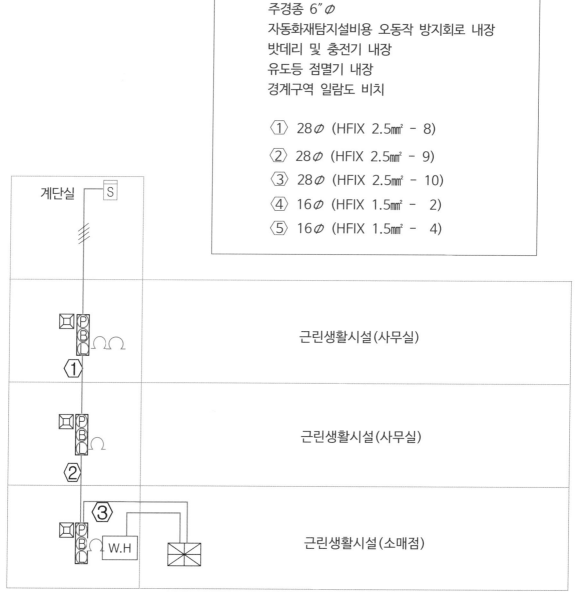

【 N O T E 】

P형 1급 수신기 5회로용(벽부착형)
주경종 6″∅
자동화재탐지설비용 오동작 방지회로 내장
밧데리 및 충전기 내장
유도등 점멸기 내장
경계구역 일람도 비치

① 28∅ (HFIX 2.5㎟ - 8)
② 28∅ (HFIX 2.5㎟ - 9)
③ 28∅ (HFIX 2.5㎟ - 10)
④ 16∅ (HFIX 1.5㎟ - 2)
⑤ 16∅ (HFIX 1.5㎟ - 4)

가. 소방시설 전기회로 계통도

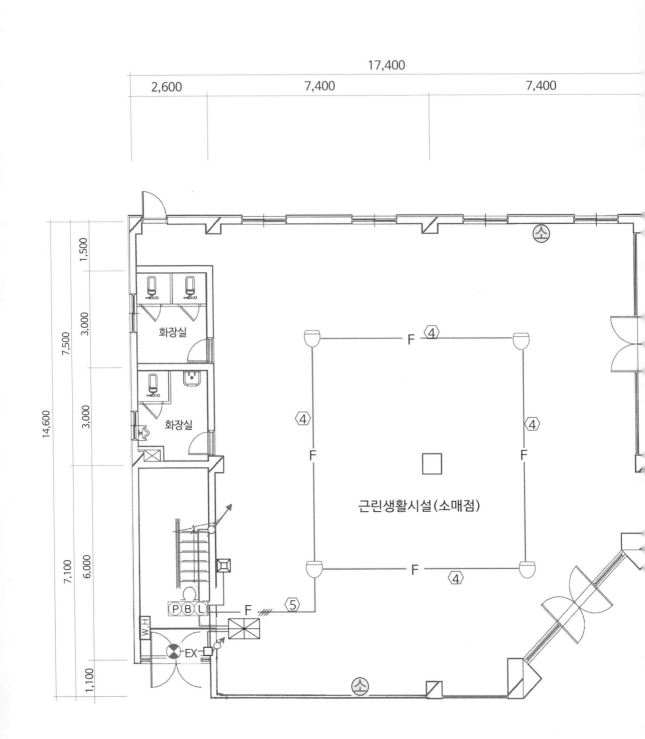

나. 1층 소방설비 평면도

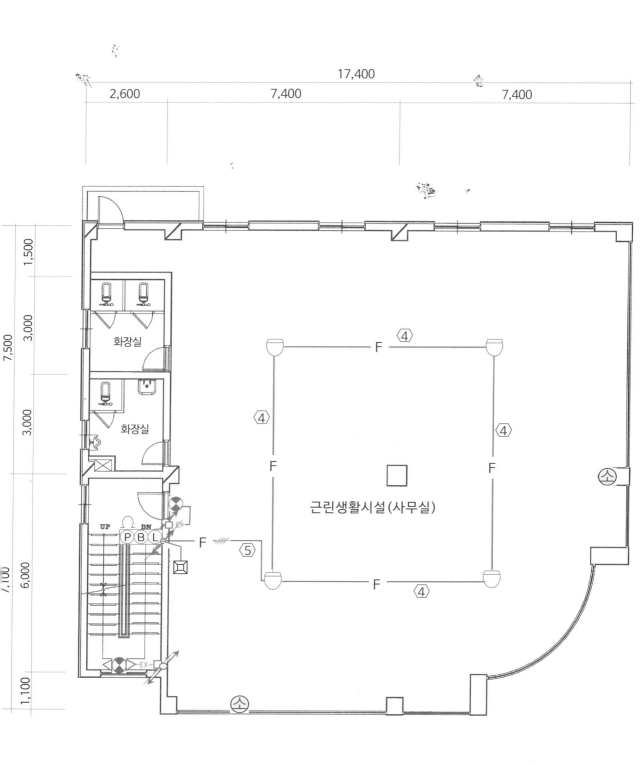

다. 2층 소방설비 평면도

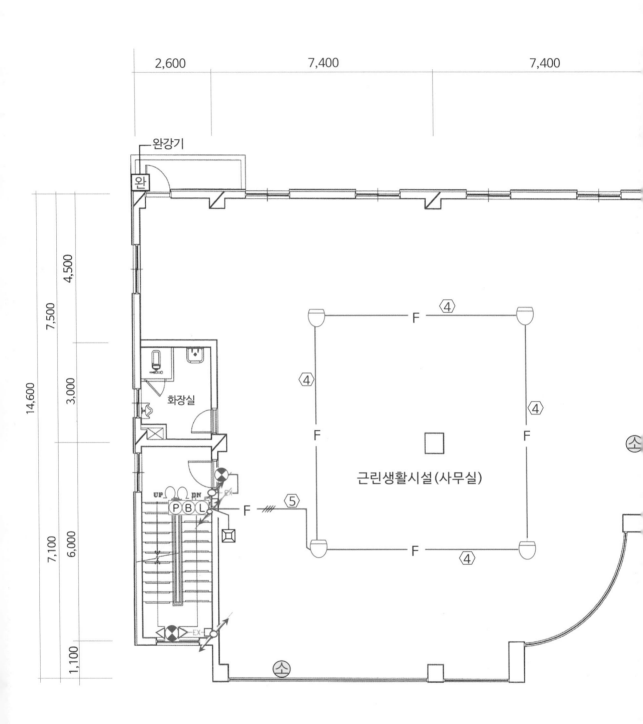

라. 3층 소방설비 평면도

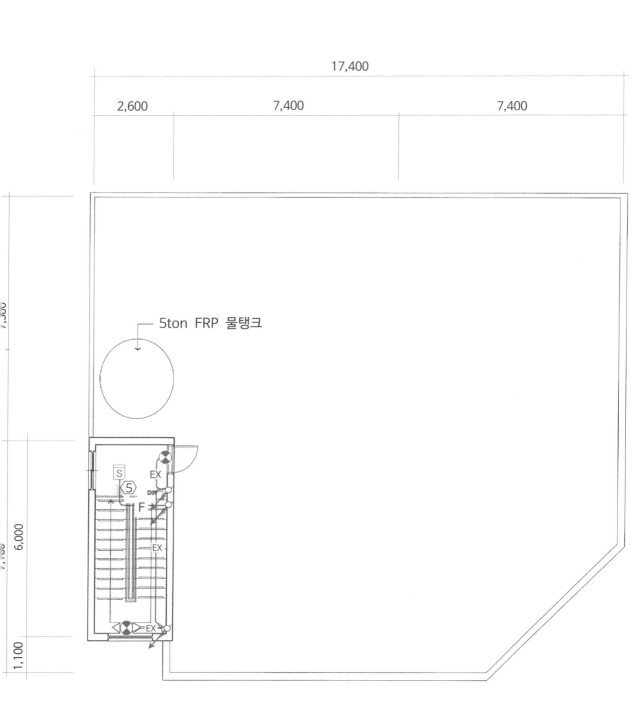

17,400

2,600   7,400   7,400

6,000

1,100

5ton FRP 물탱크

S
⑤

EX

EX

EX

F

마. 옥상층 소방설비 평면도

6. 설계 도면(P형)4 해설

가. 소방시설 전기회로 계통도 설계 해설

소방시설의 전기회로 계통도는 건물의 수직적인 소방시설 전기배선을 표기한 것으로서
옥탑 ↔ 3층 ↔ 2층 ↔ 1층 ↔ 수신기간의 소방시설 전기배선에 대하여 상세한 내용을 표기한 것이다.

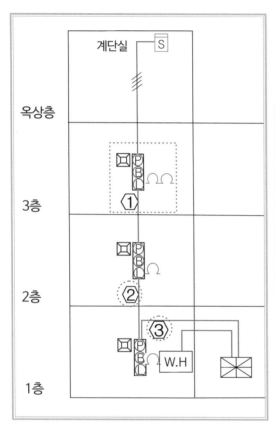

계통도

① 28∅ (HFIX 2.5㎟ - 8)

② 28∅ (HFIX 2.5㎟ - 9)

③ 28∅ (HFIX 2.5㎟ - 10)

① 28Φ(HFIC 2.5㎟ - 8)
8선의 내용은,
1. 벨(경종)선, 2. 시각경보기선, 3. 벨표시등공통선,
4. 표시등선, 5. 응답선, 6. 회로1선(계단 감지기회로),
7. 회로2선(3층 감지기회로), 8. 공통선.

ΩΩ - 종단저항의 2개 설치 표시로서,
3층 감지기회로 1개, 계단 감지기회로 1개의
2경계구역 회로의 종단저항이다.

② 28Φ(HFIC 2.5㎟ - 9)
9선의 내용은,
1. 벨(경종)선, 2. 시각경보기선, 3. 벨표시등공통선,
4. 표시등선, 5. 응답선, 6. 회로1선(계단 감지기회로),
7. 회로2선(3층 감지기회로), 8. 회로3선(2층 감지기회로),
9. 공통선.

③ 28Φ(HFIC 2.5㎟ - 10)
28mm 전선관 안에 전선의 굵기가 2.5㎟의 전선으로서 10선(가닥) 이다. **10선의 내용은,**
1.벨선, 2.시각경보기선, 3.벨표시등 공통선, 4.표시등선, 5.응답선, 6.회로1선(계단 감지기회로)
7.회로2선(3층 갑지기회로), 8.회로3선(2층 감지기회로), 9. 회로4선(1층 감지기회로), 10. 공통선.

번호	경종	시각경보기	경종표시등 공통	표시등	응답	회로	공통	계
①	1	1	1	1	1	2	1	8
②	1	1	1	1	1	3	1	9
③	1	1	1	1	1	4	1	10

전선관 크기(규격) 선정(결정)

전선관 규격표

전선 규격	전선관 규격					
	16 [mm]	22 [mm]	28 [mm]	36 [mm]	42 [mm]	54 [mm]
1.5 [m㎡]	1 ~ 6 가닥	7 가닥	8 ~ 18 가닥	-	-	-
2.5 [m㎡]	1 ~ 4 가닥	5 ~ 7 가닥	8 ~ 12 가닥	13 ~ 21 가닥	22 ~ 28 가닥	29 ~ 45 가닥

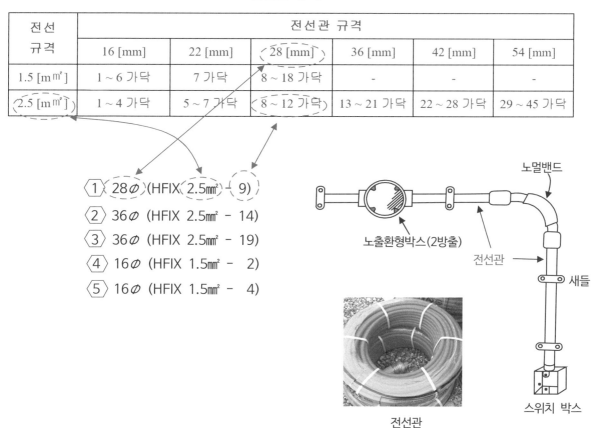

① 28∅ (HFIX 2.5㎡ - 9)
② 36∅ (HFIX 2.5㎡ - 14)
③ 36∅ (HFIX 2.5㎡ - 19)
④ 16∅ (HFIX 1.5㎡ - 2)
⑤ 16∅ (HFIX 1.5㎡ - 4)

전선관

① 28∅ (HFIX 2.5㎡ - 9)

○독성 난연 가교 폴리올레핀 절연전선(HFIX) 2.5㎡ 9선으로서, 28mm 전선관에 넣는 설계를 한 것이다.

HFIX 2.5㎡ - 9(28C), HFIX 9- 2.5㎡ 28∅ 또는 28C(HFIX 2.5㎡ - 9)로 표현하기도 한다.

선관의 크기(굵기)는 위의 전선관 규격표에서 2.5㎡ 9선(가닥)이며, 28mm 전선관에 해당된다.

② 36∅ (HFIX 2.5㎡ - 14)

.5㎡ 14선(가닥)으로서, 36mm 전선관에 넣는 설계를 한 것이다.

선관의 크기(굵기)는 위의 전선관 규격표에서 2.5㎡ 14선(가닥)이며, 36mm 전선관에 해당된다.

⑤ 16∅ (HFIX 1.5㎡ - 4)

.5㎡ 4선(가닥)으로서, 16mm 전선관에 넣는 설계를 한 것이다.

선관의 크기(굵기)는 위의 전선관 규격표에서 1.5㎡ 4선(가닥)은 16mm 전선관에 해당된다.

나. 1층 소방시설 설계 해설

① 감지기 배선, 종단저항 설치

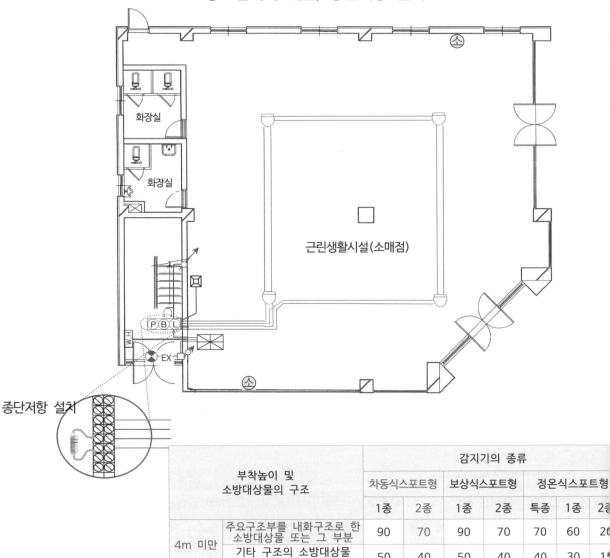

종단저항 설치

부착높이 및 소방대상물의 구조		감지기의 종류						
		차동식스포트형		보상식스포트형		정온식스포트형		
		1종	2종	1종	2종	특종	1종	2종
4m 미만	주요구조부를 내화구조로 한 소방대상물 또는 그 부분	90	70	90	70	70	60	20
	기타 구조의 소방대상물 또는 그 부분	50	40	50	40	40	30	15
4m 이상 8m 미만	주요구조부를 내화구조로 한 소방대상물 또는 그 부분	45	35	45	35	35	30	
	기타 구조의 소방대상물 또는 그 부분	30	25	30	25	25	15	

② 감지기 설계

㉮ 감지기 설치개수 계산

도면에서와 같이 차동식스포트형2종 감지기를 설치하는 경우의 설치개수를 계산하면,
바닥면적은 = 238㎡ (17m × 14m)(바닥면적 계산은 근사치임)
238㎡ ÷ 70㎡ = 3.4, 소수점 이하는 1이므로, 감지기 4개 이상이 필요하다.

㉯ 감지기 배선

1층 소방시설 평면도의 내용을 이해를 돕기 위하여 감지기선을 실선으로 표현하여 그렸다.

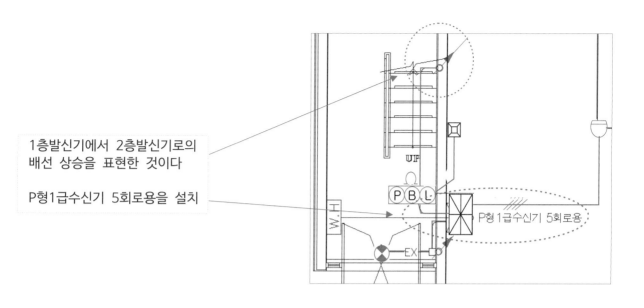

1층발신기에서 2층발신기로의 배선 상승을 표현한 것이다

P형1급수신기 5회로용을 설치

P형 1급수신기 5회로용

다. 1층 소화기 계산

1층에 필요한 소화기 단위 수 계산

1층의 바닥면적은 238㎡이다.

근린생활시설은 소화기 및 자동소화장치의 화재안전기술기준 표 2.1.1.2 특정소방대상물 별 소화기구의 능력단위에 의하면 해당용도의 바닥면적 100㎡ 마다 능력단위 1단위 이상이 되도록 해야 한다.

그러나 내화구조이므로 기준면적의 2배인 200㎡마다 능력단위 1단위 이상이 되면 된다.

$$\frac{바닥면적}{기준면적} = \frac{238}{200} = 1.19단위(2단위)가 필요하며, A급 2단위소화기 1개가 필요하다.$$

소화기 1개를 배치하면 보행거리 20m에도 충족한다.

그러나 이 건물의 설계는 A급 3단위소화기 2개를 설계하여 여유있게 설계되었다.

⊛ 분말소화기(A3, B5, C 3.3㎏)는

A급(일반화재) 3단위, B급(유류화재) 5단위, C급(전기화재) 적응의 표시내용이다.

표 2.1.1.2 특정소방대상물 별 소화기구의 능력단위

소 방 대 상 물	소화기구의 능력단위
3.　근린생활시설 · 판매시설 · 운수시설 · 숙박시설 · 노유자시설 · 전시장 · 공동주택 · 업무시설 · 방송통신시설 · 공장 · 창고시설 · 항공기 및 자동차 관련 시설 및 관광휴게시설	해당 용도의 **바닥면적 100㎡마다** 능력단위 1단위 이상

(주) 소화기구의 능력단위를 산출함에 있어서 건축물의 주요구조부가 내화구조이고, 벽 및 반자의 실내에 면하는 부분이 불연재료 · 준불연재료 또는 난연재료로 된 특정소방대상물에 있어서는 위표의 기준면적의 2배를 해당 특정소방대상물의 기준면적으로 한다.

라. 2층 소방시설 설계 해설

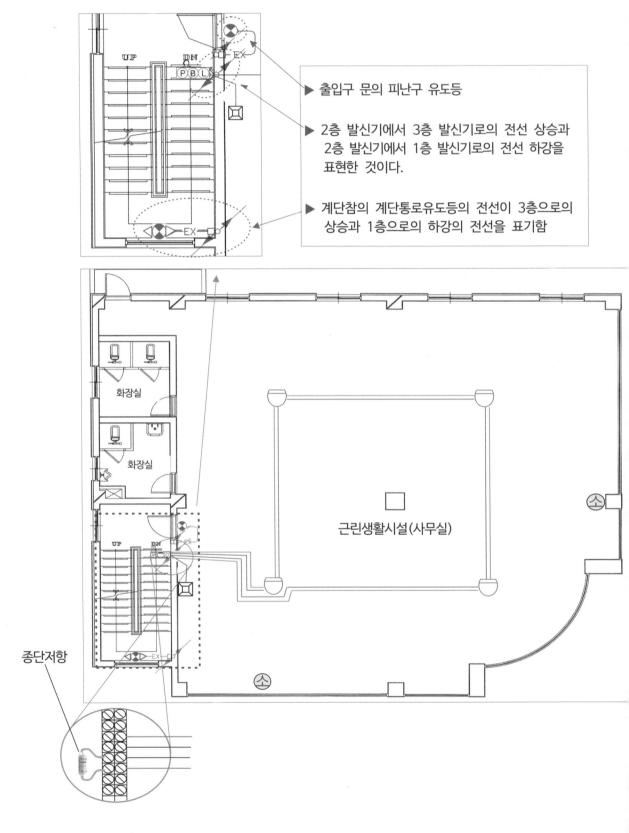

▶ 출입구 문의 피난구 유도등

▶ 2층 발신기에서 3층 발신기로의 전선 상승과
  2층 발신기에서 1층 발신기로의 전선 하강을
  표현한 것이다.

▶ 계단참의 계단통로유도등의 전선이 3층으로의
  상승과 1층으로의 하강의 전선을 표기함

화장실

화장실

근린생활시설(사무실)

UP DN

종단저항

마. 3층 소방시설 설계 해설

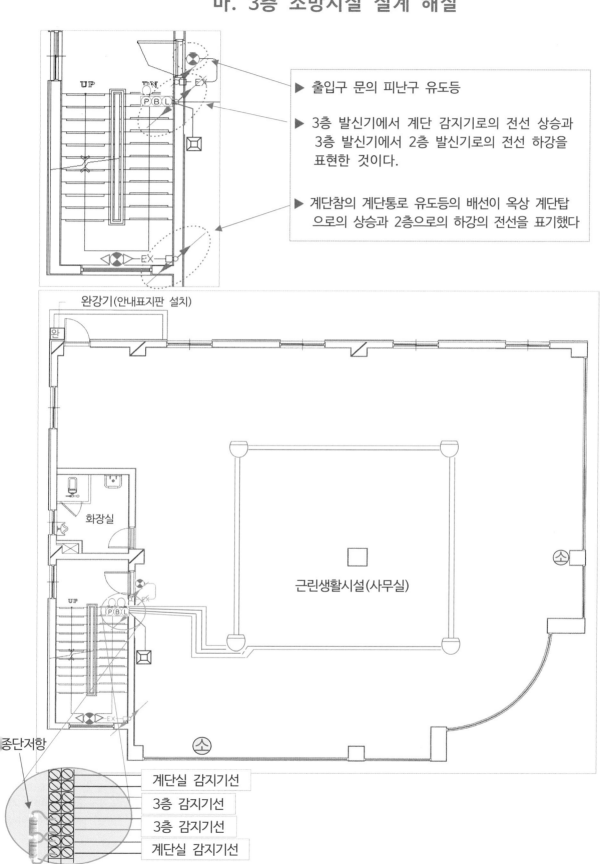

▶ 출입구 문의 피난구 유도등

▶ 3층 발신기에서 계단 감지기로의 전선 상승과 3층 발신기에서 2층 발신기로의 전선 하강을 표현한 것이다.

▶ 계단참의 계단통로 유도등의 배선이 옥상 계단탑으로의 상승과 2층으로의 하강의 전선을 표기했다

완강기(안내표지판 설치)

화장실

근린생활시설(사무실)

종단저항

계단실 감지기선

3층 감지기선

3층 감지기선

계단실 감지기선

바. 피난기구 설계

① 피난기구 종류 선택

표 2.1.1 설치장소별 피난기구의 적응성

설치장소별 구분 / 층별	1층	2층	3층	4층 이상 10층 이하
1. 노유자시설	미끄럼대 구조대 피난교 다수인피난장비 승강식피난기	미끄럼대 구조대 피난교 다수인피난장비 승강식피난기	미끄럼대 구조대 피난교 다수인피난장비 승강식피난기	피난교 다수인피난장비 승강식피난기
2. 의료시설·근린생활시설중 입원실이 있는 의원·접골원·조산원			미끄럼대 구조대 피난교 피난용트랩 다수인피난장비 승강식피난기	구조대 피난교 피난용트랩 다수인피난장비 승강식피난기
3.「다중이용업소의 안전관리에 관한 특별법 시행령」제2조에 따른 다중이용업소로서 영업장의 위치가 4층 이하인 다중이용업소		미끄럼대 피난사다리 구조대 완강기 다수인피난장비 승강식피난기	미끄럼대 피난사다리 구조대 완강기 다수인피난장비 승강식피난기	미끄럼대 피난사다리 구조대 완강기 다수인피난장비 승강식피난기
4. 그 밖의 것			미끄럼대 피난사다리 구조대 완강기 피난교 피난용트랩 간이완강기 공기안전매트 다수인피난장비 승강식피난기	피난사다리 구조대 완강기 피난교 간이완강기 공기안전매트 다수인피난장비 승강식피난기

이 건물은 근린생활시설의 3층으로서 완강기를 선택하여 설계를 했다.

피난기구의 설계는 위의 표 2.1.1의 내용과 같이 장소에 따라 층별로 적응하는 피난기구를 선택하여 설계를 해야 한다.

② 피난기구 개수 설계

피난기구의 설치개수는,

　가. 층마다 설치한다.(1,2층, 11층 이상의 층은 피난기구 설치제외)

　나. 기준 바닥면적마다 1개이상으로 설계를 한다.

　　　이 건물은 바닥면적 1,000㎡마다 1개 이상 설치를 해야 하므로 완강기 1개를 설치하면 적합하다

피난기구의 화재안전기술기준 2.1.2

① 피난기구는 표 2.1.1에 따라 특정소방대상물의 설치장소별로 그에 적응하는 종류의 것으로 설치해야 한다.

② 피난기구는 다음의 기준에 따른 개수 이상을 설치해야 한다.

1. 층마다 설치하되, 숙박시설·노유자시설 및 의료시설로 사용되는 층에 있어서는 그 층의 바닥면적 500 ㎡마다, 위락시설·문화집회 및 운동시설·판매시설로 사용되는 층 또는 복합용도의 층(하나의 층이 영 별표 2 제1호 내지 제4호 또는 제8호 내지 제18호 중 2 이상의 용도로 사용되는 층을 말한다)에 있어서는 그 층의 바닥면적 800 ㎡마다, 계단실형 아파트에 있어서는 각 세대마다, 그 밖의 용도의 층에 있어서는 그 층의 바닥면적 1,000 ㎡마다 1개 이상 설치할 것

중계기

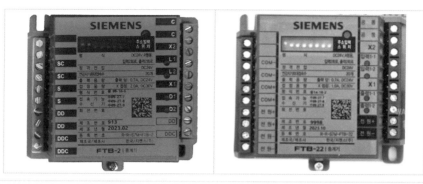

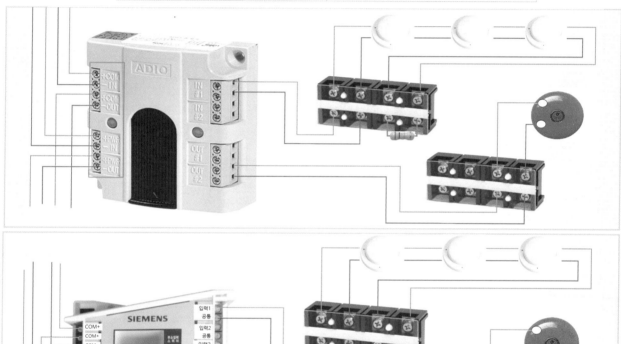

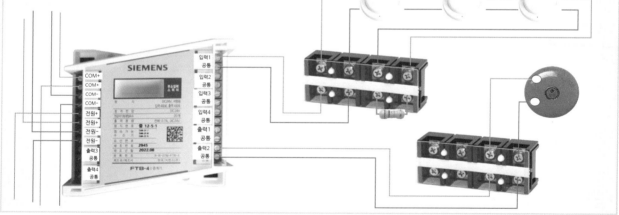

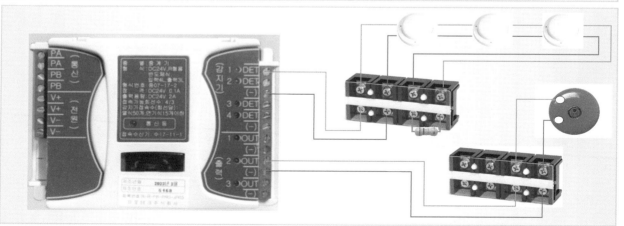

소방문화사(교보문고) 전자책 −ebook

번호	책 이 름	발행일자	정가
1	소방시설의이해 Ⅰ(2025)	2025, 1, 3	30,000원
2	소방시설의이해 Ⅱ(2025)	2025, 1, 3	30,000원
3	소방시설의이해 Ⅲ(2025)	2025, 1, 3	30,000원
4	소방시설의이해 Ⅳ(2025)	2025, 1, 3	30,000원
5	소방시설 전기회로(2개정판)	2025, 1, 3	30,000원
6	소방시설 시퀀스 이해	2024, 3, 20	25,000원
7	소방법령 질의회신 내용모음 (종이책 없음)	2019, 3, 1	5,000원
8	위험물시설 질의회신 내용모음 (종이책 없음)	2019, 3, 1	5,000원
9	소방시설 작동기능점검표 작성 따라하기 (종이책 없음)	2019, 3, 1	3,000원
10	소방시설 종합정밀점검표 작성 따라하기 (종이책 없음)	2019, 3, 1	5,000원
11	소방시설사진집 1 (종이책 없음)	2020, 1, 20	6,000원
12	소방시설사진집 2 (종이책 없음)	2020, 1, 20	6,000원
13	스프링클러설비(개정판) − 전자책	2024, 9, 1	30,000원
14	스프링클러설비(개정판) − 종이책	2024, 10, 1	29,000원
15	소방설비기사 실기(전기)1 (종이책 없음)	2024, 7, 1	15,000원
16	가스계소화설비 (종이책 없음)	2024, 1, 12	30,000원

글쓴이

▶ **주요 경험**

· 화재진압 · 구조 · 구급업무
· 소방점검 · 소방시설 시공 · 완공업무
· 위험물 허가업무 · 건축허가(소방)동의 업무
· 화재조사업무 · 다중이용업 완비, 방염 후처리 등의 업무
· 중앙소방학교근무, 강의한과목 : 소방시설공학(기계, 전기), 위험물시설,
　　　　　　　　　　　　　　　　　소방검사론, 민원업무
· 소방기술자근무(공사현장) - 두산,롯데건설

▶ **근무한 곳은** 진해 · 동마산 · 울산남부소방서 · · · 중앙소방학교

소방시설 전기회로(2개정판)

저　자 : 김태완
발행자 : 하복순
ISBN　 : 979-11-92928-20-3
출　판 : 소방문화사(☎ 010-4615-8414)
출판일자 : 2025 . 1. 3

값 30000 원
93530

9 791192 928203
ISBN 979-11-92928-20-3

정가　30,000원